技能应用速成系列

AutoCAD 2020 电气设计从入门到精通
（升级版）

李诗洋　编著

电子工业出版社

Publishing House of Electronics Industry

北京·BEIJING

内 容 简 介

本书主要针对电气设计领域，以理论结合实践的写作手法全面系统地介绍了 AutoCAD 2020 在电气设计领域的应用。本书采用"完全案例"的编写形式，兼具技术手册和应用技巧参考手册的特点，本书技术实用、逻辑清晰，是一本简明易学的参考书。

本书内容丰富、结构层次清晰、讲解深入细致、案例经典，具有很强的操作性和实用性。全书分为两篇共 18 章，第 1~10 章为 AutoCAD 软件篇，包括 AutoCAD 2020 基础入门、AutoCAD 2020 的绘图准备、二维图形的绘制、二维图形的选择与编辑、创建面域和图案填充、创建文字与表格、图块的制作与插入、参数化绘图、图形对象的尺寸标注、图形的输入/输出与布局打印；第 11~18 章为电气工程图设计篇，包括电气设计基础和 CAD 制图规范、常用电气元器件的绘制、电气照明控制线路图的绘制、家用电器电气线路图的绘制、机械设备电气线路图的绘制、交流发电机电气线路图的绘制、电力工程图的绘制、建筑电气工程平面图的绘制。另外，本书赠送配套资源，其中包含丰富的素材、案例及视频文件。

本书可作为高等院校计算机辅助设计和电气设计课程的参考用书，也可作为 CAD 爱好者的自学用书。

未经许可，不得以任何方式复制或抄袭本书之部分或全部内容。
版权所有，侵权必究。

图书在版编目（CIP）数据

AutoCAD 2020 电气设计从入门到精通：升级版 / 李诗洋编著. —北京：电子工业出版社，2020.6
（技能应用速成系列）
ISBN 978-7-121-39028-9

Ⅰ. ①A… Ⅱ. ①李… Ⅲ. ①电气设备－计算机辅助设计－AutoCAD 软件 Ⅳ. ①TM02-39

中国版本图书馆 CIP 数据核字（2020）第 083439 号

责任编辑：许存权　　　　　　　　　　特约编辑：田学清
印　　刷：北京七彩京通数码快印有限公司
装　　订：北京七彩京通数码快印有限公司
出版发行：电子工业出版社
　　　　　北京市海淀区万寿路 173 信箱　　　邮编：100036
开　　本：787×1092　　1/16　　印张：32.75　　字数：838.4 千字
版　　次：2020 年 6 月第 1 版
印　　次：2020 年 11 月第 2 次印刷
定　　价：89.00 元

凡所购买电子工业出版社图书有缺损问题，请向购买书店调换。若书店售缺，请与本社发行部联系，联系及邮购电话：(010) 88254888，88258888。
质量投诉请发邮件至 zlts@phei.com.cn，盗版侵权举报请发邮件至 dbqq@phei.com.cn。
本书咨询联系方式：(010) 88254484，xucq@phei.com.cn。

本书是"技能应用速成系列"丛书中的一本,本书的内容主要针对电气设计领域。本书以 AutoCAD 2020 中文版为设计平台,详细而系统地介绍了使用 AutoCAD 进行电气设计的基本方法和操作技巧,以帮助读者全面掌握 AutoCAD 的常用命令及作图技巧,以及使用 AutoCAD 设计和绘制电气图样的精髓。

本书的工具命令解说精细,操作实例通俗易懂,具有很强的实用性、操作性和技巧性。本书在章节编排方面一改同类图书手册型的编写方式,在介绍每章的基本命令和概念功能的同时,始终贯穿与实际应用相结合的学以致用的原则,以使读者对讲解的工具命令具有深刻和形象的理解,有利于培养读者应用 AutoCAD 基本工具绘图的能力。

本书特点

★ **循序渐进、通俗易懂**:本书完全按照初学者的学习规律和习惯,由浅入深、由易到难地安排每个章节的内容,可以让初学者在实战中掌握 AutoCAD 的基础知识及其在电气设计中的应用。

★ **案例丰富、技术全面**:本书每一章都是关于 AutoCAD 的一个专题,每一个案例都包含多个知识点。读者按照本书学习,可以举一反三,达到从入门到精通的目的。

★ **视频教学、轻松易懂**:本书配备了高清语音教学视频,作者通过贴合实际的精心讲解及适当的技巧点拨,能使读者领悟并轻松掌握设计应用领域中每个案例的操作难点,提高读者的学习效率。

本书内容

本书以 AutoCAD 2020 为蓝本,全面、系统、详细地讲解了 AutoCAD 在电气设计领域的应用,本书的内容包括 AutoCAD 软件基础,以及照明、家用电器、机械设备、电力、建筑等领域的电气工程图的绘制方法。

全书分为两篇共 18 章,详细介绍了 AutoCAD 的基本绘图方法及其在电气设计中的应用。

1. AutoCAD 软件篇——主要讲解 AutoCAD 的操作和绘图方法

第 1 章　AutoCAD 2020 基础入门　　　第 2 章　AutoCAD 2020 的绘图准备
第 3 章　二维图形的绘制　　　　　　　第 4 章　二维图形的选择与编辑
第 5 章　创建面域和图案填充　　　　　第 6 章　创建文字与表格

第 7 章　图块的制作与插入　　　　　第 8 章　参数化绘图
第 9 章　图形对象的尺寸标注　　　　第 10 章　图形的输入/输出与布局打印

2．电气工程图设计篇——照明、家用电器、机械设备、交流发电机、建筑等电气工程图的绘制

第 11 章　电气设计基础和 CAD 制图规范　　　第 12 章　常用电气元器件的绘制
第 13 章　电气照明控制线路图的绘制　　　　第 14 章　家用电器电气线路图的绘制
第 15 章　机械设备电气线路图的绘制　　　　第 16 章　交流发电机电气线路图的绘制
第 17 章　电力工程图的绘制　　　　　　　　第 18 章　建筑电气工程平面图的绘制

3．附录

附录列举了 AutoCAD 的的一些常用命令快捷键和常用系统变量，掌握这些命令快捷键和系统变量的用法，可以有效地改善绘图环境，提高绘图效率。

注：由于受本书篇幅限制，为保证图书内容的充实性，故将本书附录放在配套资源中，以便读者学习。

技术服务

为了提高服务，编者在"算法仿真在线"公众号中为读者提供了 CAD、CAE、CAM 方面的技术资料分享服务，有需要的读者可关注"算法仿真在线"公众号。同时还在公众号中提供技术答疑，解答读者在学习过程中遇到的疑难问题。读者也可以直接发邮件到编者邮箱 comshu@126.com，编者会尽快回复。

资源下载：本书配套资源均存储在百度云盘中，请根据以下地址进行下载。
链接：https://pan.baidu.com/s/1XudzrchISIj16QfC5QC0rQ
提取码：o1t1

目 录

第一篇 AutoCAD 软件篇

第 1 章 AutoCAD 2020 基础入门 ………… 2
- 1.1 AutoCAD 的基本功能 ……………… 3
- 1.2 AutoCAD 2020 的启动与退出 …… 5
- 1.3 AutoCAD 2020 的工作界面 ……… 6
- 1.4 AutoCAD 2020 的工作空间 ……… 11
- 1.5 命令调用方式 ……………………… 13
- 1.6 AutoCAD 文件操作 ………………… 15
- 1.7 实战演练 …………………………… 18
- 1.8 本章小结 …………………………… 23

第 2 章 AutoCAD 2020 的绘图准备 …… 24
- 2.1 AutoCAD 坐标系 …………………… 25
- 2.2 设置绘图环境 ……………………… 27
- 2.3 图层的设置与控制 ………………… 32
- 2.4 精确捕捉与追踪 …………………… 40
- 2.5 视图操作 …………………………… 47
- 2.6 实战演练 …………………………… 55
- 2.7 本章小结 …………………………… 61

第 3 章 二维图形的绘制 ………………… 62
- 3.1 基本图形元素的绘制 ……………… 63
- 3.2 复杂二维图形的绘制 ……………… 74
- 3.3 利用复制方式快速绘图 …………… 84
- 3.4 实战演练 …………………………… 90
- 3.5 本章小结 …………………………… 96

第 4 章 二维图形的选择与编辑 ………… 97
- 4.1 选择对象的基本方法 ……………… 98
- 4.2 改变图形位置 ……………………… 106
- 4.3 改变图形大小 ……………………… 110
- 4.4 改变图形形状 ……………………… 115
- 4.5 其他修改命令 ……………………… 119
- 4.6 复杂图形的编辑 …………………… 122
- 4.7 高级编辑辅助工具 ………………… 126
- 4.8 实战演练 …………………………… 136
- 4.9 本章小结 …………………………… 140

第 5 章 创建面域和图案填充 …………… 141
- 5.1 将图形转换为面域 ………………… 142
- 5.2 图案填充 …………………………… 146
- 5.3 编辑图案填充 ……………………… 153
- 5.4 填充渐变色 ………………………… 156
- 5.5 工具选项板 ………………………… 160
- 5.6 实战演练 …………………………… 164
- 5.7 本章小结 …………………………… 169

第 6 章 创建文字与表格 ………………… 170
- 6.1 设置文字样式 ……………………… 171
- 6.2 创建与编辑单行文字 ……………… 174
- 6.3 创建与编辑多行文字 ……………… 177
- 6.4 创建与设置表格样式 ……………… 182

6.5	创建与编辑表格	187
6.6	实战演练	191
6.7	本章小结	195

第 7 章 图块的制作与插入 … 196

7.1	创建和插入图块	197
7.2	修改块	203
7.3	块属性	204
7.4	动态块	210
7.5	实战演练	211
7.6	本章小结	215

第 8 章 参数化绘图 … 216

8.1	几何约束	217
8.2	标注约束	224
8.3	自动约束	228
8.4	实战演练	229
8.5	本章小结	234

第 9 章 图形对象的尺寸标注 … 235

9.1	尺寸标注的组成与规定	236
9.2	创建与设置标注样式	237
9.3	修改标注样式	256
9.4	创建基本尺寸标注	259
9.5	创建其他尺寸标注	265
9.6	编辑尺寸标注	281
9.7	实战演练	284
9.8	本章小结	292

第 10 章 图形的输入/输出与布局打印 … 293

10.1	图形的输入和输出	294
10.2	图纸的布局	297
10.3	设置打印样式	302
10.4	布局的页面设置	304
10.5	打印出图	309
10.6	本章小结	309

第二篇 电气工程图设计篇

第 11 章 电气设计基础和 CAD 制图规范 … 312

11.1	电气工程图的分类及特点	313
11.2	电气工程 CAD 制图规范	317
11.3	电气符号的构成与分类	322
11.4	样板文件	323
11.5	本章小结	325

第 12 章 常用电气元器件的绘制 … 326

12.1	导线与连接器件的绘制	327
12.2	电阻、电容、电感器件的绘制	328
12.3	半导体器件的绘制	332
12.4	开关的绘制	337
12.5	信号器件的绘制	340
12.6	仪表的绘制	344
12.7	电器符号的绘制	345
12.8	其他元器件符号的绘制	350
12.9	本章小结	352

第 13 章 电气照明控制线路图的绘制 … 353

13.1	白炽灯照明线路图的绘制	354
13.2	高压水银灯电气线路图的绘制	356
13.3	高压钠灯电气线路图的绘制	357
13.4	调光灯电气线路图的绘制	361
13.5	晶闸管电气线路图的绘制	364
13.6	晶体管延时开关电气线路图的绘制	367

13.7 本章小结························ 370

第14章 家用电器电气线路图的绘制························ 371

14.1 电风扇电气线路图的绘制····· 372
14.2 空调器电气线路图的绘制····· 375
14.3 电冰箱电气线路图的绘制····· 382
14.4 洗衣机电气线路图的绘制····· 386
14.5 电吹风机电气线路图的绘制························ 390
14.6 本章小结························ 393

第15章 机械设备电气线路图的绘制························ 394

15.1 水磨石机电气线路图的绘制························ 395
15.2 皮带运输机电气线路图的绘制························ 397
15.3 车床电气线路图的绘制········ 403
15.4 无心磨床电气线路图的绘制························ 409
15.5 输料堵斗自停控制电气线路图的绘制························ 415
15.6 本章小结························ 420

第16章 交流发电机电气线路图的绘制························ 421

16.1 电抗分流发电机电气线路图的绘制························ 422
16.2 灯光旋转发电机电气线路图的绘制························ 424
16.3 同期并列发电机电气线路图的绘制························ 427
16.4 三相四线发电机电气线路图的绘制························ 429
16.5 电抗移相发电机电气线路图的绘制························ 432
16.6 他励晶闸管励磁系统图的绘制························ 436
16.7 无刷励磁控制屏电气线路图的绘制························ 440
16.8 50GF、75GF型发电机电气线路图的绘制··············· 448
16.9 本章小结························ 453

第17章 电力工程图的绘制········ 454

17.1 输电工程图的绘制············· 455
17.2 变电工程图的绘制············· 459
17.3 变电所断面图的绘制··········· 467
17.4 直流系统原理图的绘制······ 476
17.5 电杆安装三视图的绘制······ 481
17.6 本章小结························ 486

第18章 建筑电气工程平面图的绘制···· 487

18.1 办公楼低压配电干线系统图的绘制························ 488
18.2 车间电力平面图的绘制····· 499
18.3 某建筑配电图的绘制········ 506
18.4 本章小结························ 513

附录A AutoCAD常用命令快捷键速查表········（配套资源）

附录B AutoCAD常用系统变量速查表········（配套资源）

附录C AutoCAD常用工具按钮速查表··········（配套资源）

附录D AutoCAD常用命令速查表··············（配套资源）

第一篇　AutoCAD 软件篇

AutoCAD 2020基础入门

AutoCAD 是由美国 Autodesk 公司开发的一款绘图程序软件，是世界上使用非常广泛的计算机辅助设计平台，广泛应用于建筑装潢、园林设计、电子电路、机械设计、服装鞋帽、航空航天、轻工化工等诸多领域。

内容要点

- ◆ AutoCAD 的基本功能
- ◆ AutoCAD 2020 的启动与退出
- ◆ AutoCAD 2020 的工作界面及工作空间
- ◆ AutoCAD 文件操作

1.1　AutoCAD 的基本功能

AutoCAD 是 Auto Computer Aided Design（计算机辅助设计）的缩写，是一款非常受欢迎的 CAD 软件。AutoCAD 不仅具有友好的用户界面，还具有强大的绘图功能，下面进行详细介绍。

1.1.1　绘图功能

绘图功能是 AutoCAD 的核心，其二维绘图功能非常强大。它提供了一系列的二维图形绘制命令，既可以绘制直线、多段线、样条曲线、矩形、多边形等基本图形，也可以将绘制的图形转换为面域并对其进行填充，如剖面线、非金属材料、涂黑、砖、砂石及渐变色等填充。

在建筑与室内设计领域，利用 AutoCAD 2020 可以创建尺寸精确的建筑结构图与施工图，为以后的施工提供参照依据。CAD 室内装潢的绘图效果如图 1-1 所示。

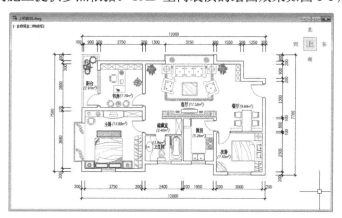

图 1-1　CAD 室内装潢的绘图效果

在新产品的设计开发过程中，可以利用 AutoCAD 2020 进行辅助设计，模拟产品实际的工作情况，监测其在实际使用中的缺陷。CAD 机械设计的绘图效果如图 1-2 所示。

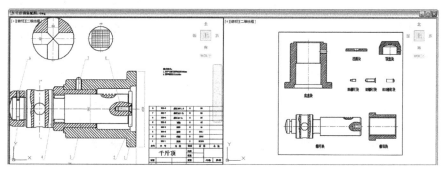

图 1-2　CAD 机械设计的绘图效果

1.1.2 修改和编辑功能

AutoCAD 在提供绘图命令的同时,还提供了丰富的修改和编辑功能,如移动、旋转、绽放、延长、修剪、倒角、圆角、复制、阵列、镜像、删除等,用户可以灵活方便地对选定的图形对象进行修改和编辑,如图 1-3 所示。

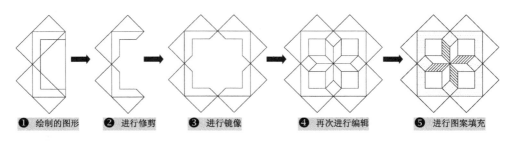

图 1-3 修改和编辑的图形

1.1.3 标注功能

标注分为文字标注、尺寸标注和表格标注等。

文字标注不仅对图形起到了注释、说明的作用,还表达了一些图形无法表达的内容,如设计说明、施工图中的图例、符号注释和技术要求等。设计说明如图 1-4 所示。

AutoCAD 提供了线性、半径、直径、角度等基本的标注类型,可以进行水平、垂直、对齐、旋转、坐标、基线、连续、圆心、弧长等标注。

除此之外,还可以利用 AutoCAD 进行引线标注、公差标注、极限标注,以及自定义粗糙度标注、标高标注等,无论是二维图还是三维图,均可进行标注。尺寸标注如图 1-5 所示。

施工图设计说明

1　设计依据
1.1　经批准的本工程初步设计或方案设计文件,建设方的意见。
1.2　现行的国家有关建筑设计规范、规程和规定。
2　项目概况
2.1　本工程为某镇卫生院门诊楼。
2.2　本工程建筑面积1289m²,　建筑基底面积 578m²;
2.3　建筑层数为三层,建筑高度11.0m。
2.4　建筑结构形式为三层框架结构,建筑结构的类别为三类,合理使用年限为50年。抗震设防烈度为七度,抗震设防分类为丙类。
2.5　建筑耐火等级为二级。

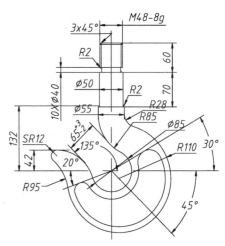

图 1-4 设计说明　　　　图 1-5 尺寸标注

1.1.4 三维渲染功能

三维渲染功能的作用是建立、观察和显示各种三维模型，其中包括线框模型、曲面模型和实体模型。

AutoCAD 提供了很多三维绘图命令，不但可以通过拉伸、设置标高和厚度将二维图形转换为三维图形，或利用回转和平移将平面图形分别生成回转扫描体和平移扫描体；还可以创建长方体、圆柱体、球体等三维实体，绘制三维曲面、三维网格、旋转面等模型。三维图形如图 1-6 所示。

同时，AutoCAD 可以为三维造型设置光源和材质，通过渲染处理得到像照片一样具有三维真实感的图像。经渲染处理的室内布置图如图 1-7 所示。

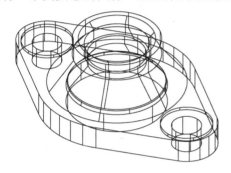

图 1-6 三维图形

图 1-7 经渲染处理的室内布置图

1.1.5 输出与打印功能

AutoCAD 不仅允许将所绘图形的部分或全部以任意比例或不同样式，通过绘图仪或打印机输出；还可以将不同类型的文件导入 AutoCAD，将图形中的信息转化为 AutoCAD 图形对象，或者转化为一个单一的块对象。

AutoCAD 可以将图形输出为图元文件、位图文件、平板印刷文件、AutoCAD 块和 3D Studio 文件，这使得 AutoCAD 的灵活性大大增强。

1.2 AutoCAD 2020 的启动与退出

同大多数应用软件一样，用户应用 AutoCAD 2020 之前，必须在计算机上正确安装该应用软件。

1.2.1 AutoCAD 2020 的启动

当用户在计算机上成功安装 AutoCAD 2020 后，即可启动并运行该软件。与大多数应用软件一样，要启动 AutoCAD 2020，可采用以下任意一种方法。

- 双击桌面上的"AutoCAD 2020"快捷图标 A 。
- 依次选择桌面上的"开始"→"所有程序"→"Autodesk"→"AutoCAD 2020"→" A AutoCAD 2020 - 简体中文 "命令。
- 右击桌面上的"AutoCAD 2020"快捷图标 A ，从弹出的快捷菜单中选择"打开"命令。

第一次启动 AutoCAD 2020 后，会弹出"Autodesk Exchange"对话框，单击该对话框右上角的"关闭"按钮，即可进入 AutoCAD 2020 工作界面。在默认情况下，系统会直接进入如图 1-8 所示的 AutoCAD 2020 工作界面。

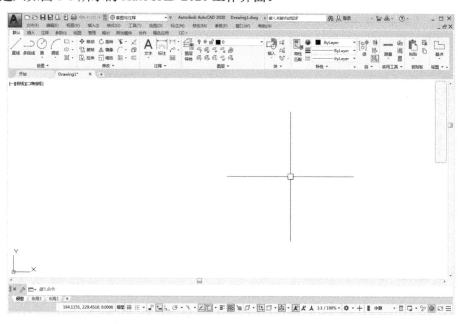

图 1-8　AutoCAD 2020 工作界面

1.2.2　AutoCAD 2020 的退出

当用户需要退出 AutoCAD 2020 时，可采用以下 4 种方法中的任意一种。

- 在 AutoCAD 2020 菜单栏中选择"文件"→"关闭"命令。
- 在命令行输入"QUIT"（或"EXIT"）并按 Enter 键。
- 单击工作界面左上角的按钮 A ，并单击 退出 Autodesk AutoCAD 2020 按钮。
- 单击工作界面右上角的"关闭"按钮。

1.3　AutoCAD 2020 的工作界面

自 AutoCAD 2009 开始，AutoCAD 的工作界面就发生了较大的改变，提供了多种工作空间模式，如草图与注释、三维基础和三维建模。正常安装并首次启动 AutoCAD 2020

时,系统将默认显示草图与注释空间,如图1-9所示。

AutoCAD 2020 的草图与注释空间主要由菜单栏、快速访问工具栏、绘图区、命令行和状态栏等元素组成。在该空间中,可以方便地使用"常用"选项卡中的绘图、修改、图层、标注、文字和表格等面板进行二维图形的绘制。

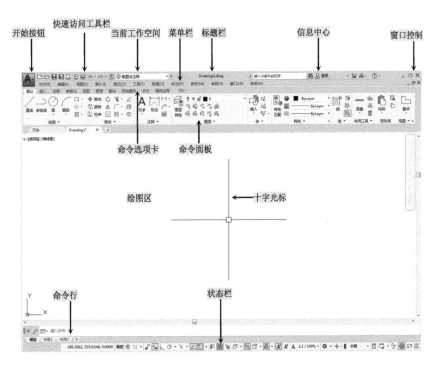

图 1-9 AutoCAD 2020 的草图与注释空间

1.3.1 标题栏

标题栏用于显示当前操作文件的名称,从最左端向右依次为快速访问工具栏、工作空间列表(用于工作空间界面的选择)、软件名称等;再往后是搜索框、"登录"按钮、"交换"按钮、"帮助"按钮;最右侧则是当前窗口的"最小化"按钮、"最大化"按钮、"关闭"按钮,如图1-10所示。

图 1-10 标题栏

1.3.2 快速访问工具栏

默认的快速访问工具栏中集成了新建、打开、保存、另存为、打印、放弃、重做、工作空间切换和自定义快速访问工具栏 9 个工具，其主要作用在于快速单击使用，如图 1-11 所示。

如果单击最右侧的 按钮，将弹出如图 1-12 所示的"自定义快速访问工具栏"列表，用户可根据需要添加工具按钮到快速访问工具栏中。

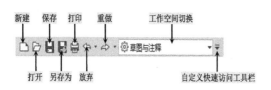

图 1-11　快速访问工具栏

图 1-12　"自定义快速访问工具栏"列表

1.3.3　开始按钮和快捷菜单

窗口左上角的 A 按钮为"开始"按钮，单击该按钮会出现下拉菜单，其中包括"新建""打开""保存""打印""发布"等选项，如图 1-13 所示。

AutoCAD 的快捷菜单通常出现在绘图区、状态栏、模型或布局选项卡上，右击这些地方，系统会弹出一个快捷菜单，快捷菜单显示的命令与右击对象及软件当前状态相关，如图 1-14 所示。

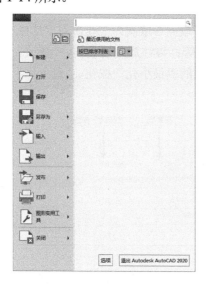

图 1-13　"开始按钮"下拉菜单

图 1-14　快捷菜单

> **提示**
> 在菜单浏览器中，后面带有 ▶ 符号的命令表示该命令还有级联菜单；如果命令为灰色，则表示该命令在当前状态下不可用。

1.3.4　绘图区

绘图区是用户进行绘图的工作区域，所有绘图结果都反映在绘图区中。绘图区中不仅可以显示当前的绘图结果，还可以显示用户当前使用的坐标系图标，以表示该坐标系的类型、原点，以及 X 轴和 Y 轴的方向，如图 1-15 所示。

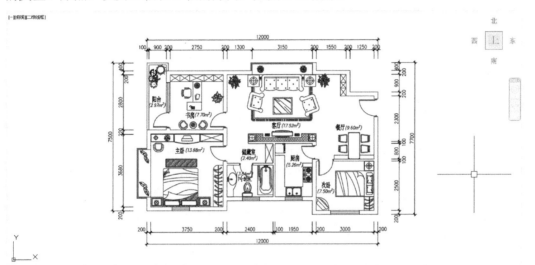

图 1-15　绘图区

1.3.5　命令行

默认情况下，命令行位于绘图区的下方，用于输入系统命令或显示命令的提示信息。用户在面板区、菜单栏或工具栏中选择某个命令时，也会在命令行中显示提示信息，如图 1-16 所示。

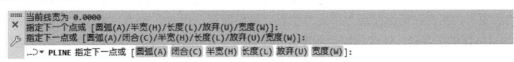

图 1-16　命令行

按下 F2 键，即可弹出 AutoCAD 文本窗口，如图 1-17 所示。AutoCAD 文本窗口也称专业命令窗口，用于记录在窗口中操作的所有命令。在此窗口中输入命令后按 Enter 键，即可执行相应的命令。用户可以根据需要改变 AutoCAD 文本窗口的大小，也可以将其设置为浮动窗口。

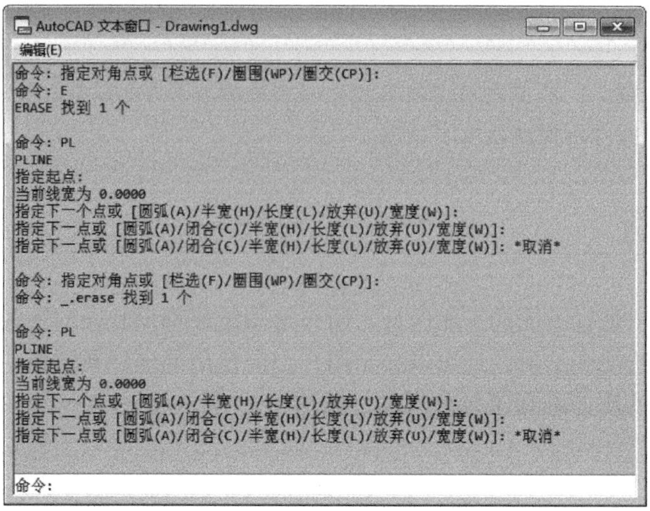

图 1-17 AutoCAD 文本窗口

1.3.6 状态栏

状态栏位于 AutoCAD 2020 窗口的最下方，用于显示当前光标的状态，如 X 轴、Y 轴、Z 轴的坐标值，从左到右分别为"推断约束""捕捉模式""栅格显示""正交模式""极轴追踪""对象捕捉""三维对象捕捉""对象捕捉追踪""允许 | 禁止动态 UCS""动态输入""显示 | 隐藏线宽""显示 | 隐藏透明度""快捷特性""选择循环"等按钮，以及"模型""快速查看布局""快速查看图形""注释比例""注释可见性""切换空间""锁定""硬件加速关""隔离对象""全屏显示"等按钮，如图 1-18 所示。

图 1-18 状态栏

1.3.7 功能区

功能区如图 1-19 所示，功能区可代替 AutoCAD 众多工具栏，它以面板的形式将各种工具按钮分门别类地集合在选项卡内。用户在调用工具时，只需在功能区中展开相应的选项卡，然后在所需面板上单击"工具"按钮即可。用户在使用功能区时无须再显示 AutoCAD 的工具栏，这使得应用程序窗口变得单一、简洁、有序。通过单一、简洁的界面，功能区还可以将可用的工作区域最大化。

图 1-19 功能区

1.4 AutoCAD 2020 的工作空间

在 AutoCAD 2020 中，AutoCAD 的经典空间模式已被取消，并将繁杂的工具栏隐藏了起来，这一点将贯穿于全书实例进行介绍。

1.4.1 切换工作空间

首次启动 AutoCAD 2020 时，系统将默认进入草图与注释空间，用户可以根据自己的需要选择不同的空间。

在快速访问工具栏中单击"工作空间"下拉列表后面的小三角按钮，或者在默认的工作界面的状态栏中单击右下侧的"切换工作空间" ![] ▼按钮，都可以弹出空间列表，从中选择相应的工作空间即可，如图 1-20 和图 1-21 所示。

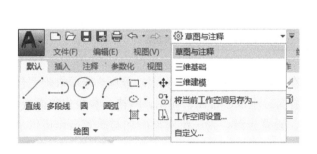

图 1-20　切换工作空间 1

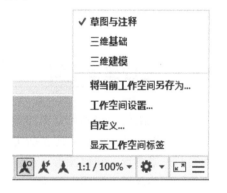

图 1-21　切换工作空间 2

1.4.2 草图与注释空间

草图与注释空间如图 1-9 所示的 AutoCAD 2020 的草图与注释空间相同，此处不再讲解。本书主要以 AutoCAD 2020 的草图与注释空间贯穿全书内容进行讲解。

1.4.3 三维基础空间

使用三维基础空间可以方便地在三维空间中绘制图形。其选项卡提供了默认、渲染、插入、管理、输出、插件、Autodesk360、精选应用等面板，为绘制三维图形、观察图形、创建动画、设置光源、为三维对象附加材质等操作提供了最基础的绘图环境，如图 1-22 所示。

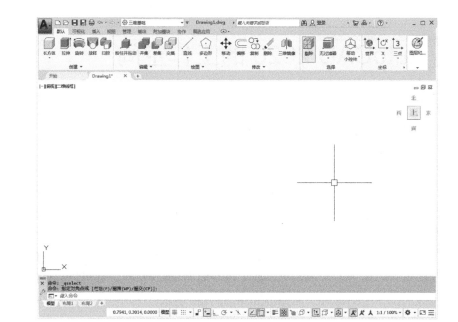

图 1-22 三维基础空间

1.4.4 三维建模空间

使用三维建模空间可以更加方便地在三维空间中绘制图形。"功能区"选项卡除了包括三维基础的 7 个面板，还包括实体、曲面、注释、布局、视图、网格、参数化等面板，为绘制三维图形、观察图形、创建动画、设置光源、为三维对象附加材质等操作提供了非常便利的环境，如图 1-23 所示。

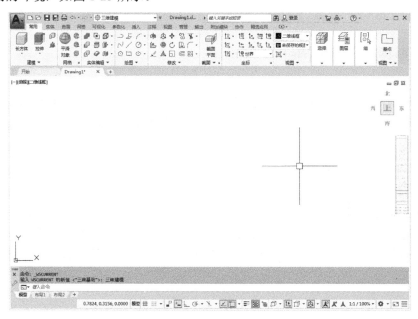

图 1-23 三维建模空间

第 1 章　AutoCAD 2020 基础入门

1.5　命令调用方式

在 AutoCAD 2020 的操作中，利用一些基本输入操作方法，可以使 AutoCAD 2020 的应用变得更加简单。这些基本输入操作方法是应用 AutoCAD 2020 的必备知识。

1.5.1　命令的调用方法

1．下拉菜单

在 AutoCAD 经典模式的绘图窗口中，单击"文件""编辑""视图""插入""格式""工具""绘图""标注""修改""参数""窗口""帮助"等任何一个菜单，都将打开一些下拉列表式的命令选项。例如，单击"绘图"菜单，将打开如图 1-24 所示的命令选项，用户根据需要选择相应的选项，即可执行该命令。

2．输入命令

在绘图区左下侧的命令行窗口中输入"矩形"命令（RECTANG）并按 Enter 键，就会出现以下提示：

```
命令：RETANG
指定第一个角点或 [倒角(C)/标高(E)/圆角(F)/厚度(T)/宽度(W)]：
指定另一个角点或 [面积(A)/尺寸(D)/旋转(R)]：
```

3．快捷键

如果用户需要重复前面使用过的命令，则可以直接在绘图区中右击，弹出快捷菜单，如图 1-25 所示，快捷菜单第一项是"重复选项"选项，用于重复前一步所执行的命令；快捷菜单第二项"最近的输入"子菜单内是最近使用的多步命令。

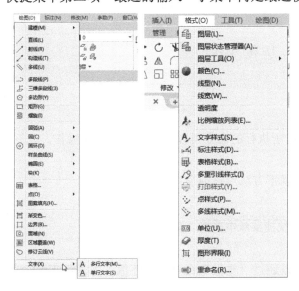

图 1-24　命令选项

图 1-25　在绘图区右击弹出的快捷菜单

1.5.2 命令的输入方法

在 AutoCAD 中，命令的输入方法有以下几种。

1．在命令行中输入命令

在命令行中输入的命令名字符不区分大小写。如果在命令行窗口中输入"圆"命令（CIRCLE）并按 Enter 键，命令行中将显示如下提示信息：

```
命令: CIRCLE
指定圆的圆心或 [三点(3P)/两点(2P)/切点、切点、半径(T)]:
                                    //在屏幕上指定一点或输入一点的坐标
指定圆的半径或 [直径（D）] <100.00>:
```

在提示信息的各选项中，未带括号的提示为默认选项，可以直接输入直线段的起点坐标或在屏幕上指定一点。如果选择其他选项，则直接输入其标识字符；如果选择"放弃"，则输入标识字符"U"，然后按系统提示输入数据即可。在某些命令行中，提示命令选项内容后面会带有尖括号，尖括号内的数值为默认数值。

2．在命令行中输入命令快捷键

AutoCAD 中的命令快捷键是绘图人员必须掌握的知识，AutoCAD 中的命令基本上都有相应的命令快捷键，即命令缩写，如 L（LINE）、C（CIRCLE）、A（ARC）、PL（PLINE）、Z（ZOOM）、AR（ARRAY）、M（MOVE）、CO（COPY）、RO（ROTATE）、E（ERASE）等。

3．在面板中选择相应的命令

在相应的选项卡中单击相应的按钮，同样会在命令行窗口中给出相应的提示选项，如图 1-26 所示。

图 1-26 "注释"选项卡

1.5.3 中止命令和重做命令

在 AutoCAD 环境中绘制图形时，对所执行的命令可以进行中止和重做操作。

1．中止命令

在执行命令的过程中，用户可使用以下方法对任何命令进行中止操作。

- 快捷键：按 Esc 键。
- 右击：单击鼠标右键，从弹出的快捷菜单中选择"取消"命令。

2．重做命令

如果错误地撤销了正确的操作，可以通过"重做"命令进行还原，方法如下。

- 工具栏：单击快速访问工具栏中的"重做"按钮 ⇨。

- 快捷键：按 Ctrl+Y 组合键，撤销最近一次操作。
- 命令行：在命令行中输入"REDO"命令并按 Enter 键。

> **提示——命令的重复调用**
>
> 在命令行中直接按 Enter 键或空格键可重复调用上一个命令（无论上一个命令是完成了还是被取消了）。

1.5.4 取消操作

在命令执行的任何时刻，都可以取消命令的执行，方法如下。

- 工具栏：单击快速访问工具栏中的"放弃"按钮 ⇐。
- 快捷键：按 Ctrl+Z 组合键。
- 命令行：在命令行中输入"UNDO"命令并按 Enter 键。

1.6 AutoCAD 文件操作

1.6.1 文件的新建

通常用户在绘制图形之前，首先要创建新图的绘图环境和图形文件，方法如下。

- 工具栏：在快速访问工具栏中单击"新建"按钮 ▯。
- 快捷键：按 Ctrl+N 组合键。
- 命令行：在命令行中输入"NEW"命令并按 Enter 键。

执行上述命令后，系统会自动弹出"选择样板"对话框 1，如图 1-27 所示。在"文件类型"下拉列表中有 3 种图形样板格式，它们的后缀分别是.dwt、.dwg、.dws。

图 1-27 "选择样板"对话框 1

在每种图形样板文件中,系统都会根据所绘图形的任务要求对图形进行统一设置,包括绘图单位类型和精度要求、捕捉、栅格、图层、图框等前期准备工作。

> **提示技巧——样板文件的类型**
>
> 一般情况下,.dwt 格式的文件为标准样板文件,通常将一些规定的标准性的样板文件设置为.dwt 格式的文件;.dwg 格式的文件是普通样板文件;.dws 格式的文件是包含标准图层、标准样式、线性和文字样式的样板文件。

1.6.2 文件的打开

要将已存在的图形文件打开,可使用以下方法。

- ◇ 工具栏:单击快速访问工具栏中的"打开"按钮。
- ◇ 快捷键:按 Ctrl+O 组合键。
- ◇ 命令行:在命令行中输入"OPEN"命令并按 Enter 键。

执行上述命令后,系统将自动弹出"选择样板"对话框 2,如图 1-28 所示。在"文件类型"下拉列表中有可供用户选择的.dwg、.dwt、.dxf 和.dws 格式的文件。

图 1-28 "选择样板"对话框 2

> **提示**
>
> .dxf 格式的文件是用文本形式存储的图形文件,能够被其他程序读取。

1.6.3 文件的保存

在进行文件操作时,应养成随时保存文件的好习惯,避免在出现电源故障或发生其他意外情况时图形文件及其数据丢失。要保存当前视图中的文件,可使用以下方法。

- ◇ 工具栏:在快速访问工具栏中单击"保存"按钮。
- ◇ 快捷键:按 Ctrl+S 组合键。
- ◇ 命令行:在命令行中输入"SAVE"命令并按 Enter 键。

第 1 章　AutoCAD 2020 基础入门

执行上述命令后，若该需要保存的文件在绘制前已命名，则系统会自动将内容保存到该命名的文件中；若该文件未命名（默认名为 drawing1.dwg），则系统会弹出"图形另存为"对话框，用户可以对其命名后再进行保存，如图 1-29 所示。

> **提示技巧——设置文件自动保存间隔时间**
>
> 在绘制图形时，可以设置自动定时保存图形文件。选择"工具"|"选项"命令，在弹出的"选项"对话框中选择"打开和保存"选项卡，勾选"自动保存"复选框，然后在"保存间隔分钟数"文本框中输入定时保存的时间（分钟），如图 1-30 所示。

图 1-29　"图形另存为"对话框　　　　图 1-30　定时保存图形文件的设置

1.6.4　文件的另存为

如果要将当前文件另存为一个新的文件，则可以使用以下方法。

- ◆ 工具栏：单击快速访问工具栏中的"另存为"按钮 。
- ◆ 快捷键：按 Ctrl+Shift+S 组合键。
- ◆ 命令行：在命令行中输入"SAVEAS"命令并按 Enter 键。

执行上述命令后，系统会弹出"图形另存为"对话框，如图 1-29 所示。

1.6.5　文件的输出

绘制好 AutoCAD 图形后，可以使用以下方法进行不同格式的输出。

- ◆ 菜单栏：单击"开始"按钮 ，在弹出的下拉菜单中选择"输出"命令 ，将会出现可供选择的 DWF、PDF、DGN 等格式的文件类型，如图 1-31 所示。
- ◆ 命令行：输入或动态输入"EXPORT"命令。

启动"输出"命令，弹出"另存为 DWF"对话框，在"文件类型"下拉列表中选择文件的输出类型，如图元文件、ACIS、平板印刷、封装 PS、DXX 提取、位图等，然后单击"保存"按钮，切换到绘图窗口，此时可以选择需要以指定格式保存的对象，如图 1-32 所示。

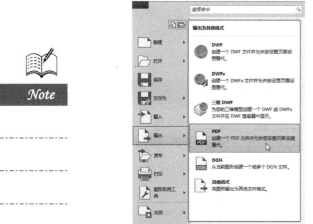

图 1-31 "输出"选项卡　　　　图 1-32 "另存为 DWF"对话框

AutoCAD 图形文件支持以下几种输出格式，其具体含义如下。

- dwf：同 dwfx 格式一样，将选定对象输出为 3D Studio MAX 可接受的格式。
- wmf：将选定的对象以 Windows 图元文件格式保存。
- sat：将选定对象输出为 ASCII 格式。
- stl：将选定对象输出为实体对象立体画格式。
- eps：将选定对象输出为封装 PostScript 格式。
- dxx：将选定对象输出为 DXX 属性抽取格式。
- bmp：将选定对象输出为与设备无关的位图格式。
- dwg：将选定对象输出为 AutoCAD 图形块格式。
- dng：将选定对象输出为数字负片（DNG）格式，这是一种用于数码照相机生成的原始数据文件的公共存档格式。

1.7 实战演练

1.7.1 初试身手——通过帮助文件学习圆（Circle）命令

启动 AutoCAD 2020，按 F1 键，在打开的"帮助"文件中搜索"Circle"，将打开一系列学习该命令的方法和相关知识。

Step 01 正常启动 AutoCAD 2020，按 F1 键，将弹出"Autodesk AutoCAD 2020-帮助"窗口，如图 1-33 所示。

图 1-33 "Autodesk AutoCAD 2020-帮助"窗口

Step 02 在"搜索"文本框中输入"Circle",按 Enter 键,会在界面中出现与 Circle 相关的信息,如图 1-34 所示。

图 1-34 出现的与"Circle"相关的信息

Step 03 通过右侧的滑动块滚动页面,学习该命令的相关知识,如图 1-35 所示。

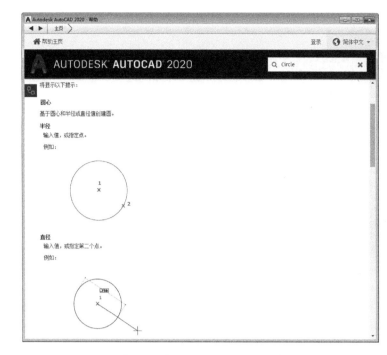

图 1-35 与"Circle"相关的信息

Step 04 通过向下滑动右侧的滑动块,将页面滚动至底端,如图 1-36 所示。

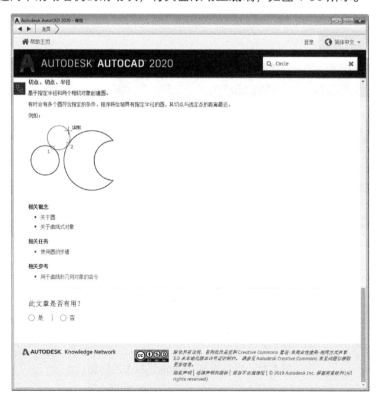

图 1-36 页面底端与"Circle"相关的信息

1.7.2 熟能生巧——多个文件的打开及平铺设置

```
视频\01\多个文件的平铺设置.avi
案例\01\扳手、连接螺母、手轮.dwg
```

在AutoCAD 2020中，用户可以一次性打开多个相同类型的文件，并且可以通过多种平铺方式来显示所打开的文件窗口。多个文件的打开及平铺设置操作步骤如下。

 启动AutoCAD 2020，在快速访问工具栏中单击"打开"按钮，在"选择文件"对话框中的"查找范围"下拉列表中找到"01"文件下面的"扳手""连接螺母""手轮"3个.dwg文件，如图1-37所示。

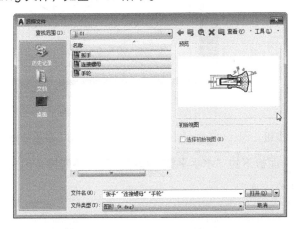

图1-37 "选择文件"对话框

 选中这3个文件，单击"打开"按钮，即可将这3个文件同时打开。在默认情况下，窗口会显示最后打开的"手轮"图形文件，如图1-38所示。

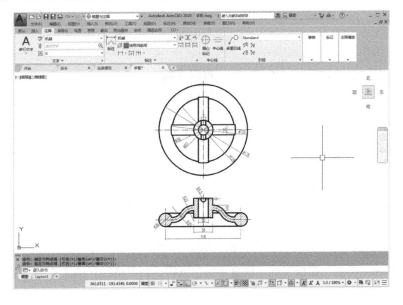

图1-38 打开的文件

Step 03 单击"视图"选项卡中"界面"面板下的"层叠"按钮,如图 1-39 所示,可将打开的 3 个文件以层叠方式排列,如图 1-40 所示。单击相应的图形标题栏,即可切换该文件为当前文件。

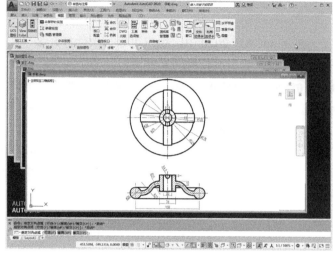

图 1-39　单击"层叠"按钮　　　　　　　　　图 1-40　层叠效果

Step 04 单击"界面"面板下的"水平平铺"按钮,则可将所打开的文件水平平铺显示,如图 1-41 所示。

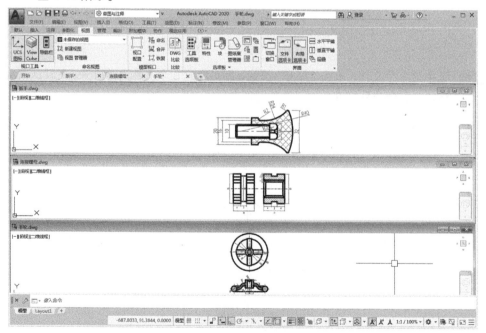

图 1-41　水平平铺效果

Step 05 若单击"界面"面板下的"垂直平铺"按钮,则可将打开的文件垂直平铺显示,如图 1-42 所示。

第 1 章　AutoCAD 2020 基础入门

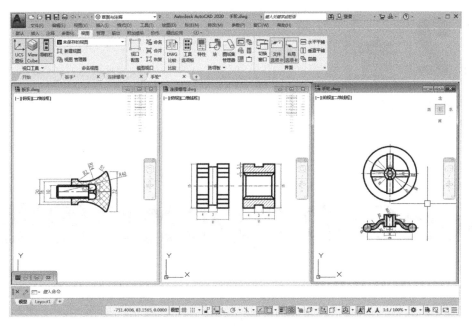

图 1-42　垂直平铺效果

1.8　本章小结

本章主要讲解了 AutoCAD 2020 的基础知识，包括 AutoCAD 的基本功能，如绘图、修改、编辑、标注、渲染、输入等；AutoCAD 2020 的启动与退出；AutoCAD 2020 的工作界面；AutoCAD 2020 的工作空间；命令调用方式；AutoCAD 文件操作；最后通过实战演练介绍了 AutoCAD 帮助文件的使用方法、多个文件的打开及视图显示效果的设置方法等，为后面的学习打下了坚实的基础。

第 2 章

AutoCAD 2020 的绘图准备

要想灵活、方便、自如地在 AutoCAD 2020 环境中绘制图样，首先应该熟练掌握 AutoCAD 2020 中的坐标输入、精确捕捉与追踪、视图操作、图层的设置与控制等知识要点。

内容要点

- 各种坐标输入
- 设置绘图环境
- 图层的设置与控制
- 精准捕捉与追踪
- 视图操作

第 2 章　AutoCAD 2020 的绘图准备

2.1　AutoCAD 坐标系

AutoCAD 的图形定位主要由坐标系确定。在使用 AutoCAD 坐标系之前，首先要了解 AutoCAD 坐标系的概念和坐标输入的方法。

2.1.1　AutoCAD 中坐标系的认识

坐标系又称为编程坐标系，由 X 轴、Y 轴和原点构成。坐标原点可以自由选择，坐标原点的选择原则是方便计算，能简化编程，容易找正，尽可能选在零件的设计基准或工艺基准上。在 AutoCAD 中，包括 3 种坐标系，即笛卡儿坐标系、世界坐标系和用户坐标系。

1．笛卡儿坐标系

AutoCAD 采用笛卡儿坐标系来确定位置，该坐标系也称为绝对坐标系。在进入 AutoCAD 绘图区时，系统自动进入笛卡儿坐标系第一象限，其原点在绘图区左下角。

2．世界坐标系

世界坐标系（World Coordinate System）简称 WCS，是 AutoCAD 的基础坐标系统，由 3 个相互垂直并相交的坐标轴，即 X 轴、Y 轴和 Z 轴组成。在绘制和编辑图形的过程中，WCS 是预设的坐标系统，其坐标原点和坐标轴都不会改变。

在默认情况下，X 轴以水平向右为正方向，Y 轴以垂直向上为正方向，Z 轴以垂直屏幕向外为正方向，坐标原点在绘图区左下角，世界坐标系的交汇处显示方形标记"□"，如图 2-1 所示。

> **提示**
>
> 在二维平面绘图中绘制和编辑图形时，只需输入 X 轴和 Y 轴坐标，而 Z 轴的坐标值由系统自动赋值为 0。

3．用户坐标系

在绘制三维图形时，需要经常改变坐标系的原点和坐标轴方向，以使绘图更加方便。AutoCAD 提供了可改变坐标原点和坐标轴方向的坐标系，即用户坐标系，简称 UCS。

在用户坐标系中，可以任意指定或移动坐标原点，可以任意选择坐标轴方向，用户坐标系的交汇处没有方形标记"□"，如图 2-2 所示。

图 2-1　世界坐标系

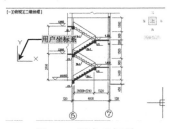

图 2-2　用户坐标系

> **提示——WCS与UCS的转换**
>
> 用户要改变坐标的位置,首先要在命令行中输入"UCS"命令,此时使用鼠标指针将坐标移至新的位置,然后按 Enter 键即可。若要将用户坐标系改为世界坐标系,在命令行中输入"UCS"命令,然后在命令行中选择"世界(W)"选项即可。

2.1.2 AutoCAD 中坐标的输入

在绘制图形的过程中,当用户要确定相应的位置点时,除采用捕捉关键特征点的方式外,最主要的方式是通过键盘来输入坐标位置点。AutoCAD 中坐标的输入方式主要有3种,即绝对坐标、相对坐标和相对极坐标。

1. 绝对坐标

绝对坐标分为绝对直角坐标和绝对极轴坐标两种。其中绝对直角坐标以笛卡儿坐标系的原点(0,0,0)为基点,用户可以通过输入(X,Y,Z)坐标的方式来定义一个点的位置。

例如,在如图 2-3 所示的绝对坐标示意图中,A 点的绝对坐标为原点坐标(0,0,0),B 点的绝对坐标为(20,0,0),C 点的绝对坐标为(20,20,0),D 点的绝对坐标为(0,20,0)。

2. 相对坐标

相对坐标是以上一点为坐标原点确定下一点的位置。输入相对于点(X, Y, Z)的坐标增量为(X+, Y+, Z+)的坐标时,格式为(@X+,Y+,Z+)。其中"@"字符表示指定与上一个点的偏移量。在英文输入法状态下,按 Shift+2 组合键即可得到"@"字符。

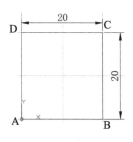

图 2-3 绝对坐标示意图

例如,在如图 2-4 所示的相对坐标示意图中,A 点相对于原点的坐标为(@25,25),B 点相对于 A 点的坐标为(@125,0),C 点相对于 B 点的坐标为(@75,0),D 点相对于 C 点的坐标为(@-125,00)。

3. 相对极坐标

相对极坐标是以上一点为参考极点,通过输入极距增量和角度值来确定下一点的位置,其输入格式为(@距离<角度)。

例如,在如图 2-5 所示的相对极坐标示意图中,A 点相对于原点的坐标为(@25,25),B 点相对于 A 点的极坐标为(@100<30),C 点相对于 B 点的极坐标为(@60<160)。

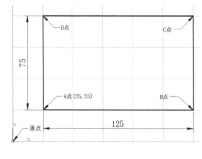

图 2-4 相对坐标示意图

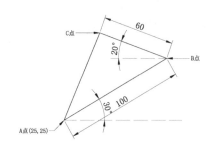

图 2-5 相对极坐标示意图

> **提示与技巧——坐标的输入**
>
> 在 AutoCAD 2020 中不能连续输入绝对坐标，用绝对坐标输入基点后，将使用相对坐标输入其他点，当图形确定后相对坐标值就很清楚了。这样绘图更加方便，不用再计算绝对坐标值。
>
> 在输入的坐标值中，（10,10）和（40,10）都是相对于坐标原点（0,0）而定的，是绝对值坐标。而（@30,<120）是相对于第二点确定的，是相对值坐标，其中，"@"是相对符号，"30"代表距离，"<120"代表角度。

2.1.3 AutoCAD 中坐标的显示

在 AutoCAD 中，坐标的显示方式有 3 种，具体显示方式取决于所选择的方式和程序中运行的命令。用户可以通过单击状态栏的坐标显示区域，在这 3 种显示方式之间进行切换，如图 2-6 所示。

模式 0：静态显示　　　　模式 1：动态显示　　　　模式 2：距离和角度显示

图 2-6　坐标的 3 种显示方式

- 模式 0：显示上一个拾取点的绝对坐标。此时，指针坐标不能动态更新，只有在拾取一个新点时，显示才会更新。但是，通过键盘输入一个新点的坐标时，不会改变该显示方式。
- 模式 1：显示光标的绝对坐标，该值是动态更新的，在默认情况下，显示方式是打开的。
- 模式 2：显示一个相对极坐标。当选择该显示方式时，如果当前处在拾取点状态，系统将显示光标所在位置相对于上一个点的距离和角度。当离开拾取点状态时，系统的显示方式将恢复到模式 1。

2.2 设置绘图环境

为了提高绘图效率，在使用 AutoCAD 绘图之前，首先应对绘图环境进行设置，以确定适合用户习惯的操作环境。

2.2.1 设置图形界限

AutoCAD 中的空间是无限大的，但可以通过以下方法设置图形界限。

- 命令行：输入"LIMITS"命令并按 Enter 键。

执行"图形界限"命令后，命令行将提示设置左下角点和右上角点的坐标值。例如，要设置纵向 A3 图纸幅面大小的图形界限，操作提示如图 2-7 所示。

图 2-7 操作提示

2.2.2 设置图形单位

在 AutoCAD 中，用户可以采用 1∶1 的比例因子绘图，也可以指定单位的显示格式。对图形单位的设置一般包括对长度单位和角度单位的设置。

在 AutoCAD 中，可以通过以下方法设置图形单位。

◆ 命令行：输入"UNITS"命令（命令快捷键为"UN"）并按 Enter 键。

启动命令后，将弹出如图 2-8 所示的"图形单位"对话框，可以在该对话框中对图形单位进行设置。

单击"方向"按钮，将弹出如图 2-9 所示的"方向控制"对话框，在该对话框中可以设置起始角度（0B）的方向。在 AutoCAD 的默认设置中，0B 方向是指向右（正东）的方向，逆时针方向是角度增加的正方向。

图 2-8 "图形单位"对话框

图 2-9 "方向控制"对话框

> **提示与技巧**
>
> 用于创建和列出对象、测量距离及显示坐标位置的单位格式的设置与用于创建标注值的标注单位的设置是分开的；角度的测量可以使正值以顺时针测量或逆时针测量，0°角可以设置为任意位置。
>
> 在一般情况下，AutoCAD 采用实际测量单位绘制图形，等完成图形绘制后，再按一定的缩放比例输出图形。AutoCAD 默认的与工程制图中最常用的单位是毫米（mm）。

2.2.3 设置绘图环境

在绘制图形之前，用户应对绘图环境进行设置，包括线型、线宽、线条颜色、屏幕背景、选择模式等。不同的图形对象对 AutoCAD 的绘图环境有不同的要求。

第 2 章 AutoCAD 2020 的绘图准备

1. 显示配置

在命令行输入"OP"命令,按下 Enter 键将弹出"选项"对话框,单击"显示"选项卡,即可对绘图工作界面的窗口元素、显示精度、显示性能等进行设置,如图 2-10 所示。

图 2-10 "显示"选项卡

在"显示"选项卡中,各主要选项的含义如下。

(1)"窗口元素"选项组:设置绘图工作界面各窗口元素的显示样式。

- "在图形窗口中显示滚动条"复选框:用于确定是否在绘图工作界面上显示滚动条,勾选则显示,否则不显示。
- "颜色"按钮:设置 AutoCAD 工作界面中各窗口元素的颜色(如命令行背景颜色、命令行文字颜色等)。单击该按钮,AutoCAD 会弹出"图形窗口颜色"对话框,如图 2-11 所示。
- "字体"按钮:设置命令行的字体。单击此按钮,将弹出"命令行窗口字体"对话框。利用此对话框可设置命令行的字体、字形、字号等,如图 2-12 所示。

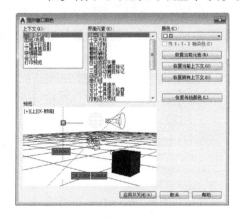

图 2-11 "图形窗口颜色"对话框

图 2-12 "命令行窗口字体"对话框

(2)"布局元素"选项组:设置布局中的有关元素,包括是否显示布局和模型选项卡、是否显示可打印区域、是否显示图纸背景、是否在新布局中创建视口等。

(3)"显示精度"选项组:控制对象的显示效果。

- ◇ "圆弧和圆的平滑度"文本框：用于控制圆、圆弧、椭圆、椭圆弧的平滑度，有效取值范围是 1～20000，默认值为 100。此值越大，所显示的图形对象越光滑，AutoCAD 实现重新生成、显示缩放、显示移动的用时就越长。
- ◇ "每条多段线曲线的线段数"文本框：设置每条多段线曲线的线段数，有效取值范围是-32767～32767，默认值为 8。
- ◇ "渲染对象的平滑度"文本框：确定实体对象着色或渲染时的平滑度，有效取值范围是 0.01～10.00，默认值是 0.5。
- ◇ "每个曲面的轮廓素线"文本框：确定对象上每个曲面的轮廓素线数，有效取值范围是 0～2047，默认值为 4。

（4）"显示性能"选项组：控制影响 AutoCAD 性能的显示设置。限于篇幅，该选项组中各参数的含义在此不再详述。

（5）"十字光标大小"选项组：确定光标十字线的长度。该长度用绘图区域宽度的百分比表示，有效取值范围是 0～100，可直接在文本框中输入具体数值，也可通过拖动滑动块进行调整。

（6）"淡入度控制"选项组：确定外部参照显示、在位编辑和注释性表达的淡入度效果。

> **提示**
>
> "显示精度"选项组和"显示性能"选项组用于设置着色对象的平滑度、每个曲面的轮廓线素数等。所有这些设置均会影响系统的刷新时间与速度，同时也会影响用户操作程序时的流畅性。

2．系统配置

在"选项"对话框的"系统"选项卡中，可设定 AutoCAD 的一些系统参数，如图 2-13 所示。

在"系统"选项卡中，各主要选项的含义如下。

（1）"硬件加速"选项组：确定与三维图形显示系统的系统特性和配置有关的设置。

- ◇ "图形性能"按钮：单击该按钮，将弹出如图 2-14 所示的"图形性能"对话框，用户可利用此对话框进行相应的配置。

图 2-13　"系统"选项卡

图 2-14　"图形性能"对话框

第 2 章　AutoCAD 2020 的绘图准备

（2）"当前定点设备"选项组：确定与定点设备有关的选项。选项组中的下拉列表中列出了当前可以使用的定点设备，用户可根据需要选择。

（3）"常规选项"选项组：控制与系统设置有关的基本选项。限于篇幅，该选项组各参数的含义在此不再详述。

3．系统绘图

"选项"对话框中的"绘图"选项卡用于进行自动捕捉设置等，如图 2-15 所示。

在"绘图"选项卡中，各主要选项的含义如下。

（1）"自动捕捉设置"选项组：控制与自动捕捉有关的一些设置。限于篇幅，该选项组各参数的含义在此不再详述。

（2）"自动捕捉标记大小"滑动块：确定自动捕捉时的自动捕捉标记的大小，可通过相应的滑动块进行调整。

（3）"AutoTrack 设置"选项组：控制与极轴追踪有关的设置。

（4）"对齐点获取"选项组：确定启用对象捕捉追踪功能后，AutoCAD 是自动进行追踪，还是按 Shift 键后再进行追踪。

（5）"靶框大小"滑动块：确定靶框大小，通过移动滑动块的方式进行调整。

4．系统选择集

"选项"对话框中的"选择集"选项卡用于进行选择集模式、夹点尺寸等设置，如图 2-16 所示。

图 2-15　"绘图"选项卡　　　　　　图 2-16　"选择集"选项卡

在"选择集"选项卡中，各主要选项的含义如下。

- ◇ "拾取框大小"滑动块：确定拾取框的大小，通过移动滑动块的方式调整。
- ◇ "选择集模式"选项组：确定构成选择集的可用模式。限于篇幅，该选项组各参数的含义在此不再详述。
- ◇ "夹点尺寸"滑动块：确定夹点的大小，通过移动滑动块的方式调整。
- ◇ "夹点"选项组：确定与采用"夹点"功能进行编辑操作的有关设置。
- ◇ "夹点颜色"按钮：单击该按钮，将弹出"夹点颜色"对话框，从中可以设置夹点在不同状态下的颜色，如图 2-17 所示。
- ◇ "显示夹点"复选框：确定用户选择图形对象时是否显示夹点符号。

- "在块中显示夹点"复选框:如果勾选此复选框,则用户在选择块中的各对象时均显示对象本身的夹点,否则只将插入点作为夹点显示。
- "显示夹点提示"复选框:当用户在选择对象的某个夹点时,是否显示其夹点的提示功能。
- "显示动态夹点菜单"复选框:当用户在选择对象的某个夹点时,是否显示动态夹点菜单功能,如图 2-18 所示。
- "允许按 Ctrl 键循环改变对象编辑方式行为"复选框:确定是否可按 Ctrl 键来改变对象的编辑方式。
- "对组显示单个夹点"复选框:确定是否显示对象组的单个夹点。
- "对组显示边界框"复选框:确定是否围绕编组对象的范围显示边界框。
- "选择对象时限制显示的夹点数"文本框:当选择复杂对象时,确定最多显示的夹点数量。默认值为 100,大于默认值则不显示夹点。

图 2-17 "夹点颜色"对话框

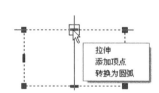

图 2-18 显示动态夹点菜单功能

2.3 图层的设置与控制

在学习绘制图形之前,需要对图层的含义与作用有较清楚的认识。图层就像一张张透明的图纸,用户可以通过图层编辑和调整图形对象,在不同的图层中绘制不同的对象。

2.3.1 图层的概念

在使用 AutoCAD 2020 绘图的过程中,使用图层是一种基本操作,也是较有利的工作方式之一。图层对图形文件中各类实体的分类管理和综合控制具有重要的意义,归纳起来图层主要有以下特点。

- 节省存储空间。
- 能够统一控制同一图层对象的颜色、线条宽度、线型等属性。
- 能够统一控制同类图形实体的显示、冻结等特性。
- 在同一图形中可以建立任意数量的图层,且对同一图层的实体数量没有限制。
- 各图层具有相同的性质、绘图界限及显示时的缩放倍数,可同时对不同图层上的对象进行编辑。

提示与技巧

每个图形都包括名称为 0 的图层，该图层不能删除或重命名，它有两个用途：一是确保每个图形中至少包括一个图层；二是提供与块中的控制颜色相关的特殊图层。但是可以对该图层的相关属性进行设定，如颜色、线型等。

2.3.2 创建图层

在默认情况下，"0"图层被指定使用 7 号白色或黑色（由背景色决定）、Continuous 线型、"默认"线宽及 Normal 打印样式。在绘图过程中，要使用更多图层来绘制图形，则需要先创建新的图层。

用户可以通过以下方法打开"图层特性管理器"面板，如图 2-19 所示。

- ◇ 命令行：在命令行中输入或动态输入"LAYER"命令（命令快捷键为"LA"）并按 Enter 键。
- ◇ 面板：单击"默认"选项卡下"图层"面板中的"图层特性"按钮 。

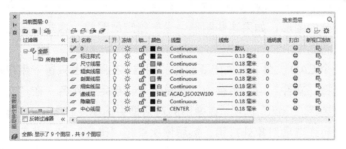

图 2-19 "图层特性管理器"面板

在"图层特性管理器"面板中单击"新建图层"按钮 ，在图层的列表中将出现一个名称为"图层 1"的新图层。如果要更改图层名，可单击该图层名，或者按 F2 键，然后输入一个新的图层名并按 Enter 键。

经验分享——图层命名的约定

要快速创建多个图层，可以选择用于编辑的图层名并用逗号隔开输入的多个图层名。在输入图层名时，图层名最长可达 255 个字符，可以是数字、字母或其他字符，但不允许有>、<、|、\、"、:、|、=等字符，否则系统将弹出如图 2-20 所示的警告框。

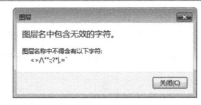

图 2-20 警告框

2.3.3 删除图层

要删除图层，在"图层特性管理器"面板中选择需要删除的图层，然后单击"删除图层"按钮或按 Alt+D 组合键即可。

如果要同时删除多个图层，则可以使用 Ctrl 键或 Shift 键来配合选择多个连续或不连续的图层。

> **经验分享——顽固图层的删除**
>
> 有时用户在删除图层时，系统会提示该图层不能删除等，这时可以使用以下几种方法进行删除操作。
>
> - 将无用的图层关闭，选择全部内容，按 Ctrl+C 组合键执行复制命令，然后新建一个.dwg 文件，按 Ctrl+V 组合键进行粘贴，这时那些无用的图层不会被粘贴过来。但是，如果曾经在这个需要删除的图层中定义过块，又在另一个图层中插入了这个块，那么这个需要删除的图层不能用这种方法删除。
> - 选择需要留下的图层，选择"文件"→"输出"菜单命令，确定文件名；在文件类型栏中选择"块.dwg"选项，然后单击"保存"按钮。这样的块文件就是选中部分的图形，如果这些图形中没有指定的图层，这些图层也不会被保存到新的块图形中。
> - 打开一个 CAD 文件，先关闭要删除的图层，在图面上只留下用户需要的可见图形；选择"文件"→"另存为"菜单命令，确定文件名；在"文件类型"下拉列表中选择"*.dxf"选项，在弹出的对话框中选择"工具"→"选项"→"DXF"选项；再在选项对象处打钩，然后依次单击"确定"和"保存"按钮，此时就可以选择要保存的对象了；将可见或要用的图形选中即可确定保存，完成上述操作后退出这个刚保存的文件，再打开该文件查看，会发现不需要的图层已经被删除了。
> - 利用"LAYTRANS"命令将需要删除的图层映射为"0"图层，这个方法可以删除具有实体对象或被其他块嵌套定义的图层。

2.3.4 设置当前图层

在 AutoCAD 中绘制图形对象时，都是在当前图层中进行的，且所绘制图形对象的属性也将继承当前图层的属性。

- 在"图层特性管理器"面板中选择一个图层，并单击"置为当前"按钮，即可将该图层置为当前图层，并在图层名称前面显示 ✓ 标记，如图 2-21 所示。
- 在"图层"面板"图层控制"下拉列表中选择需要设置为当前图层的图层即可，如图 2-22 所示。
- 在"图层"面板中单击"置为当前"按钮，然后选择指定的对象，即可将选择的图层对象置为当前图层，如图 2-23 所示。

图 2-21 设置当前图层

图 2-22 选择图层

图 2-23 "图层"面板

经验分享——使用"LAYMCUR"命令转换当前图层

在命令行输入"LAYMCUR"命令,根据命令行的提示,选择需要置为当前图层的图形对象。

例如,当前图层为"轴线",执行该命令后,选择"墙体"图层上任何一个对象,即可快速将"墙体"图层置为当前图层。

◆ 在命令行中输入"CLAYER"命令,根据命令行提示,如图 2-24 所示,输入新的图层名,即可快速切换到该图层。例如,当前图层为"尺寸线层",执行该命令,输入需要切换的图层名"虚线层",即可快速将当前图层切换为"虚线层"。

```
命令:CLAYER                              //执行命令
输入 CLAYER 的新值 <"尺寸线层">:虚线层     //输入新的图层名"虚线层"
```

图 2-24 命令行提示

提示与技巧

一般在绘制的图形较大且图形对象较多的情况下使用"CLAYER"命令切换图层,这时即使从图层下拉列表中,也难以快速找到该图层。这就要求读者在绘制图形前,对所建立的图层起一个简单易记的名称,以便快速切换到该图层。

2.3.5 转换图层

转换图层是指将一个图层中的图形转换到另一个图层中。例如,将"图层 1"中的图形转换到"图层 2"中,被转换后的图形的颜色、线型、线宽将拥有"图层 2"的特性。

在需要转换图层时,先在绘图区选择需要转换的图形,然后单击"图层"面板中的

"图层"下拉列表,如图 2-25 所示,选择要转换到的图层即可。

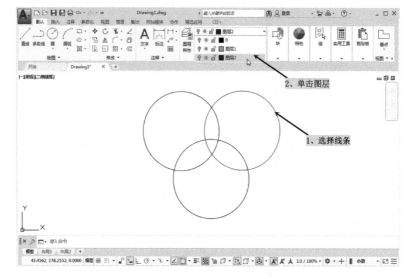

图 2-25　转换图层

> **提示**
>
> 在选择对象时,如果需要选择同一图层上的所有对象,可使用"SELECT"命令,或者在绘图区中右击,在弹出的快捷菜单中选择"快速选择"选项,如图 2-26 所示,弹出"快速选择"对话框,如图 2-27 所示,根据不同的要求,设置不同的参数,即可快速选择同一图层、同一颜色、同一线型的对象,从而大大提高工作效率。

图 2-26　右击后弹出的快捷菜单　　　　图 2-27　"快速选择"对话框

2.3.6　设置图层特性

1. 设置颜色

颜色在图形中具有非常重要的作用,可用来表示不同的组件、功能和区域。图层的颜色实际上是指图层中图形对象的颜色。可以通过如下方法对图层的颜色进行设置。

- 命令行：输入或动态输入"COLOR"命令（命令快捷键为 COL）并按 Enter 键。
- 面板：单击"默认"选项卡下"特性"面板中的"对象颜色"按钮。

启动命令后，在"图层特性管理器"面板中单击相应图层的"颜色"，可弹出"选择颜色"对话框，根据需要选择不同的颜色即可，如图 2-28 所示。

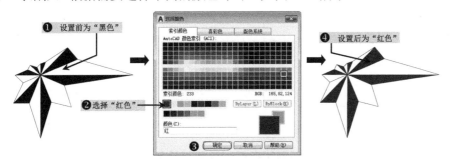

图 2-28 设置图层颜色

经验分享——图层颜色的分类

一般情况，不同的图层应使用不同的颜色。这样可以使用户在绘图过程中通过颜色区分图形对象。如果两个图层使用同一种颜色，那么用户将很难判断正在操作的对象在哪一个图层上。

2. 设置线型

线型在 AutoCAD 中是指图形基本元素中线条的组成和显示方式，如虚线、实线、点画线等。

- 命令行：输入或动态输入"LINETYPE"命令（命令快捷键为"LT"）并按 Enter 键。
- 面板：单击"默认"选项卡下"特性"面板中的"线型"按钮。

启动命令，在"图层特性管理器"面板中单击相应图层的"线型"，将弹出"选择线型"对话框，从中选择相应的线型即可，如图 2-29 所示。

在"选择线型"对话框中单击"加载"按钮可以弹出"加载或重载线型"对话框，通过该对话框可以将更多的线型加载到"选择线型"对话框中，如图 2-30 所示。

AutoCAD 中所提供的线型库文件有 acad.lin 和 acadiso.lin。一般在英制测量系统下使用 acad.lin 线型库文件中的线型；在公制测量系统下使用 acadiso.lin 线型库文件中的线型。

图 2-29 "选择线型"对话框

3. 设置线宽

用户在绘制图形的过程中，应根据设计需要设置不同的线宽，以便更直观地区分图形对象。

- 命令行：输入或动态输入"LWEIGHT"命令（命令快捷键为"LW"）并按 Enter 键。
- 面板：单击"默认"选项卡下"特性"面板中的"线宽"按钮。

启动命令后,在"图层特性管理器"面板中单击相应图层的"线宽",可弹出"线宽"对话框,从中选择相应的线宽即可,如图 2-31 所示。

图 2-30 "加载或重载线型"对话框　　　　图 2-31 "线宽"对话框

设置了线型的线宽后,应在底侧状态栏中激活"显示/隐藏线宽"按钮▆,这样才能在视图中显示出所设置的线宽。如果在"线宽"对话框中调整了不同的线宽显示比例,视图中显示的线宽效果也将不同,如图 2-32 所示。

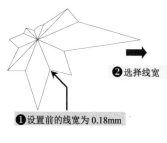

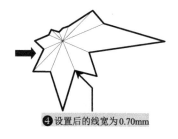

图 2-32 设置线型宽度

4. 设置打印

打印样式可以应用于对象或图层。更改图层的打印样式可以替换对象的颜色、线型和线宽,从而修改打印图形的外观。

在"图层特性管理器"面板中,单击相应图层的"打印"按钮🖨后,该按钮将变成"不打印"按钮🖨。若再次单击该按钮,则又还原为"打印"按钮🖨,如图 2-33 所示。

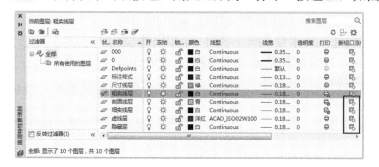

图 2-33 设置打印

第 2 章　AutoCAD 2020 的绘图准备

> **经验分享——打印技巧**
>
> 应该根据打印时线宽的粗细来选择颜色。打印时，线型越宽，该图层就应该选用越亮的颜色，这样可以在屏幕上直观地反映出线型的粗细。
>
> 如果将图层设置为打印图层，但该图层在当前图形中是冻结或关闭状态，那么 AutoCAD 将不打印该图层。
>
> 关闭图层打印只对图形中的可见图层（图层是打开且解冻的）有效。
>
> 如果正在使用颜色相关打印样式模式（系统变量 PSTYLEPOLICY 设置为 1），此选项将不可用。此时，在命令行使用 "PLOTSTYLE" 命令，将弹出如图 2-34 所示的警告框。

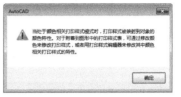

图 2-34　警告框

2.3.7　设置图层状态

在 "图层特性管理器" 面板中，其图层状态包括图层的 "开｜关" "冻结｜解冻" "锁定｜解锁" 等。同样，在 "图层" 工具栏中，用户也能设置并管理各图层的特性，如图 2-35 所示。

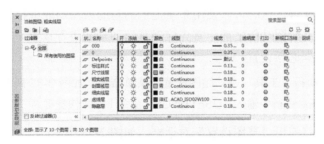

图 2-35　图层状态

- ◆ "开｜关" 图层：在 "图层" 工具栏的列表框中，单击相应图层的 "小灯泡" 图标，可以打开或关闭图层的显示。在打开状态下，灯泡的颜色为黄色，该图层的对象将显示在视图中，也可以在输出设置上打印；在关闭状态下，灯泡的颜色为灰色，该图层的对象不能在视图中显示出来，也不能打印出来。图 2-36 所示为 "打开或关闭" 图层的比较效果。
- ◆ "冻结｜解冻" 图层：在 "图层" 工具栏的列表框中，单击相应图层的 "太阳" 图标或 "雪花" 图标，可以冻结或解冻图层。在图层被冻结时，显示为 "雪花" 图标，其图层的图形对象不能被显示和打印出来，也不能编辑或修改图层上的图形对象；在图层被解冻时，显示为 "太阳" 图标，此时图层上的对象可以被编辑。
- ◆ "锁定｜解锁" 图层：在 "图层" 工具栏的列表框中，单击相应图层的 "小锁" 图标，可以锁定或解锁图层。当图层被锁定时，显示为 "小锁" 图标，此时不能编辑锁定图层上的对象，但仍然可以在锁定的图层上绘制新的图形对象。

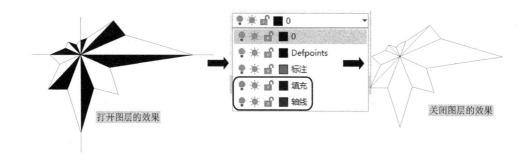

图 2-36 "打开或关闭"图层的比较效果

> **提示**
>
> 关闭图层与冻结图层的区别在于：冻结图层可以减少系统重生成图形的计算时间。若用户的计算机性能较好，且所绘制的图形较为简单，一般不会感觉到冻结图层的优越性。

2.4 精确捕捉与追踪

在实际绘图中，用鼠标指针定位虽然方便快捷，但精度不高，绘制的图形很不精确，远不能满足制图的要求，这时可以使用系统提供的辅助绘图功能进行精确定位。

在使用这些辅助绘图功能之前，首先应对其辅助功能进行设置。采用以下方法打开"草图设置"对话框进行设置。

- 菜单栏：执行"工具"→"绘图设置"菜单命令，如图 2-37 所示。
- 命令行：在命令行中输入"DSETTINGS"命令（命令快捷键为"DS"）并按 Enter 键。

执行命令后，将弹出"草图设置"对话框，如图 2-38 所示。

图 2-37 选择"绘图设置"命令

图 2-38 "草图设置"对话框

2.4.1 捕捉与栅格的设置

"捕捉"用于设置光标移动的间距，"栅格"是一些标定的位置小点，使用它们可以提供直观的距离和位置参照。

在"草图设置"对话框的"捕捉和栅格"选项卡中，可以启用或关闭"捕捉"和"栅格"功能，其快捷键分别为 F9 和 F7，同时可以设置"捕捉"和"栅格"的间距与类型。

在"捕捉和栅格"选项卡中，各选项的含义如下。

- ◆ "启用捕捉"复选框：用于打开或关闭捕捉方式，快捷键为 F9。
- ◆ "捕捉间距"选区：用于设置 X 轴和 Y 轴的捕捉间距。
- ◆ "启用栅格"复选框：用于打开或关闭栅格的显示，快捷键为 F7。
- ◆ "栅格样式"选项组：用于设置在二维模型空间、块编辑器、图纸、布局中显示的栅格样式，如图 2-39 所示。

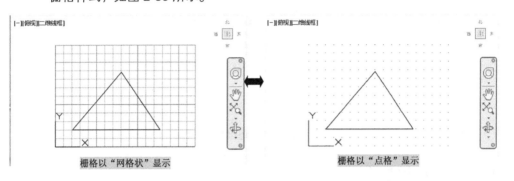

图 2-39　栅格的两种显示样式

- ◆ "栅格间距"选项组：用于设置 X 轴和 Y 轴的栅格间距，以及每条主线之间的栅格数量，如图 2-40 所示。

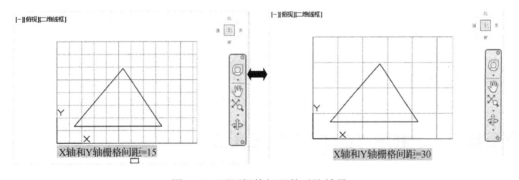

图 2-40　不同栅格间距的对比效果

> **提示**
>
> 栅格是以当前图形界限区域来显示的。如果用户要将当前设置的栅格满屏显示，在命令行中依次输入"Z""A"即可。

- ◆ "栅格行为"选项组：设置栅格的相应规则。
  - ✓ "自适应栅格"复选框：用于限制缩放时栅格的密度。

- ✓ "允许以小于栅格间距的间距再拆分"复选框:放大时,可以生成更多间距更小的栅格线。主栅格线的频率确定更小的栅格线的频率。只有勾选了"自适应栅格"复选框,此选项才有效。
- ✓ "显示超出界限的栅格"复选框:用于确定是否显示超出界限的栅格,如图 2-41 所示。
- ✓ "遵循动态 UCS"复选框:用于确定是否随着动态 UCS 的 XY 平面改变栅格平面。

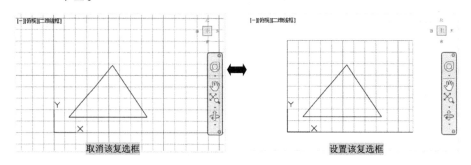

图 2-41　是否显示超出界限的栅格

2.4.2 正交功能

"正交"的含义是指在绘制图形时指定第一个点后,连接光标和起点的直线总是平行于 X 轴或 Y 轴的。若将捕捉设置为等轴测模式,正交还迫使所绘制的直线平行于三个轴中的一个。

用户可通过以下方法打开或关闭"正交"模式。

- ◆ 状态栏:单击状态栏中的"正交"按钮。
- ◆ 快捷键:按 F8 键。
- ◆ 命令行:在命令行中输入或动态输入"ORTHO"命令,然后按 Enter 键。

跟踪练习——利用"正交"绘制三角形

视频\02\使用正交方式绘制正三角形.avi
案例\02\三角形.dwg

本实例通过对象捕捉、栅格捕捉、极轴坐标输入等方法来绘制等边三角形,操作步骤如下。

Step 01 启动 AutoCAD 2020,在快速访问工具栏上单击"打开"按钮,将文件保存为"案例\02\三角形.dwg"文件。

Step 02 在命令行中输入"SE"命令,弹出"草图设置"对话框;切换到"捕捉和栅格"选项卡,按图 2-42 进行设置。

Step 03 切换到"对象捕捉"选项卡,按图 2-43 进行设置,然后单击"确定"按钮。

第 2 章 AutoCAD 2020 的绘图准备

图 2-42 设置"捕捉和栅格"

图 2-43 设置"对象捕捉"

Step 04 在命令行中依次输入"Z""A",栅格视图如图 2-44 所示。

提示与技巧——图形缩放

"Z"代表缩放,"A"代表全部。在 2.5.1 节中将详细讲解"全部缩放"的相关知识,即在当前视口显示整个图形。

Step 05 按 F8 键和 F12 键,启用"正交"模式和"动态输入"模式。

Step 06 单击"绘图"面板中的"直线"按钮,使用鼠标指针在视图中捕捉坐标原点(0,0)并单击确定起点,然后水平向右移至第 4 格位置并单击,从而绘制一条长度为 200 的水平线段(50×4=200),如图 2-45 所示。

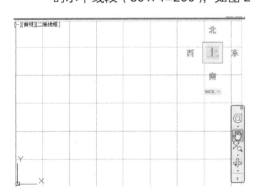

图 2-44 栅格视图

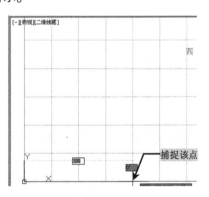

图 2-45 绘制水平线段

Step 07 按 F8 键关闭"正交"模式,并自动启用"极轴角度"输入模式。拖动鼠标,输入 200;按 Tab 键,再输入 120,并按 Enter 键确定,从而绘制第二条边,如图 2-46 所示。

Step 08 同样,输入 200,按 Tab 键,再输入 120,并按 Enter 键确定,从而绘制第三条边,如图 2-47 所示,最后按 Enter 键结束直线命令。

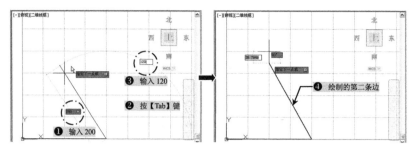

图 2-46 绘制第二条边

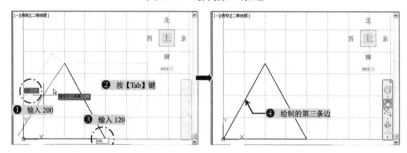

图 2-47 绘制第三条边

Step 09 至此,该三角形绘制完成,按 Ctrl+S 组合键保存。

2.4.3 对象捕捉

用户可通过以下方法打开或关闭"对象捕捉"模式。

- ◆ 状态栏:单击"将光标捕捉到二维参照点"按钮 。
- ◆ 快捷键:按 F3 键。
- ◆ 组合键:按 Ctrl+F 组合键。

在"草图设置"对话框中选择"对象捕捉"选项卡,分别勾选要设置的捕捉模式,如图 2-48 所示。

启用对象捕捉后,将光标放在一个对象上,系统将自动捕捉该对象上所有符合条件的几何特征点,并显示相应的标记。如果将光标放在捕捉点上达 3s 以上,则系统将显示捕捉对象的文字提示信息,如图 2-49 所示。

图 2-48 "对象捕捉"选项卡

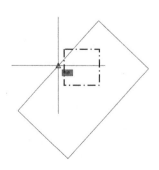

图 2-49 捕捉对象的文字提示信息

第 2 章　AutoCAD 2020 的绘图准备

> **经验分享——"对象捕捉"与"捕捉"的区别**
>
> "对象捕捉"可以把光标锁定在已有图形的特殊点上，它不是独立的命令，是在执行命令过程中结合对象使用的模式；而"捕捉"是将光标锁定在可见或不可见的栅格点上，是可以单独执行的命令。

在 AutoCAD 中，按住 Ctrl 键或 Shift 键并右击，即可弹出"对象捕捉"快捷菜单，如图 2-50 所示。

2.4.4 极轴追踪

要设置极轴追踪的角度或方向，在"草图设置"对话框中选择"极轴追踪"选项卡，然后启用极轴追踪并设置极轴角即可，如图 2-51 所示。

图 2-50 "对象捕捉"快捷菜单

图 2-51 "极轴追踪"选项卡

在"极轴追踪"选项卡中，各主要选项的含义如下。

- ◆ "极轴角设置"选项组：用于设置极轴追踪角度。默认的极轴追踪角度是 90，用户可以在"增量角"下拉列表中选择角度的增加量。若该下拉列表中的角度不能满足用户的要求，可勾选"附加角"复选框，或者单击"新建"按钮并输入一个新的角度值，将其添加到附加角的列表框中即可。
- ◆ "对象捕捉追踪设置"选项组：若选择"仅正交追踪"单选按钮，则可在启用对象捕捉追踪的同时，显示获取的正交对象捕捉追踪路径；若选择"用所有极轴角设置追踪"单选按钮，可以将极轴追踪设置应用到对象捕捉追踪中。
- ◆ "极轴角测量"选项组：用于设置极轴追踪对其角度的测量基准。若选择"绝对"单选按钮，表示在 UCS 和 X 轴正方向为 0 时计算极轴追踪角度；若选择"相对上一段"单选按钮，可以基于最后绘制的线段确定极轴追踪角度。

使用自动追踪（包括极轴追踪和对象捕捉追踪）时，可以采用以下几种方式：

- 与对象捕捉追踪一起使用"垂足、端点、中点"对象捕捉模式,以绘制垂直于对象端点或中点的点。
- 与临时追踪点一起使用对象捕捉追踪。在提示输入点时输入"TT",然后指定一个临时追踪点。该点上将出现一个小的加号"+",如图 2-52 所示。移动光标时,将相对于这个临时追踪点显示自动追踪对齐路径。

图 2-52　临时追踪点效果

- 获取对象捕捉点之后,使用直接距离沿对齐路径(始于已获取的对象捕捉点)在精确距离处指定点。需要指定点提示时,可以在选择对象捕捉点后移动光标以显示对齐路径,然后在命令提示下输入距离值,如图 2-53 所示。
- 在"选项"对话框的"绘图"选项卡中设置"自动"或"按 Shift 键获取",如图 2-54 所示。若对齐点的获取方式默认设置为"自动",当光标距要获取的对齐点非常近时,按 Shift 键将临时获取对齐点。

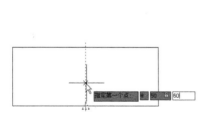

图 2-53　输入距离值效果

图 2-54　设置对齐点的获取方式

2.4.5　动态输入

在 AutoCAD 2020 中,使用动态输入功能可以在指针位置显示标注输入和命令提示等信息,从而极大地方便了绘图。

在状态栏上单击 按钮可打开或关闭动态输入功能,若按 F12 键可以临时将其关闭。当用户启动动态输入功能后,其工具栏提示将在光标附近显示信息,该信息会随着光标的移动而动态更新,如图 2-55 所示。

在数值框中输入数值并按 Tab 键后,该字段将显示一个锁定图标,并且光标会受用户输入数值的约束;随后可以在第二个输入字段中输入数值,如图 2-56 所示。另外,如果用户输入数值后按 Enter 键,则第二个输入字段将被忽略,且该数值将被视为直接距离进行输入。

在状态栏的"动态输入"按钮上右击,从弹出的快捷菜单中选择"动态输入设置",弹出"草图设置"对话框,选择"动态输入"选项卡;勾选"启动指针输入"复选框,当有命令执行时,十字光标位置的坐标将显示在光标附近的工具栏提示中。

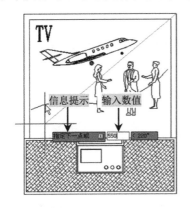

图 2-55 动态输入

图 2-56 锁定标记

在"指针输入"和"标注输入"栏中分别单击"设置"按钮,将弹出"指针输入设置"和"标注输入的设置"对话框,可以设置坐标的默认格式,以及控制指针输入工具栏提示的可见性等,如图 2-57 所示。

图 2-57 设置"指针输入"和"标注输入"

2.5 视图操作

在AutoCAD的模型空间中,图形是按建筑物的实际尺寸绘制的,因此在屏幕内是无法显示整个图形的,这就需要用到视图缩放、平移等控制视图显示的操作工具,以便能快速地显示并绘制图形。缩放命令可以改变图形在视图中显示的大小,从而更清楚地观察当前视窗中太大或太小的图形。

在命令行中执行"ZOOM"命令(命令快捷键为"Z")并按Enter键,命令行中将显示相关的提示信息,如图2-58所示。

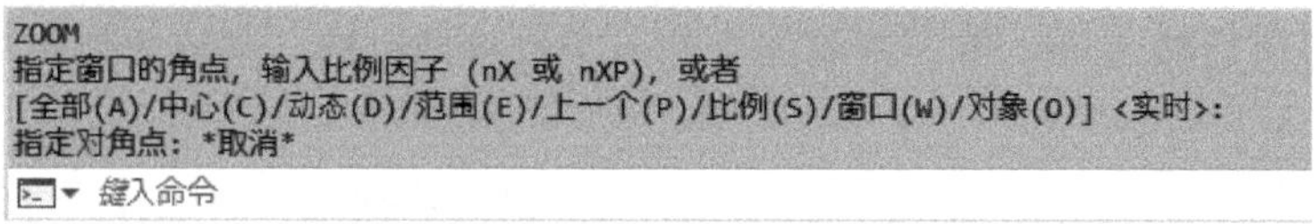

图 2-58 命令行提示信息

在"视图"菜单下的"缩放"系列菜单中选择"缩放"命令,如图 2-59 所示。"缩放"快捷工具栏如图 2-60 所示。

在"视图"选项卡下的"导航"面板中单击"范围"按钮,也会出现如图 2-61 所示的下拉列表。

图 2-59 选择"缩放"命令

图 2-60 "缩放"快捷工具栏

图 2-61 下拉列表

2.5.1 视图缩放

1. 窗口缩放

窗口缩放命令可以将矩形窗口选择的图形充满当前视窗。

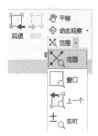

- ◇ 命令行:在命令行中输入"ZOOM"命令,再选择"窗口(W)"选项。
- ◇ 面板:在"视图"选项卡下的"导航"面板中单击"窗口"按钮,如图 2-62 所示。

图 2-62 单击"窗口"按钮

执行完上述操作后,用光标确定窗口对角点,这两个窗口对角点确定了一个矩形框窗口,系统可以将矩形框内的图形放大至整个屏幕,如图2-63所示。

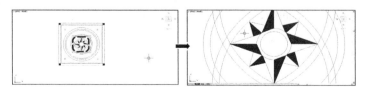

图 2-63 窗口缩放

2. 动态缩放

动态缩放命令表示以动态方式缩放视图。

- ◆ 命令行：在命令行中输入"ZOOM"命令，再选择"动态（D）"选项。
- ◆ 面板：在"视图"选项卡下的"导航"面板中单击"动态"按钮。

使用动态缩放命令时，屏幕上将出现 3 个视图框，如图 2-64 所示。"视图框 1"表示之前的视图区域；"视图框 2"表示图形能达到的最大视图区域，是当前视图的范围；"视图 3"表示正在设置的区域。

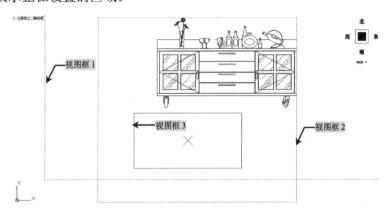

图 2-64 动态缩放显示的视图框

拖动"视图框 3"到适当位置后，单击，会出现一个箭头，可通过该箭头调整视图大小，如图 2-65 所示。

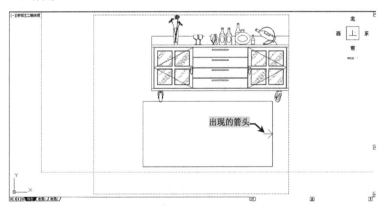

图 2-65 动态缩放

适当调整视图大小后，使其框住需要缩放的图形区域，然后右击或按 Enter 键完成缩放，这时需要缩放的图形将最大化显示在绘图窗口中，如图 2-66 所示。

3. 比例缩放

比例缩放表示按指定的比例对当前图形对象进行缩放。

- ◆ 命令行：在命令行中输入"ZOOM"命令，再选择"比例（S）"选项。
- ◆ 面板：在"视图"选项卡下的"导航"面板中单击"缩放"按钮。

图2-66 图形最大化显示

调用命令后,命令行提示如图2-67所示,在该提示下输入缩放的比例因子即可。

```
[全部(A)/中心(C)/动态(D)/范围(E)/上一个(P)/比例(S)/窗口(W)/对象(O)] <实时>: S
ZOOM 输入比例因子 (nX 或 nXP):
```

图2-67 命令行提示

> **经验分享——输入缩放比例因子的3种方式**
>
> (1)相对于原始图形缩放(也称为绝对缩放):直接输入一个大于或小于1的正数值,将图形以"n"倍于原始图形的尺寸显示。
>
> (2)相对于当前视图缩放:直接输入一个大于或小于1的正数值,并在数字后面加上X,将图形以"n"倍于当前图形的尺寸显示。
>
> (3)相对于图纸空间缩放:直接输入一个大于或小于1的正数值,并在数字后面加上XP,将图形以"n"倍于当前图纸空间的尺寸显示。

跟踪练习——将图形放大 n 倍

视频\02\将图形放大n倍.avi
案例\02\装饰盘.dwg

本实例主要讲解如何定点移动视图,操作步骤如下。

Step 01 启动AutoCAD 2020,在快速访问工具栏中单击"打开"按钮,将"案例\02\装饰盘.dwg"文件打开,如图2-68所示。

Step 02 执行"ZOOM"命令,根据命令行提示选择"比例(S)"选项;提示"输入比例因子"时,输入1,并按空格键确定,即可改变图形显示的大小,如图2-69所示。

4. 中心缩放

中心缩放命令表示按指定的中心点和缩放比例对当前图形对象进行缩放。

- ◇ 命令行:在命令行中输入"ZOOM"命令,再选择"中心(C)"选项。
- ◇ 面板:在"视图"选项卡下的"导航"面板中单击"圆心"按钮。

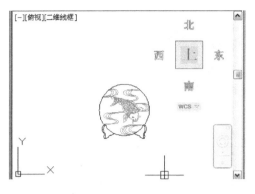　　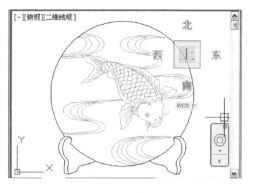

图 2-68　打开的图形　　　　　　　　图 2-69　比例缩放的效果

　　执行上述操作并指定中心点后，命令行提示"输入比例或高度："，此时可以输入缩放倍数或新视图的高度。如果在输入的数值后面加一个字母 X，则此输入值为缩放倍数；如果没有在输入的数值后面加字母 X，则此输入值将作为新视图的高度。

　　例如，在命令行输入"Z"命令，在提示信息下选择"中心（C）"选项，然后在视图中确定一个位置点并输入 5，则视图将以指定点为中心进行缩放，如图 2-70 所示。

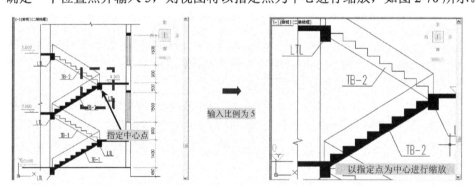

图 2-70　以指定点为中心进行缩放

5．对象缩放

对象缩放命令可将所选对象最大化显示在绘图窗口中。

- ◆ 命令行：在命令行中输入"ZOOM"命令，再选择"对象（O）"选项。
- ◆ 面板：在"视图"选项卡下的"导航"面板中单击"对象"按钮 对象。

　　执行对象缩放命令后，命令行提示"选择对象："，此时用户可以选择需要缩放的对象，然后按 Enter 键确定，从而将选择的对象最大化显示在绘图窗口中。

6．全部缩放

全部缩放表示在当前视口显示整个图形，其大小取决于设置的有效绘图区域，这是因为用户可能没有设置图限或有些图形超出了绘图区域，此时 AutoCAD 系统要重新生成全部图形。

- ◆ 命令行：在命令行中输入"ZOOM"命令，再选择"全部（A）"选项。
- ◆ 面板：在"视图"选项卡下的"导航"面板中单击"全部"按钮 全部。

7. 范围缩放

范围缩放表示将全部图形对象最大限度地显示在屏幕上。

- ◇ 命令行：在命令行中输入"ZOOM"命令，再选择"范围（E）"选项。
- ◇ 面板：在"视图"选项卡下的"导航"面板中单击"范围"按钮 。

2.5.2 视图平移

"平移"命令可以对图形进行平移操作，以便查看图形的不同部分。但该命令并不真正移动图形中的对象，即不真正改变图形，而是通过移动窗口使图形的特定部分位于当前视图窗口中。

可以通过以下几种方式来执行"平移"命令。

- ◇ 面板：在"视图"选项卡下的"导航"面板中单击"平移"按钮 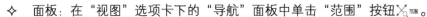，如图 2-71 所示。
- ◇ 命令行：在命令行中输入"PAN"命令或输入"P"，并按住鼠标左键进行拖动。
- ◇ 快捷菜单：在绘图区右击，在弹出的快捷菜单中选择"平移"命令。

图 2-71　单击"平移"按钮

执行"平移"命令后，屏幕上会出现手形光标，此时可以通过拖动手形光标来实现图形的上、下、左、右移动。按 Esc 键或 Enter 键可退出命令。

例如，打开"案例\02\别墅正立面图.dwg"文件，然后执行"平移"命令，即可对图形进行平移操作，如图 2-72 所示。

如果在平移过程中右击，会弹出一个快捷菜单，以供用户选择其他缩放操作，如图 2-73 所示。

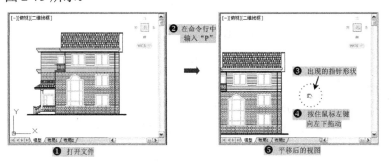

图 2-72　平移的视图

图 2-73　平移与缩放切换

2.5.3 命名视图

命名视图是指以某一视图的状态为名称将其保存起来，然后在需要时将其恢复为当前显示，以提高绘图效率。

在 AutoCAD 环境中，可以通过命名视图，将视图的区域、缩放比例、透视设置等信息保存起来。命名视图可按如下操作步骤进行。

第 2 章　AutoCAD 2020 的绘图准备

Step 01 在 AutoCAD 环境中，按 Ctrl+O 组合键，打开"案例\02\别墅正立面图.dwg"文件，如图 2-74 所示。

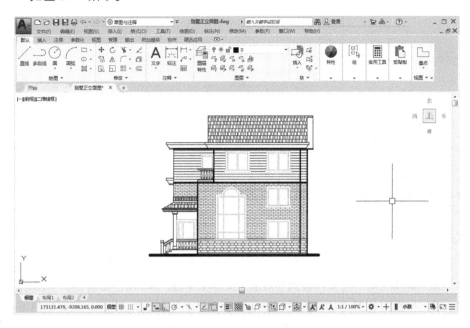

图 2-74　打开的文件

Step 02 单击"视图"选项卡下的"模型视口"中的"命名"按钮 ，弹出"视口"对话框，选择"新建视口"选项卡，按照相应的步骤进行设置，如图 2-75 所示。

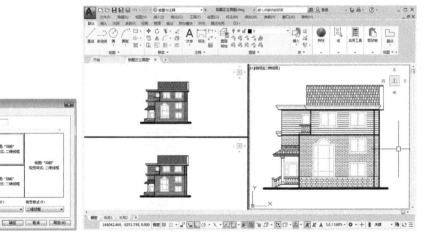

图 2-75　新建视口

Step 03 再次单击"视图"选项卡下的"模型视口"中的"命名"按钮 命名，弹出"视口"对话框，选择"命名视口"选项卡，上一步创建的"别墅正立面图"出现在列表中，如图 2-76 所示。

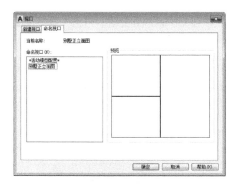

图 2-76 已命名视口

2.5.4 设置弧形对象的显示分辨率

图形对象的显示分辨率直接影响观察图形的效果。

- 使用"OP"命令,在弹出的"选项"对话框中选择"显示"选项卡;在"显示精度"选项组的"圆弧和圆的平滑度"文本框中输入 1000,如图 2-77 所示。
- 在"视图"标签下的"视觉样式"面板中单击 视觉样式▼ ,在出现的下拉列表中的"圆弧/圆平滑化"○后的文本框中输入新的平滑度。

平滑度用于控制圆、圆弧、椭圆、椭圆弧的平滑程度,其有效范围为 1~20000,默认值为 1000。平滑值越大,所显示的图形对象就越光滑。平滑度对比效果如图 2-78 所示。

图 2-77 输入平滑度

❶ 平滑度为 5 的效果　　❷ 输入新的平滑度: 5000　　❸ 平滑度为 5000 的效果

图 2-78 平滑度对比效果

第 2 章　AutoCAD 2020 的绘图准备

> **提示与技巧**
>
> "显示精度"参数用于设置着色对象的平滑度，这些设置会影响 AutoCAD 系统的刷新时间与速度，从而影响用户操作程序时的流畅性，其数值越大，在实现重新生成、显示缩放、显示移动时用的时间就越长。
>
> 使用"重生成"命令（REGEN），将在当前视口中重生成整个图形并重新计算所有对象的屏幕坐标。当下次打开该图形时，需要再次进行生成操作。

2.6　实战演练

2.6.1　初试身手——使用绝对坐标绘制正三角形

视频\02\使用绝对坐标绘制正三角形.avi
案例\02\正三角形.dwg

本实例主要讲解通过坐标输入的方式进行正三角形的绘制，具体操作步骤如下。

Step 01 启动 AutoCAD 2020，在快速访问工具栏中单击"保存"按钮，将文件保存为"案例\02\正三角形.dwg"文件。

Step 02 刚进入工作界面时，图形区域满栅格显示，如图 2-79 所示。在命令行输入"SE"命令并按 Enter 键，弹出"草图设置"对话框；在"捕捉和栅格"选项卡中将栅格 X 轴间距和栅格 Y 轴间距都设置为 10，并取消选择"显示超出界限的栅格"复选框；单击"确定"按钮，如图 2-80 所示。

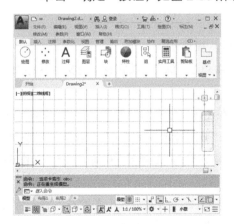

图 2-79　启动时窗口的显示状态

图 2-80　"草图设置"对话框

Step 03 设置栅格以后，栅格将以原点坐标开始显示，且每格间距为 10mm，如图 2-81 所示。

Step 04 按 F12 键关闭动态输入，执行"直线"命令（L）；命令行提示为"指定第一个点："，此时在命令行输入（10,10），然后按空格键，确定起点。

Step 05 此时命令行提示为"指定下一个点："，在命令行输入（@40,0），然后按空格键，

Step 06 命令行提示为"指定下一个点："，输入（@40<120），然后按空格键，从而确定第三点。

Step 07 此时命令行提示为"指定下一点或 [闭合（C）/放弃（U）]："，选择"闭合（C）"或输入（10,10）与起点闭合，从而完成正三角形的绘制，如图 2-82 所示。

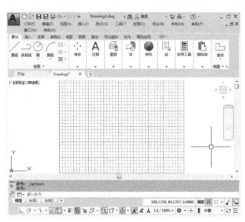
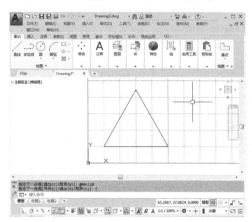

图 2-81　设置栅格后的显示效果　　　　图 2-82　使用绝对坐标绘制的正三角形

Step 08 至此，正三角形绘制完成，按 Ctrl+S 组合键保存。

2.6.2　深入训练——利用对象捕捉绘制两圆的外切线

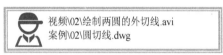

本实例以启用对象捕捉来绘制两圆的外切线，操作步骤如下。

Step 01 启动 AutoCAD 2020，在快速访问工具栏中单击"保存"按钮，将文件保存为"案例\02\圆切线.dwg"文件。

Step 02 单击"绘图"面板中的"圆"按钮，在绘图区域任意绘制两个圆，如图 2-83 所示。

Step 03 在命令行输入"SE"并按 Enter 键，弹出"草图设置"对话框；切换到"对象捕捉"选项卡，勾选"启用对象捕捉"和"切点"复选框；然后单击"确定"按钮，如图 2-84 所示。

Step 04 单击"绘图"面板中的"直线"按钮，将鼠标指针靠近到小圆的右下侧，待出现"递延切点"标记时单击，从而捕捉第一切点，如图 2-85 所示。

Step 05 将鼠标指针靠近大圆的下侧，待出现"递延切点"标记时单击，捕捉第二切点，按 Enter 键确认，从而完成两圆相切直线段的绘制，如图 2-86 所示。

Step 06 按照与前面两步相同的方法，绘制两圆的另外一条外切线，如图 2-87 所示。

第 2 章 AutoCAD 2020 的绘图准备

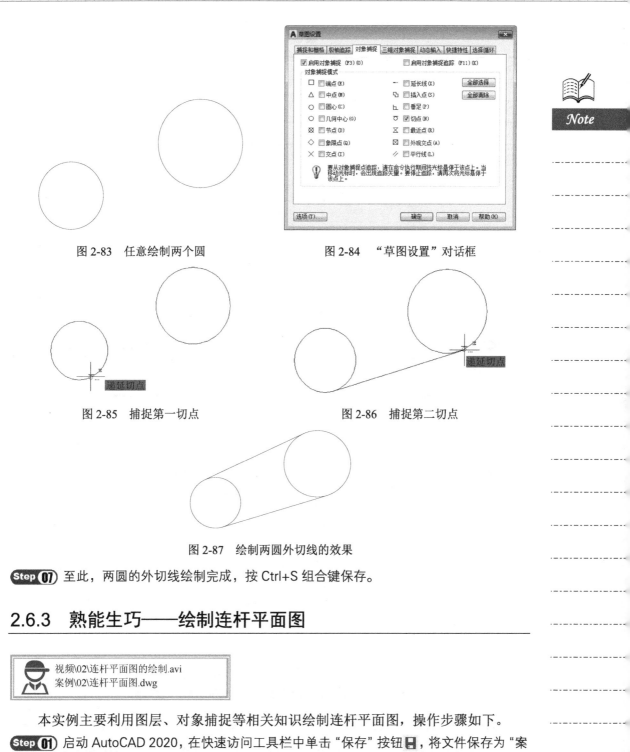

图 2-83 任意绘制两个圆

图 2-84 "草图设置"对话框

图 2-85 捕捉第一切点

图 2-86 捕捉第二切点

图 2-87 绘制两圆外切线的效果

Step 07 至此,两圆的外切线绘制完成,按 Ctrl+S 组合键保存。

2.6.3 熟能生巧——绘制连杆平面图

视频\02\连杆平面图的绘制.avi
案例\02\连杆平面图.dwg

本实例主要利用图层、对象捕捉等相关知识绘制连杆平面图,操作步骤如下。

Step 01 启动 AutoCAD 2020,在快速访问工具栏中单击"保存"按钮,将文件保存为"案例\02\连杆平面图.dwg"文件。

Step 02 使用"图层"命令(LA)打开"图层特性管理器"面板,按照表 2-1 分别新建相应的图层,并将"中心线"图层设置为当前图层,如图 2-88 所示。

表 2-1 图层设置

序 号	图层名	线 宽	线 型	颜色	打印属性
1	中心线	默认	中心线（Center）	红色	打印
2	粗实线	0.30mm	实线（Continuous）	黑色	打印
3	尺寸标注	默认	实线（Continuous）	绿色	打印

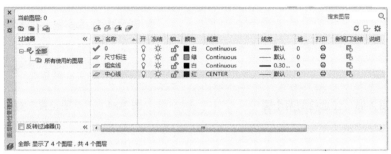

图 2-88 将"中心线"图层设置为当前图层

Step 03 单击"绘图"面板中的"直线"按钮 ，在绘图区域的任意位置指定一点，作为直线的起点；再输入"@110,0"，即绘制长 110 的水平线段，如图 2-89 所示。

图 2-89 绘制水平线段

Step 04 使用"草图设置"命令（SE）打开"草图设置"对话框，在"对象捕捉"选项卡中勾选"启用对象捕捉"复选框和"端点"复选框，如图 2-90 所示。

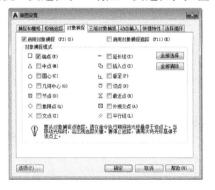

图 2-90 勾选"启用对象捕捉"复选框和"端点"复选框

Step 05 单击"绘图"面板中的"直线"按钮 ，输入"捕捉自"（From）；根据命令行的提示，捕捉水平线段的左端点作为基点，输入"@28,26"，确定直线的起点；再输入"@0,-52"，即可绘制高度为 52 的垂直线段，如图 2-91 所示。

Step 06 单击"绘图"面板中的"直线"按钮 ，输入"捕捉自"（From）；根据命令行的提示，捕捉水平线段的右端点作为基点，输入"@-16,15"，确定直线的起点；再输入"@0,-30"，即可绘制高度为 30 的垂直线段，如图 2-92 所示。

Step 07 使用"草图设置"命令（SE）打开"草图设置"对话框，在"对象捕捉"选项卡中勾选"启用对象捕捉"复选框、"端点"复选框和"交点"复选框，如图 2-93 所示。

Step 08 在"图层"面板的"图层"下拉列表中，将"粗实线"图层设置为当前图层，如图 2-94 所示。

图 2-91　绘制高度为 52 的垂直线段　　　图 2-92　绘制高度为 30 的垂直线段

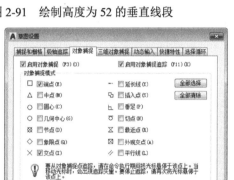
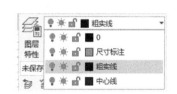

图 2-93　勾选"启用对象捕捉"复选框、"端点"复选框和"交点"复选框　　图 2-94　置换当前图层

Step 09 单击"绘图"面板中的"圆"按钮⊙，捕捉右侧中心线的交点作为圆心，绘制直径为 13 的圆，如图 2-95 所示。

Step 10 单击"绘图"面板中的"圆"按钮⊙，分别捕捉交点作为圆心，绘制直径为 20、28、42 的圆，如图 2-96 所示。

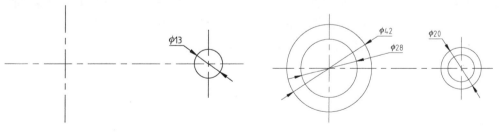

图 2-95　绘制直径为 13 的圆　　　图 2-96　绘制直径为 20、28、42 的圆

Step 11 使用"草图设置"命令（SE）打开"草图设置"对话框，在"对象捕捉"选项卡中勾选"启用对象捕捉"复选框、"端点"复选框和"切点"复选框，如图 2-97 所示。

Step 12 单击"绘图"面板中的"直线"按钮，将鼠标指针靠近左侧外圆的右上侧，待出现"递延切点"标记时单击，捕捉第一切点，如图 2-98 所示。

Step 13 再将鼠标靠近右侧外圆的左上侧，待出现"递延切点"标记时单击，捕捉第二切点，如图 2-99 所示；按 Enter 键确认，从而绘制两圆之间的相切线段，如图 2-100 所示。

Step 14 按照与前面两步相同的方法，绘制两圆底侧的相切线段，如图 2-101 所示。

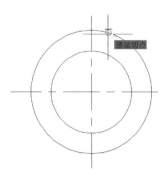

图 2-97　勾选"启用对象捕捉"复选框、"端点"复选框和"切点"复选框　　图 2-98　捕捉第一切点

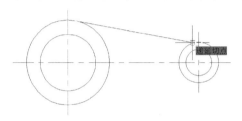

图 2-99　捕捉第二切点

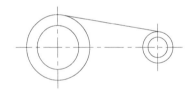
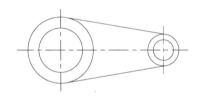

图 2-100　绘制的相切线段的效果　　　　　　图 2-101　绘制两圆底侧的相切线段

Step 15 按 F8 键，打开"正交"模式。

Step 16 单击"绘图"面板中的"直线"按钮，输入"捕捉自"（From）；根据命令行的提示，捕捉左侧线段的交点作为基点，输入"@18,4"，确定直线的第一点，如图 2-102 所示；鼠标指针垂直向下，输入 8，这样垂直线段就绘制完成了，如图 2-103 所示。

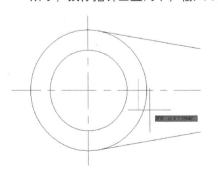
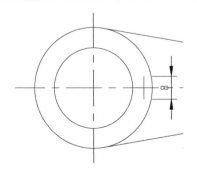

图 2-102　确定直线的第一点　　　　　　　　图 2-103　绘制垂直线段

Step ⑰ 单击"绘图"面板中的"直线"按钮 /,捕捉上一步绘制的垂直线段的上端点和下端点,分别向左绘制长度为 5 的水平线段,如图 2-104 所示。

Step ⑱ 单击"修改"面板中的"修剪"按钮,选择左侧的图形对象,如图 2-105 所示;然后分别单击需要修剪的线段,修剪后的效果如图 2-106 所示。

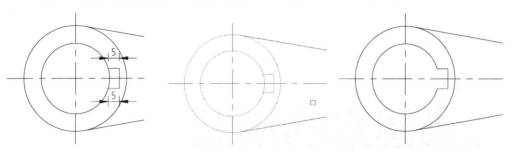

图 2-104　绘制水平线段　　图 2-105　选择左侧的图形对象　　图 2-106　修剪后的效果

Step ⑲ 至此,连杆平面图就绘制完成了,按 Ctrl+S 组合键保存。

2.7　本章小结

　　本章主要讲解了使用 AutoCAD 2020 绘图前的准备工作,内容包括 AutoCAD 坐标系、设置绘图环境、图层的设置与控制、精确捕捉与追踪、视图操作等,最后通过实战演练讲解了使用绝对坐标绘制正三角形、利用对象捕捉绘制两圆的外切线和绘制连杆平面图的方法,为后面的学习打下坚实的基础。

第3章

二维图形的绘制

在 AutoCAD 2020 中，所有图形都是由点、线等基本图形元素构成的，AutoCAD 2020 提供了一系列绘图命令，利用这些命令可以绘制常见的图形。

内容要点

- ◆ 绘制点和直线类图形
- ◆ 绘制圆、圆弧、椭圆等圆类图形
- ◆ 绘制构造线、多线、多段线、样条曲线
- ◆ 利用复制、镜像、阵列、偏移绘图
- ◆ 绘制矩形和正多边形

3.1 基本图形元素的绘制

AutoCAD 2020 中的基本图形元素包括点、直线、矩形和圆等。

3.1.1 点

在 AutoCAD 2020 中，绘制点的命令包括"POINT（点）""DIVIDE（定数等分）""MEASURE（定距等分）"等。点的绘制相当于在图纸的指定位置放置一个特定的点符号，可以起到辅助工具的作用。

1. 设置点样式

在使用命令绘制点图形时，一般要对当前点的样式和大小进行设置。用户可以通过以下几种方法来设置点样式。

- 命令行：在命令行输入"DDPTYPE"命令。
- 面板：在"默认"选项卡下的"实用工具"面板中单击"点样式"按钮，如图 3-1 所示。

执行"点样式"命令后，将弹出"点样式"对话框。在该对话框中，可在 20 种点样式中选择所需要的点样式图标。点的大小可在"点大小"文本框中设置，可以根据需要选择"相对于屏幕设置大小"或"按绝对单位设置大小"单选按钮，如图 3-2 所示。

图 3-1　单击"点样式"按钮

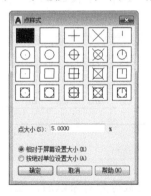

图 3-2　"点样式"对话框

> **经验分享——通过参数来设置点的样式和大小**
>
> 除了可以在"点样式"对话框中设置点样式，也可以使用"PDMODE"和"PDSIZE"参数来设置点的样式和大小。

2. 单点和多点

在 AutoCAD 2020 中，执行单点命令的方法如下：

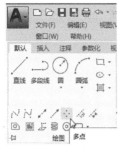

图 3-3 单击"多点"按钮

◆ 命令行：在命令行中输入或动态输入"POINT"命令（命令快捷键为"PO"）并按 Enter 键。

启动单点命令后，命令行提示"指定点："，此时用户在绘图区中单击即可在指定位置绘制点。

在 AutoCAD 2020 中，执行"多点"命令的方法如下。

◆ 面板：在"绘图"面板中单击"多点"按钮 ⁝ ，如图 3-3 所示。

执行"多点"命令后，命令行提示"指定点："，此时用户在视图中单击即可创建多个点对象。

> **提示与技巧**
>
> 执行"多点"命令后，可以在绘图区连续绘制多个点，直到按 Esc 键才可以终止操作。

3．定数等分点

使用"定数等分"命令能够在某一图形上以等分数目创建点或插入块，被等分的对象可以是直线、圆、圆弧、多段线等。执行"定数等分"命令的方法如下。

◆ 面板：单击"绘图"面板中的"定数等分"按钮 ⁝ 。
◆ 命令行：在命令行中输入或动态输入"DIVIDE"命令（命令快捷键为"DIV"），并按 Enter 键。

例如，要将一条长 2000 的线段等分为 5 段，首先应单击"绘图"面板中的"定数等分"按钮 ⁝ ，或者在命令行中输入"DIV"命令，提示"选择要定数等分的对象："时，选择该线段；然后在"输入线段数目或[块（B）]："提示下，输入等分数目 5，即可将长 2000 的线段等分为 5 段，如图 3-4 所示。

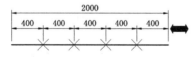

图 3-4 定数等分点

若在定数等分对象以后，在图形中没有发现图形的变化与等分的点，可在"默认"选项卡的"实用工具"面板中单击"点样式"按钮 ⁝ ，在"点样式"对话框中选择易于观察的点样式即可，如图 3-5 所示。

> **经验分享——等分点的作用**
>
> 使用"定数等分"命令创建的点对象，主要用作其他图形的捕捉点，生成的点标记主要起到等分测量的作用，并非将图形断开。

第 3 章　二维图形的绘制

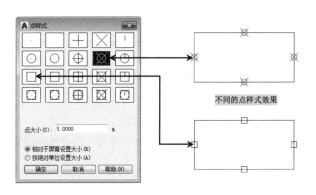

图 3-5　设置不同的点样式

4．定距等分点

"定距等分点"命令可以在指定对象上等距离创建点或图块对象。可以定距等分的对象包括圆弧、圆、椭圆、椭圆弧、多段线和样条曲线。执行"定距等分"命令的方法如下。

- 面板：单击"绘图"面板中的"定距等分"按钮 。
- 命令行：在命令行中输入或动态输入"MEASURE"命令（命令快捷键为"ME"）并按 Enter 键。

启动该命令后，根据如下命令行提示选择对象，再输入等分的距离即可：

```
命令：MEASURE                    //启动"定距等分"命令
选择要定距等分的对象：              //选择被等分的对象
指定线段长度或 [块(B)]：           //输入指定等分距离
```

例如，要将一条长 2000 的线段按照间距为 600 进行等分。首先执行"定距等分"命令，提示"选择要定距等分的对象："，选择该线段的左端或右端；然后在"指定线段长度："提示下，输入要等分的间距值 600，其操作步骤如图 3-6 所示。

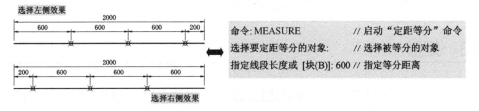

图 3-6　定距等分操作步骤

> **经验分享——定距等分与定数等分的区别**
>
> "定距等分"命令与"定数等分"命令的操作方法基本相同，都是对图形进行有规律的分隔，但前者是按指定间距插入点或图块，直到余下的部分不足一个间距为止；后者则是按指定段数等分图形。
>
> 在使用"定距等分"命令插入图块时，将以输入的距离长度插入图块，直到余下部分不足一个间距为止，如在图 3-6 中，末端距离为 200。

3.1.2 直线

绘制直线段的命令是"LINE",该命令是最基本、最简单的直线绘制命令。用户可以通过以下几种方法来执行"直线"命令。

- ◆ 面板:在"绘图"面板中单击"直线"按钮 ╱ 。
- ◆ 命令行:在命令行中输入或动态输入"LINE"命令(命令快捷键为"L")并按 Enter 键。

启动该命令后,根据命令提示指定直线的起点和下一点,即可绘制出一条直线段;再按 Enter 键确定,即可完成直线的绘制。

命令:LINE	//启动"直线"命令
指定第一点:	//单击第一点
指定下一点或 [放弃(U)]:	//单击第二点或输入距离
指定下一点或 [放弃(U)]:	//可以继续指定点或放弃
指定下一点或 [闭合(C)/放弃(U)]:	//可以选择继续绘制、闭合图形、放弃等选项

在绘制直线的过程中,各选项的提示如下。

- ◆ 指定第一点:要求用户指定线段的起点。
- ◆ 指定下一点:要求用户指定线段的下一点。
- ◆ 闭合(C):在绘制多条线段后,如果输入"C"并按下空格键确定,则最后一个端点将与第一条线段的起点重合,从而组成一个闭合图形。
- ◆ 放弃(U):输入"U"并按空格键确定,则最后绘制的线段将被取消。

> **经验分享——精确绘制直线**
>
> 利用 AutoCAD 2020 绘制工程图时,线段长度的精确度是非常重要的。当使用"LINE"命令绘制图形时,可通过输入相对坐标或极坐标,并配合使用对象捕捉功能,确定直线的端点,从而快速绘制具有一定精确度的长度的直线。

3.1.3 矩形

使用"矩形(REC)"命令,可以通过指定两个对角点的方式绘制矩形,而当两个对角点形成的矩形的边长相同时,则生成正方形。

用户可以通过以下几种方法来执行"矩形"命令。

- ◆ 面板:在"绘图"面板中单击"矩形"按钮 ▭ 。
- ◆ 命令行:在命令行中输入或动态输入"RECTANG"命令(命令快捷键为"REC")并按 Enter 键。

启动命令后,命令行提示如下:

命令:RECTANG	//启动"矩形"命令
指定第一个角点或 [倒角(C)/标高(E)/圆角(F)/厚度(T)/宽度(W)]:	

指定另一个角点或 [面积(A)/尺寸(D)/旋转(R)]： //指定第一个角点
//指定第二个角点

在矩形的命令行提示中，各选项的含义如下。

- 倒角（C）：可以绘制一个带有倒角的矩形，这时必须指定两个倒角的距离。指定两个倒角的距离后，命令行会接着提示"指定第一个角点或 [倒角（C）/标高（E）/圆角（F）/厚度（T）/宽度（W）]:"，只要选择一种方法便可完成矩形的绘制，如图3-7所示。
- 标高（E）：可以指定矩形所在的平面高度，该选项一般用于三维绘图，如图3-8所示。
- 圆角（F）：可以绘制一个带有圆角的矩形，这时必须指定圆角半径，如图3-9所示。

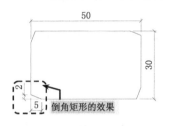 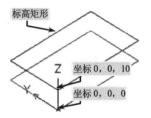 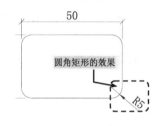

图3-7　绘制"倒角"矩形　　　图3-8　绘制"标高"矩形　　　图3-9　绘制"圆角"矩形

- 厚度（T）：设置具有一定厚度的矩形，此选项也用于三维绘图，如图3-10所示。
- 宽度（W）：设置矩形的线宽，如图3-11所示。

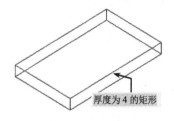 

图3-10　绘制"厚度"矩形　　　　　图3-11　绘制"线宽"矩形

- 面积（A）：通过指定矩形的面积来确定矩形的长或宽。
- 尺寸（D）：通过指定矩形的宽度、高度和矩形另一角点的方向来确定矩形。
- 旋转（R）：通过指定矩形旋转的角度来绘制矩形。

> **经验分享——矩形的特性**
>
> 用"矩形"命令绘制的多边形是多段线，如果要单独编辑某一条边，需要执行"分解"命令（X），将其分解后，才能进行操作。另外，由于"矩形"命令所绘制的矩形是一个整体对象，所以它与执行"直线"命令（L）所绘制的矩形对象不同。

3.1.4　多边形

在AutoCAD 2020中，多边形是由3~1024条等长的封闭线段构成的，默认的多边形的边数为4，用户可以通过系统变量"POLYSIDES"来设置默认的边数。

用户可以通过以下几种方法来执行"多边形"命令。

- ✧ 面板：在"绘图"面板中单击"多边形"按钮。
- ✧ 命令行：在命令行中输入或动态输入"POLYGON"命令（命令快捷键为"POL"）并按 Enter 键。

启动命令后，根据如下提示进行操作。

```
命令：POLYGON                                    //启动"多边形"命令
输入侧面数 <4>：                                  //默认边数为4
指定正多边形的中心点或 [边(E)]：                  //用鼠标指定绘制多边形的中心点
输入选项 [内接于圆(I)/外切于圆(C)] <I>：I         //选择各选项
指定圆的半径：                                    //输入多边形半径或用鼠标单击指定
```

执行"多边形"命令后，其命令行提示中各选项的含义如下。

- ✧ 中心点：指定某一个点，作为多边形的中心点，也可以是坐标原点（0，0）。
- ✧ 边（E）：通过两点来确定其中一条边长，以绘制正多边形。
- ✧ 内接于圆(I)：指定以正多边形内接圆的半径为边长绘制正多边形，如图 3-12 所示。
- ✧ 外切于圆(I)：指定以正多边形外切圆的半径为边长绘制正多边形，如图 3-13 所示。

经验分享——内接于圆与外切于圆的区别

在上面的例子中，均以半径为 50 的圆为基准，分别通过"内接于圆"和"外切于圆"的方式绘制正五边形，分别测量一条边长进行对比，读者可以自行练习。

经验分享——绘制旋转的多边形

如果需要绘制旋转的正多边形，输入圆半径时输入相应的极坐标即可，如输入"@50<45"，如图 3-14 所示。

   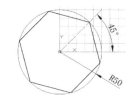

图 3-12 内接于圆　　　　图 3-13 外切于圆　　　　图 3-14 绘制旋转的正多边形

3.1.5 绘制圆

利用"圆"命令可以绘制任意大小的圆图形，可以通过指定圆心、半径、直径、圆周上或其他对象上的点绘制不同的圆。

用户可以通过以下几种方法来执行"圆"命令。

- 面板：在"绘图"面板中单击"圆"按钮⊙，将出现"圆"级联命令，如图 3-15 所示。
- 命令行：在命令行中输入或动态输入"CIRCLE"命令（命令快捷键为"C"）并按 Enter 键。

启动该命令后，根据如下提示操作，绘制一个半径为 25 的圆，如图 3-16 所示：

```
命令:CIRCLE                               //启动"圆"命令
指定圆的圆心或 [三点(3P)/两点(2P)/切点、切点、半径(T)]://指定圆心点
指定圆的半径或 [直径(D)]: 25              //输入圆的半径值
```

图 3-15 "圆"级联命令

执行圆的相关命令，分别有 6 种圆的不同画法，每种方式的具体含义如下。

- 圆心、半径：指定圆心点，然后输入圆的半径值即可。
- 圆心、直径：指定圆心点，然后输入圆的直径值即可，其命令行提示如下，"直径"绘圆如图 3-17 所示。

```
命令:CIRCLE                               //启动"圆"命令
指定圆的圆心或 [三点(3P)/两点(2P)/切点、切点、半径(T)]:   //指定圆心点
指定圆的半径或 [直径(D)]: D                //选择"直径（D）"选项
指定圆的直径或: 50                        //输入圆的直径值
```

图 3-16 "半径"绘圆

图 3-17 "直径"绘圆

- 两点（2P）：指定两点来绘制一个圆，这两点的距离就是圆的直径，如图 3-18 所示。

```
指定圆上的第一个端点：      //指定捕捉圆的第一个端点
指定圆上的第二个端点：      //指定捕捉圆的第二个端点
```

- 三点（3P）：指定三点来绘制一个圆，如图 3-19 所示。

```
指定圆上的第一个点：        //指定捕捉圆的第一点
指定圆上的第二个点：        //指定捕捉圆的第二点
指定圆上的第三个点：        //指定捕捉圆的第三点
```

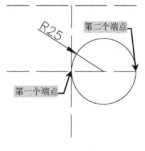

图 3-18 "两点"绘圆

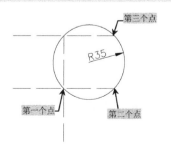

图 3-19 "三点"绘圆

- 切点、切点、半径（T）：与已知的两个对象相切，并输入半径值来绘制的圆。其命令行提示如下，用"切点、切点、半径"方式画圆如图 3-20 所示：

指定对象与圆的第一个切点： //捕捉第一个切点
指定对象与圆的第二个切点： //捕捉第二个切点
指定圆的半径：20 //输入圆的半径值

- 相切、相切、相切（A）：与 3 个已知对象相切来确定的圆。其命令行提示如下，用"相切、相切、相切"方式画圆如图 3-21 所示：

命令：CIRCLE 指定圆的圆心或 [三点(3P)/两点(2P)/切点、切点、半径(T)]：
　　　　　　　　　　　　　　　　　　　　　　　　　　　//启动"圆"命令
_3p 指定圆上的第一个点：_tan 到　　//指定圆的第一个切点
指定圆上的第二个点：_tan 到　　　　//指定圆的第二个切点
指定圆上的第三个点：_tan 到　　　　//指定圆的第三个切点

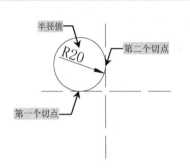　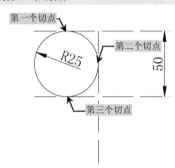

图 3-20　用"切点、切点、半径"方式画圆　　图 3-21　用"相切、相切、相切"方式画圆

经验分享——通过象限点改变圆的大小

用户在绘制好圆对象以后，可能发现结果不是想要的效果，这时可以选中圆对象，此时会出现 5 个夹点，单击除圆心之外的任意夹点，单击以后此夹点会显示红色；向外或向内拖动鼠标，圆将随着鼠标的拖动放大或缩小；输入指定的半径值，即可绘制大小为当前输入的半径值的圆。如图 3-22 所示，圆的半径为 100，选中并拖动圆的右象限点，输入新半径值 150，即可将半径为 100 的圆修改为半径为 150 的圆。

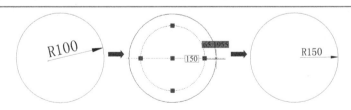

图 3-22　修改圆的半径

3.1.6　绘制圆弧

绘制圆弧的方法有很多，可以通过起点、方向、中点、包角、终点、弦长等参数确定圆弧。用户可以通过以下几种方法来执行"圆弧"命令。

- ◆ 面板：在"绘图"面板中单击"圆弧"按钮。
- ◆ 命令行：在命令行中输入或动态输入"ARC"命令（命令快捷键为"A"）并按 Enter 键。

在"圆弧"下拉列表中，如图 3-23 所示，提供了多种绘制圆弧的方式，如图 3-24 所示。

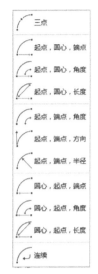 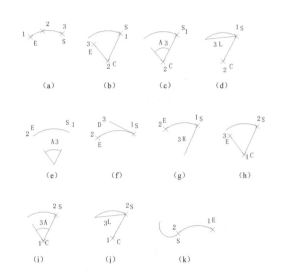

图 3-23　"圆弧"下拉列表　　　　图 3-24　绘制圆弧的方式

- ◆ 三点（P）：给定 3 个点绘制一段圆弧，需要指定圆弧的起点、通过的第二个点和端点。
- ◆ 起点、圆心、端点（S）：指定圆弧的起点、圆心和端点来绘制圆弧。
- ◆ 起点、圆心、角度（T）：指定圆弧的起点、圆心和角度来绘制圆弧，应在"指定包含角："提示下输入角度值。如果当前环境设置逆时针为角度方向，并输入正角度值，则所绘制的圆弧是从起点绕圆心沿逆时针方向得出的；如果输入负角度值，则沿顺时针方向绘制圆弧。
- ◆ 起点、圆心、长度（A）：指定圆弧的起点、圆心和长度绘制圆弧，此时所给的弦长不得超过起点到圆心距离的两倍。另外，在命令行的"指定弦长"提示下，如果所输入的值是负值，则该值的绝对值将作为对应整圆的空缺部分圆弧的弦长。
- ◆ 起点、端点、角度（N）：指定圆弧的起点、端点和角度绘制圆弧。
- ◆ 起点、端点、方向（D）：指定圆弧的起点、端点和方向来绘制圆弧。当命令行显示"指定圆弧的起点切向："提示时，可以移动鼠标指针动态地确定圆弧在起点外的切线方向与水平方向的夹角。
- ◆ 起点、端点、半径（R）：指定起点、端点和半径来绘制圆弧。
- ◆ 圆心、起点、端点（C）：指定圆心、起点和端点来绘制圆弧。
- ◆ 圆心、起点、角度（E）：指定圆心、起点和圆弧所对应的角度来绘制圆弧。
- ◆ 圆心、起点、长度（L）：指定圆心、起点和圆弧所对应的长度来绘制圆弧。
- ◆ 继续（Q）：选择此命令时，在命令行提示"指定圆弧的起点[圆心（C）]："时，直接按 Enter 键，系统将以最后一次绘制线段或圆弧过程中的最后一点作为新圆弧的起点,以最后所绘制的线段的方向或圆弧终止点处的切线方向作为新圆弧在起始点处的切线方向,再指定一点,就可以绘制出一个新的圆弧。

> **经验分享——圆弧的曲率方向**
>
> 用户在绘制圆弧时,需注意圆弧的曲率是遵循逆时针方向的,所以在选择指定圆弧的两个端点和半径模式时,需要注意端点的指定顺序,否则有可能导致圆弧的凹凸形状与预期的结果相反。

跟踪练习——绘制太极图

视频\03\绘制太极图.avi
案例\03\绘制太极图.dwg

本实例讲解太极图的绘制方式,以使用户掌握圆弧的绘制方式,操作步骤如下。

Step 01 启动 AutoCAD 2020,在快速访问工具栏中单击"保存"按钮 ,将其保存为"案例\03\太极图.dwg"文件。

Step 02 在"绘图"面板的"圆"下拉列表中单击"圆心,半径"按钮 ,在图形区域指定中心点,输入半径100,绘制如图3-25所示的圆。

Step 03 在"绘图"面板的"圆弧"下拉列表中单击"起点、端点、半径"按钮,命令行提示"指定圆弧的起点或[圆心(C)]:";捕捉圆上侧象限点为起点,再捕捉圆心为端点;拖动鼠标指针,输入半径50,如图3-26所示。绘制上圆弧的效果如图3-27所示。

Step 04 再次单击"圆弧"下拉列表中的"起点、端点、半径"按钮,捕捉圆下侧象限点为起点,再捕捉圆心为第二点;拖动鼠标指针,输入半径50,绘制上、下圆弧的效果如图3-28所示。

Step 05 在"绘图"面板的"圆"下拉菜单中,单击"圆心,半径"按钮,分别捕捉两个圆弧的圆心,绘制半径为10的两个小圆,如图3-29所示。

Step 06 单击"绘图"面板中的"图案填充"按钮,在新增的"图案填充创建"面板中选择样例为"SOLID",再单击"拾取点"按钮,如图3-30所示。

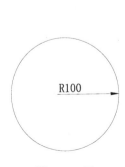

图3-25 圆

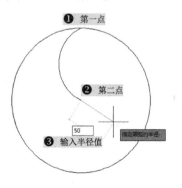

图3-26 执行"圆弧"命令

图 3-27　绘制上圆弧的效果

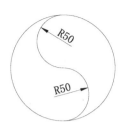
图 3-28　绘制上、下圆弧的效果

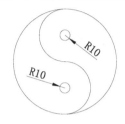
图 3-29　绘制小圆

图 3-30　执行"填充"命令

Step 07 单击以圆弧为界限的左半部分,如图 3-31 所示;然后在上侧小圆内部单击,如图 3-32 所示;按空格键确定,填充效果如图 3-33 所示。

图 3-31　拾取左半部分

图 3-32　拾取上侧小圆内部

图 3-33　填充结果

Step 08 至此,太极图绘制完成,按 Ctrl+S 组合键保存。

3.1.7　绘制椭圆

利用"椭圆"命令可以绘制任意形状的椭圆和椭圆弧图形。用户可以通过以下几种方法执行"椭圆"命令。

- ❖ 面板:单击"绘图"面板中的"椭圆"按钮⊙。
- ❖ 命令行:在命令行中输入或动态输入"ELLIPSE"命令(命令快捷键为"EL")并按 Enter 键。

当单击"椭圆"按钮⊙后,其命令行提示如下:

命令:ELLIPSE　　　　　　　　　　　　　　　//启动"椭圆"命令
指定椭圆的轴端点或 [圆弧(A)/中心点(C)]:　　//选择绘制椭圆的选项

"椭圆"下拉列表中有 3 种画椭圆的方法,如图 3-34 所示。

- "圆心（C）"：表示先指定椭圆的中心点，再指定椭圆的两个轴端点来绘制椭圆，如图 3-35 所示。
- "轴、端点（E）"：表示先指定一条轴的两个端点，再指定另一条轴的端点来绘制椭圆。
- 当直接单击"椭圆弧"按钮时，命令行提示为"指定椭圆弧的轴端点或 [中心点（C）]:"，这时可直接绘制椭圆弧，其命令行提示如下：

```
命令：ELLIPSE
指定椭圆的轴端点或 [圆弧(A)/中心点(C)]: _a        //执行"椭圆弧"命令
指定椭圆弧的轴端点或 [中心点(C)]:                //指定并单击
```

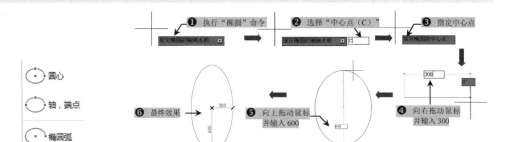

图 3-34 "椭圆"下拉列表　　　　　图 3-35 绘制椭圆

3.2 复杂二维图形的绘制

本节所介绍的直线类对象包括构造线、射线和多段线，虽然这些对象都属于线型，但它们在 AutoCAD 2020 中的绘制方法却各不相同。

3.2.1 构造线

使用"XLINE"命令可以绘制无限延伸的构造线，这种构造线在建筑绘图中常作为图形绘制过程中的中轴线，如基准坐标轴。

用户可以通过以下几种方法来执行"构造线"命令。

- 面板：在"绘图"面板中单击"构造线"按钮 。
- 命令行：在命令行中输入或动态输入"XLINE"命令（命令快捷键为"XL"）并按 Enter 键。

执行"XLINE"命令后，系统将提示"指定点或 [水平（H）/垂直（V）/角度（A）/二等分（B）/偏移（O）]:"选项，通过各选项可以绘制不同类型的构造线，如图 3-36 所示。

执行"XLINE"命令时，命令行中各个选项的含义如下。

- 指定点：用于指定构造线通过的一点。通过两点来确定一条构造线。

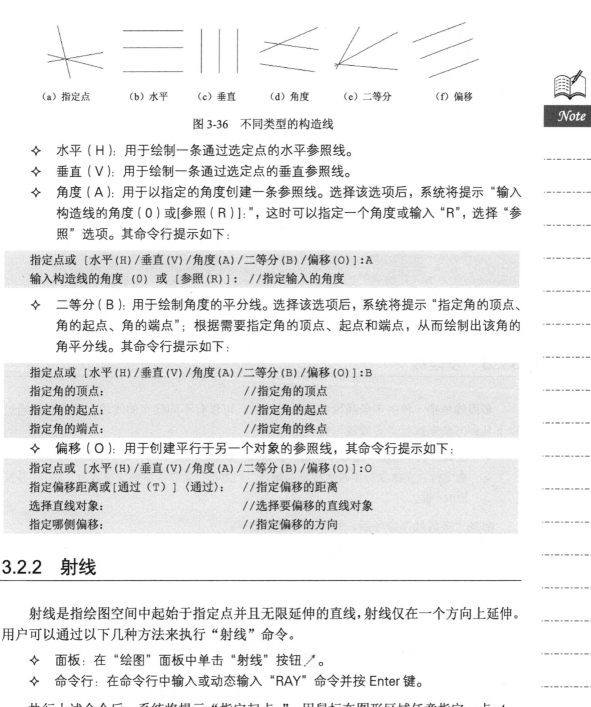

图 3-36 不同类型的构造线

- 水平（H）：用于绘制一条通过选定点的水平参照线。
- 垂直（V）：用于绘制一条通过选定点的垂直参照线。
- 角度（A）：用于以指定的角度创建一条参照线。选择该选项后，系统将提示"输入构造线的角度（0）或[参照（R）]:"，这时可以指定一个角度或输入"R"，选择"参照"选项。其命令行提示如下：

```
指定点或 [水平(H)/垂直(V)/角度(A)/二等分(B)/偏移(O)]:A
输入构造线的角度（0）或 [参照(R)]：  //指定输入的角度
```

- 二等分（B）：用于绘制角度的平分线。选择该选项后，系统将提示"指定角的顶点、角的起点、角的端点"；根据需要指定角的顶点、起点和端点，从而绘制出该角的角平分线。其命令行提示如下：

```
指定点或 [水平(H)/垂直(V)/角度(A)/二等分(B)/偏移(O)]:B
指定角的顶点：           //指定角的顶点
指定角的起点：           //指定角的起点
指定角的端点：           //指定角的终点
```

- 偏移（O）：用于创建平行于另一个对象的参照线，其命令行提示如下：

```
指定点或 [水平(H)/垂直(V)/角度(A)/二等分(B)/偏移(O)]:O
指定偏移距离或[通过（T）]〈通过〉：  //指定偏移的距离
选择直线对象：              //选择要偏移的直线对象
指定哪侧偏移：              //指定偏移的方向
```

3.2.2 射线

射线是指绘图空间中起始于指定点并且无限延伸的直线，射线仅在一个方向上延伸。用户可以通过以下几种方法来执行"射线"命令。

- 面板：在"绘图"面板中单击"射线"按钮。
- 命令行：在命令行中输入或动态输入"RAY"命令并按 Enter 键。

执行上述命令后，系统将提示"指定起点："，用鼠标在图形区域任意指定一点 *A*，将提示"指定通过点："，在图形区域任意指定方向 *B*，确定一条射线；继续提示"指定通过点："，用鼠标继续单击 *C*、*D*、*E*、*F*，即可以前面指定的点 *A* 为起点，完成多条射线的绘制，如图 3-37 所示。

```
命令：RAY 指定起点：    //启动命令并指定起点 A
指定通过点：            //指定 B 方向绘制射线
指定通过点：            //指定 C 方向绘制射线
```

指定通过点：　　　　　　//指定 D 方向绘制射线
指定通过点：　　　　　　//指定 E 方向绘制射线
指定通过点：　　　　　　//指定 F 方向绘制射线

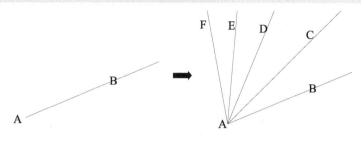

图 3-37　绘制射线

经验分享——绘制指定角度的射线

用户在绘制射线的指定通过点时，如果要使其保持一定的角度，最好采用输入点的极坐标的方式绘制，可以输入不为零的任意长度值。

3.2.3　多段线

多段线是指一种由多条线段和圆弧组成的，可以有不同线宽的线段。用户可以通过以下几种方法来执行"多段线"命令。

- 面板：在"绘图"面板中单击"多段线"按钮 。
- 命令行：在命令行中输入或动态输入"PLINE"命令（命令快捷键为"PL"）并按 Enter 键。

启动"多段线"命令后，其命令行提示如下：

命令：PLINE　　//启动"多段线"命令
指定起点：　　　//单击起点位置
当前线宽为 0.0000
指定下一个点或 [圆弧(A)/半宽(H)/长度(L)/放弃(U)/宽度(W)]：
　　　　　　　　　　　　　　　　　　　　　　　　　　//指定点或选择其他选项
指定下一点或 [圆弧(A)/闭合(C)/半宽(H)/长度(L)/放弃(U)/宽度(W)]：

在命令行提示中，各选项的含义如下。

- 圆弧(A)：从绘制直线方式切换到绘制圆弧方式，其命令行提示如下，绘制的圆弧多段线效果如图 3-38 所示。

指定圆弧的端点或[角度(A)/圆心(CE)/方向(D)/半宽(H)/直线(L)/半径(R)/第二个点(S)/放弃(U)/宽度(W)]：

- 半宽(H)：设置多段线的一半宽度，用户可分别指定多段线的起点半宽和终点半宽，如图 3-39 所示。

图 3-38 绘制的圆弧多段线效果　　　　图 3-39 半宽多段线

- ◇ 长度（L）：指定绘制直线段的长度。
- ◇ 放弃（U）：删除多段线的前一段对象，方便用户及时修改在绘制多段线过程中出现的错误。
- ◇ 宽度（W）：设置多段线的不同起点宽度和端点宽度，如图 3-40 所示。

当用户设置了多段线的宽度时，可通过"FILL"变量设置是否对多段线进行填充。如果设置为"开（ON）"，则表示填充；如果设置为"关（OFF）"，则表示不填充，如图 3-41 所示。

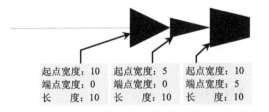

图 3-40 绘制不同宽度的多段线　　　　图 3-41 是否填充的效果

- ◇ 闭合（C）：与起点闭合，并结束命令。当多段线的宽度大于 0 时，若想绘制闭合的多段线，一定要选择"闭合（C）"选项，这样才能使其完全闭合，否则即使起点与终点重合，也会出现缺口，如图 3-42 所示。

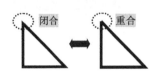

图 3-42 起点与终点是否闭合的效果

跟踪练习——绘制导线对地绝缘击穿符号

 视频\03\绘制导线对地绝缘击穿符号.avi
案例\03\导线对地绝缘击穿符号.dwg

本实例利用前面讲解的直线、多段线等命令绘制导线对地绝缘击穿符号，其操作步骤如下。

Step 01 启动 AutoCAD 2020，按 Ctrl+S 组合键保存该文件为"案例\03\导线对地绝缘击穿符号.dwg"。

Step 02 执行"直线"命令（L），在绘图区指定一点；按 F8 键打开正交模式，绘制一条长度为 2 的水平线段，如图 3-43 所示。

Step 03 执行"偏移"命令（O），将前面绘制的水平线段向上各偏移 2、2、10，如图 3-44 所示。

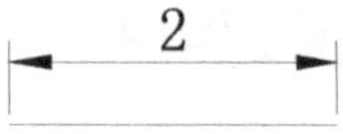

图 3-43　绘制水平线段 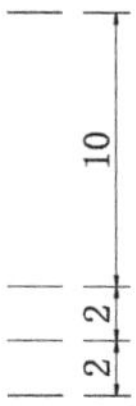　　　　　　　　图 3-44　偏移线段

Step 04 选中第二条线段，此时该线段呈现 3 个夹点状态；单击右侧的夹点，此夹点将显示红色，向右拖动，并输入拉长的距离为 2，如图 3-45 所示。

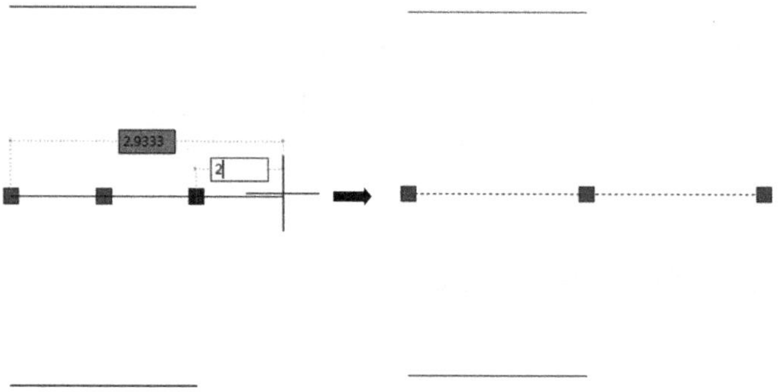

图 3-45　拉长第二条线段右端

Step 05 采用同样的方法，将第二条线段的左端拉长 2，使其长度达到 6，如图 3-46 所示；再将第三条线段两侧各拉长 3，使其长度达到 8，如图 3-47 所示。

图 3-46　拉长第二条线段左端 　　　　　图 3-47　拉长第三条线段

Step 06 再将最上侧的线段的两端各拉长 5，使其长度达到 12，如图 3-48 所示。

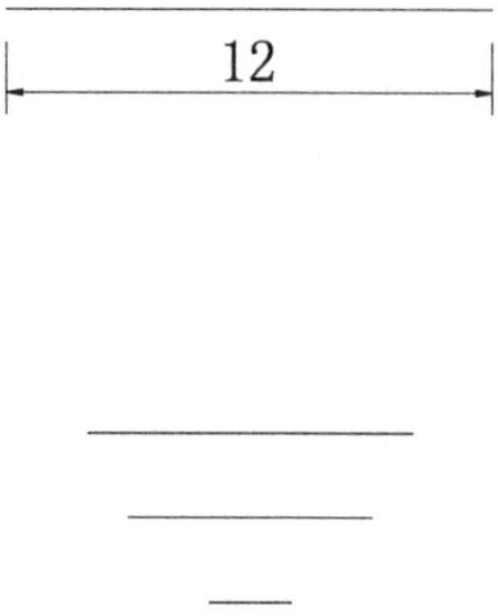

Step 07 执行"多段线"命令（PL），按住 Ctrl 键并右击，选择 中点(M) 项，如图 3-49 所示；然后在上水平中点处单击，向下绘制一条折断线，如图 3-50 所示；在未终止命令的情况下，根据命令提示，设置起点宽度为 0.5，终点宽度为 0；继续沿着这条斜线向下拖动，绘制箭头多段线，如图 3-51 所示。

Step 08 至此，导线对地绝缘击穿符号绘制完成，按 Ctrl+S 组合键保存即可。

图 3-48　拉长最上侧线段

图 3-49　设置对象捕捉模式

图 3-50　绘制折断线

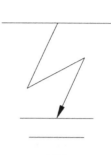

图 3-51　绘制箭头多段线

3.2.4　圆环

AutoCAD 2020 中提供了绘制圆环的命令。圆环由两条圆弧多段线组成，这两条圆弧多段线首尾相接而形成圆环。多段线的宽度由指定的内、外直径决定，即只需指定它的内、外直径和圆心，即可完成多个相同性质的圆环图形对象的绘制。

通过以下几种方法可以启动"圆环"命令。

◇　命令行：输入或动态输入"DONUT"命令（命令快捷键为"DO"）并按 Enter 键。
◇　面板：在"默认"选项卡下的"绘图"面板中单击"圆环"按钮⊚。

启动"圆环"命令后，根据如下提示操作，即可绘制圆环，如图 3-52 所示。

图 3-52　绘制圆环

使用系统变量"FILL"可以控制是否填充圆环，如图 3-53 和图 3-54 所示。

图 3-53　填充的圆环

图 3-54　不填充的圆环

```
命令:FILL                                    //启动"填充"命令
输入模式 [开(ON)/关(OFF)] <开>: ON           //选择"ON"表示填充
```

若指定圆环内径为 0,则可绘制一个实心圆,如图 3-55 所示。

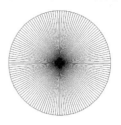

图 3-55 实心圆的效果

3.2.5 样条曲线

样条曲线是一种特殊的线段,用于绘制曲线,其平滑度比圆弧更好,它是一种通过或接近指定点的拟合曲线。

在 AutoCAD 2020 中使用的样条曲线为非均匀 NURBS 曲线。使用 NURBS 能在控制点之间产生一条光滑的曲线,如图 3-56 所示。样条曲线可用于绘制形状不规则的图形,如绘制地图或汽车的曲面轮廓线等。

在 AutoCAD 2020 中绘制样条曲线时,可以通过以下几种方法来执行"样条曲线"命令。

图 3-56 样条曲线

- ◆ 面板:在"绘图"面板中单击"样条曲线"系列按钮。
- ◆ 命令行:在命令行中输入或动态输入"SPLINE"命令(命令快捷键为"SPL")并按 Enter 键。

执行"样条曲线"命令后,命令行提示如下:

```
命令:SPLINE
当前设置:方式=拟合  节点=弦
指定第一个点或 [方式(M)/节点(K)/对象(O)]:
输入下一个点或 [起点切向(T)/公差(L)]:
输入下一个点或 [端点相切(T)/公差(L)/放弃(U)]:
输入下一个点或 [端点相切(T)/公差(L)/放弃(U)/闭合(C)]:
```

在"样条曲线"命令行提示中,各选项的具体含义如下。

- ◆ 方式(M):该选项可以选择样条曲线是作为拟合点还是作为控制点。
- ◆ 节点(K):选择该选项后,其命令行提示为"输入节点参数化[弦(C)/平方根(S)/统一(U)]:",从而根据相关方式来调整样条曲线的节点。
- ◆ 对象(O):将由一条多段线拟合生成样条曲线。
- ◆ 指定起点切向(T):指定样条曲线起点处的切线方向。
- ◆ 公差(L):此选项用于设置样条曲线的拟合公差。这里的拟合公差指的是实际样条曲线与输入的控制点之间所允许的偏移距离的最大值。拟合公差越小,样条曲线与拟合点越接近。当给定拟合公差时，绘出的样条曲线不会通过各个控制点，但一定会通过起点和终点。

> **经验分享——通过夹点修改样条曲线**
>
> 当用户绘制的样条曲线不符合要求或指定的点不到位时，用户可以选择该样条曲线，再使用鼠标指针捕捉相应的夹点来改变，如图 3-57 所示。

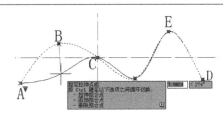

图 3-57　通过夹点编辑样条曲线

3.2.6　多线

多线是一种组合图形，由多条平行线组合而成，各平行线之间的距离和平行线的数目可以随意调整。多线的用途很广，它能够极大地提高绘图效率。多线一般用于电子线路图、建筑墙体等的绘制。

1. 绘制多线

"多线"命令用于绘制任意多条平行线的组合图形，用户可以通过下列方法执行"多线"命令。

- ◆ 命令行：在命令行中输入或动态输入"MLINE"命令（命令快捷键为"ML"）并按 Enter 键。

启动"多线"命令后，根据如下提示操作：

```
命令:MLINE                                  //启动"多线"命令
当前设置：对正 = 上, 比例 = 20.00, 样式 = STANDARD
                                            //显示当前的多线的设置情况
指定起点或 [对正(J)/比例(S)/样式(ST)]: //绘制多线并进行设置
```

在"多线"命令行提示中，各选项的具体含义如下。

- ◆ 对正（J）：用于指定绘制多线时的对正方式，共有 3 种对正方式："上（T）"是指从左向右绘制多线时，多线最上端的线会随着鼠标指针移动；"无（Z）"是指多线的中心将随着鼠标移动；"下（B）"是指从左向右绘制多线时，多线最下端的线会随着鼠标指针移动。3 种不同的对正方式如图 3-58 所示。
- ◆ 比例（S）：此选项用于设置多线的平行线之间的距离。可输入 0、正值或负值，输入 0 时各平行线重合，输入负值时平行线的排列将倒置。不同比例因子的多线效果如图 3-59 所示。

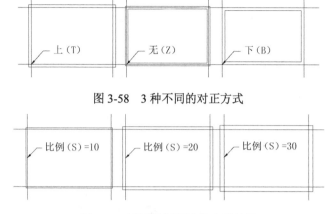

图 3-58 3 种不同的对正方式

图 3-59 不同比例因子的多线效果

- ◆ 样式（ST）：此选项用于设置多线的绘制样式。默认的样式为标准型（Standard），用户可根据提示输入所需的多线样式名。

经验分享——多线宽度的计算

用户在绘制施工图的过程中，如果需要使用多线方式来绘制墙体对象，可以通过设置多线的不同比例来设置墙体的厚度。例如，选择标准型（Standard）多线样式时，其上下偏移距离为（0.5，−0.5），多线的间距为 1。这时若要绘制 120mm 厚的墙体对象，可以设置多线的比例为 120；同样，若要绘制 240mm 厚的墙体对象，设置多线比例为 240 即可。当然，用户也可以通过重新建立新的多线样式来设置不同的多线。

2．创建与修改多线样式

在日常使用中，有时两条平行的多线并不能满足要求，这就需要重新对多线样式进行设置和定义。用户可以通过下列方法执行"多线样式"命令。

- ◆ 命令行：在命令行中输入或动态输入"MLSTYLE"命令并按 Enter 键。

启动"多线样式"命令之后，将弹出"多线样式"对话框，如图 3-60 所示。下面将对"多线样式"对话框中各功能按钮的含义进行说明。

图 3-60 "多线样式"对话框

- ◆ "样式"列表框：显示已经设置好或加载的多线样式。
- ◆ "置为当前"按钮：将"样式"列表框中所选择的多线样式设置为当前模式。
- ◆ "新建"按钮：单击该按钮，将弹出"创建新的多线样式"对话框，从而可以创建新的多线样式，如图 3-61 所示。
- ◆ "修改"按钮：在"样式"列表框中选择多线样式并单击该按钮，将弹出"修改多线样式：STANDARD"对话框，可修改多线样式，如图 3-62 所示。

第 3 章 二维图形的绘制

图 3-61 "创建新的多线样式"对话框　　　图 3-62 "修改多线样式：STANDARD"对话框

> **注意**
> 若当前文档中已经绘制了多线样式，就不能再对该多线样式进行修改了。

- ◆ "重命名"按钮：将"样式"列表框中所选择的多线样式重命名。
- ◆ "删除"按钮：将"样式"列表框中所选择的多线样式删除。
- ◆ "加载"按钮：单击该按钮，将弹出如图 3-63 所示的"加载多线样式"对话框，从而可以将更多的多线样式加载到当前文档中。
- ◆ "保存"按钮：单击该按钮，将弹出如图 3-64 所示的"保存多线样式"对话框，将当前的多线样式保存为一个多线文件（*.mln）。

图 3-63 "加载多线样式"对话框　　　图 3-64 "保存多线样式"对话框

在"创建新的多线样式"对话框中，各选项的含义如下。

- ◆ "说明"：对新建的多线样式补充说明。
- ◆ "起点""端点"：勾选该复选框，则绘制的多线将首尾连接。
- ◆ "角度"：平行线之间端点的连线的角度偏移。
- ◆ "填充颜色"：可选择多线中平等线之间是否填充颜色。
- ◆ "显示连接"：勾选该复选框，则绘制的多线是互相连接的。
- ◆ "图元"区域：单击白色显示框中的"偏移""颜色""线型"下的各个数据或多线样式名，可以在下面相应的各选项中修改其特性。"添加"与"删除"两个按钮用于添加和删除多线中的某个平行线。

> **经验分享——多线的封口样式**
>
> 在"修改多线样式"对话框中,用户可以在"说明"中输入对多线样式的说明,在"封口"中选择起点和端点的封口形式,有直线、外弧和内弧 3 种封口形式,3 种封口形式的效果如图 3-65 所示,其中内弧封口必须由 4 条及 4 条以上的直线组成。

图 3-65　3 种封口形式的效果

3.3　利用复制方式快速绘图

本节将详细介绍 AutoCAD 2020 中的复制、镜像、阵列、偏移等命令,利用这些命令,可以方便地编辑和复制图形。

3.3.1　复制图形

"复制"命令可以将选中的对象复制到任意指定的位置,可以进行单个复制,也可以进行多重连续复制。

用户可以通过以下几种方式执行"复制"命令。

- ◇ 面板:在"修改"面板中单击"复制"按钮 。
- ◇ 命令行:在命令行中输入或动态输入"COPY"命令(命令快捷键为"CO")并按 Enter 键。
- ◇ 快捷菜单:选择要复制的对象,在绘图区右击,在弹出的快捷菜单中选择"复制"命令。

执行"复制"命令后,根据提示操作,即可复制所选择的图形对象,如图 3-66 所示。

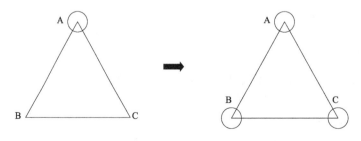

图 3-66　带基点多次复制

命令:COPY　　　　　　　　　　　　　　　　//启动"复制"命令

选择对象：找到 1 个	//选中需要复制的圆
选择对象：	//按 Enter 键确定
当前设置：复制模式 = 单个	//默认复制模式
指定基点或 [位移(D) /模式(O) /多个(M)] <位移>:	//输入"M"选择多次复制
指定基点或 [位移(D) /模式(O) /多个(M)] <位移>:	//指定圆心为复制的基点
指定第二个点或 <使用第一个点作为位移>:	//捕捉第一点 B
指定第二个点或 [退出(E) /放弃(U)] <退出>:	//捕捉第二点 C

在复制的过程中，其命令行提示中各选项的含义如下。

- ◆ 指定基点：指定一个坐标点后，AutoCAD 2020 把该点作为复制对象的基点，并提示"指定第二个点或 <使用第一个点作为位移>:"；指定第二个点后，系统将默认使用第一个点作为位移基点，则第一个点被当作相对于 X 轴、Y 轴、Z 轴方向的位移；这时可以不断地指定新的点，从而实现多重复制。
- ◆ 位移：直接输入位移值，表示以选择对象时的拾取点为基准，以拾取点坐标为移动方向，移动指定位移后所确定的点为基点。
- ◆ 模式：控制是否自动重复该命令，即确定复制模式是单个还是多个。选择该项后，系统提示"复制模式选项 [单个（S）/多个（M）]:"。若选择"单个（S）"选项，则只能执行一次"复制"命令；若选择"多个（M）"选项，则能执行多次"复制"命令。

提示

在等距离复制图形时，指定一个坐标基点后，系统将默认使用第一个点作为位移，把该点作为复制对象的基点，因此输入的距离是以原始图形位置来计算的。

3.3.2 镜像图形

在绘图过程中，经常会遇到一些对称图形，AutoCAD 2020 对此提供了图形镜像功能，因此，只需绘制出对称图形的一部分，然后利用"MIRROR"命令即可复制对称的另一部分图形。

用户可以通过以下几种方式执行"镜像"命令。

- ◆ 面板：在"修改"面板中单击"镜像"按钮。
- ◆ 命令行：在命令行中输入或动态输入"MIRROR"命令（命令快捷键为"MI"）并按 Enter 键。

启动"镜像"命令后，根据如下提示操作：

命令：MIRROR	//启动"镜像"命令
选择对象：找到 1 个	//选择需要镜像的图形对象
选择对象：	//按 Enter 键结束选择
指定镜像线的第一点：	//指定镜像基线第一点 A
指定镜像线的第二点：	//指定镜像基线第二点 B

要删除源对象吗？[是(Y)/否(N)] <N>: n
//输入"N"保留源对象，输入"Y"删除源对象

> **经验分享——镜像文字**
>
> 在 AutoCAD 2014 中镜像文字时，可以通过控制系统变量"Mirrtext"来控制对象的镜像方向。
>
> 在"镜像"命令中，其系统变量的默认值为 0，则文字方向不镜像，即文字可读；在执行"镜像"命令之前，先执行"Mirrtext"，设其值为"1"，再执行"镜像"命令，镜像后的文字变得不可读，如图 3-67 所示。

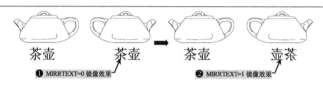

图 3-67 镜像的不同方式

3.3.3 阵列图形

使用"阵列"命令可按指定方式排列多个对象副本，系统提供了"矩形阵列""环形阵列""路径阵列"3 种阵列选项。

用户可以通过以下几种方式执行"阵列"命令。

- ◇ 面板：在"修改"面板中单击"阵列"系列按钮。
- ◇ 命令行：在命令行中输入或动态输入"ARRAY"命令（命令快捷键为"AR"）并按 Enter 键。

启动"阵列"命令后，根据如下提示操作：

```
命令:ARRAY                                          //启动"阵列"命令
选择对象：找到 1 个                                  //选择阵列对象
选择对象：
输入阵列类型 [矩形(R)/路径(PA)/极轴(PO)]             //选择阵列方式
```

在执行"阵列"命令的过程中，其命令行提示中各选项的含义如下：

- ◇ 矩形（R）：以矩形方式来复制多个相同的对象，并设置阵列的行数及行间距、列数及列间距，如图 3-68 所示。

```
类型 = 矩形  关联 = 是                              //矩形阵列
选择夹点以编辑阵列或 [关联(AS)/基点(B)/计数(COU)/间距(S)/列数(COL)/行数(R)/层数(L)/退出(X)] <退出>:  R
输入行数数或 [表达式(E)] <4>: 3                     //输入行数
指定行数之间的距离或 [总计(T)/表达式(E)] : 500      //输入行距
选择夹点以编辑阵列或 [关联(AS)/基点(B)/计数(COU)/间距(S)/列数(COL)/行数(R)/层数(L)/退出(X)] <退出>:  COL                                    //选择"列数（COL）"
```

第 3 章　二维图形的绘制

```
输入列数或 [表达式(E)] <4>:  4                    //输入列数
指定列数之间的距离或 [总计(T)/表达式(E)]: 500    //输入列距
选择夹点以编辑阵列或 [关联(AS)/基点(B)/计数(COU)/间距(S)/列数(COL)/行数(R)/层
数(L)/退出(X)] <退出>:                          //选择各选项
```

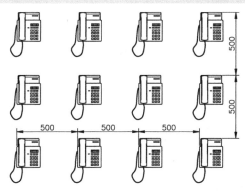

图 3-68　矩形阵列

◆ 路径（PA）：以指定的中心点进行路径阵列，并设置路径阵列的数量及填充角度。

```
类型 = 路径   关联 = 是                          //路径阵列
选择路径曲线:                                    //选择阵列围绕路径
选择夹点以编辑阵列或 [关联(AS)/方法(M)/基点(B)/切向(T)/项目(I)/行(R)/层(L)/对
齐项目(A)/Z 方向(Z)/退出(X)] <退出>:            //选择各选项
```

◆ 极轴（PO）：沿着指定的路径曲线创建阵列，并设置阵列的数量（表达式）或方向，如图 3-69 所示。

```
类型 = 极轴   关联 = 是                          //极轴阵列
指定阵列的中心点或 [基点(B)/旋转轴(A)]:          //指定阵列的中心点
选择夹点以编辑阵列或 [关联(AS)/基点(B)/项目(I)/项目间角度(A)/填充角度(F)/行
(ROW)/层(L)/旋转项目(ROT)/退出(X)] <退出>:      //选择各选项
```

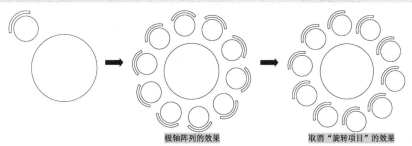

图 3-69　极轴阵列

经验分享——"关联"的巧用

进行阵列操作时，如果阵列后的对象还需要再次进行阵列编辑，则设为"关联"状态；如果需要对阵列的个别对象再次进行编辑，则设置将默认的"关联"方式取消，"关联"效果的对比如图 3-70 所示。

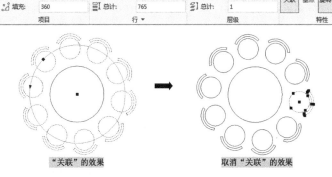

图 3-70 "关联"效果的对比

跟踪练习——绘制四分配器

视频\03\四分配器的绘制.avi
案例\03\四分配器.dwg

本实例利用圆、直线、修剪、阵列、延伸等命令绘制四分配器图形,其操作步骤如下。

Step 01 启动 AutoCAD 2020,在快速访问工具栏中单击"保存"按钮,将其保存为"案例\03\四分配器.dwg"文件。

Step 02 执行"圆"命令(C),在图形区域指定点,输入半径值为 5,绘制的圆如图 3-71 所示。

Step 03 执行"直线"命令(L),过圆左、右象限点绘制直径;在正交模式下捕捉圆心,向上绘制长度为 9 的垂直线段,如图 3-72 所示。

Step 04 执行"修剪"命令(TR),将上半圆弧修剪掉,如图 3-73 所示。

Step 05 执行"直线"命令(L),在水平线段左端点处单击,向左绘制长度为 6 的水平线段;再执行"圆"命令(C),且在线段的左端点处绘制半径为 1 的圆,如图 3-74 所示。

图 3-71 绘制的圆

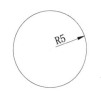

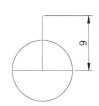

图 3-72 绘制垂直线段

图 3-73 修剪线段

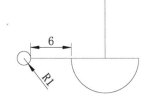

图 3-74 执行"直线"和"圆"命令

Step 06 执行"阵列"命令(AR),根据如下命令行提示,将上一步绘制的图形以大圆圆心为中心点进行角度为 180、数量为 4 的极轴阵列,如图 3-75 所示。

命令:AR
选择对象:指定对角点:找到 2 个   //选择上一步绘制的小圆和直线

第 3 章　二维图形的绘制

```
选择对象：  输入阵列类型 [矩形(R)/路径(PA)/极轴(PO)] <极轴>: PO
                                        //选择"极轴（PO）"项进行阵列
类型 = 极轴  关联 = 是
指定阵列的中心点或 [基点(B)/旋转轴(A)]:      //指定大圆圆心为中心点
选择夹点以编辑阵列或 [关联(AS)/基点(B)/项目(I)/项目间角度(A)/填充角度(F)/行
(ROW)/层(L)/旋转项目(ROT)/退出(X)] <退出>: f   //设置"填充角度（F）"
指定填充角度(+=逆时针、-=顺时针)或 [表达式(EX)] <360>: 180  //设置角度值为180
选择夹点以编辑阵列或 [关联(AS)/基点(B)/项目(I)/项目间角度(A)/填充角度(F)/行
(ROW)/层(L)/旋转项目(ROT)/退出(X)] <退出>: i   //设置"项目（I）"
输入阵列中的项目数或 [表达式(E)] <6>: 4    //设置项目数4
选择夹点以编辑阵列或 [关联(AS)/基点(B)/项目(I)/项目间角度(A)/填充角度(F)/行
(ROW)/层(L)/旋转项目(ROT)/退出(X)] <退出>:    //按空格键退出
```

Step 07 执行"移动"命令（M），将阵列图形向下移动2，如图3-76所示。

Step 08 执行"分解"命令（X），对阵列图形进行分解打散操作。

Step 09 执行"延伸"命令（EX），将阵列后的线段延伸至大圆弧上，如图3-77所示。

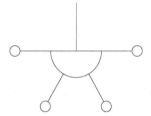 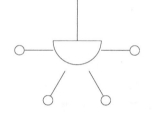 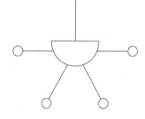

图 3-75　阵列图形　　　　图 3-76　移动图形　　　　图 3-77　延伸图形

Step 10 至此，该四分配器图形绘制完成，按 Ctrl+S 组合键保存即可。

> **经验分享——阵列的命令方式**
>
> 在执行"阵列"命令的过程中，可使用命令的方式快速进行某一方式的阵列操作，如矩形阵列（ARRAYRECT）、路径阵列（ARRAYPATH）、极轴阵列（ARRAYPOLAR），并且"修改"面板中的"环形阵列"等同于命令行中的"极轴阵列"。

3.3.4 偏移图形

使用"偏移"命令可以将选定的图形对象以一定的距离增量值单方向复制一次。用户可以通过以下几种方式执行"偏移"命令。

- ◆ 面板：在"修改"面板中单击"偏移"按钮 。
- ◆ 命令行：在命令行中输入或动态输入"OFFSET"命令（命令快捷键为"O"）并按 Enter 键。

执行"偏移"命令后，命令行提示如下：

```
命令:OFFSET                                      //启动"偏移"命令
```

```
指定偏移距离或 [通过(T)/删除(E)/图层(L)]：    //输入偏移距离
选择要偏移的对象，或 [退出(E)/放弃(U)] <退出>：  //选择图形对象
指定要偏移的那一侧上的点，或 [退出(E)/多个(M)/放弃(U)] <退出>：
                                          //单击偏移方向
```

在偏移对象的过程中，其命令中各选项的含义如下。

◇ 指定偏移距离：选择要偏移的对象后，输入偏移距离以复制对象，如图3-78所示。

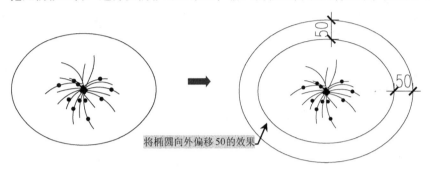

图3-78 偏移的效果

◇ 通过(T)：选择对象后，通过指定一个通过点来偏移对象，这样偏移复制的对象会经过指定的通过点。

◇ 删除(E)：用于确定是否在偏移后删除源对象。

◇ 图层(L)：选择此项，命令行提示"输入偏移对象的图层选项[当前(C)/源(S)]<当前>："，用于确定偏移对象的图层特性。

3.4 实战演练

3.4.1 初试身手——绘制电流互感器

视频\03\电流互感器的绘制.avi
案例\03\电流互感器.dwg

本实例主要利用圆、复制、偏移、修剪、删除等命令，进行电流互感器的绘制，其操作步骤如下。

Step 01 正常启动AutoCAD 2020，在快速访问工具栏中单击"保存"按钮，将文件保存为"案例\03\电流互感器.dwg"文件。

Step 02 执行"圆"命令（C），在视图中绘制半径为40的圆，如图3-79所示。

Step 03 执行"复制"命令（CO），选择上一步绘制的圆，捕捉圆心为基点，在正交模式下水平向右拖动；输入复制距离为55，将圆向右等距离复制出8个，如图3-80所示。

Step 04 执行"直线"命令（L），通过所有圆心，绘制一条水平线段。

Step 05 执行"偏移"命令（O），将水平线段向上偏移30，如图3-81所示。

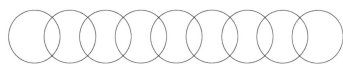

图 3-79　绘制圆　　　　　　　　图 3-80　复制圆

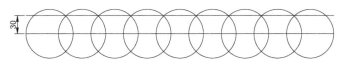

图 3-81　绘制偏移水平线

Step 06 执行"修剪"命令（TR），按两次空格键，将下半圆删除；再执行"删除"命令（E），将下水平线删除，如图 3-82 所示。

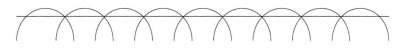

图 3-82　修剪图形

Step 07 至此，电流互感器绘制完成，按 Ctrl+S 组合键对文件进行保存。

3.4.2　深入训练——绘制三孔连杆平面图

视频\03\三孔连杆平面图的绘制.avi
案例\03\三孔连杆平面图.dwg

本实例主要利用图层、直线、圆、偏移、阵列等命令，进行三孔连杆平面图的绘制，其操作步骤如下。

Step 01 启动 AutoCAD 2020，在快速访问工具栏中单击"保存"按钮，将文件保存为"案例\03\三孔连杆平面图.dwg"文件。

Step 02 使用"图层"命令（LA），在打开的"图层特性管理器"面板中，按照表 3-1 中所列的内容，分别新建相应的图层，并将"中心线"图层设置为当前图层，如图 3-83 所示。

表 3-1　图层设置

序　号	图层名	线　宽	线　型	颜　色	打印属性
1	中心线	默认	中心线（Center）	红色	打印
2	粗实线	0.30mm	实线（Continuous）	蓝色	打印
3	尺寸标注	默认	实线（Continuous）	绿色	打印

Step 03 使用"设置"命令（SE），打开"草图设置"对话框，选择"对象捕捉"选项卡，勾选端点、中点、圆心、象限点、交点等选项，如图 3-84 所示。

Step 04 按 F8 键打开"正交"模式。

Step 05 使用"直线"命令（L）绘制长 117 的水平线段，如图 3-85 所示。

图 3-83　新建图层　　　　　　　　图 3-84　"草图设置"对话框

图 3-85　绘制水平线段

Step 06 使用"直线"命令（L），分别绘制高 48、94、45 的垂直线段；并捕捉垂直线段的中点与水平线段重合，如图 3-86 所示。

Step 07 单击"图层"下拉列表，将"粗实线"图层设置为当前图层。

Step 08 使用"圆"命令（C），分别捕捉中端线段和右端线段与垂直线段的交点作为圆心，绘制半径为 24 和 6 的圆，如图 3-87 所示。

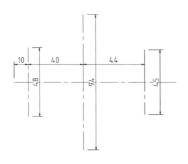

图 3-86　绘制垂直线段　　　　　　图 3-87　绘制圆

Step 09 使用"偏移"命令（O），将左侧的圆对象向外偏移 13，如图 3-88 所示。

Step 10 使用"圆弧"命令（Arc），捕捉右侧圆的圆心，绘制半径为 13 的圆弧；其命令行提示如下，绘制的圆弧如图 3-89 所示。

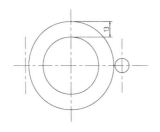
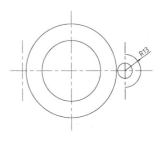

图 3-88　偏移圆　　　　　　　　　图 3-89　绘制的圆弧

```
命令:ARC                          //启动"圆弧"命令
指定圆弧的起点或 [圆心(C)]: C
指定圆弧的圆心:                    //捕捉右圆的圆心
指定圆弧的起点: 13                 //鼠标指向右圆处的垂直线段
指定圆弧的端点或 [角度(A)/弦长(L)]: A
指定包含角: -180                   //输入包含角-180°
```

Step 11 使用"直线"命令(L),在右侧圆弧位置绘制长9的水平线段,如图3-90所示。

Step 12 选中图形左侧的垂直线段,将其由"中心线"图层转换为"粗实线"图层,如图3-91所示。

Step 13 使用"直线"命令(L),在左侧垂直线段的端点处绘制长12的水平线段,如图3-92所示。

Step 14 单击"图层"下拉列表,将"中心线"图层设置为当前图层。

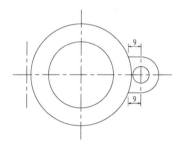
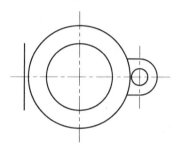

图3-90 绘制水平线段   图3-91 转换线型

提示——观察具有线宽的图形

由于绘制的圆、圆弧等对象属于"粗实线"图层,具有0.30mm的线宽;在将左侧的垂直线段转换线型后,可单击底侧状态栏中的"显示/隐藏线宽"按钮,观察图形效果。

Step 15 使用"直线"命令(L),捕捉大圆的圆心作为直线的起点;在指定直线的长度时,采用相对极坐标方式输入"@67<120",绘制斜线段,如图3-93所示。

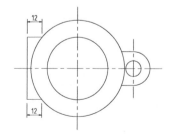
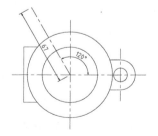

图3-92 绘制水平线段   图3-93 绘制斜线段

提示——相对极坐标

在输入的坐标值中,"@67<-120"是相对于本案例中的圆心而确定的,故称为相对值坐标;前面的"@"符号代表相对符号;"67"代表距离;"<120"代表角度。

Step 16 使用"直线"命令(L),捕捉大圆的圆心作为直线的起点;在指定直线的长度时,采用相对极坐标方式输入"@67<-120",绘制斜线段,如图3-94所示。

Step 17 分别将右侧的小圆、圆弧、水平线段选中,将出现多个夹点,表示下一步需要阵列的对象,如图3-95所示。

Step 18 执行"阵列"命令(AR),选择"极轴(PO)"选项,进行项目数为3的阵列操作,如图3-96所示。

```
命令:ARRAY   找到 4 个                           //启动"阵列"命令
输入阵列类型 [矩形(R)/路径(PA)/极轴(PO)] <极轴>: PO
类型 = 极轴   关联 = 是
指定阵列的中心点或 [基点(B)/旋转轴(A)]:          //捕捉大圆的圆心
选择夹点以编辑阵列或 [关联(AS)/基点(B)/项目(I)/项目间角度(A)/填充角度(F)/行
(ROW)/层(L)/旋转项目(ROT)/退出(X)] <退出>: I
输入阵列中的项目数或 [表达式(E)] <6>: 3           //设置阵列的个数为3
选择夹点以编辑阵列或 [关联(AS)/基点(B)/项目(I)/项目间角度(A)/填充角度(F)/行
(ROW)/层(L)/旋转项目(ROT)/退出(X)] <退出>:
```

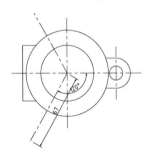
图3-94 绘制斜线段

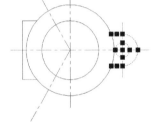
图3-95 选中对象

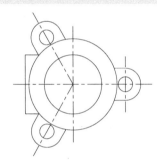
图3-96 进行阵列的效果

Step 19 至此,三孔连杆平面图绘制完成,按Ctrl+S组合键对文件进行保存。

3.4.3 实战训练——绘制洗脸盆

视频\03\绘制洗脸盆.avi
案例\03\洗脸盆.dwg

本实例讲解利用"椭圆"命令绘制洗脸盆的方法,其操作步骤如下。

Step 01 启动AutoCAD 2020,在快速访问工具栏中单击"保存"按钮,将其保存为"案例\03\洗脸盆.dwg"文件。

Step 02 在"绘图"面板中单击"圆心,半径"按钮⊙,在绘图区域随意指定圆心,并输入半径值40,绘制一个圆,如图3-97所示。

Step 03 在"绘图"面板中单击"椭圆"按钮⊙,根据命令行提示,选择"中心点(C)"选项,再捕捉上一步绘制的圆的圆心作为椭圆的中心点;将鼠标向右拖动,输入轴端点为200,如图3-98所示;然后将鼠标向上拖动,输入另一半轴长度为135,如

图3-99所示,从而绘制椭圆,如图3-100所示。

图3-97 绘制圆

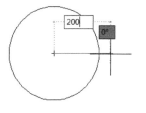

图3-98 输入轴端点

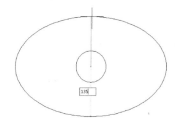

图3-99 输入另一半轴长度

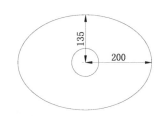

图3-100 绘制椭圆效果

Step 04 采用同样的方法,绘制长轴为280、短轴为200的椭圆对象,如图3-101所示。

Step 05 在"修改"面板中单击"移动"按钮✥,将上一步绘制的椭圆移动到前面图形的相应位置,如图3-102所示。

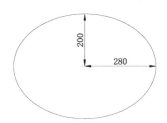

图3-101 绘制椭圆

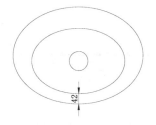

图3-102 移动效果

Step 06 在"绘图"面板中单击"矩形"按钮▭,绘制50×160的矩形,如图3-103所示。

Step 07 在"修改"面板中单击"圆角"按钮⌐,当命令行提示"选择第一个对象或[放弃(U)/多段线(P)/半径(R)/修剪(T)/多个(M)]:"时,选择"半径(R)"选项,输入半径为21;当提示"选择第一个对象:"时,选择矩形左侧的垂直线段,然后选择矩形下侧的水平线段,从而对矩形进行半径为21的圆角操作,如图3-104所示。

Step 08 按空格键,系统自动继承上一操作,并保持上一步骤默认的圆角值;在提示"选择第一个对象:"时,选择右侧垂直线段;在提示"选择第二个对象:"时,选择下侧的水平线段,右下侧圆角效果如图3-105所示。

Step 09 在"修改"面板中单击"移动"按钮✥,将上一步绘制的圆角矩形移动到前面图形的相应位置,如图3-106所示。

Step 10 在"绘图"面板中单击"圆心,半径"按钮⊙,绘制两个半径为20的圆,如图3-107所示。

Step 11 在"修改"面板中单击"修剪"按钮，按两次空格键；然后选择椭圆与圆角矩形相交的地方，修剪多余的线条，洗脸盆图形如图 3-108 所示。

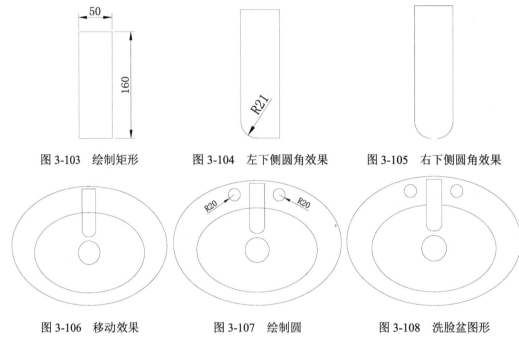

图 3-103　绘制矩形　　　图 3-104　左下侧圆角效果　　　图 3-105　右下侧圆角效果

图 3-106　移动效果　　　图 3-107　绘制圆　　　图 3-108　洗脸盆图形

Step 12 至此，洗脸盆绘制完成，按 Ctrl+S 组合键将文件保存。

3.5　本章小结

本章主要讲解了使用 AutoCAD 2020 绘制二维图形的方法，内容包括基本图形元素的绘制、复杂二维图形的绘制、利用复制方式快速绘图，最后通过实战演练讲解了使用 AutoCAD 绘制电流互感器、三孔连杆平面图和洗脸盆的方法，从而为后面的学习打下坚实的基础。

二维图形的选择与编辑

在 AutoCAD 2020 中,除了拥有大量的二维图形绘制命令,它还提供了功能强大的二维图形编辑命令。用户可以正确、快捷地选择要编辑的图形对象作为基础,再使用编辑命令对图形进行修改,使图形更精确、直观,从而达到制图的最终目的。

内容要点

- ◆ 选择对象的基本方法
- ◆ 使用夹点编辑图形
- ◆ 复制和删除操作
- ◆ 移动、旋转和偏移操作
- ◆ 修改对象形状的方法
- ◆ 对齐和阵列操作
- ◆ 倒角和圆角操作
- ◆ 打断、合并与分解操作

4.1 选择对象的基本方法

在 AutoCAD 中绘制和编辑一些图形对象时，都需要选择对象。AutoCAD 2020 提供了多种选择对象的方式，下面分别进行讲解。

4.1.1 设置选择对象模式

在 AutoCAD 2020 中，系统用虚线亮显表示所选的对象，这些对象构成了选择集；它可以包括单个对象，也可以包括复杂的对象编组。要设置选择集，可以通过"选项"对话框进行设置。

打开"选项"对话框的方法有以下几种。

- 面板：在"视图"选项卡下的"界面"面板中单击箭头按钮 ，如图 4-1 所示。
- 命令行：在命令行中输入"OPTIONS"命令（命令快捷键为"OP"）并按 Enter 键。
- 快捷菜单：在绘图区的空白区域右击，弹出的快捷菜单如图 4-2 所示，选择"选项(O)"命令。

图 4-1 从面板中打开"选项"对话框

图 4-2 快捷菜单

启动"选项"命令后，将弹出"选项"对话框，切换到"选择集"选项卡，就可以通过各选项对"选择集"进行设置，如图 4-3 所示。

图 4-3 "选项"对话框

在"选择集"选项卡中,各选项的含义如下。

- ❖ "拾取框大小":以像素为单位设置目标对象的高度,拾取框是在编辑命令中出现的对象选择工具,拖动滑动块可以改变拾取框的大小,如图 4-4 所示。

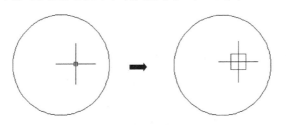

图 4-4 改变拾取框大小的效果

- ❖ "选择集模式":控制与对象选择方法相关的设置。
- ❖ "窗口选择方法":使用下拉列表来更改"Pickdrag"系统变量的设置。
- ❖ "特性"选项板中的对象限制:确定可以使用"特性"和"快捷特性"面板一次更改的对象数的限制。
- ❖ "预览":当拾取框光标滚动过对象时,亮显对象。

> 提示
>
> 特性预览仅在功能区和"特性"面板中显示,在其他面板中不可用。

- ❖ "夹点尺寸":以像素为单位设置夹点框的大小,拖动滑动块将改变对象显示的夹点大小,如图 4-5 所示。

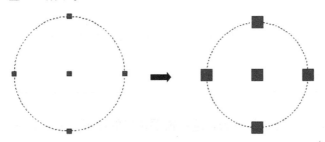

图 4-5 改变对象显示的夹点大小的效果

- ❖ "夹点":在对象被选中后,该对象上将显示夹点,即一些小方块。
    - ✓ "夹点颜色":显示"夹点颜色"对话框,可以在其中指定不同的夹点状态和元素的颜色。
    - ✓ "显示夹点":控制夹点在选定对象上的显示。在图形中显示夹点会明显降低性能;清除此选项可优化性能。
    - ✓ "在块中显示夹点":控制块中夹点的显示。打开或关闭"在块中显示夹点"的效果如图 4-6 所示。

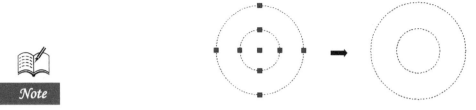

图 4-6 打开或关闭"在块中显示夹点"的效果

- ✓ "显示夹点提示":当光标悬停在支持夹点提示的自定义对象的夹点上时,显示夹点的特定提示,此选项对标准对象无效。
- ✓ "显示动态夹点菜单":控制在将鼠标悬停在多功能夹点上时动态夹点菜单的显示。
- ✓ "允许按 Ctrl 键循环改变对象编辑方式行为":允许多功能夹点按 Ctrl 键循环改变对象编辑方式行为。
- ✓ "对组显示单个夹点":显示对象组的单个夹点。
- ✓ "对组显示边界框":围绕编组对象的范围显示边界框。
- ✓ "选择对象时限制显示的夹点数":当选择集包括的对象多于指定数量时,不显示夹点,有效范围为 1~32767,默认设置为 100。

◆ 功能区选项:单击"上下文选项卡状态"按钮,将弹出"功能区上下文选项卡状态选项"对话框,从而可以对功能区上下文选项卡的显示进行设置,如图 4-7 所示。

图 4-7 "功能区上下文选项卡状态选项"对话框

4.1.2 点选对象

点选对象就是依次用鼠标单击,选中需要选择的图形对象,如图 4-8 所示。

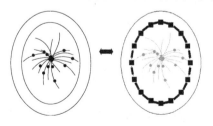

图 4-8 点选对象

4.1.3 框选对象

框选对象就是拖动鼠标在需要选择的所有图形的周围画一个绿色矩形边框,这样,矩形内的所有对象均会被选中，如图 4-9 所示。

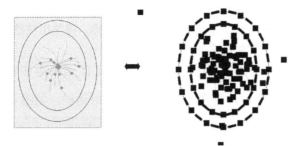

图 4-9 框选对象

4.1.4 栏选对象

栏选对象就是拖动鼠标形成任意线段，凡与此线相交的图形对象均会被选中，如图 4-10 所示。

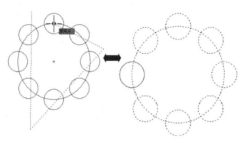

图 4-10 栏选对象

4.1.5 围选对象

围选对象就是拖动鼠标形成任意封闭多边形，其多边形窗口内的所有图形对象皆会被选中，如图 4-11 所示。

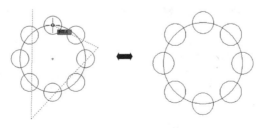

图 4-11 围选对象

4.1.6 快速选择

AutoCAD 2020 提供了快速选择功能，运用该功能可以一次性选择绘图区中具有某一属性的所有图形对象（如具有相同的颜色、图层、线型、线宽的图形对象）。用户可以通过以下两种方法启动"快速选择"命令。

- 快捷菜单：当命令行处于等待状态时，右击鼠标，将弹出快捷菜单，如图 4-12 所示，从而可以选择"快速选择"命令。
- 命令行：在命令行中输入或动态输入"QSELECT"命令并按 Enter 键。

启动"快速选择"命令后，将弹出"快速选择"对话框，如图 4-13 所示。

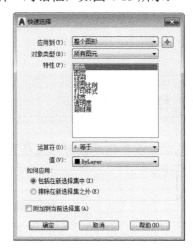

图 4-12　快捷菜单　　　　　　　　　　图 4-13　"快速选择"对话框

用户可以根据所要选择的目标的属性，一次性选择绘图区中具有该属性的所有对象，如图 4-14 所示。

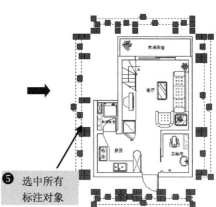

图 4-14　快速选择的效果

要使用快速选择功能选择图形，可以在"快速选择"对话框的"应用到"下拉列表中选择要应用到的图形，或者单击右侧的按钮。

回到绘图区选择需要的图形，然后右击返回"快速选择"对话框，在"特性"列表框中选择"图层"特性，在"值"下拉列表中选择图层名，然后单击"确定"按钮即可。

跟踪练习——删除图形中所有的文字对象

视频\04\删除图形中所有的文字对象.avi
案例\04\车床电气线路图.dwg

本实例讲解如何快速选择具有同一属性的图形对象并对其进行编辑,具体操作步骤如下。

Step 01 启动 AutoCAD 2020,在快速访问工具栏中单击"打开"按钮,将"案例\04\车床电气线路图.dwg"文件打开,如图 4-15 所示。

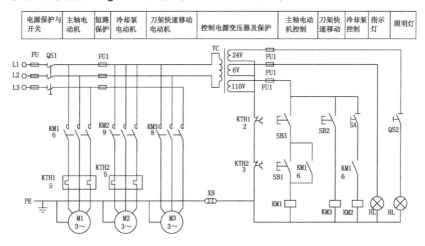

图 4-15 打开的素材图形

Step 02 在图形的空白区域右击,在弹出的快捷菜单中选择"快速选择"命令,如图 4-16 所示。

Step 03 随后弹出"快速选择"对话框,在"特性"列表框中选择"图层",在"值"下拉列表中选择"文字说明层",然后单击"确定"按钮,如图 4-17 所示。这时图形中的所有"文字说明"图层对象都会被选中,如图 4-18 所示。

图 4-16 右键菜单

图 4-17 设置选择类型

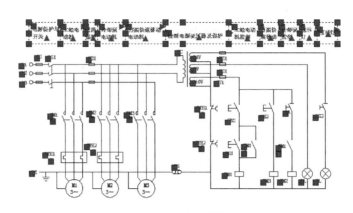

图 4-18 选中效果

Step 04 执行"删除"命令（E），或按 Delete 键，将选中的对象删除，删除结果如图 4-19 所示。

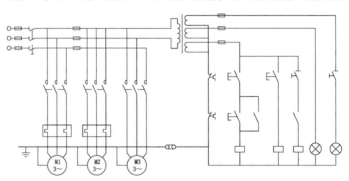

图 4-19 删除结果

> **经验分享——选择类似对象**
>
> 用户还可以选择图形中的对象，然后右击，在弹出的快捷菜单中选择"选择类似对象"命令，则图形中具有相同属性的图形都会被选中，如图 4-20 所示。

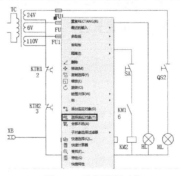

图 4-20 选择类似对象

4.1.7 编组

当把若干对象定义为选择集，并让它们在以后的操作中始终作为一个整体时，可以给这个选择集命名并将其保存起来,这个选择集就是对象组。用户可以通过以下几种方式执行"编组"命令。

- ❖ 面板:在"默认"选项卡下的"组"面板中单击"组"按钮。
- ❖ 命令行:在命令行中输入或动态输入"GROUP"命令(命令快捷键为"G")并按 Enter 键。

执行上述命令后,在命令行中将出现如下提示信息,从而可以将对象编组,设置组名称,并进行相关的组说明:

```
命令:GROUP                                        //执行"编组"命令
选择对象或 [名称(N)/说明(D)]:n                      //选择"名称"选项
输入编组名或 [?]:组 1                               //输入名称
选择对象或 [名称(N)/说明(D)]:指定对角点:找到 3 个    //选择对象
组"组 1"已创建。                                   //创建组对象
```

可以使用多种方式编辑编组,包括更改其成员资格、修改其特性、修改编组的名称和说明,以及从图形中将其删除等。

经验分享——编组的命名

即使删除了编组中的所有对象,编组定义依然存在。如果用户输入的编组名与前面输入的编组名相同,则在命令行出现"编组×××已经存在"的提示信息。

经验分享——编组的解除

若要将编组解除,需选择要解除编组的对象,然后在"常用"选项卡的"组"面板中单击"解除编组"按钮,即可将编组解除。

经验分享——解决无法编组的问题

对于编组操作,可能会出现执行了编组操作,但所选择的对象并没有编组的现象。这时可执行"选项"命令(OP),弹出"选项"对话框,切换至"选择集"选项卡,勾选"对象编组"复选框,如图 4-21 所示。

图 4-21 勾选"对象编组"复选框

4.2 改变图形位置

本节将详细介绍 AutoCAD 2020 的移动、旋转命令,利用这些命令,用户可以方便地编辑绘制的图形。

4.2.1 移动

移动操作是在指定的方向上按指定距离移动对象,移动操作并不改变对象的方向和大小,用户可以通过坐标和对象捕捉的方式来精确地移动对象。

在 AutoCAD 2020 中,用户可以通过以下几种方式执行"移动"命令。

- ◆ 面板:在"修改"面板中单击"移动"按钮✥。
- ◆ 命令行:在命令行中输入或动态输入"MOVE"命令(命令快捷键为"M")并按 Enter 键。

执行"移动"命令(M)后,根据如下提示操作,即可将指定的对象移动:

```
命令:MOVE                          //启动"移动"命令
选择对象:                          //选择需要移动的图形对象
指定基点或 [位移(D)] <位移>:        //指定移动基点
指定第二个点或 <使用第一个点作为位移>:
                                   //指定目标位置或输入位移距离,按空格键确定
```

跟踪练习——绘制组合床

视频\04\绘制组合床.avi
案例\04\组合床.dwg

本实例主要讲解使用"移动"命令来绘制组合床,其操作步骤如下。

Step 01 启动 AutoCAD 2020,在快速访问工具栏中单击"打开"按钮,将"案例\04\组合床.dwg"文件打开,如图 4-22 所示。

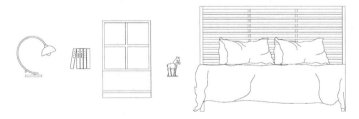

图 4-22 打开的图形

Step 02 在"修改"面板中单击"移动"按钮✥,按 F3 键打开"捕捉"模式,同时关闭"正交"模式;根据命令行提示,选择矮柜为移动对象,并按空格键确定;系统提示"指

定基点:",此时捕捉矮柜的左下角点,单击确定基点;然后移动鼠标指针到床右下角点,如图 4-23 所示,单击即可。

Step 03 采用同样的方法,使用"移动"命令将木马、书本和台灯放置到如图 4-24 所示的位置。

Step 04 至此,组合床绘制完成,按 Ctrl+S 组合键将文件保存。

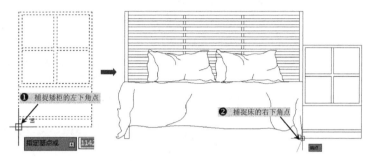

图 4-23 移动矮柜

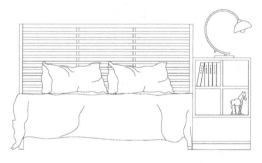

图 4-24 组合床效果

> **经验分享——精确移动对象**
>
> 在进行移动操作时,可以进行具体尺寸的移动。例如,要将一个矩形水平向右移动 50,执行"移动"命令(M),根据命令行提示,选择矩形的左下角点为基点,打开正交模式;水平向右移动光标,指引矩形移动的方向,然后输入移动距离 50;最后按空格键确定,如图 4-25 所示。

图 4-25 移动距离

4.2.2 旋转

"旋转"命令用于将选中的对象绕指定的基点旋转,可选转角方式、复制旋转和参照方式旋转对象。

用户可以通过以下几种方式执行"旋转"命令。

- ◇ 面板：在"修改"面板中单击"旋转"按钮 C。
- ◇ 命令行：在命令行中输入或动态输入"ROTATE"命令（命令快捷键为"RO"）并按 Enter 键。

启动"旋转"命令后，根据如下提示操作。

命令：ROTATE	//启动"旋转"命令
UCS 当前的正角方向：ANGDIR=逆时针 ANGBASE=0	//当前旋转的方向为逆时针
选择对象：	//指定旋转的图形对象
指定基点：	//指定相应基点
指定旋转角度，或 [复制（C）/参照（R）]	//输入旋转角度

提示——旋转的角度

利用"旋转"命令，可以通过输入 0°～360° 的任意角度值来旋转对象，以逆时针为正，顺时针为负；也可以指定基点，拖动对象到第二点来旋转对象。

在执行"旋转"命令的过程中，其命令行提示中各选项的含义如下。

- ◇ 指定旋转角度：输入旋转角度，系统自动按逆时针方向转动。
- ◇ 复制（C）：选择该项后，系统提示"旋转一组选定对象"，将指定的对象复制旋转，复制旋转效果如图 4-26 所示：

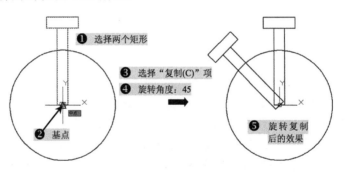

图 4-26　复制旋转效果

- ◇ 参照（R）：以某一指定角度为基准进行旋转操作，其命令行提示如下，参照旋转效果如图 4-27 所示。

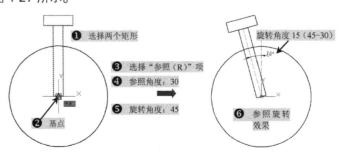

图 4-27　参照旋转效果

```
指定旋转角度，或 [复制(C)/参照(R)]：r    //启动参照功能
指定参照角 <0>：30：           //可输入角度，或者选择起点与终点来确定角度
指定新角度或 [点(P)]:45        //指定以参照角度为基准的旋转角度
```

4.2.3 对齐

利用"对齐"命令，可以通过移动、旋转或倾斜对象来使该对象与另一个对象对齐。用户可以通过以下几种方式执行"对齐"命令。

- ◆ 面板：单击"修改"面板中的"对齐"按钮 。
- ◆ 命令行：在命令行中输入或动态输入"ALIGN"命令（命令快捷键为"AL"）并按 Enter 键。

启动该命令后，根据如下提示操作：选择要对齐的对象，指定一个源点，然后指定相应的目标点，按 Enter 键确定；如果要旋转对象，请指定第二个源点，则选定的对象将从源点移动到目标点；如果指定了第二点和第三点，则通过这两点确定旋转并倾斜选定的对象。

```
命令：ALIGN                       //启动"对齐"命令
选择对象：                        //选择要对齐的对象
指定第一个源点：                  //指定对齐对象的点
指定第一个目标点：                //指定对齐目标的点
指定第二个源点：                  //指定对齐对象的第二点
指定第二个目标点：                //指定对齐目标的第二点
指定第三个源点或 <继续>：         //按空格键确认
是否基于对齐点缩放对象？[是(Y)/否(N)] <否>：Y
                                  //选择"是(Y)"确定执行对齐操作
```

跟踪练习——将断开的图形对齐

> 视频\04\将断开的图形对齐.avi
> 案例\04\连叉.dwg

本实例以断开的连叉图形为例，通过对齐操作将断开的连叉图形连接起来，其操作步骤如下。

Step 01 启动 AutoCAD 2020，在快速访问工具栏中单击"打开"按钮，将"案例\04\连叉.dwg"文件打开，如图 4-28 所示。

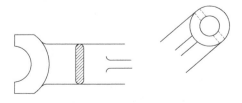

图 4-28 打开的图形

Step 02 在"修改"面板中单击"对齐"按钮,根据如下命令行提示,选择图 4-28 右侧的图形,然后指定 A 点为第一个源点并单击,再单击目标对象 B 点作为指定的第一个目标点;继续单击右侧图形 C 点作为第二个源点,再单击 D 点作为第二个目标点,如图 4-29 所示。按空格键,命令行提示"是否基于对齐点缩放对象?[是(Y)/否(N)]<否>:",选择"是(Y)"选项,即可将断开的两个对象对齐,如图 4-30 所示。

```
命令: ALIGN                    //启动"对齐"命令
选择对象:                      //选择要对齐的对象
指定第一个源点:                //指定对齐对象的点
指定第一个目标点:              //指定对齐目标的点
指定第二个源点:                //指定对齐对象的第二点
指定第二个目标点:              //指定对齐目标的第二点
指定第三个源点或 <继续>:        //按空格键确认
是否基于对齐点缩放对象? [是(Y)/否(N)] <否>: Y
                              //选择"是(Y)"确定执行对齐操作
```

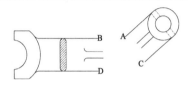

图 4-29 分别捕捉对齐的点

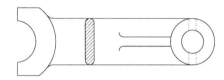

图 4-30 对齐效果

> **经验分享——对象的交叉对齐**
>
> 如果在捕捉对齐的源点和目标点时出现交叉对齐的情况,系统会自动按照交叉方式进行对齐操作,并进行缩放和移动等操作。将 A、D 点对齐并将 B、C 点对齐,如图 4-31 所示。

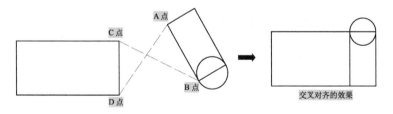

图 4-31 交叉对齐

4.3 改变图形大小

4.3.1 缩放

使用"缩放"命令可以将对象按指定的比例因子改变大小,从而改变对象的尺寸,但不改变其状态。可以把整个对象或对象的一部分沿 X 轴、Y 轴、Z 轴方向以相同的比例放大或缩小，由于 3 个方向的缩放率相同，所以可以保证缩放后实体的形状不变。

在 AutoCAD 2020 中，用户可以通过以下几种方式执行"缩放"命令。

- ◆ 面板：在"修改"面板中的单击"缩放"按钮 。
- ◆ 命令行：在命令行中输入或动态输入"SCALE"命令（命令快捷键为"SC"）并按 Enter 键。

启动"缩放"命令后，其命令行提示如下。

```
命令：SCALE                              //启动"缩放"命令
选择对象：                                //选择需要缩放的对象
选择对象：                                //按 Enter 键结束选择
指定基点：                                //指定缩放的中心点
指定比例因子或 [复制（C）/参照（R）]：0.5   //设置缩放的比例因子
```

在执行"缩放"命令的过程中，其命令行提示中各选项的含义如下。

- ◆ 指定比例因子：可以直接指定比例因子，大于 1 的比例因子使对象放大，而介于 0 到 1 之间的比例因子将使对象缩小。
- ◆ 复制（C）：可以复制缩放对象，即在缩放对象时，保留源对象。
- ◆ 参照（R）：采用参考方向缩放对象时，系统会提示"指定参照长度："，可以通过指定两点来定义参照长度；系统继续提示"指定新的长度或[点（P）]>1.0000>："，指定新长度，按 Enter 键。若新长度值大于参考长度值，则放大对象；否则，缩小对象。

> **经验分享——"SCALE"命令与"ZOOM"命令的区别**
>
> "SCALE"命令与"ZOOM"命令的区别：前者可以改变实体的尺寸大小；后者只缩放图形显示区域的尺寸大小，并不改变实体的尺寸大小。

4.3.2 拉伸

使用"拉伸"命令可以按指定的方向和角度拉长或缩短实体，也可以调整对象的大小，使其在一个方向上按比例增大或缩小；还可以通过移动端点、顶点或控制点来拉伸某些对象。

使用该命令选择对象时，只能使用交叉窗口方式。当对象有端点在交叉窗口的选择范围外时，交叉窗口内的部分将被拉伸，交叉窗口外的端点将保持不动。

如果对象是文字、块或圆，那么它们不会被拉伸，当整体对象在交叉窗口的选择范围内时，它们只可以被移动，不能被拉伸。

在 AutoCAD 2020 中，用户可以通过以下几种方式执行"拉伸"命令。

- ◆ 面板：在"修改"面板中单击"拉伸"按钮 。
- ◆ 命令行：在命令行中输入或动态输入"STRETCH"命令（命令快捷键为"S"）并按 Enter 键。

启动"拉伸"命令后,其命令行提示如下。

```
命令:STRETCH            //启动"拉伸"命令
以交叉窗口或交叉多边形选择要拉伸的对象…
选择对象:               //交叉框选范围的对象
选择对象:               //按 Enter 键结束选择
指定基点或 [位移(D)] <位移>:        //捕捉拉伸的基点位置
指定第二个点或 <使用第一个点作为位移>:  //指定第二点或输入距离
```

跟踪练习——调整单人床为双人床

视频\04\调整单人床为双人床.avi
案例\04\双人床.dwg

本实例通过对单人床执行"拉伸"命令,可以使单人床快速改变大小,从而使用户掌握"拉伸"命令在绘图过程中的灵活运用,其操作步骤如下。

Step 01 启动 AutoCAD 2020,在快速访问工具栏中单击"打开"按钮,将"案例\04\单人床.dwg"文件打开,如图 4-32 所示。

Step 02 再单击"另存为"按钮,将文件另存为"案例\04\双人床.dwg"文件。

Step 03 在"修改"面板中单击"拉伸"按钮,根据命令行提示,从右至左交叉选择大矩形左边的 3 条线段,如图 4-33 所示;按空格键确定,系统提示"指定基点:",选择左垂直线段的中点,如图 4-34 所示;打开正交模式,向左拖动鼠标指引拉伸的方向,然后输入拉伸距离 600,如图 4-35 所示;最后按空格键确定即可,拉伸效果如图 4-36 所示。

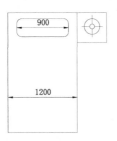

图 4-32 打开图形

图 4-33 拉伸步骤 1

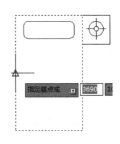

图 4-34 拉伸步骤 2

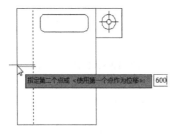

图 4-35 拉伸步骤 3

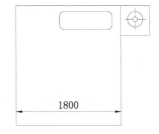

图 4-36 拉伸效果

Step 04 再次在"修改"面板中单击"拉伸"按钮,同样框选枕头圆角矩形的左侧部分,如图 4-37 所示；捕捉左垂直线段的中点，打开正交模式，向右拖动鼠标，输入拉伸距离 200，拉伸效果如图 4-38 所示。

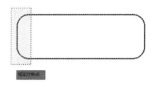

图 4-37　拉伸步骤 4

图 4-38　拉伸效果

Step 05 在"修改"面板中单击"镜像"按钮，选择枕头和床头柜对象，指定床的水平中线为轴，此时左侧显示预览，如图 4-39 所示；然后按空格键确定，镜像效果如图 4-40 所示。

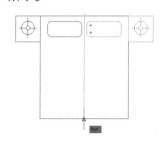

图 4-39　镜像步骤

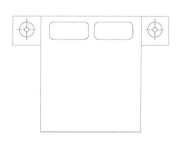

图 4-40　镜像效果

Step 06 至此，完成双人床的绘制，按 Ctrl+S 组合键保存即可。

经验分享——拉伸对象的选择和拉伸的角度

执行"拉伸"命令，选择拉伸对象，一定要采用从右向左拉伸对象的方式来选择对象，否则拉伸失败。另外，在指定拉伸的第二点时，如果不是以正交方式进行水平或垂直拉伸，则拉伸的图形对象会扭曲变形，如图 4-41 所示。

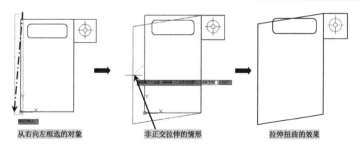

图 4-41　非正交方式的拉伸效果

4.3.3　拉长

使用"拉长"命令可以改变非闭合直线、圆弧、非闭合多段线、椭圆弧和非闭合样条曲线的长度，也可以改变圆弧的角度。

用户可以通过以下几种方式执行"拉长"命令。

- ◇ 面板：在"修改"面板中单击"拉长"按钮 ／。
- ◇ 命令行：在命令行中输入或动态输入"LENGTHER"命令（命令快捷键为"LEN"）并按 Enter 键。

执行"拉长"命令后，根据命令行提示，即可进行拉长操作，如图 4-42 所示。

```
命令：LENGTHER                                  //执行"拉长"命令
选择要测量的对象或 [增量(DE)/百分比(P)/总计(T)/动态(DY)] <增量(DE)>:DE
                                               //选择"增量（DE）"选项
输入长度增量或 [角度(A)] <1500.0000>: 1500
选择要修改的对象或 [放弃(U)]:                   //单击要拉长的对象的一端
```

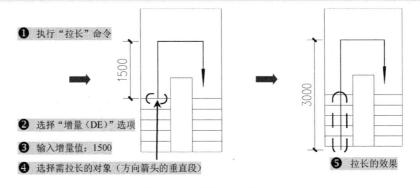

图 4-42 "增量"拉长对象

在执行"拉长"命令的过程中，各选项的含义如下。

- ◇ "增量（DE）"：指定以增量方式修改对象的长度，该增量从距离选择点最近的端点处开始测量。
- ◇ "百分数（P）"：指以总长的百分比拉长或缩短对象，该百分比必须为正数且非零，如图 4-43 所示。

图 4-43 "百分比"拉长对象

```
命令：LEN                                       //执行"拉长"命令
选择对象或 [增量(DE)/百分数(P)/全部(T)/动态(DY)]:
                                               //选择要拉长的对象
选择对象或 [增量(DE)/百分数(P)/全部(T)/动态(DY)]: P
                                               //选择"百分数（P）"选项
输入长度百分数 <100.000>: 200                   //输入长度百分数
选择要修改的对象或 [放弃(U)]:                   //单击要拉长的对象的一端
选择要修改的对象或 [放弃(U)]:
```

> **经验分享——拉长中使用"百分比"的注意事项**
>
> 当长度百分比小于100时，将缩短对象；反之，则拉长对象。

- ◆ "全部（T）"：可通过指定对象的新长度或新角度来改变其总长度。如果指定的新长度（新角度）小于对象原来的长度（角度），那么源对象将被缩短；反之，则源对象被拉长，如图4-44所示。

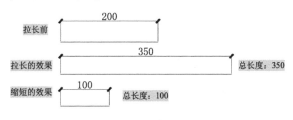

图 4-44 "全部"拉长对象

- ◆ "动态（DY）"：根据图形对象的端点位置动态地改变其长度。激活"动态"选项后，将某一端点移动到所需的长度或角度，另一端保持固定，如图4-45所示。

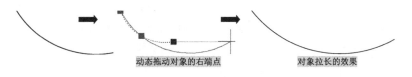

图 4-45 "动态"拉长对象

4.4 改变图形形状

本节将详细介绍AutoCAD 2020的删除、修剪、延伸、倒角、圆角等命令，利用这些命令，可以方便地编辑和绘制图形。

4.4.1 删除

"删除"命令主要用于删除图形的某一部分，启动该命令的方法如下。

- ◆ 面板：在"修改"面板中单击"删除"按钮 。
- ◆ 命令行：在命令行中输入或动态输入"ERASE"命令（命令快捷键为"E"）并按Enter键。

执行"删除"命令后，可以先选择对象，再调用"删除"命令；也可以先调用"删除"命令，再选择对象。当选择多个对象时，多个对象都将被删除；若选择的对象属于某个对象组，则该对象组的所有对象都将被删除。

4.4.2 修剪

使用"修剪"命令,可以通过指定的边界对图形对象进行修剪。运用该命令可以修剪直线、圆、圆弧、射线、样条曲线、面域、尺寸、文本,以及非封闭的 2D 或 3D 多段线等对象,用户修剪的边界可以是除图块、网格、三维面、轨迹线以外的任何对象。

用户可以通过以下几种方式执行"修剪"命令。

- ◆ 面板:在"修改"面板中单击"修剪"按钮 。
- ◆ 命令行:在命令行中输入或动态输入"TRIM"命令(命令快捷键为"TR")并按 Enter 键。

启动该命令后,其命令行提示如下。

```
命令:TRIM                              //启动"修剪"命令
当前设置:投影=UCS,边=无
选择剪切边...
选择对象或 <全部选择>:                  //选择一个或多个对象
选择对象:                              //按空格键确定
选择要修剪的对象,或按住 Shift 键选择要延伸的对象,或[栏选(F)/窗交(C)/投影(P)
/边(E)/删除(R)/放弃(U)]:                //选择剪切部分对象
```

命令行提示中部分选项的具体含义如下。

- ◆ 栏选(F):用来修剪与选择栏相交的所有对象。选择栏是一系列临时线段,它们是由两个或多个栏选点指定的。
- ◆ 窗交(C):用于通过指定窗交对角点修剪图形对象。
- ◆ 投影(P):用于确定修剪操作的空间,主要用于对三维空间中的两个对象进行修剪,此时可以将对象投影到某一平面上进行修剪操作。
- ◆ 边(E):用于确定修剪边的隐含延伸模式。

:::: 经验分享——修剪与延伸命令的转换

在进行修剪操作时按住 Shift 键,可将执行"修剪"命令转换为执行"延伸"命令。当选择要修剪的对象时,若某条线段未与修剪边界相交,则按住 Shift 键后单击该线段,可将其延伸到最近的边界。

4.4.3 延伸

使用"延伸"命令可以将直线、弧和多段线等图元对象的端点延长到指定的边界。通常可以使用"延伸"命令的对象包括圆弧、椭圆弧、直线、非封闭的 2D 和 3D 多段线等,有效的边界对象包括圆弧、块、圆、椭圆、浮动的视口边界、直线、多段线、射线、面域、样条曲线、构造线及文本对象等。

用户可以通过以下几种方式执行"延伸"命令。

- ◇ 面板：在"修改"面板中单击"延伸"按钮 。
- ◇ 命令行：在命令行中输入或动态输入"EXTEND"命令（命令快捷键为"EX"）并按 Enter 键。

执行延伸操作后，系统提示中的各项含义与修剪操作中的命令相同。延伸一个相关的线形尺寸标注时，完成延伸操作后，其尺寸会自动修正。

> **提示**
>
> 在执行"延伸"命令后，按两次空格键，然后直接选择对象要延伸的端点（如在上一步骤的上、下水平线左端点单击），即可将图形对象延伸；但当在延伸目标中间有多个对象时，此方法需要经过多次选择才能到达目标位置，如图 4-46 所示。

启动"延伸"命令后，按两次空格键，单击上、下水平线左端点　　再次单击左端点延伸到目标位置

图 4-46　延伸的不同方式

> **经验分享——延伸边界和对象的选择**
>
> 使用"延伸"命令时，一次可选择多个实体作为边界；选择被延伸实体时应选取靠近边界的一端，否则会出现错误。选择要延伸的实体时，应该从拾取框靠近延伸实体边界的那一端来选择目标。

4.4.4　倒角

使用"倒角"命令可以通过延伸或修剪的方法用一条斜线连接两个非平行的对象。使用该命令执行倒角操作时，应先设定倒角距离，再指定倒角线。

用户可以通过以下几种方式执行"倒角"命令。

- ◇ 面板：在"修改"面板中的"圆角"下拉列表中单击"倒角"按钮。
- ◇ 命令行：在命令行中输入或动态输入"CHAMFER"命令（命令快捷键为"CHA"）并按 Enter 键。

启动该命令后，命令行提示如下。

```
命令:CHAMFER        //启动"倒角"命令
("修剪"模式) 当前倒角距离 1 = 0.0000, 距离 2 = 0.0000
                    //默认距离为 0，则倒直角
选择第一条直线或 [放弃(U)/多段线(P)/距离(D)/角度(A)/修剪(T)/方式(E)/
多个(M)]:
```

```
                              //直接点选倒角的第一条直线，或者根据需要选择其中的选项
选择第二条直线，或按住 Shift 键选择直线以应用角点或 [距离(D)/角度(A)/方法(M)]:
                              //选择倒角的另一条直线，完成倒角
```

在执行"倒角"命令的过程中，其命令行中部分选项的含义如下。

- ❖ 多段线（P）：对多段线每个顶点处的相交直线段进行倒角处理，倒角将成为多段线新的组成部分。
- ❖ 距离（D）：设置选定边的倒角距离值。选择该选项后，系统继续提示指定第一个倒角距离和指定第二个倒角距离。
- ❖ 角度（A）：该选项通过第一条线的倒角距离和第二条线的倒角角度设定倒角距离。选择该选项后，命令行提示指定第一条直线的倒角长度和第一条直线的倒角角度。
- ❖ 修剪（T）：该选项用来确定倒角时是否对相应的倒角边进行修剪。选择该选项后，命令行提示"输入并执行修剪模式选项[修剪（T）/不修剪（N）<修剪>]:"。

> **提示与技巧**
>
> 使用"倒角"命令只能对直线、多段线进行倒角操作，不能对弧、椭圆弧进行倒角操作。

4.4.5 圆角

使用"圆角"命令可以用一段指定半径的圆弧将两个对象连接在一起，还能对多段线的多个顶点一次性地进行圆角操作。使用此命令前应先设定圆弧半径，再进行圆角操作。

使用"圆角"命令可以选择性地修剪或延伸所选对象，以便更好地实现圆滑过渡。该命令可以处理直线、多段线、样条曲线、构造线、射线等对象，但不能处理圆、椭圆和封闭的多段线等对象。

用户可以通过以下几种方式执行"圆角"命令。

- ❖ 面板：在"修改"面板中单击"圆角"按钮。
- ❖ 命令行：在命令行中输入或动态输入"FILLET"命令（命令快捷键为"F"）并按 Enter 键。

启动"圆角"命令后，其命令行提示如下。

```
命令:FILLET                          //启动"圆角"命令
当前设置：模式 = 不修剪，半径 = 0.0000
选择第一个对象或 [放弃(U)/多段线(P)/半径(R)/修剪(T)/多个(M)]: R
                                     //选择"半径(R)"选项
指定圆角半径 <0.0000>: 50             //指定圆角的半径
选择第一个对象或 [放弃(U)/多段线(P)/半径(R)/修剪(T)/多个(M)]:
选择第二个对象，或按住 Shift 键选择对象以应用角点或 [半径(R)]:
```

在命令行提示中，部分选项的含义如下。

- ❖ 半径（R）：用于输入连接圆角的圆弧半径。

- 修剪（T）：在"输入修剪模式选项 [修剪（T）/不修剪（N）]<修剪>:"的提示下，输入"N"表示不进行修剪，输入"T"表示进行修剪。

> **提示与技巧**
>
> 在 AutoCAD 2020 中，其圆角的半径值默认为 0。但是，对对象进行半径为 50 的圆角操作后，当再次进行圆角操作时，系统的默认半径则变为 50。另外，在命令行使用"FILLETRAD"变量，输入新的半径值，这时系统可将半径值保存起来，变成当前文件的默认圆角半径。

4.5 其他修改命令

4.5.1 打断

使用"打断"命令可以将对象从某一点处断开，从而将其分成两个独立对象。执行该命令后，可将直线、圆弧、圆、多段线、椭圆、样条曲线和圆环等对象打断，但不能将块、标注和面域等对象打断。

"打断"命令可以删除对象在指定点之间的部分，即可部分删除对象或将对象分解成两部分。对于直线而言，用"打断"命令可以从中间截去一部分，使直线变成两条线段；对于圆或椭圆而言，用"打断"命令将剪掉一段圆弧。

用户可以通过以下几种方式执行"打断"命令。

- 面板：在"修改"面板中单击"打断"按钮 。
- 命令行：在命令行中输入或动态输入"BREAK"（命令快捷键为"BR"）并按 Enter 键。

执行"打断"命令后，命令行提示如下。

```
命令：BREAK                              //执行"打断"命令
选择对象：                               //选择要打断的对象及位置
指定第二个打断点 或 [第一点（F）]：       //在要打断的第二个点处单击
```

跟踪练习——打断圆对象

视频\04\打断圆对象.avi
案例\04\打断圆.dwg

本实例讲解"打断"命令的执行方式，其操作步骤如下。

Step 01 启动 AutoCAD 2020，单击"保存"按钮 ，将其保存为"案例\04\打断圆.dwg"。

Step 02 在"绘图"面板中单击"圆"按钮 ，在图形区域随意绘制一个圆，如图 4-47 所示。

Step 03 单击"修改"面板上的下三角按钮,在展开的工具栏中单击"打断"按钮,选择圆形对象,在选择对象时,鼠标指针指定的位置默认为打断的第一个点,如图4-48所示。

Step 04 当命令行提示"指定第二个打断点或 [第一点(F)]:"时,十字光标在圆对象上指定第二个点,如图4-49所示,打断效果如图4-50所示。

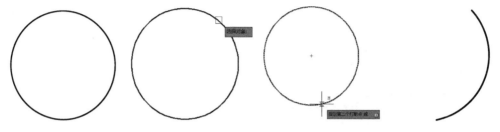

图4-47 绘制圆　　图4-48 指定第一点　　图4-49 指定第二点　　图4-50 打断效果

经验分享——打断点的选择

当对圆或圆弧对象执行"打断"操作时,将删除其中一部分,删除从第一点以逆时针方向旋转到第二点之间的圆弧。

在执行"打断"命令的过程中,在"选择对象:"的提示下,用点选的方法选择对象;然后在"指定第二个打断点或 [第一点(F)]:"的提示下,直接输入"@"并按空格键,则第一点与第二点是同一点。

单击"修改"面板中的"打断于点"按钮,在一点打断选定的对象,只能将对象分成两部分,而不能删除对象,如图4-51所示。其有效的对象包括直线、开放的多段线和圆弧。但是不能对圆执行打断于点的操作。

图4-51 打断于点的效果

4.5.2 分解

使用"分解"命令可以将多个组合实体分解为单独的图元对象,组合对象是指由多个基本对象组合而成的复杂对象。外部参照作为整体不能被分解。例如,使用"分解"命令可以将矩形分解成线段,还能将图块分解为单个独立的对象等。

用户可以通过以下几种方式执行"分解"命令。

◇ 面板:在"修改"面板中单击"分解"按钮。
◇ 命令行:在命令行中输入或动态输入"EXPLODE"命令(命令快捷键为"X")并按 Enter 键。

执行"分解"命令后,AutoCAD 2020 提示选择操作对象,可以采用任意一种方法选择操作对象,然后按空格键确定即可。

使用"分解"命令分解带属性的图块后,其属性值将消失,并被还原为属性定义的选项；但是使用"MINSERT"命令插入的图块或外部参照对象，不能用"分解"命令分解。

> **经验分享——多段线的分解**
>
> 具有一定宽度的多段线被分解后，AutoCAD 2020 将放弃多段线的任何宽度和切线信息，分解后的多段线的宽度、线型、颜色将变为当前图层的属性，如图 4-52 所示。

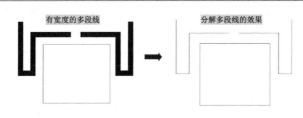

图 4-52 具有一定宽度的多段线的分解

4.5.3 合并

使用"合并"命令可以合并相似的对象，以形成一个完整的对象。
在 AutoCAD 2020 中，用户可以通过以下几种方式执行"合并"命令。

- ◇ 面板：在"修改"面板中单击"合并"按钮 。
- ◇ 命令行：在命令行中输入或动态输入"JOIN"命令（命令快捷键为"J"）并按 Enter 键。

启动"合并"命令后，其命令行提示如下。

```
命令：_JOIN                              //执行"合并"命令
选择源对象或要一次合并的多个对象：       //选择要合并的第一个对象
选择要合并的对象：                       //选择要合并的另一个对象
选择要合并的对象：                       //按 Enter 键结束选择
```

使用"合并"命令进行合并操作时，可以合并的对象包括直线、多段线、圆弧、椭圆弧、样条曲线等；但是要合并的对象必须是相似的对象，且位于相同的平面上。每种类型的对象均有附加限制，具体的附加限制如下。

- ◇ 直线：直线对象必须共线，即位于无限长的直线上，但是它们之间可以有间隙，如图 4-53 所示，合并后的效果如图 4-54 所示。

图 4-53 两条线段合并前的效果　　　　图 4-54 合并后的效果

- ◇ 多段线：对象可以是直线、多段线或圆弧。对象之间不能有间隙，并且必须位于与 UCS 的 *XY* 平面平行的同一平面上。
- ◇ 圆弧：圆弧对象必须位于同一假想的圆上，但是它们之间可以有间隙，使用"闭合"

选项可将源圆弧转换成圆弧或圆，如图 4-55 和图 4-56 所示。

图 4-55　合并前的两条弧线　　　　　图 4-56　合并后的效果

- ❖ 椭圆弧：椭圆弧必须位于同一椭圆上，但是它们之间可以有间隙。使用"闭合"选项可将椭圆弧闭合成完整的椭圆。
- ❖ 样条曲线：样条曲线和螺旋对象必须相接（端点对端点），合并样条曲线的结果是形成单个样条曲线。

> **经验分享——圆弧或椭圆弧的合并**
>
> 合并两条或多条圆弧或椭圆弧时，将从源对象开始按逆时针方向合并圆弧或椭圆弧。

4.6　复杂图形的编辑

在 AutoCAD 2020 中，用户可以使用不同类型的夹点和夹点模式以其他方式重新塑造、移动或操纵对象。相对其他命令而言，使用夹点功能修改图形更加方便、快捷。

4.6.1　编辑多段线

利用"多段线编辑"命令可以对多段线进行编辑，从而满足用户的不同需求。
用户可以通过以下几种方法执行"编辑多段线"命令。

- ❖ 面板：在"修改"面板中单击"编辑多段线"按钮 ⌒ 。
- ❖ 命令行：在命令行中输入或动态输入"PEDIT"命令（命令快捷键为"PE"）并按 Enter 键。
- ❖ 快捷菜单：选择需要编辑的多段线，并右击，在弹出的快捷菜单中选择"多段线"→"编辑多段线"命令，如图 4-57 所示。

执行"编辑多段线"命令后，其命令行将给出如下提示，或者在视图中出现相应的快捷菜单，如图 4-58 所示。

```
命令:PEDIT                          //调用"编辑多段线"命令
选择多段线或 [多条(M)]：              //选择要编辑的多段线对象
输入选项 [打开(O)/合并(J)/宽度(W)/编辑顶点(E)/拟合(F)/样条曲线(S)/非
曲线化(D)/线型生成(L)/反转(R)/放弃(U)]：
                                    //根据要求设置各个选项
```

第 4 章 二维图形的选择与编辑

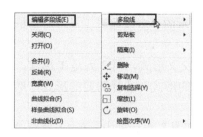

图 4-57 选择"编辑多段线"命令

图 4-58 快捷菜单

在"编辑多段线"的命令行提示中,部分选项的含义如下。

- ◆ 合并(J):用于合并直线段、圆弧或多段线,使所选对象成为一条多段线;合并的前提是各段对象首尾相连。
- ◆ 宽度(W):可以修改多段线的线宽,这时系统提示"指定所有线段的新宽度:",然后输入新的宽度即可,如图 4-59 所示。
- ◆ 拟合(F):将多段线的拐角用光滑的圆弧曲线连接,如图 4-60 所示。

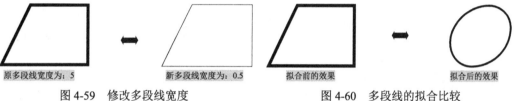

图 4-59 修改多段线宽度　　　　　图 4-60 多段线的拟合比较

- ◆ 样条曲线(S):创建样条曲线的近似线,如图 4-61 所示。
- ◆ 非曲线化(D):删除由拟合或样条曲线插入的其他顶点并拉直所有多段线,即拟合(F)和样条曲线(S)选项的相反操作,如图 4-62 所示。

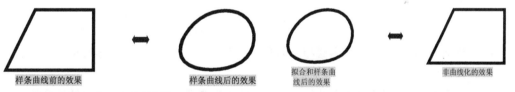

图 4-61 多段线的样条曲线比较　　　　　图 4-62 多段线的非曲线化

- ◆ 线型生成(L):此选项用于控制多段线的线性生成方式,也可以分别指定所绘对象的起点半宽和端点半宽。

4.6.2 编辑多线

在 AutoCAD 2020 中所绘制的多线对象,可通过编辑多线不同的交点的方式来修改多线,以完成各种绘制需求。

用户可以通过以下几种方法执行"编辑多线"命令。

- ◆ 命令行:在命令行中输入或动态输入"MLEDIT"命令并按 Enter 键。
- ◆ 快捷键:双击需要编辑的多线对象。

执行"编辑多线"命令后，将弹出如图 4-63 所示的"多线编辑工具"对话框，通过该对话框可以创建或修改多线的模式。

在"多线编辑工具"对话框中，第 1 列是十字交叉形式，第 2 列是 T 形式，第 3 列是拐角结合点的节点，第 4 列是多线被剪切和连接的形式。选择需要的形式，然后在图中选择要编辑的多线即可。

在"多线编辑工具"对话框中，有 12 种形式可供选择，下面对各种形式进行介绍。

图 4-63　"多线编辑工具"对话框

- ◆ "十字闭合"：用于两条多线相交为闭合的十字交点。选择的第一条多线被修剪，选择的第二条多线保持原状。
- ◆ "十字打开"：用于两条多线相交为打开的十字交点。选择的第一条多线的内部和外部元素都被打断，选择的第二条多线的外部元素被打断。
- ◆ "十字合并"：用于两条多线相交为合并的十字交点。选择的第一条多线和第二条多线的外部元素都被修剪。十字闭合、打开和合并的区别如图 4-64 所示。

图 4-64　十字闭合、打开和合并的区别

- ◆ "T 形闭合"：用于两条多线相交闭合的 T 形交点。选择的第一条多线被修剪，第二条多线保持原状。
- ◆ "T 形打开"：用于两条多线相交为打开的 T 形交点。选择的第一条多线被修剪，第二条多线与第一条多线相交的外部元素被打断。
- ◆ "T 形合并"：用于两条多线相交为合并的 T 形交点。选择的第一条多线的内部元素被打断，第二条多线与第一条多线相交的外部元素被打断。T 形闭合、打开和合并的区别如图 4-65 所示。

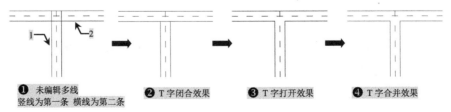

图 4-65　T 形闭合、打开和合并的区别

- ◆ "角点结合":用于在两条多线上添加一个顶点,如图 4-66 所示。
- ◆ "添加顶点":用于在多线上添加一个顶点,如图 4-67 所示。

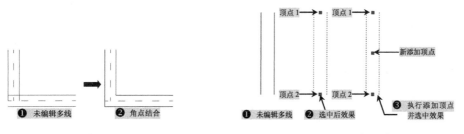

图 4-66 角点结合 　　　　　　　　图 4-67 添加顶点

- ◆ "删除顶点":用于将多线上的一个顶点删除,如图 4-68 所示。
- ◆ "单个剪切":用于通过指定两个点使多线中的一条线被打断。
- ◆ "全部剪切":用于通过指定两个点使多线的所有线被打断。
- ◆ "全部接合":用于将被全部剪切的多线全部连接。单个剪切、全部剪切和全部接合的区别如图 4-69 所示。

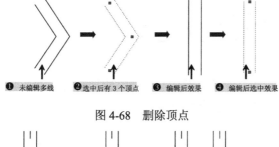

图 4-68 删除顶点

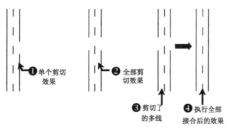

图 4-69 单个剪切、全部剪切和全部接合的区别

4.6.3 编辑样条曲线

"样条曲线"命令是单个对象编辑命令,即一次只可以编辑一个对象。要对样条曲线进行编辑,可以通过以下几种方式来调用该命令。

- ◆ 快捷菜单:选择要修改的样条曲线对象并右击,在弹出的快捷菜单中选择"样条曲线"命令。
- ◆ 命令行:在命令行中输入或动态输入"SPLINEDIT"命令(命令快捷键为"SPE")并按 Enter 键。

执行"样条曲线"命令后,命令行提示如下:

```
命令：SPLINEDIT
选择样条曲线：//提示选择要编辑的样条曲线对象
输入选项 [闭合（C）/合并（J）/拟合数据（F）/编辑顶点（E）/转换为多段线（P）/反转（R）
/放弃（U）/退出（X）] <退出>：
```

在编辑样条曲线的命令行提示选项中，有一些选项的含义已经在前面进行了讲解，下面针对未讲解的选项进行介绍。

- ◇ **拟合数据（F）**：此选项用于编辑样条曲线通过的某些点。选择此项后，创建曲线由指定的各个点以小方格的形式显示，其相关的命令行提示如下：

```
输入拟合数据选项
[添加（A）/闭合（C）/删除（D）/扭折（K）/移动（M）/清理（P）/切线（T）/公差（L）/
退出（X）] <退出>：
```

- ◇ **编辑顶点（E）**：此选项用于移动样条曲线上当前的控制点，它与"拟合数据"中的"移动"选项的含义相同。
- ◇ **转换为多段线（P）**：此选项可以将样条曲线转换为多段线。

4.7 高级编辑辅助工具

在 AutoCAD 2020 中，可以使用夹点编辑、快捷特性、对象特性和特性匹配等高级编辑工具对绘制的图形快速地进行相应的编辑。

4.7.1 夹点编辑图形

在选中某一图形对象时，其对象上将会显示若干小方框，这些小方框用来标记被选中的对象的夹点，也是图形对象上的控制点，如图 4-70 所示。

使用"选项"命令（OP）打开"选项"对话框，切换至"选择集"选项卡，勾选"显示夹点"复选框，如图 4-71 所示。

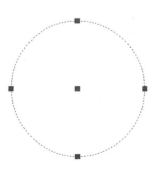
图 4-70 显示的夹点

图 4-71 "选择集"选项卡

打开夹点功能后，不执行任何命令，只选中图形对象，并单击其某一个夹点，使之进入编辑状态，系统自动默认为拉伸基点，并进入"拉伸"编辑模式；同时，还可以对其进行夹点移动（MO）、夹点旋转（RO）、夹点缩放（SC）、夹点镜像（MI）等操作。

◆ 夹点拉伸操作如图 4-72 所示。

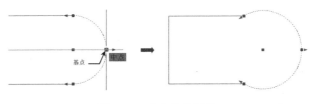

图 4-72　夹点拉伸操作

> **经验分享——使用夹点拉伸的技巧**
>
> （1）当选择对象上的多个夹点来拉伸对象时，选定夹点间的对象的形状将保持原样。若要选择多个夹点，在按住 Shift 键的同时选择适当的夹点即可。
> （2）文字、块参照、直线中点、圆心和点对象上的夹点用于移动对象而不是拉伸对象。
> （3）如果选择象限夹点来拉伸圆或椭圆，然后在输入新半径命令的提示下指定距离（而不是移动夹点），那么此距离是从圆心而不是从选定的夹点测量的距离。

◆ 夹点移动（MO）操作如图 4-73 所示。

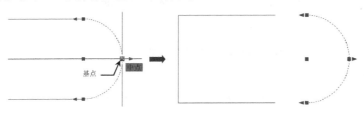

图 4-73　夹点移动操作

◆ 夹点旋转（RO）操作如图 4-74 所示。

图 4-74　夹点旋转操作

◆ 夹点缩放（SC）操作如图 4-75 所示。

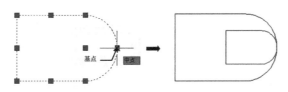

图 4-75　夹点缩放操作

◆ 夹点镜像（MI）操作如图 4-76 所示。

图 4-76 夹点镜像操作

> **经验分享——夹点编辑的含义**
>
> 使用夹点选中对象后，以所选夹点为基点，默认拉伸所选对象。
> 按 1 次空格（或 Enter）键，表示以所选夹点为基点移动所选对象。
> 按 2 次空格（或 Enter）键，表示以所选夹点为基点旋转所选对象。
> 按 3 次空格（或 Enter）键，表示以所选夹点为基点按比例缩放所选对象。
> 按 4 次空格（或 Enter）键，表示以所选夹点为基点镜像所选对象。
> 按 5 次空格（或 Enter）键，表示循环返回拉伸操作。

4.7.2 快速改变图形的属性

在 AutoCAD 2020 中，系统提供了一个快捷特性功能，以帮助用户快速修改已绘制的图形对象的简要特性。

用户可以通过以下几种方法执行快捷特性功能。

◆ 组合键：按 Ctrl+Shift+P 组合键。
◆ 对话框：在"草图设置"对话框中选择"快捷特性"选项卡，勾选图 4-77 中的复选框。

当勾选"选择时显示快捷特性选项板（CTRL+SHIFT+P）(Q)"复选框后，会返回绘图窗口，选中需要改变属性的图形对象，此时将出现一些与选中图形相关的特性参数；重新设置参数，即可快速改变图形的属性，如图 4-78 所示。

图 4-77 "快捷特性"选项卡

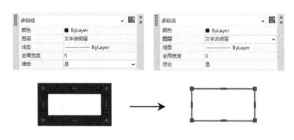

图 4-78 快速改变图形的属性

4.7.3 使用"特性"面板修改图形的属性

在 AutoCAD 2020 中,系统提供了一个"特性"面板,以帮助用户修改已绘制的图形对象的特性。

用户可以通过以下几种方法打开"特性"面板。

- ◇ 组合键:按 Ctrl+1 组合键。
- ◇ 命令行:在命令行中输入"MO"或"PR"命令并按 Enter 键。

例如,将矩形的线宽从 0 改为 10,如图 4-79 所示。

图 4-79 修改图形对象的特性

4.7.4 使用特性匹配功能修改图形的属性

"特性匹配"是指将图形对象的特性修改成源对象的特性,这些特性包括颜色、线型、样式等。

用户可以通过以下几种方法执行"特性匹配"命令。

- ◇ 面板:在"特性"面板中单击"特性匹配"按钮。
- ◇ 命令行:在命令行中输入或动态输入"MATCHPROP"(命令快捷键为"MA")并按 Enter 键。

执行"特性匹配"命令后,命令行提示如下。

```
命令:MATCHPROP                //执行"特性匹配"命令
选择源对象:                    //选择具有线宽的矩形对象
当前活动设置: 颜色 图层 线型 线型比例 线宽 透明度 厚度 打印样式 标注 文字 图案填充
多段线 视口 表格材质 阴影显示 多重引线
选择目标对象或 [设置(S)]:     //显示可以进行特性匹配的特性
选择目标对象或 [设置(S)]:     //选择要进行特性匹配的对象
```

执行上述操作后,即可根据命令行提示进行特性匹配,如图 4-80 所示。

在进行特性匹配时,选择"设置(S)"选项时,会弹出"特性设置"对话框,这时可以根据不同的绘图要求勾选相应的特性选项,如图 4-81 所示。

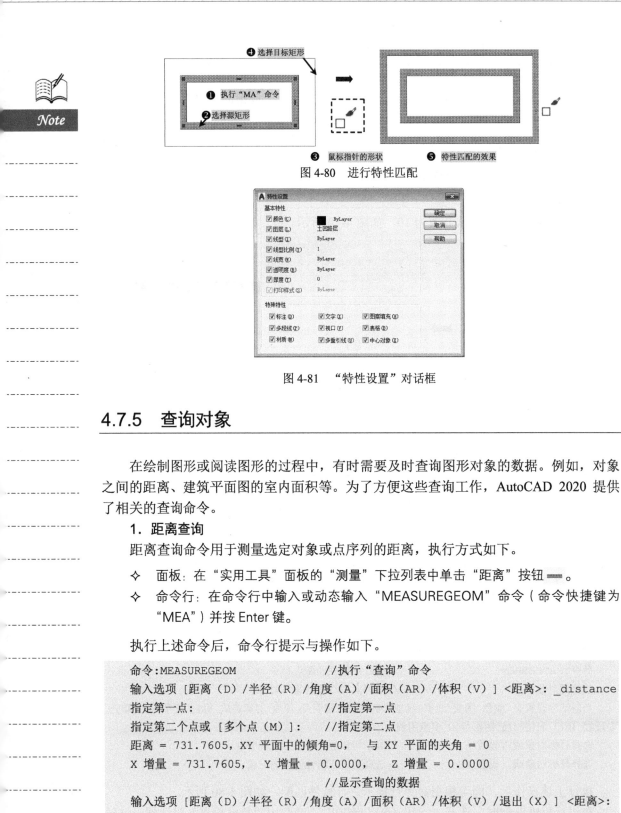

图 4-80 进行特性匹配

图 4-81 "特性设置"对话框

4.7.5 查询对象

在绘制图形或阅读图形的过程中,有时需要及时查询图形对象的数据。例如,对象之间的距离、建筑平面图的室内面积等。为了方便这些查询工作,AutoCAD 2020 提供了相关的查询命令。

1. 距离查询

距离查询命令用于测量选定对象或点序列的距离,执行方式如下。

- 面板:在"实用工具"面板的"测量"下拉列表中单击"距离"按钮 。
- 命令行:在命令行中输入或动态输入"MEASUREGEOM"命令(命令快捷键为"MEA")并按 Enter 键。

执行上述命令后,命令行提示与操作如下。

```
命令:MEASUREGEOM                        //执行"查询"命令
输入选项 [距离(D)/半径(R)/角度(A)/面积(AR)/体积(V)] <距离>:_distance
指定第一点:                             //指定第一点
指定第二个点或 [多个点(M)]:              //指定第二点
距离 = 731.7605, XY 平面中的倾角=0,    与 XY 平面的夹角 = 0
X 增量 = 731.7605,  Y 增量 = 0.0000,  Z 增量 = 0.0000
                                        //显示查询的数据
输入选项 [距离(D)/半径(R)/角度(A)/面积(AR)/体积(V)/退出(X)] <距离>:
                                        //按 Esc 键退出
```

> 提示
>
> 如果选择"多个点(M)"选项，将基于当前的直线段即时计算总距离。

经验分享——查询距离

测量两点、多线段之间的距离还可以使用"DIST"命令。例如，查询矩形的对角点间的距离，其操作步骤如下。

（1）首先绘制一个 200mm×150mm 的矩形。

（2）在命令行输入"DIST"命令，使用鼠标指针捕捉矩形左上角的点作为测量对象的第一点。

（3）再使用鼠标指针捕捉矩形右下角的点作为测量对象的第二点，如图 4-82 所示；

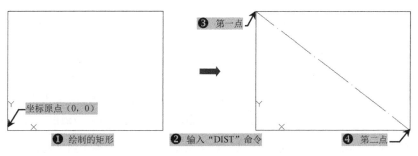

图 4-82　分别捕捉矩形的对角点

（4）此时即可在命令行中显示所测量的距离值。

```
命令：DIST
指定第一点：
指定第二个点或 [多个点 (M)]：
距离 = 250.0000，XY 平面中的倾角 = 323，  与 XY 平面的夹角 = 0
X 增量 = 200.0000，  Y 增量 = -150.0000，  Z 增量 = 0.0000
```

2．面积查询

面积查询命令用于测量选定对象或点序列的面积，其执行方式如下。

- ◇ 面板：在"实用工具"面板的"测量"下拉列表中单击"面积"按钮 。
- ◇ 命令行：在命令行中输入或动态输入"MEASUREGEOM"命令（命令快捷键为"MEA"）并按 Enter 键。

执行上述命令后，命令行提示如下。

```
命令:MEASUREGEOM                              //执行"MEASUREGEOM"命令
输入选项 [距离(D)/半径(R)/角度(A)/面积(AR)/体积(V)] <距离>: AR
指定第一个角点或 [对象(O)/增加面积(A)/减少面积(S)/退出(X)] <对象(O)>:
                                              //指定第一点
指定下一个点或 [圆弧(A)/长度(L)/放弃(U)]：    //指定第二点
指定下一个点或 [圆弧(A)/长度(L)/放弃(U)]：    //指定第三点
```

```
指定下一个点或 [圆弧(A)/长度(L)/放弃(U)/总计(T)] <总计>:
                                                    //指定第四点
指定下一个点或 [圆弧(A)/长度(L)/放弃(U)/总计(T)] <总计>:
                                                    //按 Enter 键
区域 = 240953.8706，周长 = 2122.0804      //显示查询的面积和周长
输入选项 [距离(D)/半径(R)/角度(A)/面积(AR)/体积(V)/退出(X)] <面积>:
输入选项 [距离(D)/半径(R)/角度(A)/面积(AR)/体积(V)/退出(X)] <面积>: //
按 Esc 键退出
```

在执行面积查询时，其命令行提示中各选项的含义如下。

- ◆ 对象(O): 选择该项，可以选择闭合的多段线对象，从而计算相应的面积及周长，其命令行提示如下：

```
命令: MEASUREGEOM
输入选项 [距离(D)/半径(R)/角度(A)/面积(AR)/体积(V)] <距离>: AR
指定第一个角点或 [对象(O)/增加面积(A)/减少面积(S)/退出(X)] <对象(O)>: O
                                        //选择"对象"选项
选择对象:                                //使用鼠标选择指定的封闭多段线对象
区域 = 240953.8706，周长 = 2122.0804    //显示所选对象的面积和周长
输入选项 [距离(D)/半径(R)/角度(A)/面积(AR)/体积(V)/退出(X)] <面积>:
```

- ◆ 增加面积(A): 选择该项，可按照如下命令行提示选择多个封闭对象，并显示不同对象的不同面积和多个对象的总面积。

```
命令: MEASUREGEOM
输入选项 [距离(D)/半径(R)/角度(A)/面积(AR)/体积(V)] <距离>: AR
指定第一个角点或 [对象(O)/增加面积(A)/减少面积(S)/退出(X)] <对象(O)>: A
指定第一个角点或 [对象(O)/减少面积(S)/退出(X)]: O
                //通过"对象(O)"选项来选择对象
("加"模式) 选择对象: //选择第一个对象
区域 = 240953.8706，周长 = 2122.0804
总面积 = 240953.8706 //显示第一个对象的总面积
("加"模式) 选择对象: //选择第二个对象
区域 = 18982.2192，圆周长 = 488.4031
总面积 = 259936.0898 //显示第一个对象和第二个对象的总面积
("加"模式) 选择对象: //选择第三个对象
区域 = 30671.1473，长度 = 853.5943
总面积 = 290607.2371 //显示第一个、第二个、第三个对象的总面积
指定第一个角点或 [对象(O)/减少面积(S)/退出(X)]: *取消*
                //按 Esc 键取消
```

- ◆ 减少面积(S): 选择该项，用于从总面积中减去指定的面积。

第 4 章 二维图形的选择与编辑

跟踪练习——查询住宅使用面积

视频\04\查询住宅使用面积.avi
案例\04\建筑平面图.dwg

本实例讲解查询住宅使用面积的方法,以便让读者熟练掌握查询工具的运用方法,其操作步骤如下。

Step 01 启动 AutoCAD 2020,在快速访问工具栏中单击"打开"按钮,将"案例\04\建筑平面图.dwg"文件打开,如图 4-83 所示。

Step 02 单击"实用工具"面板中的"测量"下拉按钮,在弹出的列表框中单击"面积"按钮,如图 4-84 所示。

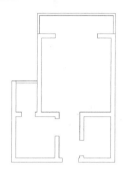

图 4-83 打开图形

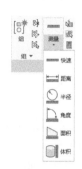

图 4-84 单击"面积"按钮

Step 03 当命令行提示"指定第一个角点或 [对象(O)/增加面积(A)/减少面积(S)/退出(X)]:"时,指定建筑区域的第一个角点,如图 4-85 所示。

Step 04 当命令行提示"指定下一个点或 [圆弧(A)/长度(L)/放弃(U)]:"时,指定第二个角点,如图 4-86 所示。

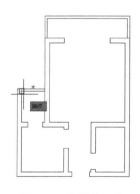

图 4-85 捕捉第一点

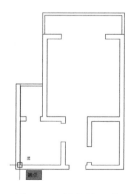

图 4-86 捕捉第二点

Step 05 指定第三点,将会出现一个蓝色透明区域,如图 4-87 所示。

Step 06 重复捕捉内墙体的角点,捕捉完后蓝色透明区域会布满整个内墙体平面,如图 4-88 所示。

133

Step 07 在捕捉完成后,按空格键确定,系统将显示测量结果,如图 4-89 所示。

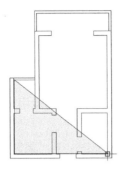
图 4-87　捕捉第三点

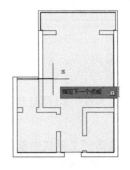
图 4-88　捕捉完的效果

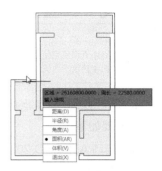
图 4-89　显示测量结果

> **提示**
>
> CAD 设置图形的单位为 mm,因此查询显示结果中,周长的单位为 mm,面积的单位为 mm^2。

3. 查询点坐标

使用"ID"命令可以测量点的坐标,在命令行提示下显示测量点 X 轴、Y 轴、Z 轴方向的坐标值;当对象捕捉处于启用状态时,可以在选择对象的同时查看对象(如端点、中点、圆心)的坐标。

启动该命令的方法如下。

- ◇ 面板:在"实用工具"面板中单击"点坐标"按钮 点坐标。
- ◇ 命令行:在命令行中输入或动态输入"ID"命令(命令快捷键为"ID")并按 Enter 键。

在坐标原点位置绘制 100×100 的矩形,再执行"ID"命令,单击需要查询坐标的点,如图 4-90 所示,即可测出该点的坐标,如图 4-91 所示,其命令行提示如下。

```
命令: ID                                    //启动命令
指定点:                                     //拾取查询点
X = 100.0000    Y = 50.0000    Z = 0.0000   //显示坐标
```

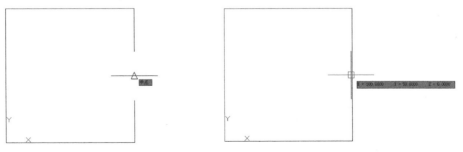

图 4-90　捕捉中点　　　　　　　　　　　图 4-91　显示坐标值

4. 列表显示

启动"列表"命令,将显示对象的相关信息。

第 4 章　二维图形的选择与编辑

输入并执行"列表"命令，提示"选择对象："；选择对象，如图4-92所示，并按空格键确定，将自动弹出文本窗口，显示图形的相应信息（图层、周长、面积等），如图4-93所示。

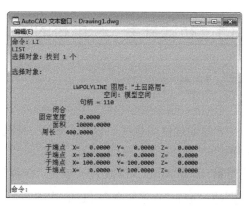

图 4-92　选择对象　　　　　　　　图 4-93　显示图形的相应信息

5．查询时间

查看当前图形文件的各项时间信息。执行"TIME"命令，并按空格键，将弹出文本窗口，显示"当前时间"和"此图形的各项时间统计"等，如图4-94所示。

> **经验分享——关于时间的变量**
>
> DATE 变量：存储当前日期和时间。
> 命令: DATE
> DATE = 2456312.35998914　（只读）
> CDATE 变量：设置日历的日期和时间。
> 命令: CDATE
> CDATE = 20130119.08382638　（只读）

6．查询状态

要查询图形的设置状态（捕捉模式、图形界限、文件大小等）可以执行"STATUS"命令，并按空格键，将弹出文本窗口，显示"当前图层、当前颜色、对象捕捉模式"等图形的设置状态，如图4-95所示。

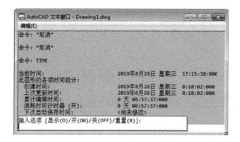
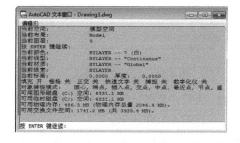

图 4-94　显示时间信息　　　　　　图 4-95　图形的设置状态

4.8 实战演练

4.8.1 初试身手——电桥的绘制

视频\04\电桥的绘制.avi
案例\04\电桥.dwg

下面通过使用直线、复制、镜像、拉长、修剪等命令绘制电桥图形,具体操作步骤如下。

Step 01 启动 AutoCAD 2020,单击"保存"按钮,将其保存为"案例\04\电桥.dwg"。

Step 02 执行"直线"命令(L),在视图中绘制长度分别为 20、10、20,角度均为 45 的斜线段,如图 4-96 所示。

Step 03 执行"镜像"命令(MI),以斜线段的上端点为镜像点,向右镜像复制,如图 4-97 所示。

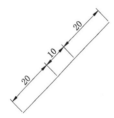

图 4-96 绘制斜线段

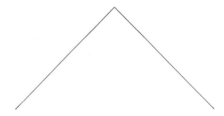

图 4-97 向右镜像复制

Step 04 执行"直线"命令(L),分别捕捉左侧和右侧斜线段的下端点为起点,分别向内绘制长度为 30 的水平线段,如图 4-98 所示。

Step 05 执行"直线"命令(L),捕捉左、右两条长度为 10 的斜线段的端点为起点,绘制长度为 10,角度为 135 的斜线段,如图 4-99 所示。

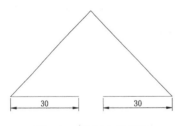

图 4-98 绘制水平线段

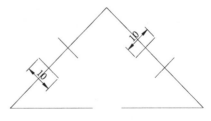

图 4-99 绘制斜线段

Step 06 执行"直线"命令(L),再分别捕捉水平线段的端点,绘制长度为 10 的垂直线段,如图 4-100 所示。

Step 07 执行"删除"命令(E),将相应的线段删除,如图 4-101 所示。

Step 08 至此,电桥绘制完成,按 Ctrl+S 组合键保存。

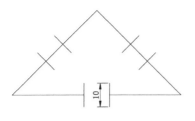
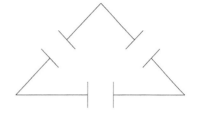

图 4-100　绘制垂直线段　　　　　　图 4-101　删除线段的效果

4.8.2 深入训练——断路器的绘制

视频\04\断路器的绘制.avi
案例\04\断路器.dwg

下面通过使用直线、复制、镜像、拉长、修剪等命令绘制断路器,具体操作步骤如下。

Step 01 启动 AutoCAD 2020,单击"保存"按钮,将其保存为"案例\04\断路器.dwg"。

Step 02 执行"直线"命令(L),绘制长度为 30 的水平线段,如图 4-102 所示。

Step 03 执行"直线"命令(L),捕捉水平线段的左端点,按"F10"键打开极轴追踪,绘制长度为 9、角度为 60 的斜线段,如图 4-103 所示。

图 4-102　绘制水平线段　　　　　　图 4-103　绘制斜线段

Step 04 执行"复制"命令(CO),将绘制的斜线段水平向右复制,复制的距离为 4,如图 4-104 所示。

Step 05 执行"镜像"命令(MI),将两条斜线段以水平线段为镜像轴线,向下镜像,镜像效果如图 4-105 所示。

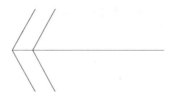

图 4-104　复制斜线段　　　　　　　图 4-105　镜像效果

Step 06 再次执行"镜像"命令(MI),选择所有图形,以水平线段的右端点为镜像点,打开正交模式向下拖出一条垂直镜像线,向右镜像,如图 4-106 所示。

Step 07 执行"直线"命令(L),捕捉两条水平线段重合的端点,绘制夹角分别为 60°和 120°、长度均为 5 的斜线段,如图 4-107 所示。

Step 08 执行"拉长"命令(LEN),选择"增量(DE)"选项,设置增量长度为 5;然后分别单击上一步绘制的两条斜线段的下端点,将下端点向下拉长,如图 4-108 所示。

图 4-106　镜像图形　　　　　　　图 4-107　绘制斜线段

Step 09 执行"移动"命令（M），将上一步绘制的两条斜线段向左移动 3，如图 4-109 所示。

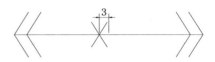

图 4-108　拉长图形　　　　　　　图 4-109　移动图形

Step 10 执行"直线"命令（L），捕捉两条水平线段重合的端点，绘制长度为 9、角度为 150°的斜线段，如图 4-110 所示。

Step 11 执行"移动"命令（M），将上一步绘制的斜线段向右移动，移动距离为 9，如图 4-111 所示。

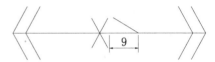

图 4-110　绘制斜线段　　　　　　图 4-111　移动图形

Step 12 执行"修剪"命令（TR），修剪多余的线条，修剪效果如图 4-112 所示。

图 4-112　修剪效果

Step 13 至此，断路器绘制完成，按 Ctrl+S 组合键保存。

4.8.3　熟能生巧——组合线路图

 视频\04\组合线路图.avi
案例\04\组合线路图.dwg

本实例主要讲解使用"移动"命令绘制组合线路图，其操作步骤如下。

Step 01 启动 AutoCAD 2020，在快速访问工具栏中单击"打开"按钮，将"案例\04\电器符号.dwg"文件打开，如图 4-113 所示。

Step 02 单击"另存为"按钮，将文件另存为"案例\04\组合线路图.dwg"文件。

Step 03 执行"矩形"命令（REC），绘制 60×30 的矩形，如图 4-114 所示。

Step 04 执行"分解"命令（X），将矩形打散成 4 条独立的线段；再执行"删除"命令（E），将左垂直边删除，如图 4-115 所示。

第 4 章 二维图形的选择与编辑

Step 05 执行"圆"命令（C），在上侧水平线段的左端点单击，使其作为圆心点，绘制半径为 1 的圆，如图 4-116 所示。

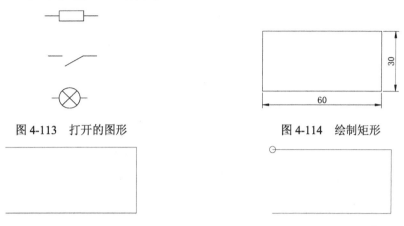

图 4-113 打开的图形　　　　　　　　图 4-114 绘制矩形

图 4-115 分解删除　　　　　　　　　图 4-116 绘制圆

Step 06 执行"移动"命令（M），选择圆图形，在提示"指定基点"时，按住 Ctrl 键并右击，在随后弹出的快捷菜单中选择"象限点"，如图 4-117 所示；然后捕捉到圆右侧象限点，单击该象限点后向左拖动到水平线段的端点后单击，完成圆对象的移动。

Step 07 采用上述方法，通过"圆"命令和"移动"命令，在下侧水平线段的左端点绘制并移动半径为 1 的圆，如图 4-118 所示。

Step 08 执行"移动"命令（M），选择电阻图形；同样按住 Ctrl 键并右击，设置"端点"捕捉，捕捉到电阻左端点并单击，移动到上侧水平线段，设置并捕捉到"最近点"后单击，确定移动，如图 4-119 所示。

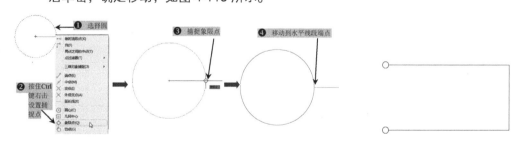

图 4-117 移动圆对象　　　　　　　　图 4-118 绘制、移动圆

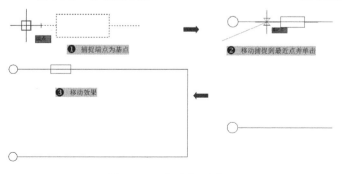

图 4-119 移动电阻图形

Step 09 采用同样的方法，执行"移动"命令（M），将开关和灯图形移动到线路上，如图 4-120 所示。

Step 10 执行"修剪"命令（TR），将中间多余的线段修剪掉，如图 4-121 所示。

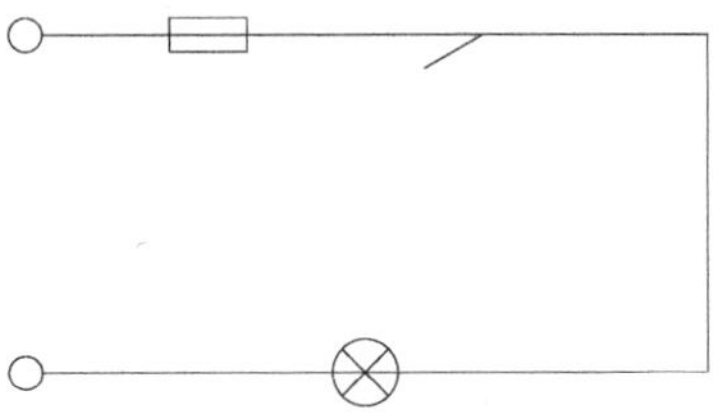

图 4-120　移动开关和灯 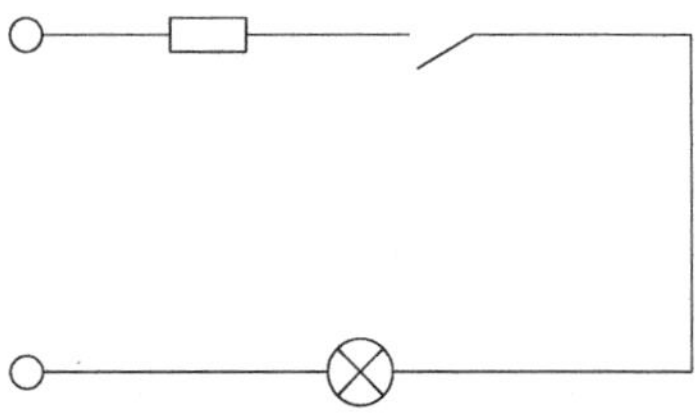　　　　　　图 4-121　修剪多余线段

Step 11 至此，组合线路图绘制完成，按 Ctrl+S 组合键保存。

4.9　本章小结

　　本章主要讲解了使用 AutoCAD 2020 选择与编辑二维图形的方法，包括选择对象的基本方法，如设置选择对象模式、点选对象、框选对象、栏选对象、围选对象、快速选择、编组等；以及改变图形位置、改变图形大小、改变图形形状、其他修改命令、复杂图形的编辑、高级编辑辅助工具等；本章通过实战演练带领学生学习了电桥的绘制、断路器的绘制及组合线路图，为后面的学习打下了坚实的基础。

创建面域和图案填充

面域是用闭合的形状或环创建的二维区域,它是面对象。本章通过对创建面域进行讲解,可使读者掌握面域的 3 种逻辑运算方法。图案填充是指用指定的图案或线条对图形中指定的区域进行填充,用于表达剖面、切面和不同类型物体对象的外观纹理。

内容要点

- 掌握面域的创建方法
- 不同类型的图案填充方法
- 渐变填充的设置方法
- 面域对象的各种布尔运算方法
- 图案填充的编辑方法
- 工具选项板的使用方法

5.1 将图形转换为面域

面域是指具有边界的平面区域，其内部可以包含孔。对于面域，闭合的多条直线和闭合的多条曲线都是有效的选择对象，其中曲线包括圆弧、圆、椭圆弧、椭圆和曲线。面域可用于填充和着色，还可以通过逻辑运算将若干区域合并为单个复杂区域。

5.1.1 创建面域

面域是具有物理特性（如质心）的二维封闭区域，用户可以通过以下任意一种方法执行"面域"命令。

- ◇ 面板：在"绘图"面板中单击"面域"按钮 。
- ◇ 命令行：在命令行中输入或动态输入"REGION"命令（命令快捷键为"REG"）并按 Enter 键。

启动"面域"命令后，根据如下命令行提示"选择对象："选择内部小圆对象，如图 5-1 所示；按 Enter 键，系统自动将选中的图形对象转换为面域，如图 5-2 所示。

```
命令：REGION         //执行"面域"命令
选择对象：找到 1 个
选择对象：            //选择内部小圆为面域对象
已提取 1 个环。
已创建 1 个面域。
```

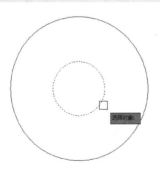

图 5-1　选择对象

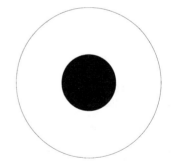

图 5-2　面域结果

> **经验分享——面域对象的分解**
>
> 在 AutoCAD 2020 中，可以把二维图形转换为面域对象；同样，也可以将面域对象分解，转换为二维对象：选择"修改"或"分解"命令，再选择要分解的面域对象即可。

第 5 章 创建面域和图案填充

跟踪练习——通过边界创建面域对象

  视频\05\通过边界创建面域.avi
案例\05\创建面域.dwg

在本实例中，首先绘制正方形对象，然后对其绕中心旋转并复制，然后使用"边界"命令对其指定的区域进行边界面域操作，具体操作步骤如下。

Step 01 启动 AutoCAD 2020，在快速访问工具栏中单击"保存"按钮，将其保存为"案例\05\创建面域.dwg"。

Step 02 在"绘图"面板中单击"矩形"按钮，绘制 50×50 的矩形，如图 5-3 所示。

Step 03 在"修改"面板中单击"旋转"按钮，选择矩形对象，捕捉矩形中点；再选择"复制（C）"选项，并输入旋转角度为 45°，旋转复制结果如图 5-4 所示。

Step 04 在"绘图"面板中单击"边界"按钮，弹出"边界创建"对话框，如图 5-5 所示，在"对象类型"下拉列表中选择"面域"，并单击"拾取点"按钮，然后在视图封闭区域内单击，再按 Enter 键，即可创建一个面域。

 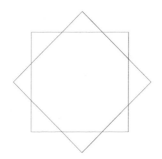 

图 5-3　绘制矩形　　　　图 5-4　旋转复制结果　　　　图 5-5　"边界创建"对话框

Step 05 由于所创建的面域在二维线框模式下无法被观察到，所以此时应在"视图"选项卡下的"视觉样式"下拉列表中选择"灰度"选项，如图 5-6 所示。

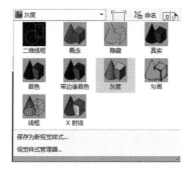

图 5-6　面域后的效果

Step 06 至此，面域创建完成，按 Ctrl+S 组合键保存。

> **经验分享——面域的显示与特性**
>
> 在"二维线框"模式下，面域后的对象在外观上没有很大的改变，这时，可以在"视图"选项卡下的"视觉样式"中选择"灰度"选项；转换模式后，再单击面域对象，"特性"面板中会显示和面域相关的特性（如面积、周长等），同时其外观也发生了变化，如图 5-7 所示。
>
>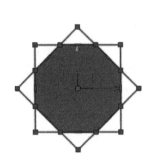
>
> 图 5-7　灰度视图下的面域效果

5.1.2　对面域进行逻辑运算

布尔运算是数学中的一种逻辑运算。布尔运算也可以用在面域运算中，包含并集运算、交集运算和差集运算 3 种。

> **经验分享——"三维工具"标签的显示**
>
> 在"草图与注释"工作空间，在功能区或菜单栏空白处右击，将弹出"显示选项卡"快捷窗口，选择"三维工具"选项，即可启动"三维工具"标签，如图 5-8 所示。
>
>
>
> 图 5-8　标签和面板的显示

用户可以通过以下几种方式执行"布尔运算"命令。

◆ 面板：在"三维工具"标签下的"实体编辑"面板中单击"并集"按钮 、"差集"按钮 、"交集"按钮 ，如图 5-9 所示。

◆ 命令行：在命令行中输入"UNION"（并集）、"SUBTRACT"（差集）、"INTERSECT"（交集）命令，按空格键确定。

图 5-9 "三维工具"标签

启动命令后，若执行"交集"命令或"并集"命令，其命令行提示"选择对象："；选择要相交或合并的三维实体、曲面或面域对象，并按 Enter 键，系统将会对所选的对象进行交集或并集计算。

若执行"差集"命令，其命令行提示"选择要从中减去的实体曲面和面域："；选择要执行减去操作的对象并按 Enter 键，再选择被减去的对象并按 Enter 键结束。其命令行提示如下：

```
命令：SUBTRACT                           //执行"差集"命令
选择要从中减去的实体、曲面和面域...       //选择执行减去操作的对象
选择对象： 选择要减去的实体、曲面和面域... //选择被减去的对象
```

例如，对一个圆和一个矩形对象进行逻辑运算的操作步骤如下。

Step 01 执行"圆"（C）命令和"矩形"（REC）命令，分别绘制一个圆和一个矩形，并进行相交放置，如图 5-10 所示。

Step 02 在"绘图"面板中单击"面域"按钮 ，将矩形和圆对象进行面域，图 5-11 所示为面域前选中图形的效果，图 5-12 所示为面域后选中图形的效果。

Step 03 执行"差集"命令（SU），根据命令行提示"选择要从中减去的实体、曲面和面域："选择圆对象，并按空格键确定；接着命令行提示"选择要减去的实体、曲面和面域："，再选择矩形对象，并按空格键确定。从而完成差集操作，如图 5-13 所示。

  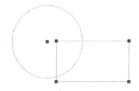

图 5-10 绘制图形　　图 5-11 面域前选中图形的效果　图 5-12 面域后选中图形的效果

Step 04 执行"并集"命令（UNI），根据命令行提示，选择整个图形对象，就能得到并集效果，如图 5-14 所示。

Step 05 执行"交集"命令（IN），根据命令行提示，选择整个图形对象，就得到交集效果，如图 5-15 所示。

 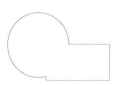

图 5-13 差集效果　　　　图 5-14 并集效果　　　　图 5-15 交集效果

> **经验分享——布尔运算的条件**
>
> 复合实体是指使用以下任意命令从两个或两个以上实体、曲面或面域中创建的实体。"UNI"（并集）、"SU"（差集）、"INTERSECT"（交集）为针对面域对象进行的布尔运算。无法对普通的线条图形对象使用布尔运算，也就是说，要想对图形进行布尔运算，必须先将普通的线条图形创建成面域。

5.2 图案填充

图案填充是指使用图案、纯色或渐变色对现有对象或封闭区域进行填充；另外，也可以创建新的图案用于对象填充。

5.2.1 创建图案边界

当进行图案填充时，首先要确定图案填充的边界。定义边界的对象只能是直线、双向射线、单向射线、多段线、样条曲线、圆弧、圆、椭圆、椭圆弧、面域等，或用这些对象定义的图，而且作为边界的对象必须在当前屏幕上全部可见。

用户可以采用以下方法执行"边界"命令。

- 面板：在"绘图"面板中单击"边界"按钮。
- 命令行：在命令行中输入或动态输入"BOUNDARY"命令（命令快捷键为"BO"）并按 Enter 键。

执行"边界"命令后，弹出"边界创建"对话框，如图 5-16 所示。该对话框可以使用由对象封闭区域内的指定点定义用于创建面域或多段线的对象类型、边界集和孤岛检测方法。

图 5-16 "边界创建"对话框

5.2.2 创建图案填充

用户可以采用以下任意一种方法执行"图案填充"命令。

- 面板：在"绘图"面板中单击"图案填充"按钮。
- 命令行：在命令行中输入或动态输入"BHATCH"命令（命令快捷键为"H"）并按 Enter 键。

启动"图案填充"命令之后，根据命令行提示，选择"设置（T）"选项，弹出"图案填充和渐变色"对话框，如图 5-17 所示；设置好填充的图案、比例、填充原点等，再根据要求选择一个封闭的图形区域，即可对其进行图案填充，如图 5-18 所示。

第 5 章 创建面域和图案填充

图 5-17 "图案填充和渐变色"对话框

图 5-18 填充效果

"图案填充"用来定义要应用的填充图案的外观。在"图案填充"对话框中可以设置类型、图案、角度、比例及图案填充原点等。

"图案填充和渐变色"对话框中主要选项的含义如下。

- ◆ "类型":在其下拉列表中,可以选择图案的类型,包括"预定义""用户定义""自定义" 3 个选项。
- ◆ "图案":在其下拉列表中,可以选择填充的图案;单击其后的 按钮,弹出"填充图案选项板"对话框,如图 5-19 所示,显示可选择的符合 ANSI、ISO 和其他行业标准的填充图案的预览图像。

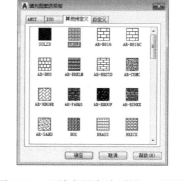

图 5-19 "填充图案选项板"对话框

- ◆ "颜色":指定填充图案和实体填充的颜色或背景色。
- ◆ "样例":显示选定图案的预览图像。单击样例可弹出"填充图案选项板"对话框。
- ◆ "自定义图案":列出可用的自定义图案。最近使用的自定义图案将出现在列表顶部。只有将"类型"设定为"自定义"时,"自定义图案"选项才可用。

提示——自定义填充图案的加载

由于 AutoCAD 2020 自身并没有提供自定义填充图案,所以用户应该将自定义填充图案加载到 AutoCAD 2020 安装目录下的"Support"文件夹中,如图 5-20 所示;这时在"填充图案选项板"的"自定义"选项卡中才能够显示自定义填充图案,如图 5-21 所示。

配套资源"案例\05\图案填充文件"文件夹中存放了自定义填充图案,用户可以将这些自定义填充图案复制到 AutoCAD 2020 安装目录下的"Support"文件夹中。

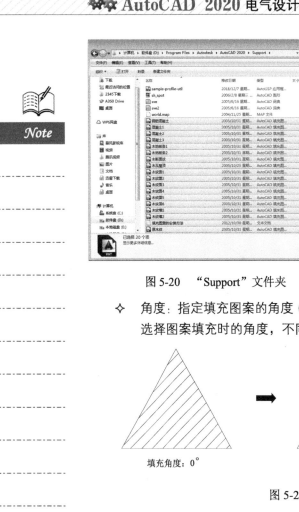

图 5-20 "Support"文件夹

图 5-21 "自定义"选项卡

- 角度：指定填充图案的角度（相对当前 UCS 坐标系的 X 轴）。可以在其下拉列表中选择图案填充时的角度，不同填充角度的效果如图 5-22 所示。

图 5-22 不同填充角度的效果

- "比例"：在其下拉列表中可选择图案填充的比例，不同填充比例的效果如图 5-23 所示。

图 5-23 不同填充比例的效果

- "双向"：对于用户定义的图案，绘制与原始直线成 90° 角的另一组直线，从而构成交叉线。只有将"类型"设定为"用户定义"，此选项才可用。
- "相对图纸空间"：相对于图纸空间单位缩放填充图案。使用此选项可以按适合命名布局的比例显示填充图案。该选项仅适用于命名布局。
- "间距"：指定用户定义图案中的直线间距。只有将"类型"设定为"用户定义"时，此选项才可用。

第 5 章 创建面域和图案填充

> **经验分享——地砖与墙砖的填充技巧**
>
> 在绘制室内地材图的过程中，在对地砖进行布置时，可以应用"用户定义"图案。如 600×600 的方形地砖，应在"类型"下选择"用户定义"，再勾选"双向"复选框，然后在下侧的"间距"文本框中输入 600（方形砖的尺寸）即可，如图 5-24 所示。
>
> 而对于非方形墙砖的填充（如 200×300），可以先填充 200 的纵线（旋转 90°），如图 5-25 所示；再填充 300 的横线（填充对象为四周的边界对象），如图 5-26 所示。

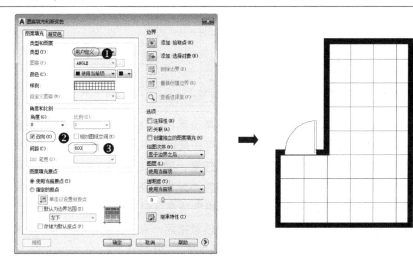

图 5-24 填充的方形地砖

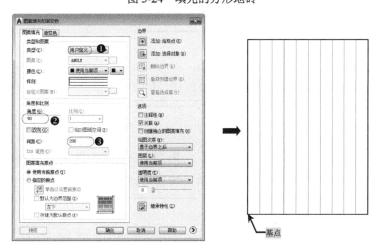

图 5-25 填充 200 的纵线

- ◆ "ISO 笔宽"：基于选定笔宽缩放 ISO 预定义图案。只有将"类型"设定为"预定义"，并将"图案"设定为一种可用的 ISO 图案，此选项才可用。
- ◆ "使用当前原点"：选择该项，在图案填充时使用当前 UCS 的原点作为原点。
- ◆ "指定的原点"：选择该项，可以设置图案填充的原点。

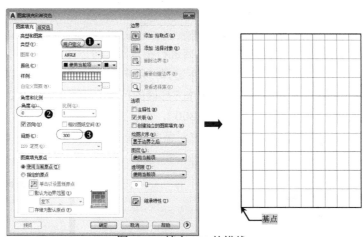

图 5-26 填充 300 的横线

- ◆ "单击以设置新原点": 选择该项,并单击其前的按钮,可在绘图区指定原点。
- ◆ "默认为边界范围": 勾选该复选框,可在其后的下拉列表中选择原点作为图案边界"左上""左下""右上""右下"中的任意一项。
- ◆ "存储为默认原点": 选择该项,可将重新设置的新原点保存为默认原点。
- ◆ "添加: 拾取点": 以拾取点的形式来指定填充区域的边界。单击按钮,系统自动切换至绘图区,在需要填充的区域内任意指定一点,会出现被选中的虚线区域,如图 5-27 所示; 再按空格键,填充效果如图 5-28 所示。
- ◆ "添加: 选择对象": 单击按钮,系统自动切换至绘图区; 在需要填充的对象上单击,如图 5-29 所示,填充效果如图 5-30 所示。

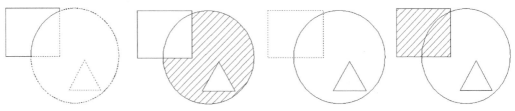

图 5-27 添加拾取区域　　图 5-28 填充效果　　图 5-29 选择矩形对象　　图 5-30 填充效果

- ◆ "删除边界": 单击该按钮可以取消系统自动计算或用户指定的边界,如图 5-31 所示。

图 5-31 删除边界填充图形

- ◆ "重新创建边界": 重新设置图案填充边界。

- ◆ "查看选择集": 查看已定义的填充边界。单击该按钮后,绘图区会亮显共边线。
- ◆ "注释性": 勾选该复选框后,填充图案是可注释的。
- ◆ "关联": 勾选该复选框,则创建边界时随之更新填充图案。
- ◆ "创建独立的图案填充": 勾选该复选框,则创建的填充图案为独立的填充图案。
- ◆ "绘图次序": 在其下拉列表中可以选择填充图案的绘图顺序,即可在填充图案边界及所有其他对象之后或之前。
- ◆ "透明度": 可设置填充图案的透明度。
- ◆ "继承特性": 单击该按钮,可将现有的填充图案或填充对象的特性应用到其他填充图案或填充对象上。
- ◆ "孤岛检测": 在进行图案填充时,将位于总填充区域内的封闭区域称为孤岛,如图 5-32 所示。在使用 "BHATCH" 命令填充时,AutoCAD 2020 系统允许用户以拾取点的方式确定填充边界,即在希望填充的区域内任意拾取一点,系统会自动确定填充边界,同时也会确定该边界内的孤岛。如果用户以选择对象的方式填充边界,则必须确切地选取这些孤岛。

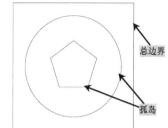

图 5-32 孤岛

- ◆ "普通": 用普通填充方式填充图形时,是从最外层的外边界向内边界填充,即第一层填充,第二层不填充,如此交替填充,如图 5-33 所示。
- ◆ "外部": 该方式只填充从最外层边界至第一边界之间的区域,如图 5-34 所示。
- ◆ "忽略": 该方式将忽略除最外层边界外的任何其他边界,从最外层边界向内填充全部图形,如图 5-35 所示。

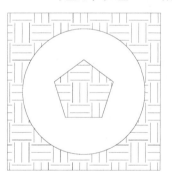 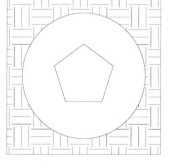 

图 5-33 普通填充　　　　图 5-34 外部填充　　　　图 5-35 忽略填充

- ◆ "保留边界": 勾选该复选框,可将填充边界以对象的形式保留,还可以从"对象类型"的下拉列表中选择填充边界的保留类型。
- ◆ "边界集": 在其下拉列表中,可以定义填充边界的对象集,默认的边界集为当前视口中的所有可见对象,确定其填充边界;也可以单击"新建"按钮,在绘图区重新指定对象类定义边界集,随后,"边界集"下拉列表中将显示"现在集合"选项。
- ◆ "公差": 用户可以在其后的文本框内设置公差大小。默认值为 0 时,对象是完全封闭的区域。在该参数范围内,可以将一个几乎封闭的区域看作一个闭合的填充边界。

- "使用当前原点":点选该项,可使用"继承特性"创建图案填充原点。
- "用源图案填充原点":点选该项,将使用"继承特性"创建图案填充,并继承源图案填充原点。

5.2.3 继承特性

继承特性是指继承填充图案的样式、颜色、比例等所有属性。在"图案填充和渐变色"对话框中,其右下侧有一个"继承特性"按钮,该按钮可以使选定的图案填充对象对指定的边界进行填充,如图5-36所示。

单击"继承特性"按钮后,将返回绘图区域,提示用户选择一个填充图案,如图5-37所示,相关的命令行提示如下。

```
命令:HATCH
//执行"图案填充"命令
拾取内部点或 [选择对象(S)/设置(T)]: T
//输入选项,弹出"图案填充和渐变色"对话框,
单击"继承特性"按钮
继承特性:名称<CORK>,比例<1>,角度<270>
拾取内部点或 [选择对象(S)/设置(T)]:
//在床铺位置内部拾取一点
选择图案填充对象:
拾取内部点或 [选择对象(S)/设置(T)]: 正在选择所有对象...
正在选择所有可见对象...
正在分析所选数据...
正在分析内部孤岛...
拾取内部点或 [选择对象(S)/设置(T)]://单击"关闭图案填充编辑器"按钮
```

图 5-36 "图案填充和渐变色"对话框

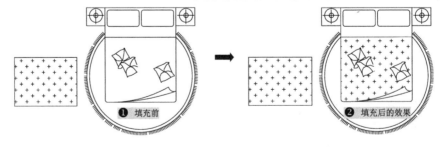

图 5-37 图案填充

> **经验分享——使用"继承特性"的条件**
>
> 使用继承特性功能的要求是绘图区域内至少存在一个填充图案。

5.3 编辑图案填充

对图案进行填充后，可以再次对图案进行图案、比例、角度等编辑操作。

5.3.1 快速编辑图案填充

无论是关联填充图案还是非关联填充图案，选中填充的图案对象后，在视图上侧的面板区将新增"图案填充创建"选项卡，如图5-38所示，用户可以在此重新设置填充区域、填充图案、比例、角度等。

图5-38 "图案填充创建"选项卡

AutoCAD 2020将关联图案填充对象作为一个块来处理，它的夹点只有一个，位于填充区域的外接矩形的中心点上。

> **经验分享——填充边界的编辑**
>
> 如果要对填充图案本身的边界轮廓直接进行夹点编辑，则要执行"OP"命令，在弹出的"选项"对话框中勾选"关联图案填充"和"在块中显示夹点"复选框，如图5-39所示，这时就可以选择边界进行编辑了。

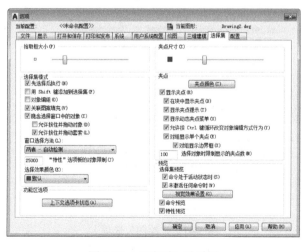

图5-39 "选项"对话框

在"修改"面板中单击"编辑图案填充"按钮，或者执行"HATCHEDIT"命令（命令快捷键为"HE"），根据命令行提示选择需要编辑的填充图案。

完成选择后，将弹出"图案填充和渐变色"对话框，通过该对话框的"图案填充"

选项卡可以修改现有填充图案的属性，包括图案、角度、比例等，如图 5-40 所示。

图 5-40 "图案填充和渐变色"对话框

> **经验分享——测量填充的间距**
>
> 在绘制地面铺贴图时，常常需要通过标注填充图形的间距（如地砖、墙砖的长度和宽度等）来预算铺贴成本等。AutoCAD 2020 将关联图案填充对象作为一个块来处理，它的夹点只有一个，因此用鼠标捕捉不到端点。
>
> 如果要对图案填充本身进行直接测量，则要执行"OP"命令，弹出"选项"对话框，切换到"绘图"选项卡，取消勾选"忽略图案填充对象"复选框，这时就可以对填充图案进行捕捉编辑了，如图 5-41 所示。

图 5-41 "绘图"选项卡

5.3.2 分解图案

图案是一种特殊的块，称为"匿名"块，无论其形状有多复杂，它都是一个单独的对象。用户可以使用"分解"命令来分解一个已存在的关联图案。

图案被分解后,它将不再是一个单一的对象,而是一组成图案的线条。例如,在矩形内填充"CORK"图案,分解图案前后的效果对比如图 5-42 所示。

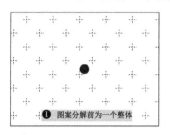 

图 5-42　图案分解前后的效果对比

> **经验分享——分解后的图案**
>
> 分解后的图案失去了与图形的关联性,变成了单一线条,因此,将无法使用"编辑图案填充"命令(HE)再次对其进行编辑操作。

5.3.3　设置填充图案的可见性

由于对图形进行图案填充操作后,打印机要花很长时间填充对象的内部;所以可使用系统变量控制图案的可见性,以简化显示和打印,从而提高效率。

可通过执行"FILL"命令来控制填充图案是否可见,即填充的图案可以显示出来,也可以不显示出来。执行该命令后,其命令行提示如下。

```
命令:FILL            //执行"FILL"命令
输入模式 [开(ON)/关(OFF)] <开>: OFF
                     //输入选项,ON 表示显示填充图案;OFF 表示不显示填充图案
```

也可以在命令行执行"FILLMODE"命令,其命令行提示如下:

```
命令:FILLMODE                    //执行"FILLMODE"命令
输入 FILLMODE 的新值 <0>: 1      //输入选项,1 表示显示填充图案;0 表示不显示填充图案
```

> **技巧与提示**
>
> 执行"FILL"命令后,会发现之前填充的图案未发生变化。此时,需要立即执行"重生成"命令(REGEN),这样才能观察到填充图案显示或隐藏后的效果,打印图形时,才能选择打印或不打印填充图案。

5.3.4　修剪填充图案

在 AutoCAD 2020 中,用户可以按照修剪任何其他对象的方法来修剪填充图案。执行"修剪"命令(TR),或者单击"修改"面板中的"修剪"按钮,将矩形与圆对象

相交的图案修剪掉，图案修剪前后的效果对比如图 5-43 所示。

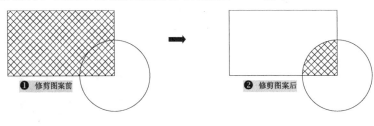

图 5-43　图案修剪前后的效果对比

5.4　填充渐变色

渐变色填充是指使用渐变色填充封闭区域或选定对象。渐变色填充属于实体图案填充，能够体现光照在平面上产生的过渡颜色效果。

用户可以采用以下方法执行"渐变色"命令。

- ◆ 面板：在"绘图"面板中单击"渐变色"按钮 。
- ◆ 命令行：在命令行中输入或动态输入"GRADIENT"命令并按 Enter 键。

执行"渐变色"命令后，面板上将新增"图案填充创建"选项卡，如图 5-44 所示。

图 5-44　"图案填充创建"选项卡

也可以在执行"渐变色"命令后，在命令行提示下，选择"设置（T）"选项，将弹出"图案填充和渐变色"对话框，其"渐变色"选项卡用来定义要应用的渐变填充的外观，可以设置颜色和方向等，如图 5-45 所示。

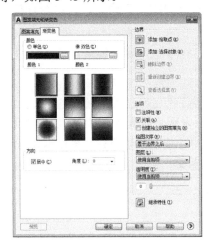

图 5-45　"渐变色"选项卡

第 5 章　创建面域和图案填充

技巧与提示

执行"GRADIENT"命令后，系统会弹出"图案填充和渐变色"对话框，与执行"图案填充（H）"命令的对话框相同。

5.4.1　创建单色渐变填充

单色渐变填充是指使用一种颜色的不同灰度之间的过渡进行填充。执行"渐变色"命令（Gradient），在弹出的"图案填充和渐变色"对话框中选择"单色"单选按钮，表示应用单色对所选择的对象进行渐变填充，如图 5-46 所示。

选择单色渐变后，还需要选择一种渐变样式，AutoCAD 2020 提供了 9 种渐变样式，如图 5-47 所示。

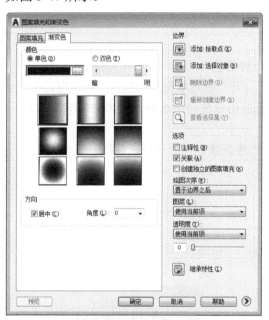
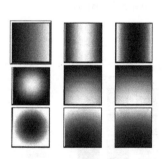

图 5-46　选择"单色"单选按钮　　　　图 5-47　渐变样式

技巧与提示

在单色渐变中，默认的填充颜色为蓝色。

例如，在一矩形内进行单色渐变的填充。首先在"图案填充和渐变色"对话框中选择第 1 行第 2 个样式作为渐变填充样式，然后单击"添加：拾取点"按钮，如图 5-48 所示。

系统回到绘图区域，在矩形内单击，然后按 Enter 键返回"图案填充和渐变色"对话框，单击"确定"按钮，单色渐变的效果如图 5-49 所示。

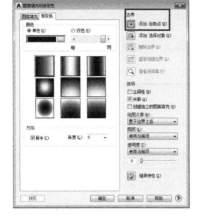

图 5-48　选择渐变样式

图 5-49　单色渐变的效果

5.4.2　创建双色渐变填充

双色渐变填充是指从一种颜色过渡到另一种颜色。

下面以一个圆为例，创建双色渐变填充。打开"图案填充和渐变色"对话框，在"渐变色"选项卡中选择"双色"单选按钮（表示应用双色对所选择的对象进行渐变填充），再选择一种填充样式，如图 5-50 所示。

单击"双色"选项下面的 … 按钮，弹出"选择颜色"对话框，选择双色渐变的第一种颜色，如图 5-51 所示。

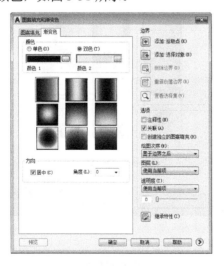

图 5-50　选择"双色"按钮

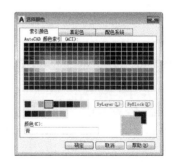

图 5-51　选择第一种颜色

单击"双色"选项下面的 … 按钮，弹出"选择颜色"对话框，选择双色渐变的第二种颜色，如图 5-52 所示。

完成设置后，在"图案填充和渐变色"对话框中单击"添加：拾取点"按钮 ，系统回到绘图区域，在圆图形内单击，双色渐变的效果如图 5-53 所示。

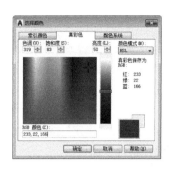
图 5-52 选择第二种颜色

图 5-53 双色渐变的效果

> **经验分享——角度渐变**
>
> "角度"下拉列表：可以在该下拉列表中选择角度，此角度为渐变色倾斜的角度，不同角度的渐变色填充效果如图 5-54 所示。

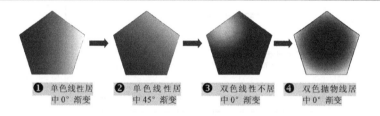

图 5-54 不同角度的渐变填充效果

5.4.3 通过"快捷特性"修改渐变填充

通过"快捷特性"面板也可以修改渐变填充的属性。选中填充图案后，右击，在弹出的菜单中选择"快捷特性"命令，如图 5-55 所示。

在"快捷特性"面板中，可以修改填充图案的颜色、图层、线型等，如图 5-56 所示。

图 5-55 选择"快捷特性"命令　　　　图 5-56 "快捷特性"面板

经验分享——使用快捷键

在底侧的状态栏中单击"快捷特性"按钮，使其由灰色变成高亮色显示；然后在需要编辑的填充图案上单击，即可快速出现"快捷特性"面板。

也可以使用"SE"命令打开"草图设置"对话框，选择"快捷特性"选项卡，勾选"选择时显示快捷特性选项板（CTRL+SHIFT+P）"复选框，单击"确定"按钮，如图5-57所示。选择需要编辑的填充图案，也可以快速出现"快捷特性"面板。

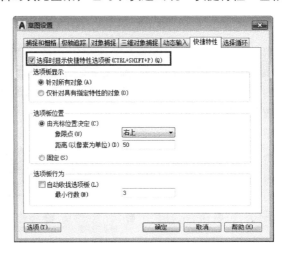

图5-57 "草图设置"对话框

5.5 工具选项板

AutoCAD 2020增强了工具选项板的功能，它提供了一种用来组织、共享和放置块、图案填充和其他工具的有效方法。

如果要向图形中添加块或填充图案，将其从工具选项板中拖曳至图形中即可。用户可以采用以下任意一种方法打开"工具选项板"面板。

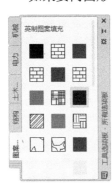

图5-58 图案填充

 ◇ 面板：单击"视图"选项卡上"选项板"面板中的"工具选项板"按钮。
 ◇ 命令行：在命令行中输入或动态输入"TOOLPALETTES"命令并按Enter键。
 ◇ 快捷键：按Ctrl+3组合键。

执行上述命令后，系统将打开"工具选项板"面板，如图5-58所示。工具选项板中有很多选项卡，每个选项卡中都放置了不同的块或填充图案。

5.5.1 工具选项板简介

工具选项板中包含很多选项卡,这些选项卡中集成了很多命令、工具和样例。例如,"绘图"选项卡中集成了一些常用的绘图命令;"土木工程"选项卡中放置了很多土木工程制图需要的图块;"机械"选项卡中放置了很多常用的机械样例,如图 5-59 所示。

图 5-59 常用的工具选项板

在默认情况下,工具选项板不会显示所有的选项卡。如果要调出隐藏的选项卡,可以在选项卡列表的最下端右击,然后在弹出的菜单中选择相应的选项,如图 5-60 所示。

图 5-60 调出隐藏的选项卡

5.5.2 通过工具选项板填充图案

通过工具选项板填充图案的前提同样是绘图区域内存在封闭图形。

打开工具选项板,调出"图案填充"选项卡,点击鼠标左键按住一个填充图案不放,将其拖曳到封闭图形内，释放鼠标后就可以完成填充，如图 5-61 所示。

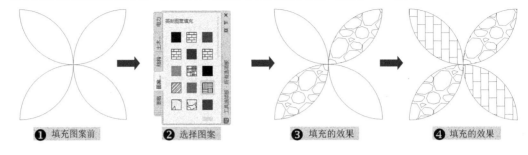

图 5-61　填充图案

> **提示——图案填充技巧**
>
> 在拖曳填充图案的过程中，光标上面将附着填充图案的缩略图。
> 在使用工具选项板填充图案时，如果所填充图案的比例不适合填充区域，则需要修改比例；可通过前面学习的编辑方法修改图案的比例，使其适合图形的需要。

5.5.3　修改填充图案的属性

修改填充图案的属性时，在填充图案上右击，然后在弹出的菜单中选择"特性"命令，如图 5-62 所示。系统弹出"工具特性"面板，在其中可以修改图案的名称，以及填充的角度、比例、间距等属性，修改完毕后单击"确定"按钮，如图 5-63 所示。

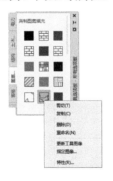 

图 5-62　选择"特性"命令　　　　　图 5-63　"工具特性"面板

> **提示**
>
> 在修改填充图案的属性时，一定要根据实际绘图需要进行修改，不可随意修改。

5.5.4　自定义工具选项板

用户还可以自定义工具选项板，如在工具选项板上添加自己常用的图案或图块。下面介绍几种自定义工具选项板的方法。

(1）按 Ctrl+2 组合键，打开"设计中心"面板，把其中的图块从设计中心拖曳到工具选项板上，如图 5-64 所示。

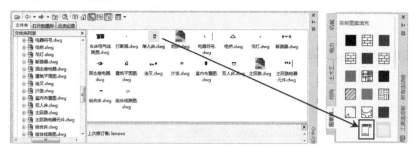

图 5-64 通过"设计中心"面板自定义工具选项板

提示与技巧

在拖曳图块的过程中，要一直按住鼠标左键不放，待进入工具选项板之后，选择一个合适的位置释放鼠标左键即可。

(2）使用"剪切""复制""粘贴"等功能，可以把一个选项卡的图案转移到另一个选项卡中，如将"图案填充"选项卡中的图案转移到"机械"选项卡中，如图 5-65 所示。

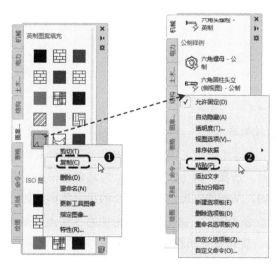

图 5-65 自定义工具选项板

提示与技巧

图 5-65 中的菜单均为右键菜单，左图的菜单是右击"Ar-conc"图案弹出的，右边的菜单是右击选项板空白区域弹出的。

(3）拖曳工具选项板中的图案可以对其位置进行重排。

5.6 实战演练

5.6.1 初试身手——上下敷管符号的绘制

视频\05\上下敷管符号的绘制.avi
案例\05\上下敷管符号.dwg

此实例使用圆、直线、多边形、旋转、移动、修剪、填充等命令来绘制图形，具体操作步骤如下。

Step 01 启动 AutoCAD 2020，按 Ctrl+S 组合键，将其保存为"案例\05\上下敷管符号.dwg"文件。

Step 02 执行"圆"命令（C），绘制半径为 200 的圆，如图 5-66 所示。

Step 03 执行"直线"命令（L），按 F10 键打开极轴捕捉，以上一步骤绘制的圆的圆心为起点，向下绘制一条长度为 745，角度为 45°的斜线段，如图 5-67 所示。

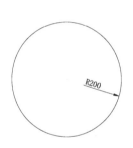
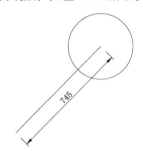

图 5-66　绘制圆　　　　　　　　　图 5-67　绘制斜线段

Step 04 执行"多边形"命令（POL），输入侧面数为 3；在提示"指定正多边形的中心点或[边（E）]:"时，选择"边（E）"选项；任意单击一点，在正交模式下水平拖动，再输入长度 149，从而绘制出边长为 149 的正三角形，如图 5-68 所示。

Step 05 执行"旋转"命令（RO），捕捉正三角形的右下角点为基点，再输入-45，将正三角形旋转-45°，旋转效果如图 5-69 所示。

图 5-68　绘制正三角形　　　　　　　图 5-69　旋转效果

Step 06 执行"移动"命令（M），以右上角点为基点，将正三角形移动捕捉到前面绘制的圆和斜线段的交点上，如图 5-70 所示。

Step 07 执行"修剪"命令（TR），将正三角形在斜线段往左的部分和圆内的线段修剪掉，如图 5-71 所示。

Step 08 执行"图案填充"命令（H），选择"设置（T）"项，弹出"图案填充与渐变色"对话框；单击 按钮，在弹出的"填充图案选项板"对话框中选择"SOLID"样例，再添加拾取圆与三角形内部为填充区域，填充效果如图 5-72 所示。

图 5-70 移动图形　　　　　　　　　　　图 5-71 修剪结果

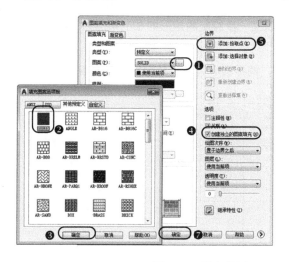
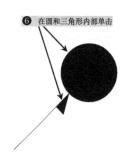

图 5-72 填充效果

Step 09 执行"复制"命令（CO），将斜线段及填充的三角形图形选中，按 F3 键打开对象捕捉；捕捉到斜线段的上端点向上拖动，在捕捉到与圆的垂足点时，单击进行复制，最终效果如图 5-73 所示。

Step 10 至此，上下敷管符号绘制完成，按 Ctrl+S 组合键保存。

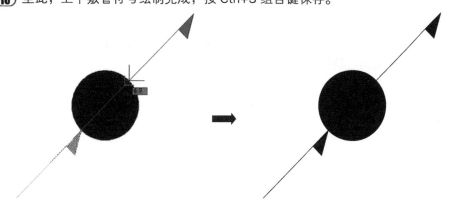

图 5-73 最终效果

5.6.2 深入训练——电源插座的绘制

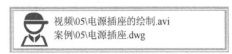

用户可通过矩形、圆、移动、直线、镜像、修剪等命令绘制电源插座图形,具体操作步骤如下。

Step 01 启动 AutoCAD 2020,按 Ctrl+S 组合键,将其保存为"案例\05\电源插座.dwg"文件。

Step 02 执行"矩形"命令(REC),绘制一个 200×350 的矩形,如图 5-74 所示。

Step 03 执行"圆"命令(C),以上一步绘制的矩形的左上角点为圆心,绘制半径为 10 的圆,如图 5-75 所示。

Step 04 执行"移动"命令(M),捕捉圆心为基点,分别垂直向下移动 65,水平向右移动 50,如图 5-76 所示。

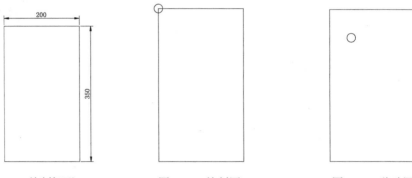

图 5-74 绘制矩形　　图 5-75 绘制圆　　图 5-76 移动圆

Step 05 执行"直线"命令(L),以圆心为起点,向左绘制长度为 210 的水平线段,如图 5-77 所示。

Step 06 执行"圆"命令(C),以水平线段的左端点为圆心绘制半径为 10 的圆,如图 5-78 所示。

Step 07 执行"镜像"命令(MI),将绘制的水平线段和圆对象以矩形的上下侧水平边的中点为镜像轴向右镜像复制一份,如图 5-79 所示。

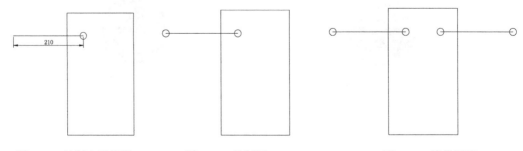

图 5-77 绘制水平线段　　图 5-78 绘制圆　　图 5-79 镜像图形

第 5 章　创建面域和图案填充

Step **08** 执行"镜像"命令（MI），将上一步镜像得到的图形选中，然后以矩形左右侧垂直边的中点为镜像轴向下进行镜像，如图 5-80 所示。

Step **09** 执行"修剪"命令（TR），将圆内多余的线段修剪掉，如图 5-81 所示。

Step **10** 至此，电源插座绘制完成，按 Ctrl+S 组合键将文件保存。

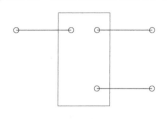
图 5-80　向下镜像

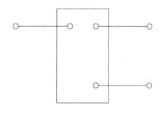
图 5-81　修剪线段

5.6.3　熟能生巧——绘制加热器

视频\05\加热器的绘制.avi
案例\05\加热器.dwg

首先，调用"加热器.dwg"文件，使用构造线命令，绘制垂直引申线段；其次，使用构造线、修剪、偏移、矩形等命令，绘制大样图的轮廓；最后，插入相应的图块，填充不同的图案，从而完成加热器的绘制。

Step **01** 启动 AutoCAD 2020，按 Ctrl+S 组合键将其保存为"案例\05\加热器.dwg"文件。

Step **02** 执行"矩形"命令（REC），在视图中绘制 17×1.8 的矩形，如图 5-82 所示。执行"复制"命令（CO），将矩形向上以间距 4 复制两份，如图 5-83 所示。

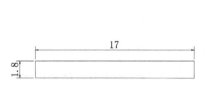
图 5-82　绘制矩形

图 5-83　复制矩形

Step **03** 执行"直线"命令（L），分别捕捉矩形左、右两边的中点绘制水平线段，如图 5-84 所示。

Step **04** 利用夹点编辑功能，将绘制的水平线段的左、右端点各向外拉长 2.5，如图 5-85 所示。

图 5-84　绘制水平线段

图 5-85　拉长水平线段

167

Step **05** 执行"直线"命令（L），连接各水平线段的端点，绘制两条垂直线段，如图 5-86 所示。

Step **06** 执行"修剪"命令（TR），将矩形内部的线条修剪掉，修剪效果如图 5-87 所示。

Step **07** 执行"编组"命令（G），将上一步得到的图形组成一个整体。

图 5-86　绘制垂直线段　　　　　　　　　图 5-87　修剪效果

Step **08** 执行"多边形"命令（POL），绘制半径为 25 且内接于圆的正三角形，如图 5-88 所示。

Step **09** 执行"复制"命令（CO），将绘制的加热器图形符号复制到正三角形的水平边的中点处，如图 5-89 所示。

Step **10** 执行"旋转"命令（RO），选择加热器图形，指定正三角形的左下角点为基点；根据命令行提示选择"复制（C）"选项，输入角度为 60°，将加热器符号旋转 60°，即刚好在三角形的另一条边上，如图 5-90 所示。

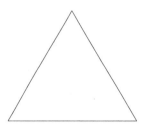
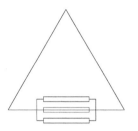

图 5-88　绘制内接于圆的正三角形　　　　图 5-89　复制图形

Step **11** 根据同样的方法将加热器复制旋转-60°，复制到另一条边上，如图 5-91 所示。

Step **12** 执行"修剪"命令（TR），将矩形中间的线段修剪掉，如图 5-92 所示。

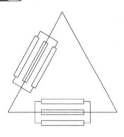
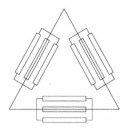
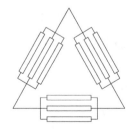

图 5-90　旋转复制 1　　　　图 5-91　旋转复制 2　　　　图 5-92　修剪图形

Step **13** 至此，加热器绘制完成，按 Ctrl+S 组合键对文件进行保存。

5.7 本章小结

本章主要讲解利用 AutoCAD 2020 创建面域和图案填充，包括利用 AutoCAD 将图形转换为面域，如创建面域、对面域进行逻辑运算等；利用 AutoCAD 2020 进行图案填充；利用 AutoCAD 2020 编辑图案填充、填充渐变色；以及自定义工具选项板等；最后通过实战演练讲解了使用 AutoCAD 2020 绘制上下敷管符号、电源插座和加热器的方法，为后面的学习打下了坚实的基础。

创建文字与表格

在 AutoCAD 中可以设置多种文字样式，便于各种工程图根据注释及标注的需要创建文字对象。设置文字样式可以通过单行文字和多行文字两种方式进行，双击文字对象，可进入在位编辑状态修改文字内容，也可以通过"特性"面板和"文字编辑器"选项卡修改文字内容。

同样，在 AutoCAD 中也可以设置表格的样式，还能以制定的表格样式来创建表格对象；另外，可对表格的单元格进行合并与分割等操作，设置表格属性及文字属性，在表格中进行公式的计算等。

内容要点

- 文字样式的创建方法
- 单行文字和多行文字的输入方法
- 文字内容的编辑与特性的设置方法
- 表格样式的创建方法
- 表格的编辑和表格内容的输入方法
- 表格中公式的计算方法

6.1 设置文字样式

图形中的任何文字都有其自身的样式,所以文字样式在 AutoCAD 中是一种快捷、方便的文字注释方法,可以快捷、方便地设置字体、大小、倾斜角度、方向和其他文字特征。

6.1.1 创建文字样式

在 AutoCAD 2020 中,除了默认的 Standard 文字样式,还可以创建所需要的文字样式。用户可以通过以下任意一种方式创建文字样式。

- ◆ 面板 1:在"默认"选项卡下的"注释"面板中单击"文字样式"按钮 A ,如图 6-1 所示。
- ◆ 面板 2:在"注释"选项卡下的"文字"面板中,单击右下角的"文字样式"按钮 。
- ◆ 命令行:在命令行中输入"STYLE"并按 Enter 键。

图 6-1 单击"文字样式"按钮

执行上述命令后,系统弹出"文字样式"对话框,如图 6-2 所示。单击"新建"按钮,将弹出"新建文字样式"对话框,如图 6-3 所示,在"样式名"文本框中输入样式的名称,然后单击"确定"按钮开始新建文字样式。

图 6-2 "文字样式"对话框

图 6-3 "新建文字样式"对话框

> **经验分享——文字样式的命名**
>
> 在"样式名"文本框中输入的文字样式名称不能与已经存在的文字样式名重复。文字样式名最长可达 255 个字符,其中包括字母、数字和特殊字符,如美元符号($)、下划线(_)和连字符(-)等。如果不输入文字样式名,应用程序自动将文字样式命名为样式 n,其中,n 表示从 1 开始的数字。
>
> 在删除文字样式的操作中,不能将默认的 Standard 和 Annotative 文字样式删除。

在"文字样式"对话框中,各选项的含义如下。

- "样式"列表框:用来显示图形中的样式列表,列表框中的"Standard"为系统默认的文字样式;用户可以创建一种新的文字样式或修改文字样式,以满足绘图要求。
- "字体"选项组:用来更改样式的字体。
- "大小"选项组:用来更改文字的大小。

> **提示与技巧——文字样式字体的选择**
>
> 在"字体"选项组中可以选择文字的字体及样式。字体分为两种,一种是 Windows 提供的字体,即 TrueType 类型的字体;另一种是 AutoCAD 特有的字体(扩展名为.shx)。
> AutoCAD 提供了符合标注要求的字体形文件:"gbenor.shx""gbeitc.shx""gbcbig.shx";其中,"gbenor.shx"和"gbeitc.shx"分别用于标注直体和斜体的字母与数字;"gbcbig.shx"则用于标注中文。

图 6-4 所示为文字的各种效果。

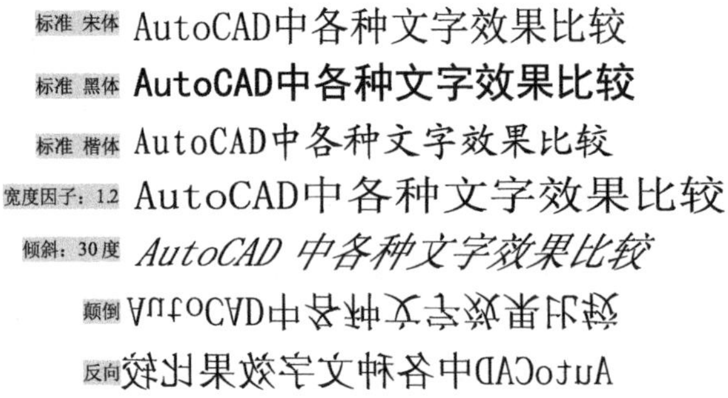

标准 宋体 AutoCAD中各种文字效果比较
标准 黑体 **AutoCAD中各种文字效果比较**
标准 楷体 AutoCAD中各种文字效果比较
宽度因子:1.2 AutoCAD中各种文字效果比较
倾斜:30度 *AutoCAD 中各种文字效果比较*
颠倒 (颠倒文字)
反向 (反向文字)

图 6-4 文字的各种效果

6.1.2 应用文字样式

在"文字样式"对话框中,设置好"图内说明"文字样式的相关参数后,单击"应用"按钮,再单击"置为当前"按钮,"图内说明"便成为当前的文字样式,最后单击"关闭"按钮,如图 6-5 所示。

图 6-5 将文字样式置为当前的文字样式

第 6 章 创建文字与表格

> **经验分享——注释性与非注释性的区别**
>
> 在"文字样式"对话框中,勾选"注释性"复选框,可以创建注释性文字对象,为图形中的说明和标签使用注释性文字。该样式设置了文字在图纸上的高度,如当前注释比例将自动确定文字在模型空间视口或图纸空间视口中显示的大小,而非注释性则相反。若将现有的非注释文字的注释性更改为"是",则可将文字更改为注释性文字。

6.1.3 重命名文字样式

如果需要对文字样式进行重命名,需要在"文字样式"对话框中选中要重命名的文字样式,按 F2 键;或者连续双击文字样式名,待该文本框为编辑状态时,输入新的文字样式名称"文字标注",从而完成文字样式的重命名操作,如图 6-6 所示。

> **提示与技巧——使用RENAME命令进行重命名**
>
> 在命令行输入 RENAME 并按 Enter 键,则弹出"重命名"对话框,在"命名对象"列表框中选择"文字样式"选项,此时在右侧的"项数"列表框中会出现所有的文字样式;再选择"图内说明",单击"重命名为(R):"按钮,并在右侧的文本框中输入新的文字样式名称"轴号文字",如图 6-7 所示。

图 6-6 重命名文字样式

图 6-7 "重命名"对话框

> **提示**
>
> 不能对"Standard(标准)"文字样式进行重命名。

6.1.4 删除文字样式

用户可以将不需要的文字样式删除。在"文字样式"对话框中,选中要删除的文字样式,然后单击"删除"按钮;或者右击,在弹出的快捷菜单中选择"删除"命令,即可删除文字样式,如图 6-8 和图 6-9 所示。

图 6-8 删除文字样式

图 6-9 快捷菜单删除方式

> **提示——文字样式的删除**
>
> 不能对"Standard(标准)"文字样式进行删除。也不能对当前的文字样式和已经被引用的文字样式进行删除,但可以对其进行重命名。

6.2 创建与编辑单行文字

输入文字也称创建文字标注,可添加图形文字,用于表达各种信息,如技术要求、设计说明、标题栏信息和标签等,而输入的文字又分为单行文字和多行文字两种。

6.2.1 单行文字

单行文字可以用来创建一行或多行文字,所创建的每行文字都是独立的、可被单独编辑的对象。

用户可以通过以下任意一种方式执行"单行文字"命令。

- ◆ 面板 1:在"默认"选项卡下的"注释"面板中单击"单行文字"按钮 A。
- ◆ 面板 2:在"注释"选项卡下的"文字"面板中单击"单行文字"按钮 A。
- ◆ 命令行:在命令行中输入"DTEXT"(命令快捷键为 DT)并按 Enter 键。

执行上述命令后,即可根据命令行提示创建单行文字,如图 6-10 所示。

```
命令:DTEXT                              //执行"单行文字"命令
当前文字样式:"轴号"  文字高度: 2.5000  注释性: 否
指定文字的起点或 [对正(J)/样式(S)]:      //指定文字的起点
指定高度 <2.5000>: <正交 开> 500          //指定文字的高度
指定文字的旋转角度 <0>:                   //在光标闪烁处输入文字
```

图 6-10 创建单行文字

6.2.2 编辑单行文字

在创建单行文字后,可以对其内容、特性等进行编辑,如要更改文字内容、调整其位置、更改其字体大小等,以满足精确绘图的需要。

用户可以通过以下任意一种方式对单行文字执行"编辑"命令。

- ◇ 鼠标键:选中需要编辑的文字对象,右击,在弹出的快捷菜单中选择"编辑"命令,如图 6-11 所示。
- ◇ 鼠标键:双击需要编辑的文字对象。
- ◇ 命令行:在命令行中输入"DDEDIT"命令(命令快捷键为"ED")并按 Enter 键。

图 6-11 选择"编辑"命令

执行上述命令后,命令行提示如下。

```
命令:DDEDIT          //执行"编辑"命令
注释对象或 [放弃(U)]:  //指定需要编辑的文本对象
```

当选择需要被重新编辑的文本对象后,即可进入编辑状态,然后输入相应的文字内容即可,如图 6-12 所示。

图 6-12 单行文字的在位编辑状态

6.2.3 输入特殊符号

在实际绘图过程中,有时需要标注一些特殊符号,使用"单行文字"命令中的字符功能可以非常方便地创建度数、直径符号、正负号等特殊符号。

由于特殊符号不能直接通过键盘输入,所以 AutoCAD 提供了一些控制码用来实现这些要求,控制码用两个百分号(%%)加一个字符构成。AutoCAD 中常用的控制码如表 6-1 所示。

表 6-1 AutoCAD 中常用的控制码

输入代号	符号	输入代号	符号
%%c	φ（直径）	\u+00B2	²（平方）
%%d	°（度数）	\u+00B3	³（立方）
%%p	±（正负符号）	\u+2082	₂（下标）

6.2.4 文字对正方式

文字对正是指文字的哪一位置与插入点对齐。文字的对正方式是基于如图 6-13 所示的文字对正参考线而言的，这 4 条文字对正参考线分别为顶线、中线、基线和底线。另外，文字的各种对正方式如图 6-14 所示。

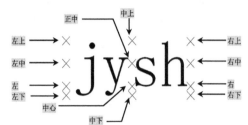

图 6-13 文字对正参考线　　　　图 6-14 文字的各种对正方式

执行"对正"命令的方法有如下几种。

- ◆ 面板：在"注释"选项卡下的"文字"面板中单击"对正"按钮 。
- ◆ 命令行：在命令行中输入"JUSTIFYTEXT"并按 Enter 键。

执行"对正"命令后，其命令行中各选项的含义如下。

- ◆ "指定文字的起点"：在此提示下直接在绘图区屏幕上选取一点作为文字的起点，其命令行提示如下。

```
指定高度 <2.5000>:           //确定文字的高度
指定文字的旋转角度 <90>:     //确定文字的倾斜角度
输入文字:                    //输入文字
输入文字:                    //继续输入文字或按 Enter 键，结束"单行文字"命令
```

> **提示与技巧**
>
> 如果已在文字样式中定义了字体高度或旋转角度，那么在命令行中就不会出现相关的信息提示，AutoCAD 会按照文字样式中定义的字体高度或旋转角度来创建文字。

- ◆ "对正"：在上面的提示下输入"J（对正）"选项，用来确定文字的对正方式，决定文字的哪一位置与插入点对齐。选择此选项，命令行提示如下。

输入选项 [对齐(A)/布满(F)/居中(C)/中间(M)/右对齐(R)/左上(TL)/中上(TC)/右上(TR)/左中(ML)/正中(MC)/右中(MR)/左下(BL)/中下(BC)/右下(BR)]:

◆ "样式":用来选择已被定义的文字样式,选择该选项后,命令行提示如下。

```
输入样式名或 [?] <Standard>:    //输入文字样式名
```

用户可以直接在命令行输入"?"并按 Enter 键,系统将弹出 AutoCAD 文字窗口,显示当前文档的所有文字样式及其特性,如图 6-15 所示。

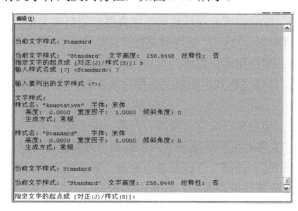

图 6-15　显示当前文档的所有文字样式及其特性

6.3　创建与编辑多行文字

6.3.1　多行文字

多行文字是一种易于管理与操作的文字对象,可以用来创建两行或两行以上的文字,其中,每行文字都是独立的、可被单独编辑的整体。

用户可以通过以下任意一种方式输入多行文字。

◆ 面板 1:在"默认"选项卡下的"注释"面板中单击"多行文字"按钮。
◆ 面板 2:在"注释"选项卡下的"文字"面板中单击"多行文字"按钮A。
◆ 命令行:在命令行中输入"MTEXT"命令(命令快捷键为"MT")并按 Enter 键。

执行上述命令后,根据如下命令行提示确定其文字矩形编辑框,将会弹出"文字格式"对话框,根据要求设置文字格式并输入文字内容,然后单击"确定"按钮即可。

```
命令:MTEXT    //执行"多行文字"命令
当前文字样式:"STANDARD"  文字高度: 500  注释性: 否
指定第一角点: //指定文字第一角点
指定对角点或 [高度(H)/对正(J)/行距(L)/旋转(R)/样式(S)/宽度(W)/栏(C)]:
            //指定文字第二角点
```

当前 AutoCAD 软件环境处在"草图与注释"空间模式下,此时用户创建多行文字时,面板区显示"文字编辑器"选项卡,其中包含"样式""格式""段落""插入""拼写检查""工具""选项""关闭"等功能面板,如图 6-16 所示。

图 6-16 "文字编辑器"选项卡

在"文字编辑器"选项卡中,各选项的说明介绍如下。

- ◇ "样式"面板:包括样式、注释性和文字高度,该样式为多行文字对象应用的文字样式。默认情况下,"标注"文字样式处于活动状态。
- ◇ "格式"面板:包括粗体、斜体、下划线、上划线、字体、颜色、倾斜角度、追踪和宽度因子。单击"格式"面板上的倒三角按钮,将显示更多的选项,如图 6-17所示。
- ◇ "段落"面板:包括多行文字、段落、行距、编号和各种对齐方式。单击"对正"按钮,显示"文字对正"下级菜单,并有 9 个对齐选项可用,如图 6-18 所示。单击"行距"按钮,"行距"下级菜单中显示了系统拟定的行距选项,选择"更多"选项则可显示更多的行距选项,如图 6-19 所示。

图 6-17 "格式"面板

图 6-18 "对正"按钮

图 6-19 "行距"按钮

- ◇ "插入"面板:包括符号、列和字段。单击"列"按钮,将显示如图 6-20 所示的"分栏/列"菜单;单击"符号"按钮,将显示如图 6-21 所示的"符号"菜单;单击"字段"按钮,将弹出如图 6-22 所示的"字段"对话框。

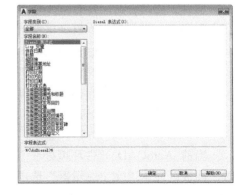

图 6-20 "分栏/列"菜单　　图 6-21 "符号"菜单　　图 6-22 "字段"对话框

- ◆ "选项"面板：包括查找和替换、拼写检查、放弃、重做、标尺和选项等设置项。
- ◆ "堆叠"按钮：设置数学中的分子或分母的形式，期间使用符号"\"和"^"进行分隔，然后选择这部分文字，再单击该按钮即可，堆叠效果如图 6-23 所示。

图 6-23　堆叠效果

> **经验分享——上标、下标的创建**
>
> 除了以上堆叠效果，还可以创建上标和下标，如图 6-24 所示。
>
>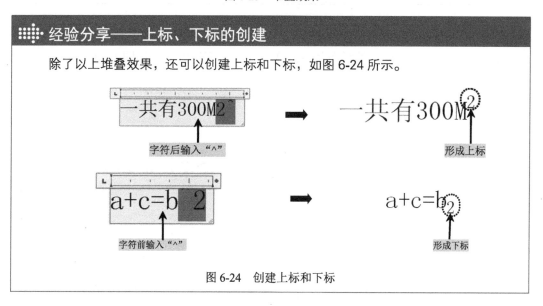
>
> 图 6-24　创建上标和下标

6.3.2　编辑多行文字

在创建多行文字后，可以对其内容、特性等进行编辑，如更改文字内容、调整其位置和更改其字体大小等，以满足精确绘图的需要。

用户可以通过以下任意一种方式执行"编辑多行文字"命令。

- ◆ 鼠标键 1：选中需要编辑的文字对象，右击，在快捷菜单中选择"编辑多行文字"命令，如图 6-25 所示。
- ◆ 鼠标键 2：双击需要编辑的文字对象。
- ◆ 命令行：在命令行中输入"DDEDIT"命令（命令快捷键为"ED"）并按 Enter 键。

图 6-25　选择"编辑多行文字"命令

执行上述命令后，在面板中将新增"文字编辑器"选项卡，如图 6-26 所示，进入编辑状态,然后输入相应的文字内容即可;最后单击"关闭文字编辑器"按钮,多行文字的在位编辑如图 6-27 所示。

图 6-26 "文字编辑器"选项卡　　　　　　　图 6-27 多行文字的在位编辑

6.3.3 通过"特性"面板修改文字

对于所创建的单行文字对象,如果要改变其大小,可先选择该文本对象,再按 Ctrl+1 组合键打开"特性"面板,然后在其中改变"文字高度"即可,如图 6-28 所示。

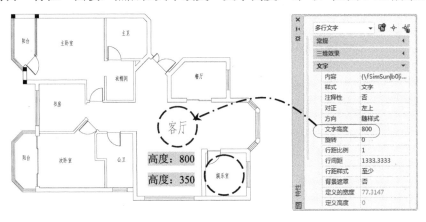

图 6-28 设置文字高度

除了可以改变单行文字的高度,用户还可以在其"特性"面板中对单行文字进行其他设置,如设置宽度因子、倾斜、旋转、注释比例等,如图 6-29 所示。

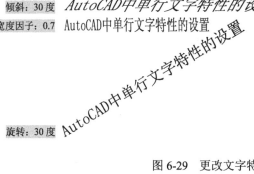

图 6-29 更改文字特性

6.3.4 设置文字比例

在 AutoCAD 中，使用"SCALETEXT"（比例）命令，即可对选中的文字进行缩放，执行"文字比例"命令的方法有如下几种。

- 面板：在"注释"选项卡下的"文字"面板中单击"缩放"按钮 。
- 命令行：在命令行中输入"SCALETEXT"命令并按 Enter 键。

对于多行文字，想要修改其文字的大小比例，通过"文字编辑器"显然要更方便。因此"SCALETEXT"命令主要用于调整单行文字的大小比例。

执行"SCALETEXT"命令，根据命令行提示，缩放对比效果如图 6-30 所示。

```
命令：SCALETEXT 找到 1 个        //执行"文字缩放"命令
输入缩放的基点选项
[现有(E)/左对齐(L)/居中(C)/中间(M)/右对齐(R)/左上(TL)/中上(TC)/右上(TR)/左中
(ML)/正中(MC)/右中(MR)/左下(BL)/中下(BC)/右下(BR)] <现有>：E
指定新模型高度或 [图纸高度(P)/匹配对象(M)/比例因子(S)] <196.2451>：S
指定缩放比例或 [参照(R)] <0.5>：0.5
1 个对象已更改
```

图 6-30 缩放对比效果

6.3.5 对多行文字添加背景

为了在看起来很复杂的图形环境中突出文字，可以对多行文字添加不透明的背景。下面以设置"洋红色"背景为例进行讲解。

Step 01 在命令行输入"MT"并按 Enter 键，然后确定文字的输入区域，接着在新增的"文字编辑器"选项卡中选择"轴号文字"文字样式；在下面的文本输入框中输入文字"Auto CAD 水暖电设计"，如图 6-31 所示。

图 6-31 输入多行文字

Step 02 在"文字编辑器"选项卡中单击 A 遮罩按钮，弹出"背景遮罩"对话框，勾选"使用背景遮罩（M）"复选框，并在"填充颜色"下拉列表中选择"洋红"，最后单击"确定"按钮，如图 6-32 所示。

> **提示经验分享——等分点的作用**
>
> 勾选"使用图形背景颜色"复选框，表示设置的文字背景颜色与图形背景颜色一致。

Step 03 关闭"背景遮罩"对话框，返回"文字编辑器"选项卡，单击"关闭文字编辑器"按钮✔完成背景设置，添加背景的文字效果如图 6-33 所示。

图 6-32 "背景遮罩"对话框　　　　　　图 6-33 添加背景的文字效果

6.4 创建与设置表格样式

表格是由包含注释（以文字为主，也包含多个块）的单元构成的矩形阵列。表格作为一种信息的简洁表达方式，常用于材料清单、零件尺寸一览表等包含许多组件的图形对象中。

6.4.1 创建表格样式

表格外观由表格样式控制，用户可以使用默认的表格样式"Standard"，也可以创建自己的表格样式。

在 AutoCAD 中，用户可以通过以下方式创建表格样式。

✧ 面板：在"默认"选项卡下的"注释"面板中单击"表格样式"按钮，如图 6-34 所示。

图 6-34 单击"表格样式"按钮

✧ 命令行：在命令行中输入或动态输入"TABLESYTLE"命令（命令快捷键为"TS"）并按 Enter 键。

执行上述"表格样式"命令后，将弹出"表格样式"对话框，如图 6-35 所示。

在"表格样式"对话框中单击"新建"按钮，将弹出"创建新的表格样式"对话框，如图 6-36 所示。在"新样式名"文本框中，可以输入新的表格样式名。在"基础样式"下拉列表中选择一种基础样式作为模板，新样式将在该样式的基础上进行修改，然后单击"继续"按钮，弹出"新建表格样式: Standard 副本"对话框，如图 6-37 所示。

图 6-35　"表格样式"对话框　　　　图 6-36　"创建新的表格样式"对话框

在"新建表格样式: Standard 副本"对话框中，可以设置数据、表头和标题的样式。

◆ 在"起始表格"选项组中单击"选择起始表格"按钮，选择绘图窗口中已创建的表格作为新建表格样式的起始表格；单击其右边的按钮，可取消选择。在"常规"选项组的"表格方向"下拉列表中选择表格的生成方向，有"向上"和"向下"两种方式；其下的白色区域为表格的预览区域。

◆ 表格的单元样式有"数据""标题""表头"3 种。可以在"单元样式"下拉列表中依次选择 3 种单元样式，如图 6-38 所示，可以通过"常规""文字""边框"3 个选项卡对各种单元样式进行设置。

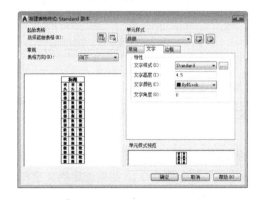

图 6-37　"新建表格样式：Standard 副本"对话框　　　　图 6-38　"单元样式"下拉列表

◆ 单击"创建新单元样式"按钮，弹出"创建新单元样式"对话框，如图 6-39 所示，创建一个新的单元样式；单击"继续"按钮，在"单元样式"下拉列表中添加一个新的单元样式。

◆ 单击"管理单元样式"按钮，弹出"管理单元样式"对话框，如图 6-40 所示，可以新建、重命名和删除单元样式。

◆ "常规"选项卡可以对填充颜色、对齐方式、格式、类型和页边距等进行设置。单击"格式"右侧的按钮，弹出"表格单元格式"对话框，如图 6-41 所示，从中可以进一步定义表格单元格式。

◆ "类型"主要是将单元样式指定为标签或数据，一般在包含起始表格的表格样式中

183

插入默认文字时会使用它，它也可以用于在工具选项板上创建表格工具。勾选"创建行/列时合并单元"复选框表示将使用当前单元样式创建的所有新行或列合并到一个单元中。

图 6-39 "创建新单元样式"对话框

图 6-40 "管理单元样式"对话框

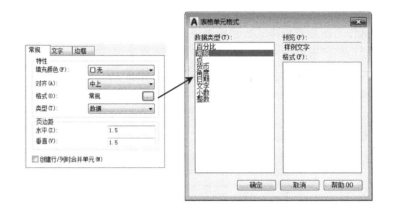

图 6-41 "表格单元格式"对话框

- ◆ "文字"选项卡可以对文字样式、文字高度、文字颜色和文字角度进行设置，如图 6-42 所示。对文字样式进行设置时，可以单击右侧按钮，这时弹出"文字样式"对话框并可创建新的文字样式。"文字高度"选项仅在选定文字样式的文字高度为 0 时可用（默认文字样式为"Standard"，文字高度为 0）。如果选定的文字样式指定了固定的文字高度,则此选项不可用。文字角度可以输入-359°～359°的任何角度。
- ◆ "边框"选项卡可以控制当前表格单元格式的表格网格线的外观。设置完成后，单击"确定"按钮，即可完成表格单元格式的创建，如图 6-43 所示。

图 6-42 "文字"选项卡　　　　　　　　图 6-43 "边框"选项卡

6.4.2 跟踪练习——电气设计表格样式的创建

视频\06\电气设计表格样式的创建.avi
案例\06\电气设计表格样式.dwg

通过学习本实例，可让用户掌握创建表格样式的操作方法，以及设置表格样式的步骤，具体操作步骤如下。

Step 01 正常启动 AutoCAD 2020，在"默认"选项卡下的"注释"面板中单击"表格样式"按钮，弹出"表格样式"对话框；单击"新建"按钮，弹出"创建新的表格样式"对话框，用户可以在"新样式名"文本框中输入新的表格样式的名称，然后单击"继续"按钮，如图 6-44 所示。

Step 02 此时弹出"新建表格样式：XXX"对话框，在"单元样式"下拉列表中选择"标题"项，在"常规"选项卡下设置填充颜色为"青"，对齐方式为"正中"，如图 6-45 所示。

Step 03 切换至"文字"选项卡，设置标题的文字样式；再切换至"边框"选项卡，设置标题的边框样式，如图 6-46 所示。

图 6-44 新建表格样式

图 6-45 设置标题的常规特性

图 6-46 设置标题的文字样式和边框样式

Step 04 在"单元样式"的下拉列表中选择"表头"项，在"文字"和"边框"选项卡下分别设置相应的参数，如图 6-47 所示。

Step 05 同样，可以设置表格的数据样式，如图 6-48 所示。

Step 06 至此，该表格的样式已经设置完毕，在左下侧的白色预览区中可显示当前表格的样式，然后单击"确定"按钮返回"表格样式"对话框，此时在"样式"列表框中即可看到当前表格样式的名称。单击"置为当前"按钮，并单击"关闭"按钮，如图 6-49

所示。

图 6-47 设置表格的表头样式

图 6-48 设置表格的数据样式

Step 07 这时，用户在"注释"选项卡下的"表格"面板中可以看到当前的表格样式为"电气设计表格"，如图 6-50 所示。

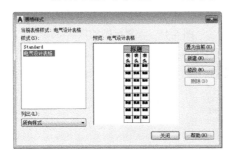 

图 6-49 建立好的表格样式　　　　　　图 6-50 当前的表格样式

Step 08 至此，该电气设计表格样式已经设置完毕，按 Ctrl+S 组合键将该文件保存为"案例\06\电气设计表格样式.dwg"文件。

提示与技巧——表格样式的修改

用户在创建好表格样式后，可以对表格样式进行再次修改，这时只需要单击表格样式右侧的"修改"按钮，系统就会弹出"修改表格样式"对话框，从而可对表格样式进行修改。

6.5 创建与编辑表格

6.5.1 创建表格

在 AutoCAD 2020 中，表格可以从其他软件中复制再粘贴过来，也可以从外部导入生成，还可以在 AutoCAD 2020 中直接创建表格。

用户可以通过以下任意一种方式创建表格。

- ◆ 面板：在"默认"选项卡下的"注释"面板中单击"表格"按钮，如图 6-51 所示。
- ◆ 命令行：在命令行中输入"TABLE"命令并按 Enter 键。

执行"表格"命令后，将弹出"插入表格"对话框；设置列数为 4，行数为 8，列宽为 100，行高为 4，然后单击"确定"按钮，即可创建一个表格，如图 6-52 所示。

图 6-51 单击"表格"按钮

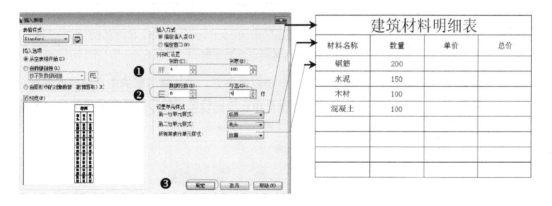

图 6-52 创建表格

在"插入表格"对话框中，部分选项的功能与含义如下。

- ◆ "表格样式"下拉列表：可选择已创建好的表格样式，或者单击其后的按钮，弹出"表格样式"对话框，新建所需要的表格样式。
- ◆ "从空表格开始"：可以插入一个空的表格。
- ◆ "自数据链接"：可通过从外部导入数据来创建表格。
- ◆ "自图形中的对象数据（数据提取）"：可通过从可输出的表格或外部文件的图形中提取数据来创建表格。
- ◆ "指定插入点"：可在绘图区中指定的点处插入大小固定的表格。
- ◆ "指定窗口"：可在绘图区中通过移动表格的边框来创建任意大小的表格。

> **经验与分享——表格行数的设置**
>
> 从图6-52中可以发现，绘制的表格总共有10行，但开始设置的行数为8行。为何会多出2行呢？其实，多出的2行分别是标题行和表头行，而之前设置的8行指的是表格的数据行。所以数据行、表头行和标题行加起来，一共有10行。

6.5.2 编辑表格

表格创建完成后，用户可以对表格进行剪切、复制、删除、移动、缩放和旋转等操作，还可以均匀调整表格的行列大小，删除所有替代特性。

选择"输出"命令时，可以打开"输出数据"对话框，以".csv"格式输出表格中的数据。用户在编辑表格时，可以通过以下几种方式进行操作。

- ◇ 单击表格上的任意网格线以选中该表格，然后通过夹点修改该表格，如图6-53所示。

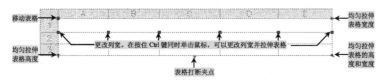

图6-53 表格各夹点及其作用

- ◇ 编辑表格的单元格时，在单元格内单击以选中它，单元格边框的中点将显示夹点，如图6-54所示。在另一个单元格内单击，可以将选择的内容移到该单元格，拖动单元格上的夹点可以更改单元格的行高和列宽。

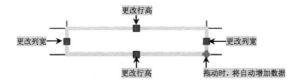

图6-54 单元格的夹点及其作用

在AutoCAD的"草图与注释"空间绘制表格时，会出现如图6-55所示的"表格单元"选项卡。

图6-55 "表格单元"选项卡

> **经验与分享——重复执行上一个操作**
>
> 选择单元格后右击，可以使用快捷菜单插入或删除列和行，合并相邻单元格或进行其他修改。选择其他单元格，按Ctrl+Y组合键可重复上一步操作。

6.5.3　在表格中使用公式

在 AutoCAD 表格单元中，可以包含使用其他表格单元中的值进行计算的公式。用户在选定表格单元后，可以通过"表格"工具栏及快捷菜单插入公式，也可以打开在位文字编辑器，然后在表格单元中手动输入公式。

在公式中，可以通过单元格的列字母和行号引用单元格，这与 Excel 中的表格的表示方法相同。

在选中单元格的同时，将显示"表格单元"选项卡，从而可以借助该选项卡对 AutoCAD 的表格进行多项操作，如图 6-56 所示。

图 6-56　"表格单元"选项卡

- ◇ 输入公式：公式必须以等号（=）开始；用于求和、求平均值和计数的公式将忽略空单元格及解析为数据值的单元格；如果在算术表达式中的任何单元格为空，或者包括非数据，则其他公式将显示错误（#）。
- ◇ 复制公式：在表格中将一个公式复制到其他单元格时，其范围会随之更改，以反映新的位置。
- ◇ 绝对引用：如果在复制和粘贴公式时不希望更改单元格地址，应在地址的列或行处添加一个"$"符号。例如，如果输入"$E7"，则其列会保持不变，但行会更改；如果输入"E7"，则列和行都将保持不变。

6.5.4　在表格中填写文字

表格创建完成之后，如图 6-57 所示，用户可以在标题栏、表头行和数据行输入文字，方法是双击单元格，打开"文字格式"编辑器，然后就可以设置文字属性并输入相应的文字。

在输入文字时，可采用方向键或 Tab 键来切换需要编辑的单元格。在单元格中输入文字时，单元格的高度和宽度会随着文字的高度和宽度自动变化，如图 6-58 所示。

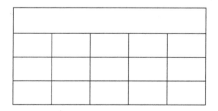

图 6-57　空白表格

图 6-58　填写文字后的表格

6.5.5 向表格中添加行或列

在表格的某个单元格内单击,在弹出的"表格单元"面板中,可见"行"面板和"列"面板,单击这些工具按钮,就可以插入相应的行和列,如图 6-59 所示。

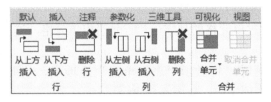

图 6-59 "行"面板和"列"面板

提示与技巧

单击 1 次单元格,将新增"表格单元"面板;单击 2 次单元格,将新增"文字编辑器"面板,以添加或修改文字。

提示与技巧

在通过右击单元格打开的快捷菜单中,可以对单元格进行合并、对齐、锁定、特性和编辑文字等操作,如图 6-60 所示。

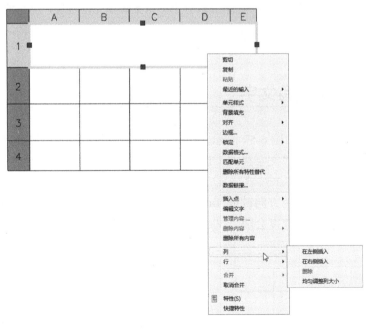

图 6-60 快捷菜单

6.6 实战演练

6.6.1 初试身手——创建电动机文字样式

视频\06\电动机文字的创建.avi
案例\06\电动机文字.dwg

如果要创建电动机文字样式，可利用实际的辅助练习的文字进行操作，操作步骤如下。

Step 01 启动 AutoCAD 2020，按 Ctrl+S 组合键，将空白文件保存为 "案例\06\电动机文字.dwg" 文件。

Step 02 在 "默认" 选项卡下的 "注释" 面板中单击 "文字样式" 按钮，弹出 "文字样式" 对话框；再单击 "新建" 按钮，将弹出 "新建文字样式" 对话框，在 "样式名" 文本框中输入 "电动机"，如图 6-61 所示。

Step 03 单击 "确定" 按钮，在 "字体名" 下拉列表中选择 "宋体"，在 "高度" 文本框中输入 "3.5000"；然后依次单击 "应用" → "置为当前" → "关闭" 按钮，如图 6-62 所示。

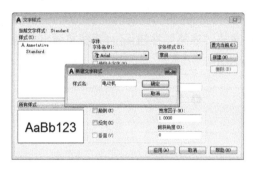 

图 6-61 新建文字样式名　　　　图 6-62 设置文字样式

Step 04 在 "默认" 选项卡下的 "绘图" 面板中单击 "圆" 按钮，在视图中绘制半径为 5 的圆，如图 6-63 所示。

Step 05 在 "默认" 选项卡下的 "注释" 面板中单击 "单行文字" 按钮，然后按照如下命令行提示，在圆内输入文字 "M"，按 Enter 键换行后再输入 "-"，如图 6-64 所示。

```
命令: TEXT                                    //执行 "单行文字" 命令
当前文字样式: "轴号"  文字高度: 3.5.0000  注释性: 否
指定文字的起点或 [对正(J)/样式(S)]: J    //选择 "对正 (J)" 选项
输入选项 [对齐(A)/布满(F)/居中(C)/中间(M)/右对齐(R)/左上(TL)/中上(TC)/右上
(TR)/左中(ML)/正中(MC)/右中(MR)/左下(BL)/中下(BC)/右下(BR)]: MC    //选择 "正中
(MC)" 选项
指定文字的中间点:                             //捕捉圆心点并单击
```

指定文字的旋转角度 <0>： //按 Enter 键
//输入文字 "M"，按 Enter 键换行后再输入 "-"，在圆外侧单击，按 Esc 键退出

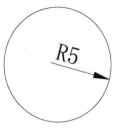

图 6-63 绘制圆

图 6-64 输入文字

Step 06 至此，该电动机文字样式创建完毕，按 Ctrl+S 组合键保存。

6.6.2 深入训练——劳动力计划表的创建

视频\06\劳动力计划表的创建.avi
案例\06\劳动力计划表.dwg

在创建劳动力计划表时，首先要在视图中创建一个表格，再对表格中的单元格进行合并，然后输入相应的内容，最后计算出劳动力计划表的求和结果，其步骤如下。

Step 01 启动 AutoCAD 2020，按 Ctrl+S 组合键，将空白文件保存为 "案例\06\劳动力计划表.dwg" 文件。

Step 02 在"默认"选项卡下的"注释"面板中单击"表格"按钮，系统将弹出"插入表格"对话框，设置其参数，如图 6-65 所示。

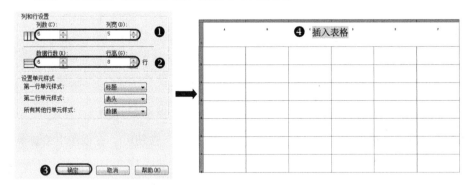

图 6-65 插入表格

Step 03 按照图 6-66 合并单元格，使之符合设计要求。

Step 04 然后在指定的单元格内输入相应的文字内容，如图 6-67 所示。

Step 05 选择 F4 单元格，在"表格单元"选项卡下的"插入"面板中单击"公式"按钮 $f_{(x)}$，选择"求和"选项；然后在命令行提示下分别选择 B4 和 E4 单元格，此时在 F4 单元格中显示 "=Sum（B4：E4）"；然后按 Ctrl+Enter 组合键确定，即可计算出求和结果，如图 6-68 所示。

第 6 章 创建文字与表格

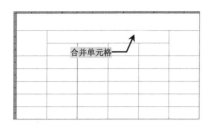

图 6-66 合并单元格 　　　　　　　图 6-67 输入文字内容

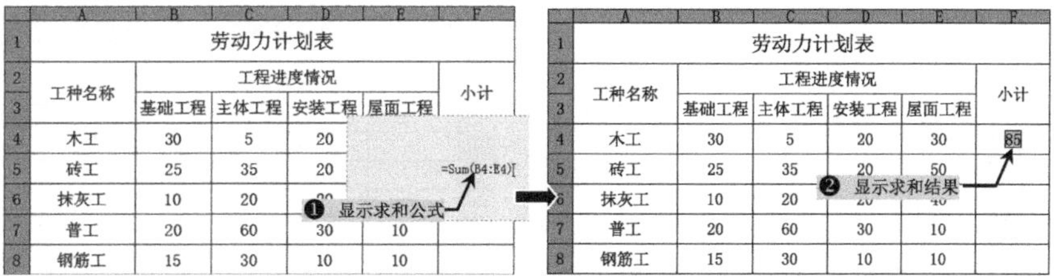

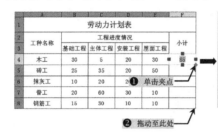

图 6-68 求和计算

Step 06 选择 F4 单元格，拖动右下角的夹点，将其拖动至 F8 单元格处，将快速计算出相应单元格的求和结果，如图 6-69 所示。

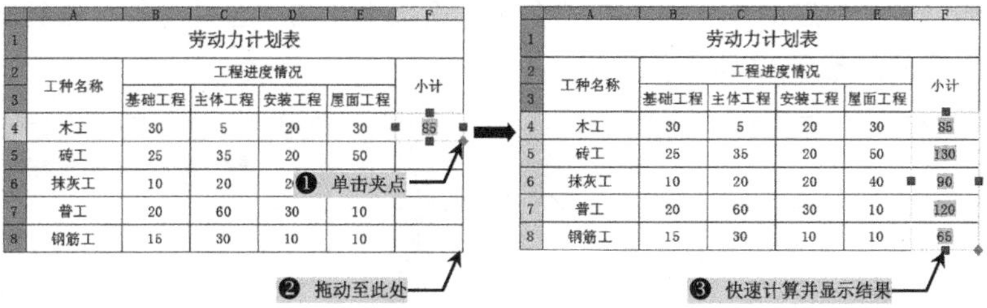

图 6-69 快速求和

Step 07 至此，该劳动力计划表创建完成，按 Ctrl+S 组合键保存。

经验分享——将 Excel 表格复制到 AutoCAD 的方法

如果要将 Excel 中的表格复制到 AutoCAD 中，可以采用以下三步。
（1）在 Excel 中选中表格，并按 Ctrl+C 组合键将其复制到内存中。
（2）打开并切换至 AutoCAD 环境中，按 Ctrl+V 组合键进行粘贴操作。
（3）调整其大小并移动到需要的位置即可。

6.6.3 熟能生巧——绘制标题栏

 视频\06\绘制标题栏.avi
案例\06\标题栏.dwg

在绘制标题栏之前，首先要在绘图区域插入一个表格，再将指定的单元格合并，并输入相应的文字，从而完成标题栏的绘制，具体操作步骤如下。

193

Step **01** 启动 AutoCAD 2020，按 Ctrl+S 组合键，将空白文件保存为"案例\06\标题栏.dwg"文件。

Step **02** 在"默认"选项卡下的"注释"面板中单击"表格"按钮，系统将弹出"插入表格"对话框，设置其参数，如图 6-70 所示。

Step **03** 在绘图区域内指定一点单击，插入表格，如图 6-71 所示。

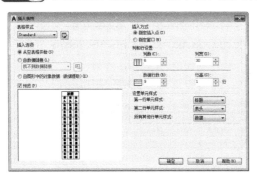
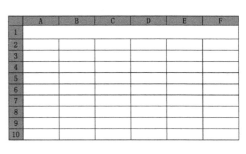

图 6-70 "插入表格"对话框　　　　　图 6-71 插入表格

Step **04** 单击表格，拉动单元格相应的夹点，调整列宽与行高；通过双击并按 Shift 键，连续选择多个相应的单元格，在"合并"面板上单击"合并全部"按钮，将单元格合并，如图 6-72 所示。

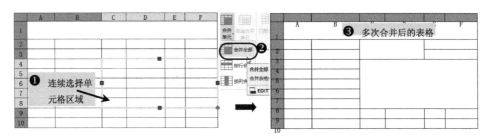

图 6-72 合并单元格

Step **05** 双击单元格，使之呈现文字输入的状态，输入文字对象，如图 6-73 所示。

图 6-73 输入文字

Step **06** 至此，该标题栏绘制完成，按 Ctrl+S 组合键保存。

6.7 本章小结

本章主要讲解了如何在 AutoCAD 2020 中创建文字与表格,内容包括设置文字样式、创建与编辑单行文字、创建与编辑多行文字、创建与设置表格样式、创建与编辑表格等,最后通过实战演练带领学生学习了电动机文字样式、劳动力计划表、标题栏的创建与绘制,从而为后面的学习打下坚实的基础。

第 7 章

图块的制作与插入

在 AutoCAD 2020 中，如果图形中有大量相同或相似的内容，或者所绘制的图形与已有的图形相同，则可以把需要重复绘制的图形创建成图块，然后在需要绘制这些图形的地方将其直接插入；也可以将已有的图形文件直接插入当前图形中，从而提高绘图效率。另外，用户可以根据需要为图块创建属性，用来指定图块的名字、用途及设计信息等。

在绘制图形时，如果一个图形需要参照其他图形或图像来绘制，而又希望能节省存储空间，则可以使用 AutoCAD 的外部参照功能把已有的图形文件或图像以参照的方式插入当前图形中；而如果一个所需的对象是另一个文件中的一部分，则可以使用设计中心来完成图形文件或图像的插入。

内容要点

◆ 图块的创建与插入方法　　◆ 图块属性的创建和提取方法
◆ 图块的修改方法　　　　　◆ 动态图块的创建方法

7.1 创建和插入图块

图块（简称块）是指由多个对象组成的集合，具有块名。通过建立图块可以将多个对象作为一个整体来操作，可以随时将图块作为单个对象插入当前图形中的指定位置。

7.1.1 定义块

块的定义是指将图形中选定的一个或几个实体组合成一个整体，并为其取名，将其保存，这样就可以将它视作一个可以在图形中随时调用和编辑的实体。

用户可以通过以下任意一种方式执行"创建块"命令。

- 面板 1：在"默认"选项卡下的"块"面板中单击"创建"按钮，如图 7-1 所示。
- 面板 2：在"插入"选项卡下的"块定义"面板中单击"创建块"按钮，如图 7-2 所示。

图 7-1　单击"创建"按钮

图 7-2　单击"创建块"按钮

- 命令行：在命令行中输入"BLOCK"命令（命令快捷键为"B"），并按 Enter 键。

执行上述命令后，将打开"块定义"对话框，如图 7-3 所示。

图 7-3　"块定义"对话框

在"块定义"对话框中，主要选项的功能与含义如下。

- "名称"文本框：在此框中输入块的名称，最多可输入 255 个字符。当名称中有多个块时，则可以在其下拉列表中选择已有的块。

◆ "基点"选项组：设置块的插入基点。用户可以直接在"X""Y""Z"文本框中输入基点；也可以单击"拾取点"按钮，切换到绘图窗口并选择基点。一般情况下将基点选在块的对称中心、左下角或其他有特征的位置。

> **经验分享——图块基点**
>
> 在定义块对象时，应指定块的基点位置，在插入该块的过程中，就可以围绕基点旋转。旋转角度为 0 的块，将根据创建时使用的 UCS 定向。如果输入的是一个三维基点，则按照指定标高插入块。
>
> 在命令行中输入"BASE"命令并按 Enter 键；或者单击"默认"选项卡下"块"面板中的"设置基点"按钮，都可以重新设置当前块的基点。

◆ "对象"选项组：设置组成块的对象，该选项组中部分选项的含义如下。
  ✓ "在屏幕上指定"：用于指定新块中要包含的对象，以及选择创建块以后是保留或删除选定的对象，还是将该对象转换成块引用。
  ✓ "保留"：创建块以后，将选定对象保留在图形中。选择此方式可以对各实体单独进行编辑、修改，而不会影响其他实体。
  ✓ "转换为块"：创建块以后，将选定对象转换成图形中的块再引用。
  ✓ "快速选择"：单击"快速选择"按钮 将弹出"快速选择"对话框，在该对话框中可以定义选择集，如图 7-4 所示。

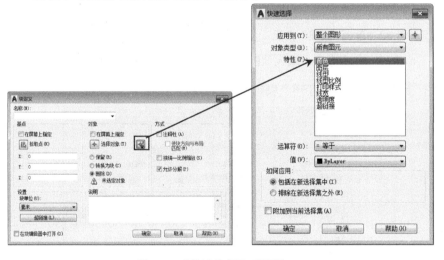

图 7-4 "快速选择"对话框

◆ "设置"选项组：用于设置块的单位和分解控制，以及对块进行相关的说明。
◆ "块单位"：从 AutoCAD 设计中心拖动块时，指定缩放块的单位。
◆ "超链接"：单击该按钮，将弹出"插入超链接"对话框，在此可以插入超链接的文档，如图 7-5 所示。
◆ "方式"选项组：设置组成块的对象的显示方式。
◆ "说明"文本框：在该文本框中输入对块进行相关说明的文字。

第 7 章　图块的制作与插入

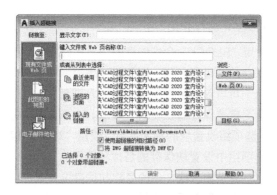

图 7-5　"插入超链接"对话框

> **经验分享——内部的应用范围**
>
> 创建块时，必须先绘出要创建块的对象。如果新块的名称与已定义的块名称相同，系统将显示警告对话框，要求用户重新定义块的名称。另外，使用"BLOCK"命令创建的块（内部图块）只能由块所在的当前图形文件使用，而不能被其他图形文件使用。如果希望在其他图形文件中使用此块，则需要使用"WBLOCK"命令来创建块。

7.1.2　创建外部块

在 AutoCAD 2020 中，用户可以对块进行存盘操作（写块操作），从而使块能在任何一个文件中使用。

用户可以通过以下任意一种方式执行"创建外部块"命令。

- ◇　面板：在"插入"选项卡下的"块定义"面板中单击"写块"按钮，如图 7-6 所示。
- ◇　命令行：在命令行中输入"WBLOCK"命令（命令快捷键为"W"），并按 Enter 键。

执行"W"命令后，可以将所选择的图形对象以图形文件的形式单独保存在计算机上，系统将弹出如图 7-7 所示的"写块"对话框。

图 7-6　"写块"按钮

图 7-7　"写块"对话框

在"写块"对话框中，很多选项的含义与"块定义"对话框中的选项的含义大致相同。下面将对不同选项的含义进行介绍。

- ◆ "块"：用于将使用"BLOCK"命令创建的块写入磁盘，可在其下拉列表中选择块名称，然后确定保存的路径和名称，以便将"虚拟"块保存为实体块。
- ◆ "整个图形"：用于将当前的全部图形对象写入磁盘。
- ◆ "对象"：用于指定需要保存到磁盘的块对象。选择该单选按钮后，用户可以根据需要使用"基点"选项组设置块的插入基点，使用"对象"选项组设置组成块的对象，并在"目标"选项组中设置块保存的名称和路径。
- ◆ "文件名和路径"：用于输入块文件的名称和保存位置，也可以单击其后的按钮 ，在弹出的"浏览文件夹"对话框中设置文件的保存位置。
- ◆ "插入单位"：用于选择从 AutoCAD 设计中心中拖动块时的缩放单位。

> **经验分享——将"虚拟"块保存为实体块**
>
> 　　如果用户要将通过"BLOCK"命令定义的块保存在磁盘上，就应在"源"区域中选择"块"，并在其后的下拉列表中选择指定的块对象，然后确定保存的路径和名称是否正确，从而将"虚拟"块保存为实体块。

7.1.3 块的颜色、线型和线宽

　　在 AutoCAD 中，一般在"0 图层"创建块，这样插入的块可随着所在图层的颜色、线型等特性的变化而变化，即块具有图层的继承性。

　　Bylayer 设置是指在绘图时把当前颜色、当前线型或当前线宽设置为 Bylayer。如果使用 Bylayer 设置当前颜色（当前线型或当前线宽），则所绘对象的颜色（线型或线宽）与所在图层的图层颜色（图层线型或图层线宽）一致，所以 Bylayer 设置又称随层设置。

　　Byblock 设置是指在绘图时把当前颜色、当前线型或当前线宽设置为 Byblock：如果当前颜色使用 Byblock 设置，则所绘对象的颜色为白色（White）；如果当前线型使用 Byblock 设置，则所绘对象的线型为实线（Continuous）；如果当前线宽使用 Byblock 设置，则所绘对象的线宽为默认线宽（Default），一般默认线宽为 0.25，默认线宽可以重新设置，所以 Byblock 设置又称随块设置。

7.1.4 插入块

　　当在图形文件中定义了块之后，即可在内部文件中进行任意插入块的操作，还可以改变所插入块的比例和选中角度。

　　用户可以通过以下任意一种方式执行"插入块"命令。

- ◆ 面板 1：在"默认"选项卡下的"块"面板中单击"插入"按钮 。
- ◆ 面板 2：在"插入"选项卡下的"块"面板中单击"插入"按钮 。
- ◆ 命令行：在命令行中输入"INSERT"命令（命令快捷键为"I"）并按 Enter 键。

第 7 章　图块的制作与插入

执行上述命令后，将弹出"插入"对话框，如图 7-8 所示，其主要选项的功能与含义如下。

- ◆ "过滤"：在该文本框中可以输入要插入的块名，或在其下拉列表中选择要插入的块对象的名称。
- ◆ "浏览"按钮 … ：用于浏览文件。单击该按钮，将弹出"选择图形文件"对话框，可在该对话框中选择要插入的外部块的文件名，如图 7-9 所示。

　　图 7-8　"插入"对话框　　　　　　图 7-9　"选择图形文件"对话框

- ◆ 插入点选项组：用于选择块基点在图形中的插入位置。
- ◆ 比例选项组：用于控制插入块的大小。
- ◆ 旋转选项组：用于控制块在插入图形时改变的角度。

7.1.5　跟踪练习——制作等分插入筒灯

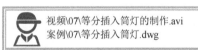

视频\07\等分插入筒灯的制作.avi
案例\07\等分插入筒灯.dwg

在本实例中，首先绘制矩形对象，再绘制圆和直线段并以此作为筒灯对象，将绘制好的筒灯对象创建为块对象；然后执行"定数等分"命令，将创建好的块对象等分插入矩形，具体操作步骤如下。

Step 01 启动 AutoCAD 2020，在快速访问工具栏中单击"保存"按钮 ，将其保存为"案例\07\等分插入筒灯.dwg"文件。

Step 02 单击"绘图"面板中的"矩形"按钮 ，在提示"指定第一个角点:"时，使用鼠标在视图中的任意位置单击；然后在提示"指定另一个角点:"时，输入"@3000, 2000"并按 Enter 键，从而绘制 3000×2000 的矩形，如图 7-10 所示。

Step 03 单击"绘图"面板中的"圆"按钮 ，绘制半径为 75 的圆。

Step 04 单击"绘图"面板中的"直线"按钮 ，分别捕捉圆上、下、左、右侧的象限点，绘制垂直线段和水平线段，从而绘制筒灯，如图 7-11 所示。

201

图 7-10 绘制矩形

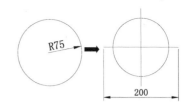

图 7-11 绘制筒灯

Step 05 在"插入"选项卡下的"块定义"面板中单击"创建块"按钮，在弹出的"块定义"对话框中输入"名称"为"D"；单击"选择对象"按钮，回到绘图区域，选择筒灯，并按空格键，回到对话框中；再单击"拾取点"按钮，回到绘图区域中捕捉圆心并单击；按空格键，然后单击"确定"按钮，如图 7-12 所示，从而将筒灯对象创建为块。

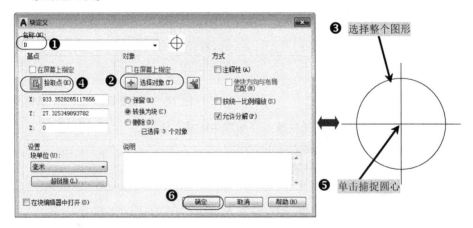

图 7-12 创建块

Step 06 单击"绘图"面板中的"定数等分"按钮，选择矩形对象，根据命令行提示选择"块（B）"选项，按空格键确定；再输入创建好的块名"D"，并按 Enter 键确定，输入定数等分数目为 10，从而完成对筒灯的布置。其命令行提示如下，定数等分插入块的效果如图 7-13 所示。

```
命令:DIVIDE                              //执行"定数等分"命令
选择要定数等分的对象：                    //选择矩形对象
输入线段数目或 [块(B)]：b                 //选择"块（B）"选项
输入要插入的块名：d        //输入创建好的筒灯块名"D"
是否对齐块和对象？[是(Y)/否(N)] <Y>：     //按空格键确定
输入线段数目：10                          //输入定数等分的数目
```

图 7-13 定数等分插入块的效果

第 7 章　图块的制作与插入

> **经验分享——间隔插入块**
>
> 若选择"块（B）"选项，表示在测量点处插入指定的块，在等分点处，按当前点样式设置绘制测量点，最后一个测量段的长度不一定等于指定分段的长度。在等分图形对象之前，若不存在插入块，需要修改点的默认样式，将其修改成在绘图区易于可见。另外，在输入等分数目时，其输入范围为 2～32767。

Step 07 至此，该等分插入筒灯绘制完成，按 Ctrl+S 组合键保存。

7.2 修改块

与其他 AutoCAD 图形文件相同，也可以对块进行修改，主要有重命名、分解和重定义块等编辑操作。

7.2.1 重命名块

创建块后，可根据需要对其进行重命名操作。对于外部块，直接更改其文件名即可；对于内部块，则可使用"重命名"命令进行文件名的更改。

重命名块的命令如下。

◆ 命令行：在命令行中输入"RENAME"命令（命令快捷键为"REN"）并按 Enter 键。

执行上述命令后，将弹出"重命名"对话框，如图 7-14 所示，可在在其中对块进行重命名操作。

图 7-14　"重命名"对话框

7.2.2 分解块

在对块的实际应用中，插入的块有时并不完全是所需要的图形，此时需要对块对象进行分解，分解块的命令如下。

- 面板：在"修改"面板中单击"分解"按钮。
- 命令行：在命令行中输入"EXPLODE"命令（命令快捷键为"X"）并按 Enter 键。

执行上述命令后，块的分解效果如图 7-15 所示。

在完成块分解后，可以将其重新定义为新的块。重新定义块的方法与创建块的方法基本相同。使用"BLOCK"命令重新定义块，在完成创建时，将弹出如图 7-16 所示的对话框，询问用户是否替换原有块，选择"替换现有的……"选项，即可重新定义块。

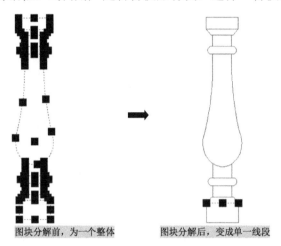

图 7-15 块的分解效果　　　　　　　　图 7-16 对话框

7.3 块属性

块属性是指附属于块的非图形信息，是块的组成部分，是可包含在块定义中的文字对象。在定义一个块时，必须提前定义其属性。通常块属性用于在块的插入过程中对块进行自动注释。

7.3.1 定义块属性

块属性是指将数据附着于块的非图形信息中，块属性中可能包含的数据包括零件编号、价格、注释和物主的名称等。用户可以通过以下方式定义块属性。

- 面板1：在"默认"选项卡下的"块"面板中单击"定义属性"按钮，如图 7-17 所示。
- 面板2：在"插入"选项卡下的"块定义"面板中单击"定义属性"按钮，如图 7-18 所示。
- 命令行：在命令行中输入"ATTDEF"命令（命令快捷键为"ATT"）并按 Enter 键。

 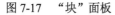 

图 7-17 "块"面板　　　　　图 7-18 "块定义"面板

执行上述命令后，将弹出"属性定义"对话框，如图 7-19 所示。在"属性定义"对话框中，各选项的功能与含义如下。

- "模式"选项组：用于设置属性的模式。
  - ✓ "不可见"复选框：表示插入块后是否显示其属性值。
  - ✓ "固定"复选框：设置属性是否为固定值。当属性为固定值时，插入块后该属性值不再发生变化。
  - ✓ "验证"复选框：用于验证所输入的属性值是否正确。
  - ✓ "预设"复选框：用于设置是否将属性值直接预设为默认值。
  - ✓ "锁定位置"复选框：用于固定插入块的坐标位置。
  - ✓ "多行"复选框：用于使用多段文字来标注块的属性值。

图 7-19 "属性定义"对话框

- "插入点"选项组：用于设置属性值的插入点，即属性文字排列的参照点，可直接在"X""Y""Z"文本框中输入点的坐标。
- "属性"选项组：用于定义块属性。
  - ✓ "标记"文本框：用于输入属性的标记。
  - ✓ "提示"文本框：用于在插入块时系统显示提示信息。
  - ✓ "默认"文本框：用于输入默认的属性值。
- "文字设置"选项组：用于设置属性文字的格式，包括"对正"方式，以及"文字样式""文字高度""旋转"等。
- "在上一个属性定义下对齐"复选框：用于为当前属性采用上一个属性的文字样式、文字高度、旋转角度，且另起一行，按上一个属性的对正方式排列。

设置好"属性定义"对话框中的各项内容后，单击对话框中的"确定"按钮，系统将完成一次属性定义。用户可以根据以上方法为块定义多个属性。

7.3.2 修改块属性

当用户插入带属性的块时，可对块属性进行修改。

用户可以通过以下任意一种方式修改所插入的块的属性。

- ✧ 命令行：在命令行中输入"DDEDIT"命令并按 Enter 键。
- ✧ 鼠标键：双击带属性的块对象。

执行上述命令后，将弹出"增强属性编辑器"对话框，如图 7-20 所示，其中，各主要选项的功能与含义如下。

- ✧ "属性"选项卡：其列表框中显示了块中每个属性的标识、提示和值。在列表框中选择某一属性后，"值"文本框中将显示与该属性对应的属性值，用户可通过它来修改属性值。
- ✧ "文字选项"选项卡：用于修改属性文字的格式，"文字选项"选项卡如图 7-21 所示。

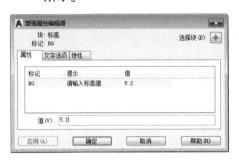
图 7-20　"增强属性编辑器"对话框

图 7-21　"文字选项"选项卡

- ✧ "特性"选项卡：用于修改属性文字的图层、线宽、颜色、线型及打印样式等，该选项卡如图 7-22 所示。
- ✧ "选择块"按钮：可以切换到绘图窗口并选择要编辑的块对象。
- ✧ "应用"按钮：确定已经完成的修改。

图 7-22　"特性"选项卡

7.3.3　编辑块属性

如果用户需要对所创建的块属性进行编辑，可以通过以下方式进行。

- ✧ 面板：在"默认"选项卡下的"块"面板中单击"编辑属性"按钮，此下拉列表中有"单个"命令和"多个"命令两种命令。
- ✧ 命令行：在命令行中输入"ATTEDIT"命令（命令快捷键为"ATE"）并按 Enter 键。

第 7 章　图块的制作与插入

执行上述命令后,将弹出"编辑属性"对话框,在其中输入要修改的内容,然后单击"确定"按钮,该属性将发生相应的变化,如图 7-23 所示。

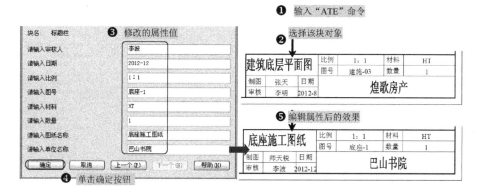

图 7-23　编辑块属性的方法

7.3.4　提取块属性

在 AutoCAD 2020 中,块属性的提取主要有两种方式:一是使用"ATTEXT"命令提取块属性;二是利用"数据提取"向导提取块属性。下面就对这两种提取方式进行详细讲解。

1．使用"ATTEXT"命令提取块属性

直接在命令行中输入"ATTEXT"命令并按 Enter 键,即可打开"属性提取"对话框,可立即提取块属性的数据,如图 7-24 所示。

在"属性提取"对话框中,各选项的功能与含义如下。

- ◇ "文件格式"选项组:设置提取数据的文件格式。用户可在 CDF、SDF、DXF 3 种文件格式中选择,选择相应的按钮即可。
- ◇ "逗号分隔文件(CDF)"选项:CDF(Conmma Delimited File)文件是 TXT 类型的数据文件,是一种文本文件。该文件把每个块及其属性以记录的形式提取,其中每个记录的字段由逗号分隔符隔开,字符串的定界符默认为单引号对。
- ◇ "空格分隔文件(SDF)"选项:SDF(Space Delimited File)文件是 TXT 类型的数据文件,也是一种文本文件。该文件把每个块及其属性以记录的形式提取,但在每个记录的字段后使用空格分隔符隔开,记录中每个字段占有预先规定的宽度(每个字段的格式由样板文件规定)。
- ◇ "DXF 格式提取文件(DXX)"选项:DX F(Drawing Interchange File)格式与 AutoCAD 的标准图形交换文件格式一致,文件类型为 DXF。
- ◇ "选择对象"按钮:单击此按钮,AutoCAD 将切换到绘图窗口,用户可选择带有属性的块对象,按 Enter 键后返回"属性提取"对话框。
- ◇ "样板文件"按钮:用户可直接在"样板文件"按钮后的文本框中输入样板文件的名称,也可单击"样板文件"按钮,在弹出的"样板文件"对话框中选择样板文件,如图 7-25 所示。

◇ "输出文件"按钮：可直接在其后的文本框中输入文件名；也可单击"输出文件"按钮，在弹出的"输出文件"对话框中，指定保存数据文件的位置和文件名称。

图 7-24 "属性提取"对话框　　　　图 7-25 "样板文件"对话框

2. 利用"数据提取"向导提取块属性

用户可以通过以下方法打开"数据提取"对话框，之后将以向导形式提取块属性。

◇ 面板：在"插入"选项卡下的"链接和提取"面板中单击"提取数据"按钮。
◇ 命令行：在命令行中输入"EATTEXT"命令并按 Enter 键。

在执行"数据提取"命令后，按照如下操作步骤可提取前面所定义的块属性。

Step 01 在"插入"选项卡下的"链接和提取"面板中单击"提取数据"按钮，将弹出"数据提取"向导中的"数据提取-开始"对话框；选中"创建新数据提取"单选按钮，将新建一个提取数据作为样板文件，单击"下一步"按钮，如图7-26所示。

Step 02 在弹出的"将数据提取另存为"对话框中设置文件保存的路径和名称，如图7-27所示。

图 7-26 "数据提取-开始"对话框　　　　图 7-27 "将数据提取另存为"对话框

Step 03 单击"保存"按钮，在弹出的"数据提取-定义数据源"对话框中选中"在当前图形中选择对象"单选按钮，然后单击后面的按钮，在图形中选择需要提取属性的

第 7 章 图块的制作与插入

块，单击"下一步"按钮，如图 7-28 所示。

Step 04 在弹出的"数据提取-选择对象"对话框中，在"对象"列表框中勾选提取数据的对象；此时在对话框右侧可以预览该对象，单击"下一步"按钮，如图 7-29 所示。

图 7-28 "数据提取-定义数据源"对话框　　图 7-29 "数据提取-选择对象"对话框

Step 05 在弹出的"数据提取-选择特性"对话框的"类别过滤器"列表框中勾选对象特性，此处勾选的是"常规"等 5 个选项，单击"下一步"按钮，如图 7-30 所示。

Step 06 在弹出的"数据提取-优化数据"对话框中，可重新设置数据的排列顺序，这里不进行修改，单击"下一步"按钮，如图 7-31 所示。

图 7-30 "数据提取-选择特性"对话框　　图 7-31 "数据提取-优化数据"对话框

Step 07 在弹出的"数据提取-选择输出"对话框中勾选"将数据提取处理表插入图形"复选框，然后单击"下一步"按钮，如图 7-32 所示。

Step 08 在弹出的"数据提取-表格样式"对话框中，可以设置存放数据的表格样式，这里选择默认样式，单击"下一步"按钮，如图 7-33 所示。

Step 09 此时属性数据提取完毕，在弹出的"数据提取-完成"对话框中，单击"下一步"按钮，如图 7-34 所示。

图 7-32 "数据提取-选择输出"对话框　　图 7-33 "数据提取-表格样式"对话框

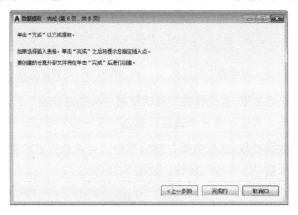

图 7-34 "数据提取-完成"对话框

Step 10 指定插入点，此时提取的属性数据将出现在绘图窗口，如图 7-35 所示。

计数	名称	A	超链接	打印样式	图层	线宽	线型	线型比例	颜色
1	BASE	1		ByLayer	0	ByLayer	ByLayer	1.0000	ByLayer
1	BASE	2		ByLayer	0	ByLayer	ByLayer	1.0000	ByLayer

图 7-35 提取的属性数据

7.4 动态块

AutoCAD 从 2006 版开始新增了动态块功能，用户可以根据绘图需要方便地调整块的大小、方向、角度等。

::: 经验分享——动态块的特点

动态块具有灵活性和智能性，用户在操作时可以通过自定义夹点或自定义特性来操作动态块，可以对动态块中的几何图形进行修改、添加、删除、旋转等操作。

用户可以通过以下方式执行"动态块"命令。

第 7 章 图块的制作与插入

- ◆ 面板 1：在"默认"选项卡下的"块"面板中单击"编辑"按钮 。
- ◆ 面板 2：在"插入"选项卡下的"块定义"面板中单击"块编辑器"按钮。
- ◆ 命令行：在命令行中输入"BEDIT"命令（命令快捷键为"BE"）并按 Enter 键。

执行上述命令后，系统弹出"编辑块定义"对话框，如图 7-36 所示，选择需要创建或编辑的块名称，然后单击"确定"按钮，会弹出"块编写选项板"面板，在视图中显示该块对象，并在窗口的上侧面板区显示"块编辑器"选项，如图 7-37 所示。

图 7-36 "编辑块定义"对话框

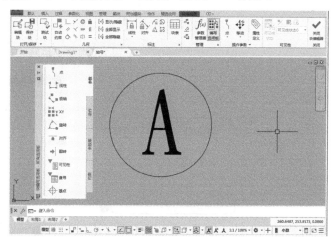

图 7-37 "块编辑器"选项

7.5 实战演练

7.5.1 深入训练——插入外部块

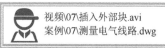

视频\07\插入外部块.avi
案例\07\测量电气线路.dwg

首先创建一个带属性的外部块，再将其插入另外一个图形文件中的指定位置，具体操作步骤如下。

Step 01 启动 AutoCAD 2020，切换至"草图与注释"空间，打开一个空白文件。

Step 02 使用"圆"命令（C）绘制一个半径为 400 的圆。

Step 03 在"默认"选项卡下的"块"面板中单击"定义属性"按钮，将弹出"属性定义"对话框，然后按照图 7-38 对其进行属性定义操作。

Step 04 在命令行中执行"写块"命令（W）并按 Enter 键，将弹出"写块"对话框；将其保存为"案例\07\编号.dwg"文件，如图 7-39 所示，这样，带属性的块就创建好了。

211

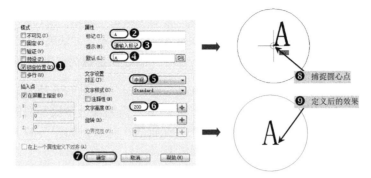

图 7-38 定义块属性

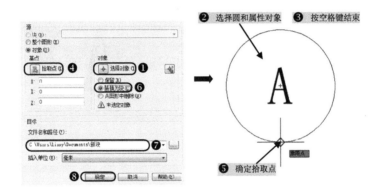

图 7-39 "写块"对话框

Step 05 在快速访问工具栏中单击"打开"按钮,将"案例\07\测量电气线路.dwg"文件打开,如图 7-40 所示。

Step 06 在"默认"选项卡下的"块"面板中单击"插入"按钮,将弹出"块"选项板;单击"浏览"按钮…,选择上一步创建的块,即"案例\07\编号.dwg"块对象,双击导入的块对象,如图 7-41 所示。

Step 07 此时系统的命令行中提示插入点的位置,并在光标上附着有待插入的块对象,将鼠标指针移动至图形中间垂直线段的中点处并单击,如图 7-42 所示。

Step 08 此时在光标附近将显示一个文本框,表示要输入属性值,在此输入"V"并按 Enter 键,则插入的块属性变为 V,如图 7-43 所示。

图 7-40 打开的文件

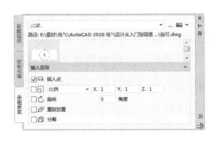

图 7-41 "块"选项板

第 7 章　图块的制作与插入

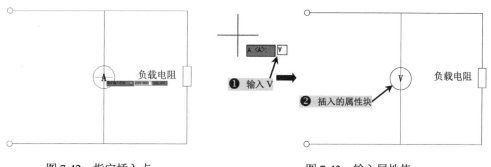

图 7-42　指定插入点　　　　　　　　　图 7-43　输入属性值

Step 09 根据同样的方法执行"插入"命令，继续将"编号"属性块插入图形的相应位置，且使其属性值为"A"，插入效果如图 7-44 所示。

Step 10 再执行"修剪"命令（TR），修剪电流表和电压表符号中多余的线段，修剪效果如图 7-45 所示，至此，完成测量电气线路的绘制。

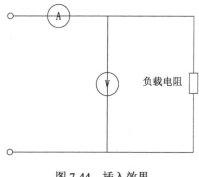 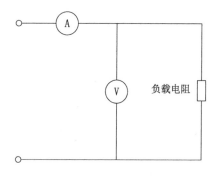

图 7-44　插入效果　　　　　　　　　　图 7-45　修剪效果

7.5.2　熟能生巧——创建动态电机块

　视频\07\创建动态电机块.avi
　　案例\07\动态电机块.dwt

本实例详细介绍了创建动态电机块的过程和方法，可让读者掌握创建动态块的方法和步骤，从而更好地学习 AutoCAD 软件，其操作步骤如下。

Step 01 启动 AutoCAD 2020，按 Ctrl+O 组合键，将"案例\07\电机符号.dwg"文件打开，如图 7-46 所示。

Step 02 单击"另存为"按钮 ，将文件另存为"案例\07\动态电机块.dwg"文件。

Step 03 执行"创建块"命令（B），将门对象创建为块，创建块的名称为"电机"。

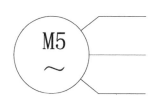

图 7-46　打开的图形

Step 04 在"块"面板中单击"编辑"按钮 ，弹出"编辑块定义"对话框；选择上一步定义好的"电机"块对象，并单击"确定"按钮，将打开块编辑器窗口，同时在视图中打开门对象，如图 7-47 所示。

213

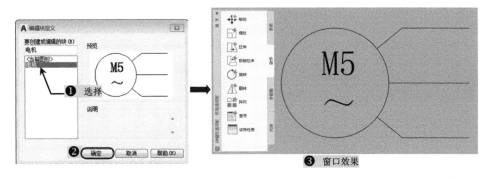

图 7-47 打开块编辑器窗口

Step 05 在"块编写选项板"的"参数"选项中选择"线性"和"旋转"项,根据命令行提示创建线性参数和旋转参数,如图 7-48 所示。

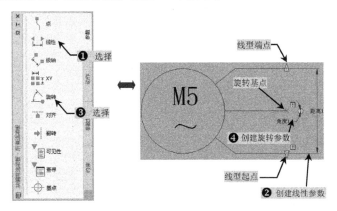

图 7-48 设置参数

Step 06 在"块编写选项板"的"动作"选项中选择"缩放"项,然后根据命令行提示选择创建的线性,当系统提示"选择对象:"时,选择所有电机对象,按空格键确定,从而形成一个缩放图标,表示创建好动态缩放,如图 7-49 所示。

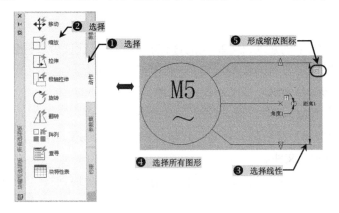

图 7-49 创建动态缩放

Step 07 使用同样的方法给门对象创建一个动态旋转,如图 7-50 所示。

第 7 章　图块的制作与插入

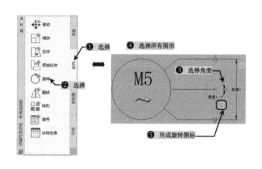

图 7-50　创建动态旋转

Step 08 在块编辑器窗口的左上方单击"保存块定义"按钮，然后关闭块编辑器，选中创建好的动态电机块，将显示 3 个特征点对象，如图 7-51 所示。

Step 09 拖动图中上方的三角形特征点，可以随意地对门对象进行缩放；关闭"正交"模式，选择图中的圆形特征点，可以随意地将门对象旋转一定的角度，如图 7-52 所示。

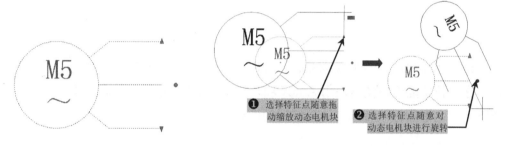

图 7-51　选中创建好的动态电机块的效果　　　图 7-52　动态电机块的缩放和旋转

Step 10 至此，动态电机块绘制完成，按 Ctrl+S 组合键保存。

7.6　本章小结

本章讲解了使用 AutoCAD 2020 制作与插入块的方法，主要内容包括创建和插入图块，如定义块、创建外部块、块颜色（以及线性、线宽）和插入块等；修改块，如重命名块和分解块；块属性；动态块等。最后通过实战演练带领学生学习了插入外部块和创建动态电机块的方法，以便为后面的学习打下坚实的基础。

第 8 章

参数化绘图

自 AutoCAD 2010 版本以来,AutoCAD 新增了令人振奋的新功能——参数化。这一新功能无疑使得使用 AutoCAD 绘图更接近"设计"的思维模式,使之真正从"电子图板"转向"计算机辅助设计"。

内容要点

- 几何约束的方法
- 标注约束的方法
- 自动约束的方法
- 几何约束的设置
- 标注约束的设置
- 自动约束的设置

第 8 章　参数化绘图

在 AutoCAD 2020 版本的"草图与注释"模式下，顶部的"参数化"选项卡中分别有"几何""标注""管理"3 个面板，如图 8-1 所示。

图 8-1　"参数化"选项卡

8.1　几何约束

在 AutoCAD 中，几何约束是指建立绘图对象的几何特性（如要求某一直线具有固定的角度），以及指定两个或更多图形对象的关系类型（如要求几个圆弧具有相同的半径）。利用几何约束可指定绘图对象必须遵守的条件，或与其他图形对象必须维持的关系。

打开"参数"菜单选择"几何约束"选项，可单击相应命令操作，如图 8-2 所示；或单击"参数化"选项卡下的"几何"面板内的命令操作，如图 8-3 所示。

图 8-2　选择"几何约束"选项

图 8-3　"几何"面板

8.1.1　重合约束

单击"重合（GcCoincident）"按钮 可约束两个点使其重合，或约束一个点使其位于曲线（或曲线延长线）上，以便使对象上的约束与某个对象重合，也可以使其与另一对象上的约束重合，如图 8-4 所示。

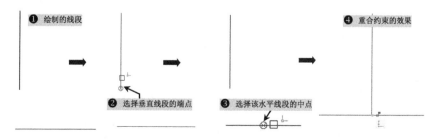

图 8-4　重合约束

> **经验分享——重合点的确定**
>
> 根据具体情况，选择线段的端点或中点，选择不同的点，得到的重合约束效果也不相同。选择第二个约束点时，选择底侧水平线段左、右端点的效果如图 8-5 和图 8-6 所示。

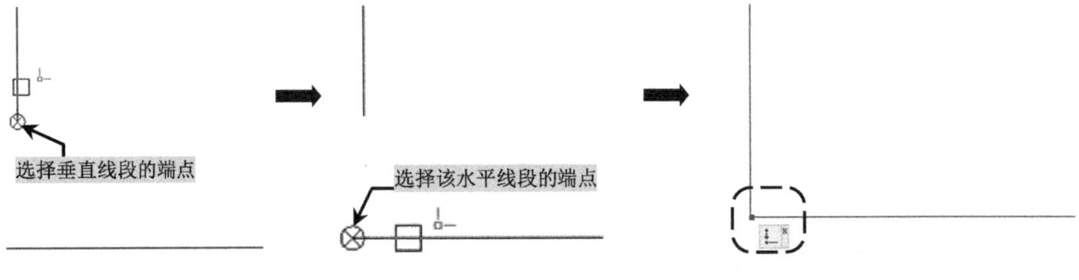

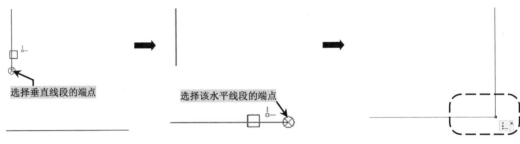

图 8-5　左端点重合约束

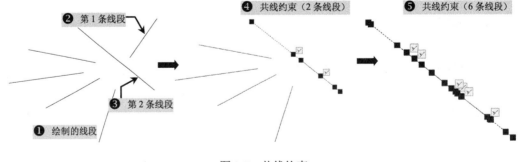

图 8-6　右端点重合约束

8.1.2　共线约束

单击"共线（GcCollinear）"按钮 可使两条或多条线段沿同一直线方向共线，如图 8-7 所示。

图 8-7　共线约束

8.1.3　同心约束

单击"同心（GcConcentric）"按钮 可将两个圆弧、圆或椭圆约束到同一个中心点，其效果与将重合约束应用于曲线的中心点所产生的效果相同，如图 8-8 所示。

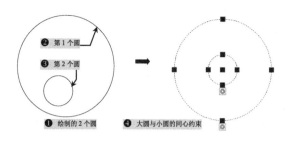

图 8-8 同心约束

8.1.4 固定约束

单击"固定（GcFix）"按钮将几何约束应用于对象时，选择对象的顺序及所选择的每个对象的点可能会影响对象彼此间的放置方式，如图 8-9 所示。

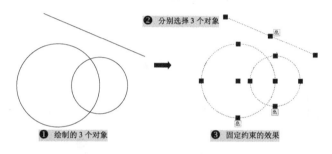

图 8-9 固定约束

> **经验分享**
>
> 在选择对象进行固定约束时，一般会自动拾取对象的特征点，如圆的圆心、圆弧的圆心和端点、线段的中点和端点等。
> 一条线段最多有 3 个约束，封闭的圆只有一个约束，开放的圆弧则有 3 个约束；当再次进行固定约束时，会弹出"约束"对话框，如图 8-10 所示。

图 8-10 "约束"对话框

8.1.5 平行约束

单击"平行（GcParallel）"按钮可使选定的线段位于彼此平行的位置，平行约束在两个对象之间应用，如图 8-11 所示。

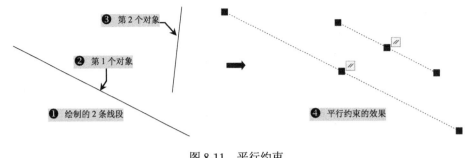

图 8-11　平行约束

8.1.6　垂直约束

单击"垂直（GcPerpendicular）"按钮，可使选定的线段位于彼此垂直的位置，垂直约束在两个对象之间应用，如图 8-12 所示。

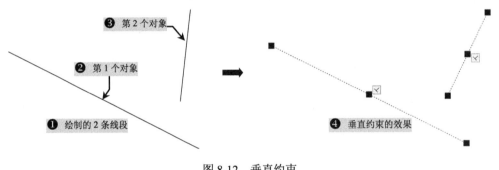

图 8-12　垂直约束

8.1.7　水平约束

单击"水平（GcHorizontal）"按钮，可使线段或点位于与当前坐标系 X 轴平行的位置，默认选择类型为对象，如图 8-13 所示。

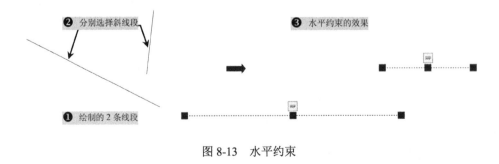

图 8-13　水平约束

8.1.8　竖直约束

单击"竖直（GcVertical）"按钮，可使线段或点位于与当前坐标系 Y 轴平行的位置，如图 8-14 所示。

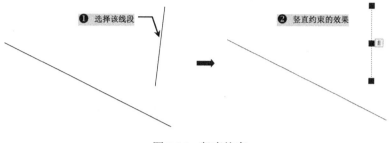

图 8-14　竖直约束

8.1.9　相切约束

单击"相切（GcTangent）"按钮 可将两条曲线约束为保持彼此相切或其延长线相切，相切约束在两个对象之间应用，如图 8-15 所示。

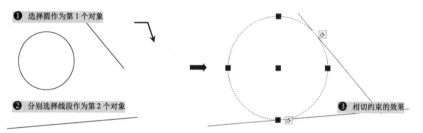

图 8-15　相切约束

8.1.10　平滑约束

单击"平滑（GcSmooth）"按钮 可将样条曲线约束为连续曲线，并与其他样条曲线、直线、圆弧或多段线保持连续性，如图 8-16 所示。

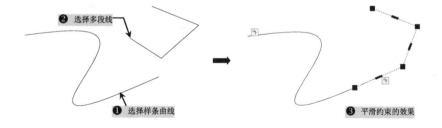

图 8-16　平滑约束

经验分享

在选择对象的特征点进行平滑约束时，如果选择不同的约束点，其约束效果也不相同，如图 8-17 所示。

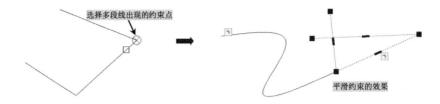

图 8-17　选择不同特征点的平滑约束效果

8.1.11　对称约束

单击"对称（GcSymmetric）"按钮 可使选定对象受对称约束，相当于选定直线对称，如图 8-18 所示。

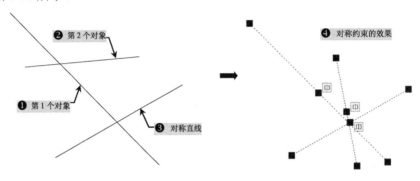

图 8-18　对称约束

> **经验分享——对称约束的顺序**
>
> 选择第 1 个对象和第 2 个对象时，如果选择的顺序不同，产生的约束效果也相差甚远，如图 8-19 所示。
>
>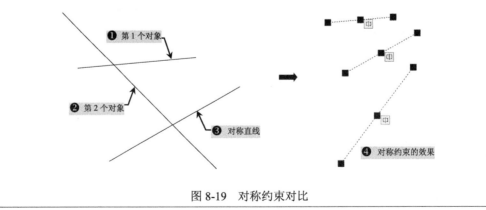
>
> 图 8-19　对称约束对比

8.1.12　相等约束

单击"相等（GcEqual）"按钮 ＝ 可将选定的圆弧和圆的尺寸重新调整为半径相同，

将选定的直线的尺寸重新调整为长度相同,如图 8-20 所示。

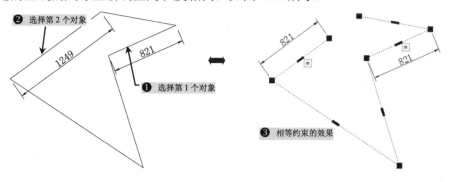

图 8-20 相等约束

经验分享——相等约束的顺序

选择第 1 个对象和第 2 个对象时,如果选择的顺序不同,产生的约束效果也相差甚远,如图 8-21 所示。

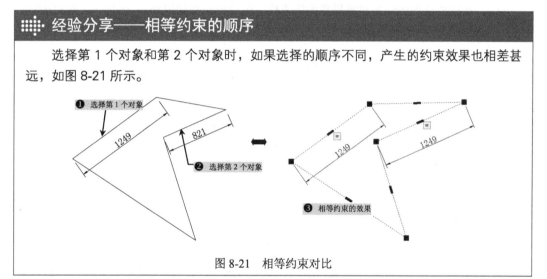

图 8-21 相等约束对比

在实际的几何约束过程中,多种约束可以并存。例如,在图 8-22 中,其右下角点为"固定约束",两条线段的交点为"重合约束",再使用"相等约束"后,该图形就成了平行四边形。

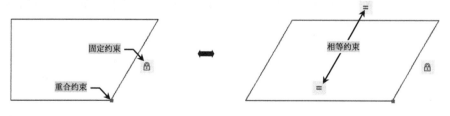

图 8-22 多种约束的效果

8.1.13 设置几何约束

系统提供了十几种可供选择的几何约束类型,能够辅助定位不同要求的图形对象。用户可以通过以下任意一种方式打开"约束设置"对话框进行设置,如图 8-23 所示。

图 8-23 "约束设置"对话框

- 面板：在"参数化"选项卡中的"几何"面板上单击右下角的"约束设置"按钮（ ）。
- 命令行：在命令行中输入"CONSTRAINTSETTINGS"命令并按 Enter 键。

"几何"选项卡中各选项的功能和含义如下。

- "推断几何约束"：在创建和编辑几何图形时推断几何约束。
- "仅为处于当前平面中的对象显示约束栏"：勾选该复选框后，则仅为当前平面上受几何约束的对象显示约束栏。
- "将约束应用于选定对象后显示约束栏"：手动应用约束或使用"AUTOCONSTRAIN"命令显示相关的约束栏。

> **经验分享——Constraintrelax变量**
>
> 在编辑对象时，Constraintrelax 变量用于控制约束是处于强制实行状态还是处于释放状态，默认变量值为 0。
> 变量值=0 时编辑对象，该对象上的约束将被保持。
> 变量值=1 时编辑对象，该对象上的约束将被释放。

8.2 标注约束

建立尺寸约束可以限制几何图形的大小，这与在草图上标注尺寸相似，同样是设置尺寸标注，与此同时，也会建立相应的表达式；不同的是，建立尺寸约束可以在后续的编辑工作中实现尺寸的参数化驱动。

打开"参数"菜单选择"标注约束"选项，单击相应命令进行操作，如图 8-24 所示；也可以单击"参数化"选项卡下"标注"面板内的命令进行操作，如图 8-25 所示。

图 8-24 选择"标注约束"选项

图 8-25 "标注"面板

8.2.1 水平约束

单击"水平（DcHorizontal）"按钮 可约束同一对象两点之间或不同对象的两点之

间 X 轴方向的距离，如图 8-26 所示。

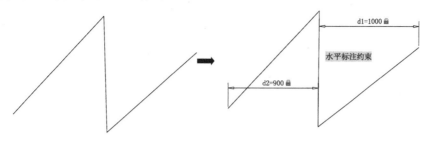

图 8-26 水平约束

> **经验分享——标注约束值的修改**
>
> 在进行标注约束时，会自动出现一些标注数值，可选择默认约束值，也可以在出现的文本框中输入新的数值，按 Enter 键确认，标注约束上的数值即可改为新输入的数值。

8.2.2 竖直约束

单击"竖直（DcVertical）"按钮，可约束同一对象的两点之间或不同对象的两点之间 Y 轴方向的距离，如图 8-27 所示。

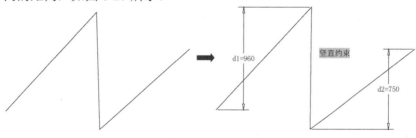

图 8-27 竖直约束

8.2.3 对齐约束

单击"对齐（DcAligned）"按钮，可约束同一对象的两点之间或不同对象的两点之间的距离，如图 8-28 所示。

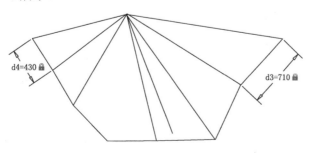

图 8-28 对齐约束

8.2.4 半径约束

单击"半径（DcRadius）"按钮可约束圆或圆弧的半径。

绘制一个半径为 500 的圆，执行"半径约束"操作，设置其半径约束值为 480，如图 8-29 所示。

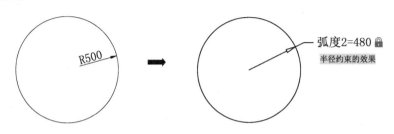

图 8-29 半径约束

> **经验分享——半径约束**
>
> 对前面半径为 500 的圆进行半径约束后再执行"半径标注"命令（DRA），此时标注的半径值发生了变化，其标注值为半径约束后的"R480"，而不是半径约束前的"R500"，如图 8-30 所示。

图 8-30 半径约束后的半径标注

8.2.5 直径约束

单击"直径（DcDiameter）"按钮可约束圆或圆弧的直径。直径约束可参照半径约束的方法，如图 8-31 所示。

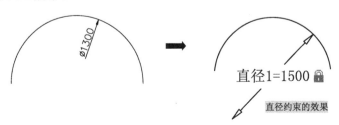

图 8-31 直径约束

8.2.6 角度约束

单击"角度（DcAngular）"按钮 可约束对象之间的任意角度，如图 8-32 所示。

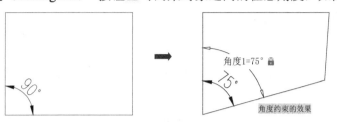

图 8-32 角度约束

> **经验分享——角度约束**
>
> 对于矩形对象，其 4 个角的角度均为 90°，如果约束其中一个角的角度，原图形会发生形状上的变化，变成一个多边形。

8.2.7 设置标注约束

标注约束可以控制设计的大小和比例，而设置尺寸约束可以控制显示标注约束时的配置，主要用于约束对象之间或对象上的点之间的距离及角度。

用户可以通过以下任意一种方式打开"约束设置"对话框进行设置，如图 8-33 所示。

图 8-33 "标注"选项卡

- ◆ 面板：单击"参数化"选项卡下"标注"右下角的"约束设置"按钮 ，弹出"约束设置"对话框，选择"标注"选项卡。
- ◆ 命令行：在命令行中输入"CONSTRAINTSETTINGS"命令并按 Enter 键。

"标注"选项卡中各选项的功能和含义如下。

- ◆ "标注名称格式"：该下拉列表为应用标注约束时显示的文字指定格式。
- ◆ "为注释性约束显示锁定图标"复选框：勾选该复选框表示已应用注释性约束的对象显示锁定图标。

◆ "为选定对象显示隐藏的动态约束"复选框：勾选该复选框表明显示选定时已设置为隐藏的动态约束。

8.3 自动约束

用户可以通过以下任意一种方式打开"约束设置"对话框并进行设置，如图 8-34 所示。

图 8-34 "自动约束"选项卡

◆ 面板：单击"参数化"选项卡下的"几何"面板或"标注"面板的"约束设置"按钮 ，弹出"约束设置"对话框，选择"自动约束"选项卡。
◆ 命令行：在命令行中输入"CONSTRAINSETTINGS"命令并按 Enter 键。

"自动约束"选项卡中各选项的功能和含义如下。

◆ "约束类型"：列表框中显示自动约束的类型及优先级。可以通过单击"上移"和"下移"按钮调整优先级的先后顺序，单击 ✔ 图标可以选择或去掉某种类型的约束作为自动约束类型。
◆ "相切对象必须共用同一交点"：勾选该复选框便指定两条曲线必须共用同一交点（在距离公差内设置）应用相切约束。
◆ "垂直对象必须共用同一交点"：勾选该复选框便指定两条直线必须相交或一条直线的端点必须与另一条直线或直线的端点重合（在距离内设置）。
◆ "距离"：设置可接受的距离公差值。
◆ "角度"：设置可接受的角度公差值。

图 8-35 所示为自动约束的效果。

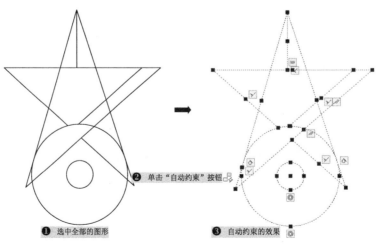

图 8-35 自动约束的效果

8.4 实战演练

8.4.1 初试身手——花朵的绘制

视频\08\花朵的几何约束.avi
案例\08\花朵.dwg

在花朵的绘制中，首先执行"圆"命令，绘制4个半径相同的圆；然后使用"相切约束"使各个圆两两相切；再执行"修剪"命令，将多余的圆弧修剪；最后在中心位置绘制一个小圆，表示花心，从而完成花朵的绘制，操作步骤如下。

Step 01 启动 AutoCAD 2020，按 Ctrl+S 组合键，将打开的空白文件保存为"案例\08\花朵.dwg"文件。

Step 02 执行"圆"命令（C），绘制4个半径为100的圆，如图8-36所示。

Step 03 单击"几何"面板上的"相切"按钮，使绘制的圆两两相切，如图8-37所示。

Step 04 执行"修剪"命令（TR），修剪多余的线段，如图8-38所示。

Step 05 执行"圆"命令（C），在花瓣中心的适当位置，绘制半径为50的圆，如图8-39所示。

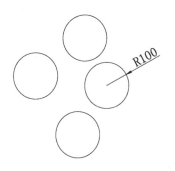

图 8-36　绘制圆

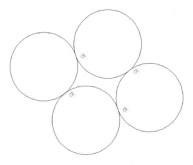

图 8-37　相切约束

图 8-38　修剪多余线段的效果

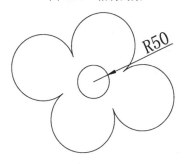

图 8-39　绘制花心

Step 06 至此，花朵绘制完成，按 Ctrl+S 组合键对文件进行保存。

8.4.2 深入训练——零件平面图的绘制

视频\08\零件平面图的约束.avi
案例\08\零件平面图.dwg

在绘制零件平面图时,首先要绘制多段线,然后开启"极轴追踪"功能,绘制斜线段;同时执行"圆""矩形""直线"命令,绘制圆、矩形和直线;最后执行"镜像"命令,向右镜像绘制的图形对象,从而完成零件平面图的绘制,具体操作步骤如下。

Step 01 启动 AutoCAD 2020,按 Ctrl+S 组合键,将打开的空白文件保存为"案例\08\零件平面图.dwg"文件。

Step 02 按 F8 键,打开"正交"模式。执行"直线"命令(L),绘制多段线,如图 8-40 所示。

Step 03 执行"草图设置"命令(SE),弹出"草图设置"对话框;选择"极轴追踪"选项卡,勾选"启用极轴追踪"复选框,增量角设为 60,如图 8-41 所示。

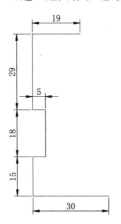

图 8-40 绘制多段线

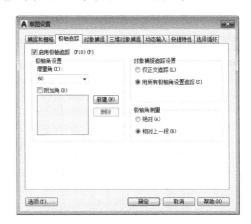

图 8-41 "极轴追踪"选项卡

Step 04 按 F8 键关闭"正交"模式。执行"直线"命令(L),绘制斜线段,将出现斜线段 A,如图 8-42 所示。

Step 05 单击"参数化"选项卡下"标注"面板中的"对齐约束"按钮,启动"对齐约束"命令;标注绘制的斜线段 A,并将其标注的数据修改为 14,如图 8-43 所示。

Step 06 参照前面设置增量角的方法,重新设置增量角为 50;执行"直线"命令(L),绘制斜线段 B,如图 8-44 所示。

Step 07 单击"参数化"选项卡下"标注"面板中的"对齐约束"按钮,启动"对齐约束"命令,标注绘制的斜线段 B,将标注的数据修改为 10,如图 8-45 所示。

Step 08 执行"圆"命令(C),在命令行"指定圆的圆心:"提示下输入"from",在"基点:"提示下捕捉点 A,在"偏移:"提示下输入"@10,-13",然后以此点为圆心,绘制半径为 4.5 的圆,如图 8-46 所示。

Step 09 执行"矩形"命令(REC),在命令行"指定第一个角点:"的提示下输入"from",

在"基点:"提示下捕捉点 B,在"偏移:"提示下输入"@9,0",再输入第二个角点的坐标值"@7,-24",绘制矩形,如图 8-47 所示。

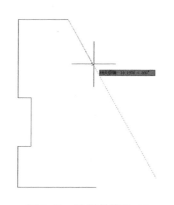

图 8-42 绘制斜线段 A

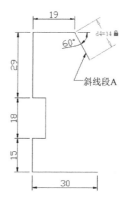

图 8-43 对齐约束

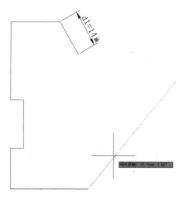

图 8-44 绘制斜线段 B

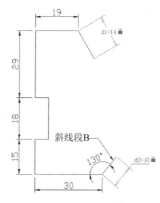

图 8-45 对齐约束

Step 10 按 F8 键打开"正交"模式。执行"镜像"命令(MI),捕捉点 C;将鼠标向上移动,出现一条垂直辅助轴线;框选左边所有的图形对象,向右镜像一份,如图 8-48 所示。

Step 11 执行"直线"命令(L),在图形上端绘制长 26 的水平线段,如图 8-49 所示。

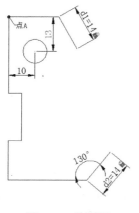

图 8-46 绘制圆

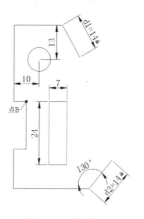

图 8-47 绘制矩形

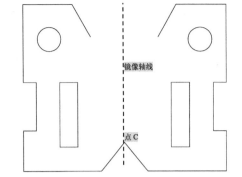
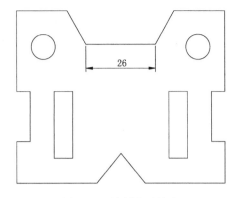

图 8-48　向右镜像　　　　　　　　图 8-49　绘制水平线段

Step 12 至此，零件平面图绘制完成，按 Ctrl+S 组合键对文件进行保存。

8.4.3　熟能生巧——保护测量图的绘制

视频\08\保护测量图的绘制.avi
案例\08\保护测量图.dwg

　　使用多段线、标注约束、镜像命令等绘制保护测量图的轮廓；再将案例下的块插入并分解，进行几何约束，从而完成保护测量图的绘制，具体操作步骤如下。

Step 01 启动 AutoCAD 2020，按 Ctrl+S 组合键，将打开的空白文件保存为"案例\08\保护测量图.dwg"文件。

Step 02 执行"圆弧"命令（ARC），指定任意一点；再根据命令行提示，选择"端点（E）"项；在提示"指定圆弧端点："时，向下拖动鼠标，输入距离 2，确定端点；再选择命令提示中的"角度（A）"项，输入"–180"，即可绘制半圆弧，如图 8-50 所示。

Step 03 执行"复制"命令（CO），将上一步绘制的半圆弧向下复制 3 份，如图 8-51 所示。

Step 04 执行"直线"命令（L），捕捉上、下端点并分别向左绘制长度为 2 的水平线段，形成电感线圈效果，如图 8-52 所示。

图 8-50　绘制半圆弧　　　　图 8-51　复制半圆弧　　　　图 8-52　绘制水平线段

Step 05 执行"直线"命令（L），分别捕捉电感线圈的上、下端点；水平向左绘制长度为 7 的水平线段，并连接两条水平线段的端点，绘制垂直线段，如图 8-53 所示。

Step 06 执行"圆"命令（C），分别捕捉两条水平线段的中点为圆心，绘制半径为 0.25 的两个圆；再捕捉垂直线段的中点为圆心，绘制半径为 0.5 的圆，如图 8-54 所示。

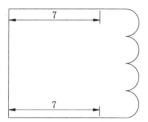
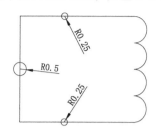

图 8-53 绘制水平线段和垂直线段　　　　　　图 8-54 绘制圆

Step 07 执行"直线"命令（L），分别过半径为 0.25 的圆的圆心，绘制夹角为 45°、长度为 1 的斜线段，将圆内多余线段修剪掉，如图 8-55 所示。

Step 08 执行"直线"命令（L），绘制垂直线段为 1、水平线段为 0.7 且垂直相交的线段，如图 8-56 所示。

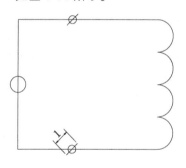
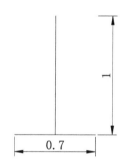

图 8-55 绘制斜线段　　　　　　　　　　　　图 8-56 绘制线段

Step 09 执行"偏移"命令（O），将水平线段向下偏移两次，偏移距离为 0.3，如图 8-57 所示。

Step 10 利用夹点编辑功能，修改偏移线段的长度，按图 8-58 所示的线段的长度进行修改，从而完成接地图形的绘制。

Step 11 执行"移动"命令（M），将接地符号垂直于上端点移动，捕捉到前面图形下侧圆的圆心，如图 8-59 所示。

Step 12 执行"修剪"命令（TR），将图形中多余的线条修剪掉，修剪结果如图 8-60 所示。

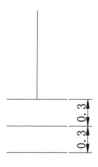
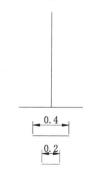

图 8-57 偏移线段　　　　　　　　　　　　　图 8-58 拉伸线段

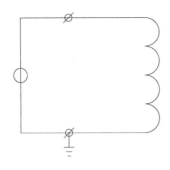
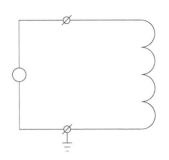

图 8-59　移动接地符号图形　　　　　　　图 8-60　修剪效果

Step 13 至此，保护测量图绘制完成，按 Ctrl+S 组合键对文件进行保存。

8.5 本章小结

　　本章讲解了 AutoCAD 2020 的参数化绘图，主要内容包括几何约束，如重合、共线、同心、固定、平行、垂直、水平、竖直、相切、平滑、对称、相等等约束；标注约束，如水平、竖直、对齐、半径、直径、角度等约束；以及自动约束等。最后通过实战演练带领学生学习了绘制花朵、零件平面图、保护测量图的方法，从而为后面的学习打下坚实的基础。

第9章

图形对象的尺寸标注

在 AutoCAD 中,尺寸标注是经常用到的功能。本章将介绍有关尺寸标注的基本概念、尺寸标注的组成和创建尺寸标注的步骤。

内容要点

- ◆ 尺寸标注的组成与规定
- ◆ 尺寸标注工具的使用方法
- ◆ 多重引线的标注与编辑方法
- ◆ 尺寸标注样式的创建与设置方法
- ◆ 形位公差标注方法
- ◆ 标注样式和尺寸标注对象的修改方法

9.1 尺寸标注的组成与规定

尺寸标注可以精确地反映图形对象各部分的大小及相互关系,尺寸标注是设计图样中必不可少的内容,是使用图纸指导施工的重要依据。尺寸标注包括基本尺寸标注、文字标注、尺寸公差、形位公差和表面粗糙度等内容。

9.1.1 尺寸标注的规定

在我国的工程制图国家标准中,对尺寸标注的规则做出了规定,要求尺寸标注必须遵守以下基本规则。

- ◇ 物体的真实大小应以图形上所标注的尺寸数值为依据,与图形显示的大小和绘图的精确度无关。
- ◇ 当图形中的尺寸以毫米为单位时,不需要标注尺寸单位的代号或名称。如果采用其他单位,则必须注明尺寸单位的代号或名称,如度、厘米、英寸等。
- ◇ 图形中所标注的尺寸为图形所表示的物体的最后完工尺寸,如果是中间过程的尺寸(如在涂镀前的尺寸等),则必须另加说明。
- ◇ 物体的每个尺寸一般只标注一次,并应标注在最能清晰反映该结构的视图上。

尺寸标注是指向图形添加测量注释的过程。AutoCAD 系统提供了 5 种基本的标注类型,即线性标注、径向标注、角度标注、坐标标注和弧长标注,这 5 种标注类型涉及所有的尺寸标注命令。

- ◇ 线性标注:用于创建尺寸线的水平、垂直和对齐的线性标注,包含线性标注、对齐标注、基线标注、连续标注和倾斜标注等命令。
- ◇ 径向标注:包含半径标注、直径标注、折弯标注等命令。
- ◇ 角度标注:用于测量两条直线或 3 个点之间的角度,包含角度标注命令。
- ◇ 坐标标注:用于测量原点到测量点的坐标值,包含坐标标注命令。
- ◇ 弧长标注:用于测量圆弧或多段线弧线段上的距离,包含弧长标注命令。

9.1.2 尺寸标注的组成

一个完整的尺寸标注由尺寸界线、延伸线、箭头符号和尺寸文字等组成,如图 9-1 所示。进行尺寸标注时只需要标注关键数据,其余参数由预先设定的标注系统变量自动提供并完成标注,从而简化了尺寸标注的过程。

- ◇ 尺寸界线:是指图形对象尺寸的标注范围,它以延伸线为界,两端带有箭头符号。尺寸界线与被标注的图形平行。尺寸界线一般是一条线段,有时是一条圆弧。
- ◇ 延伸线(超出尺寸界线):是指从被标注的图形对象到尺寸界线之间的直线,也表示尺寸线的起始和终止。
- 箭头符号（尺寸起止符号）：位于尺寸线两端，用于表明尺寸线的起止位置。AutoCAD 提供了多种多样的终端形式，通常在机械制图中习惯以箭头符号来表示尺寸终端，而在建筑制图中则习惯以短斜线来表示尺寸终端，用户可以根据自己的需要自行设置终端形式。
- 尺寸文字：表示被标注图形对象的标注尺寸数值，该数值不一定是延伸线之间的实际距离值，可以对尺寸文字进行文字替换。尺寸文字既可以放在尺寸线上，也可以放在尺寸线之间，如果延伸线内放不下尺寸文字，系统会自动将其放在延伸线外面。

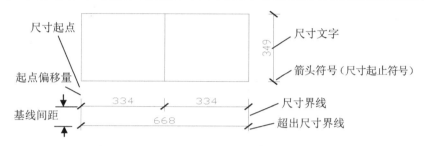

图 9-1　AutoCAD 尺寸标注的组成

> **经验分享——尺寸数据的准确性**
>
> 由于尺寸标注命令可以自动测量所标注图形的尺寸，所以绘图时应尽量准确，这样可以减少修改尺寸文字所花费的时间，从而加快绘图速度。

9.2 创建与设置标注样式

在对图形对象进行标注时，可以使用系统中已经定义的标注样式，也可以创建新的标注样式来适应不同风格或类型的图纸。

9.2.1 打开标注样式管理器

在标注尺寸之前，第一步是创建标注样式。如果不创建标注样式而直接进行标注，系统会使用默认的 Standard 样式。用户可以通过"标注样式管理器"对话框对标注样式进行设置。用户可通过以下几种方法打开"标注样式管理器"对话框。

- 面板 1：在"注释"选项卡下的"标注"面板中单击右下角的"标注样式"按钮 ，如图 9-2 所示。
- 面板 2：在"默认"选项卡下的"注释"面板中单击"注释"按钮 注释▼，在出现的下拉列表中选择"标注样式" ，如图 9-3 所示。
- 命令行：在命令行中输入"DIMSTYLE"命令（命令快捷键为"D"）并按 Enter 键。

执行上述命令后，系统将弹出"标注样式管理器"对话框，如图 9-4 所示。

图 9-2 单击"标注样式"按钮

图 9-3 选择"标注样式"项

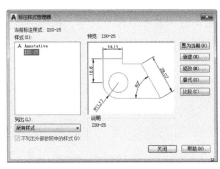

图 9-4 "标注样式管理器"对话框

在"标注样式管理器"对话框中,各选项的含义如下。

- ✧ "新建"按钮:单击该按钮,将弹出"创建新标注样式"对话框,可以创建新的标注样式。
- ✧ "修改"按钮:单击该按钮,将弹出"修改当前样式"对话框,可以修改标注样式。
- ✧ "替代"按钮:单击该按钮,将弹出"替代当前样式"对话框,可以设置标注样式的临时替代样式。
- ✧ "比较"按钮:单击该按钮,将弹出"比较标注样式"对话框,可以比较两种标注样式的特性,也可以列出一种标注样式的多个特性,如图 9-5 所示。
- ✧ "帮助"按钮:单击该按钮,将弹出"Autodesk AutoCAD 2020-帮助"窗口,在此可以查找所需要的帮助信息,如图 9-6 所示。

图 9-5 "比较标注样式"对话框

图 9-6 "Autodesk AutoCAD 2020-帮助"窗口

9.2.2 创建标注样式

在"标注样式管理器"对话框中单击"新建"按钮后,弹出"创建新标注样式"对话框,如图9-7所示。在该对话框中可以创建新的标注样式,其中部分选项的含义如下。

◆ 基础样式:在该下拉列表中可以选择一种基础样式,可以在该样式的基础上进行修改,从而建立新样式,如图9-8所示。

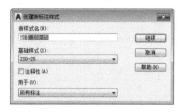

图9-7 "创建新标注样式"对话框

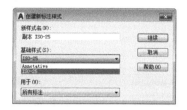

图9-8 选择基础样式

> **经验分享——尺寸基础样式的选择**
>
> 在指定基础样式时,应选择与新建样式参数相近的标注样式,以减少后续对标注样式参数的修改量。

◆ 用于:可以限定所选的标注样式只用于某种确定的标注形式,可以在下拉列表中选择所要限定的标注样式,如图9-9所示。
◆ 注释性:勾选该复选框表明运用注释性。
◆ 继续:单击此按钮,弹出"新建标注样式"对话框,从而可以设置和修改标注样式的相关参数。

图9-9 选择所要限定的标注样式

> **提示与技巧**
>
> 在创建好一个标注样式后,在该标注样式的基础上还可以创建具有一些限定的标注样式,如角度标注、直径标注、半径标注。
>
> 如果当前标注样式已设置"箭头"为"建筑标记",设置"文字对齐"为"与尺寸线对齐",则需要再创建一个"角度标注"样式,使其"箭头"为"实心闭合",使"文字对齐"为"水平",这样在当前标注样式下进行角度标注时,箭头方式和文字对齐方式就是上述设置的效果。

9.2.3 设置标注样式

在"标注样式管理器"对话框中单击"新建"按钮以新建标注样式的名称,如图9-10所示,然后单击"继续"按钮,即可弹出"新建标注样式:×××"对话框,如图9-11所示。

图 9-10 新建标注样式的名称　　　　　图 9-11 "新建标注样式:×××"对话框

在"新建标注样式:×××"对话框中,可以通过"线""符号和箭头""文字""调整""主单位""换算单位""公差"7个选项卡进行各项参数的设置。

1. 线

在"线"选项卡中,可以设置标注内的尺寸线与尺寸界线的形式与特性,如图 9-11 所示,其中各选项的功能与含义如下。

(1)"尺寸线"选项组中的选项,主要用于设置尺寸线的特性。

- "颜色(C)"下拉列表的选项:可以设置尺寸线的颜色,如图 9-12 所示,可以是随层(ByLayer)、随块(ByBlock)颜色,也可以是其他颜色。若选择"选择颜色"选项,系统将弹出"选择颜色"对话框,通过该对话框可以设置尺寸线的颜色,如图 9-13 所示。

图 9-12 "颜色"下拉列表　　　　　图 9-13 "选择颜色"对话框

- "线型(L)"下拉列表:可以设置尺寸线的线型,如图 9-14 所示。选择下拉列表中的最后一项"其他",将弹出"选择线型"对话框,通过该对话框可以设置并加载需要的线型,如图 9-15 所示。

图 9-14 "线型"下拉列表

图 9-15 "选择线型"对话框

- "线宽(G)"下拉列表：可以设置尺寸线的线宽。
- "超出标记(N)"数值框：当将尺寸线箭头设置为短斜线、短波线时，或尺寸线上无箭头时，可利用该微调框调整尺寸线超出尺寸延伸线的距离，如图 9-16 所示。

图 9-16 超出标记图

- "基线间距(A)"数值框：可设置当以基线方式标注尺寸时，相邻两尺寸线之间的距离。
- "隐藏"复选框组：其后有两个复选框"尺寸线 1"和"尺寸线 2"，勾选相应的复选框，可在标注中隐藏相应的尺寸线，如图 9-17 所示。

图 9-17 隐藏尺寸线

(2)"尺寸界线"选项组中的选项，主要用于确定尺寸界线的特性。

- "颜色(R)"下拉列表：主要用于设置尺寸界线的颜色。
- "尺寸界线 1/2 的线型"下拉列表：这两项用于设置尺寸界线的线型。
- "线宽(W)"下拉列表：用于设置尺寸界线的线宽。
- "隐藏"复选框组：其后有两个复选框"尺寸界线 1"和"尺寸界线 2"，勾选相应的复选框，则可在标注中隐藏相应的尺寸界线，如图 9-18 所示。
- "超出尺寸线(X)"文本框：用于确定延伸线超出尺寸线的距离，对应的尺寸变量是"DIMEXE"。图 9-19 所示为超出尺寸线的效果比较。
- "起点偏移量(F)"文本框：可在其微调框中设置尺寸延伸线的实际起点相对于指定的尺寸延伸线起点的偏移量，如图 9-20 所示。

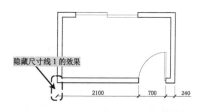

图 9-18 隐藏尺寸界线 1 的效果

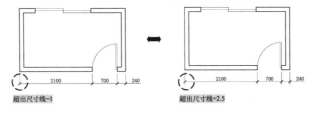

图 9-19　超出尺寸线的效果比较

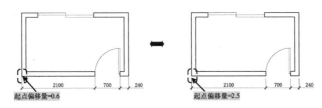

图 9-20　起点偏移量的效果比较

✧ "固定长度的尺寸界线（O）"复选框：勾选该复选框，系统将以固定长度的尺寸延伸线标注尺寸，可以在其下面的"长度（E）"数值框中输入长度值，如图 9-21 所示。

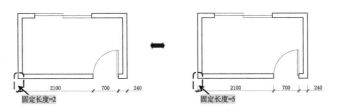

图 9-21　不同固定长度的效果比较

经验分享——室内施工图的尺寸标注规定

在绘制室内装潢施工图的过程中，尺寸界线用细实线绘制，一般应与被标注的长度垂直，其一端应距离图样轮廓线 2～3mm（起点偏移量），另一端宜超出尺寸线 2～3mm。尺寸线也用细实线绘制，并与被标注对象平行，图样本身的图线不能用作尺寸线。尺寸起止符号一般用中粗斜短线绘制，其倾斜方向与尺寸界线顺时针成 45°，长度宜为 2～3mm，在轴测图中，尺寸起止符号一般用圆点表示。尺寸数字一般应依据其方向标注在靠近尺寸线的上中部，尺寸数字的书写角度与尺寸线一致。图形对象的真实大小以图面标注的尺寸数据为准，与图形的大小及准确度无关。图样上的尺寸单位，除标高和总平面积以米和平方米（m 和 m²）为单位外，其他必须以毫米（mm）为单位。

尺寸适宜标注在图样轮廓以外，不宜与图线、文字和符号等相交。图线不得穿过尺寸数字，不可避免时，应将尺寸数字处的图线断开。图样轮廓线以外的尺寸界线距图样最外层轮廓之间的距离不宜小于 10mm。平行排列的尺寸线的间距宜为 7～10mm，并应保持一致。对于互相平行的尺寸线，较小的尺寸应距离轮廓线较近；较大的尺寸，应距离轮廓线较远。尺寸标注的数字应距尺寸线 1～1.5mm，其字高为 2.5mm（在 A0、A1、A2 图纸中）或 2mm（在 A3、A4 图纸中），如图 9-22 所示。

第 9 章　图形对象的尺寸标注

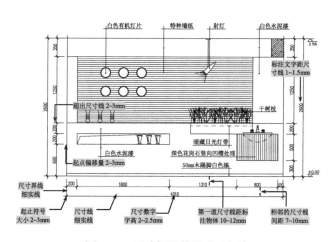

图 9-22　尺寸标注的组成及规格

2．符号和箭头

在"符号和箭头"选项卡中，可以设置箭头的类型、大小和引线类型等，如图 9-23 所示。

在"符号和箭头"选项卡中，各个选项的功能与含义如下。

（1）"箭头"选项组中的选项，用于设置尺寸箭头的形式。

- ◇ "第一个（T）"和"第二个（D）"下拉列表：可以指定尺寸线的起点与终点的箭头，如图 9-24 所示。图 9-25 所示为不同箭头标记的效果比较。

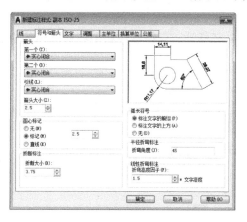

图 9-23　"符号和箭头"选项卡　　　　图 9-24　"箭头"类型的下拉列表

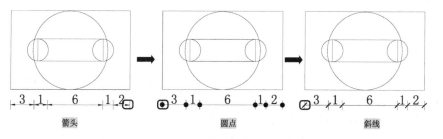

图 9-25　不同箭头标记的效果比较

- ◇ "引线（L）"下拉列表：用于指定标注尺寸的引线类型，如图 9-26 所示。

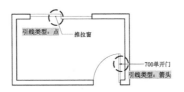

图 9-26 不同引线类型的效果比较

- ◆ "箭头大小（I）"文本框：可在其微调框中设置箭头的大小，如图 9-27 所示。

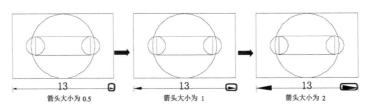

图 9-27 不同箭头大小的效果比较

经验分享——自定义箭头形式

可以自定义箭头形式。在"引线"下拉列表中选择"用户箭头"选项，弹出"选择自定义箭头块"对话框，在"从图形块中选择"文本框中输入当前图形中已有的块名，然后单击"确定"按钮，AutoCAD 2020 将以该块作为尺寸线的箭头样式。此时该块的插入基点与尺寸线的端点重合。

（2）"圆心标记"选项组中的选项用于设置半径标注、直径标注和中心标注中的中心标记和中心线形式。

- ◆ "无（N）"：选择该项，则没有任何标记。
- ◆ "标记（M）"：选择该项，可对圆或圆弧创建圆心标记，并在其后的数值框中设置标记的大小。
- ◆ "直线（E）"：选择该项，可对圆或圆弧绘制中心线，如图 9-28 所示。

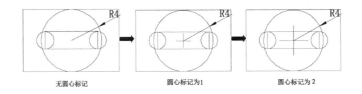

图 9-28 不同的圆心标记效果

圆心标记效果

在"符号和箭头"选项卡中设置了圆心标记后，单击"注释"选项卡下"标注"面板中的小箭头按钮，在下拉列表中选择"圆心"，再选择需要被标注的圆或圆弧，就可以显示圆心标记。

(3)"折断标注"选项组中的选项,主要用于设置"折断大小(B)",可在其下的数值框中设置折断标注的尺寸、架线被打断的长度,如图9-29所示。

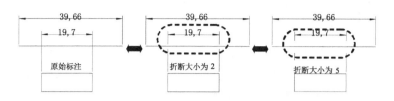

图9-29 不同的折断标记效果

(4)"弧长符号"选项组中的选项,主要用于设置"标注文字的前缀(P)""标注文字的上方(A)""无(O)",可选择其中一项来设置弧长符号的显示位置,如图9-30所示。

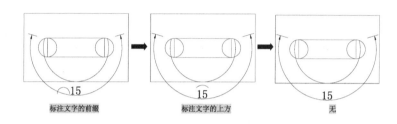

图9-30 不同的弧长符号标记效果

(5)"半径折弯标注"选项组中的选项,主要用于设置"折弯角度(J)";在其后的数值框中输入角度值,可设置标注圆弧半径时标注线的折弯角度,如图9-31所示。

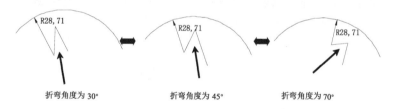

图9-31 不同的折弯角度标记效果

(6)"线性折弯标注"选项组中的选项主要用于设置"折弯高度因子(F)";在其下的数值框中可设置折弯标注被打断时折弯线的高度,如图9-32所示。

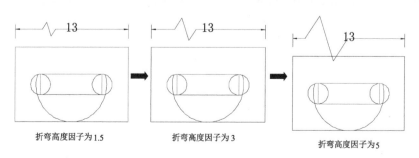

图9-32 不同的线性折弯标注效果

3. 文字

在"文字"选项卡中,可以设置文字的各项参数,如文字的样式、颜色、高度、位置、对齐方式等,如图 9-33 所示。

在"文字"选项卡中,各选项的功能与含义如下。

(1)"文字外观"选项组中的选项,主要用于设置文字的样式、颜色和大小。

- ◇ "文字样式(Y)"下拉列表:用于指定文字的样式;也可以通过单击其后的按钮打开"文字样式"对话框来修改或新建文字样式。如图 9-34 所示为不同文字样式的标注效果。

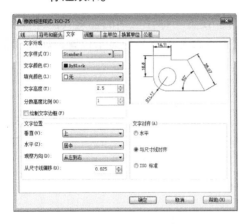

图 9-33 "文字"选项卡

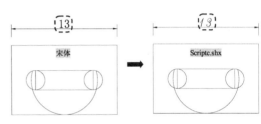

图 9-34 不同文字样式的标注效果

- ◇ "文字颜色(C)"下拉列表:用于设置文字的颜色,如图 9-35 所示。
- ◇ "填充颜色(L)"下拉列表:用于设置文字填充的颜色,如图 9-36 所示。
- ◇ "文字高度(T)"文本框:通过在其后的微调框中输入数据来指定文字的高度,也可以使用"DIMTXT"命令进行设置,如图 9-37 所示。

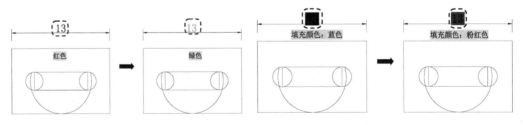

图 9-35 不同文字颜色的标注效果   图 9-36 不同文字填充颜色的标注效果

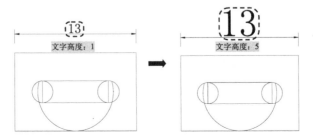

图 9-37 不同文字高度的标注效果

- "分数高度比例（H）"数值框：在采用分数制的情况下用于表示尺寸数值。
- "绘制文字边框（F）"复选框：勾选该复选框将给标注文字加上边框，如图 9-38 所示。

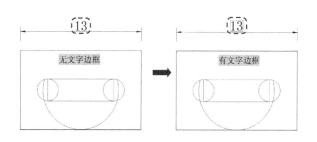

图 9-38　绘制文字边框的效果

（2）"文字位置"选项组中的选项，主要用于设置文字的位置。

- "垂直（V）"下拉列表：用于设置文字的垂直位置方式，包括居中、上、下、外部、JIS 5 个选项，如图 9-39 所示。

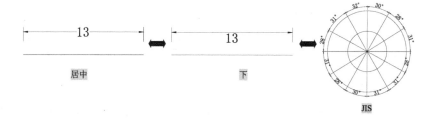

图 9-39　文字垂直方向的对齐方向

- "水平（Z）"下拉列表：用于设置标注文本的水平位置方式，包括居中、第一条尺寸界线、第二条尺寸界线、第一条尺寸界线上方、第二条尺寸线上方 5 个选项，如图 9-40 所示。

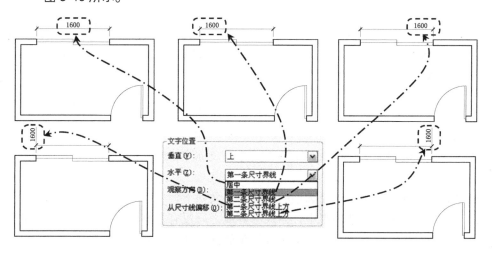

图 9-40　文字水平方向的对齐方向

✧ "观察方法（D）"下拉列表：用于选择文字的观察方向，包括从左向右和从右向左两种，如图 9-41 所示。

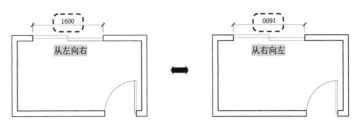

图 9-41　文字的观察方向

✧ "从尺寸线偏移（O）"数值框：在其后的微调框中指定文字与尺寸线之间的偏移距离，若文字在尺寸线之间，则表示断开处尺寸端点与尺寸文字的间距，如图 9-42 所示。

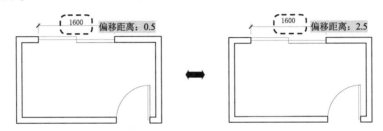

图 9-42　文字的偏移距离

（3）"文字对齐"选项组中的选项，主要用于设置"水平""与尺寸线对齐""ISO 标准"，选择其中任意一项均可设置文字的对齐方式，如图 9-43 所示。

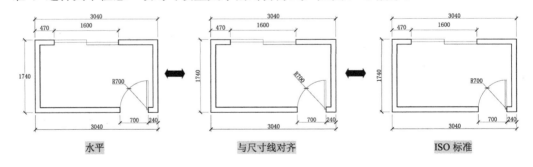

图 9-43　文字的对齐方式

4．调整

在"调整"选项卡中，可以对文字、尺寸线及标注特性比例等进行修改与调整，如图 9-44 所示。

在"调整"选项卡中，主要选项的功能和含义如下。

（1）在"调整选项"选项组中，当尺寸界线之间没有足够的空间，但又需要放置标注文字与箭头时，可以设置将标注文字或箭头放到尺寸界线外面。

第 9 章　图形对象的尺寸标注

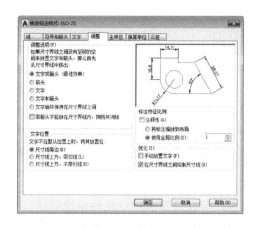

图 9-44　"调整"选项卡

- ◆ "文字或箭头"（最佳效果）：按照最佳效果自动移出文字或箭头。
- ◆ "箭头"：当尺寸界线间的距离不足以放下箭头时，箭头都放在尺寸界线外。
- ◆ "文字"：将文字移到尺寸界线外。
- ◆ "文字和箭头"：当尺寸界线间的距离不足以放下文字和箭头时，文字和箭头都放在尺寸界线外。
- ◆ "文字始终保持在尺寸界线之间"：始终将文字放在尺寸界线之间。
- ◆ "若箭头不能放在尺寸界线内，则将其消除"：勾选该复选框，当尺寸界线内没有足够的空间时，则自动隐藏箭头。

（2）"文字位置"选项组，可以设置当文字不在默认位置上时，其放置位置是"尺寸线旁边""尺寸线上方，带引线""尺寸线上方，不带引线"中的一种。

（3）"标注特征比例"选项组，用于设置注释性文本及全局比例因子。

- ◆ "注释性（A）"：勾选该复选框，则标注具有注释性。
- ◆ "将标注缩放到布局"：选择该项，系统将根据当前模型空间视口与布局空间之间的比例来确定比例因子。
- ◆ "使用全局比例（S）"：在其后的微调框中输入比例值，可调整所有标注比例，包括文字和箭头的大小及高度等，但它并不改变数据的大小，如图 9-45 所示。

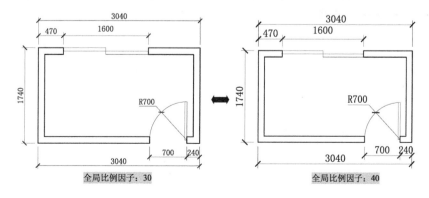

图 9-45　不同全局比例的效果对比

> **经验分享——全局比例因子的妙用**
>
> 全局比例因子的作用是整体放大或缩小标注的全部基本元素的尺寸,如文字高度为3.5,全局比例因子调为100,则图形文字高度为350,当然标注的其他基本元素也会被放大100倍。
>
> 全局比例因子一般参考当前图形的绘图比例进行设置。在模型空间中进行尺寸标注时,应根据打印比例设置此项参数值,其值一般为打印比例的倒数。

5. 主单位

在"主单位"选项卡中,可以设置线性标注与角度标注。线性标注包括单位格式、精度、舍入、测量单位比例、消零等,角度标注包括单位格式、精度、消零,如图9-46所示。

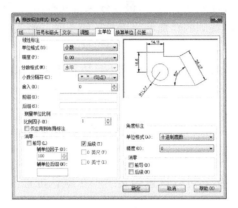

图9-46 "主单位"选项卡

(1)"线性标注"选项组中的选项,用于设置线型标注的格式和精度等。

- ◇ "单位格式(U)"文本框:用于显示或设置基本尺寸的单位格式,包括"科学""小数""工程""建筑""分数"等选项,如图9-47所示。
- ◇ "精度"数值框:用于控制除角度型尺寸标注外的尺寸精度。
- ◇ "分数格式"文本框:用于设置分数型尺寸文本的书写格式,包括"对角""水平""非堆叠栅格"选项。

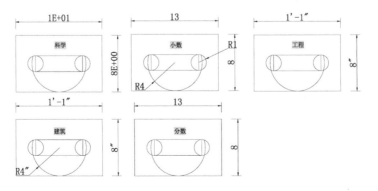

图9-47 不同的单位格式

- "小数分隔符（C）"数值框：用于设置小数分隔符的格式，包括"句点（.）""逗点（,）""空格"3个选项，如图9-48所示。

图9-48　小数分隔符的格式

- "舍入"数值框：可在该微调框中输入一个数值（除角度外）作为尺寸数字的舍入值。
- "前缀（X）"和"后缀（S）"文本框：可在该文本框中输入尺寸文本的前缀和后缀，如图9-49所示。

（2）"测量单位比例"选项组中的选项，主要用于设置测量尺寸的比例因子，以及布局标注的效果。

- "比例因子（E）"数值框：在该数值框中输入比例因子，可以对测量尺寸进行缩放。例如，在视图中绘制 500×200 的图形，在进行尺寸标注时，若按 1:1000 的比例绘制图形，那么可在此微调框中输入"1000"；若按 2:1 的比例绘制图形，那么可在此微调框中输入"0.5"，如图9-50所示。
- "仅应用到布局标注"：勾选该复选框，则设置的比例因子只应用到布局标注，而不会对绘图区的标注产生影响。

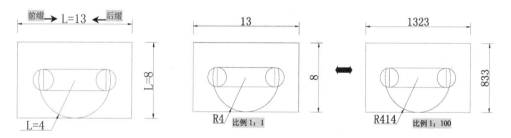

图9-49　标注的前缀与后缀的显示　　　　图9-50　不同比例因子的效果对比

> **经验分享——默认长度单位的换算关系**
>
> 默认的长度单位，其英制与公制的换算关系如下：
>
> 1 千米（公里）=2 市里=0.6241 英里=0.540 海里
>
> 1 米=3 市尺=3.281 英尺
>
> 1 米=10 分米=100 厘米=1000 毫米
>
> 1 海里=1.852 千米（公里）=3.074 市里=1.150 英里
>
> 1 市尺=0.333 米=1.094 英尺
>
> 1 英里=1.609 千米（公里）=3.219 市里
>
> 1 英尺=12 英寸=0.914 市尺

（3）"清零"选项组中的选项，主要用于设置"前导（L）""后续（T）"选项，即设置是否显示线性标注中的"前导"零和"后续"零，如图9-51所示。

图 9-51 "前导"零与"后续"零的显示

（4）"角度标注"选项组中的选项，用于设置标注角度时采用的角度单位，以及是否清零。

- "单位格式（A）"下拉列表：可以指定角度标注的单位格式，如图 9-52 所示。
- "精度"下拉列表：可以设置角度标注的尺寸精度。

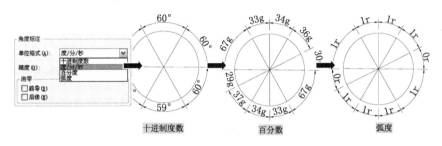

图 9-52 单位格式

- "前导（D）"和"后续（N）"复选框：用于设置是否显示角度标注中的"前导"零和"后续"零。

6．换算单位

在"换算单位"选项卡中，可以设置单位换算的格式，如图 9-53 所示，其中主要选项的功能与含义如下。

- "显示换算单位（D）"复选框：可以设置是否标注公制或英制双套尺寸单位。选中该复选框，表明采用公制和英制双套单位标注尺寸；不选中该复选框，表明只采用公制单位标注尺寸，如图 9-54 所示。

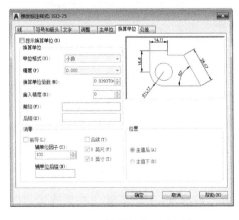

图 9-53 "换算单位"选项卡

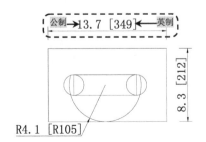

图 9-54 显示换算单位

第9章 图形对象的尺寸标注

- 在"换算单位"选项组中,可以设置"单位格式""精度""换算单位倍数""舍入精度""前缀""后缀"等选项。其中,"换算单位倍数"用于设置单位的换算率。
- 在"位置"选项组中,可以设置换算单位的放置位置,有"主值后"和"主值下"两种,如图9-55所示。

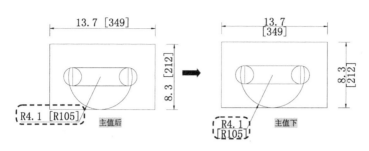

图9-55 换算单位的放置位置

7. 公差

"公差"选项卡如图9-56所示,用于设置尺寸公差的有关特征参数,其中各个选项的功能与含义如下。

(1)"公差格式"选项组中的选项,用于设置公差的标注方式。

- "方式(M)"下拉列表:可以确定尺寸公差的显示方式,包括无、对称、极限偏差、极限尺寸和基本尺寸,如图9-57所示。

图9-56 "公差"选项卡   图9-57 尺寸公差的显示方式

- "精度(P)"下拉列表:可以设置除角度外的尺寸标注精度。
- "上偏差"和"下偏差"文本框:当选择"极限尺寸"公差方式时,上、下偏差均可进行设置。
- "高度比例(H)"数值框:用于设置高度比例,如图9-58所示。
- "垂直位置(S)"下拉列表:可以设置上、中、下3种公差垂直对齐方式,如图9-59所示。

(2)"公差对齐"选项组,当设置为"极限偏差"和"极限尺寸"公差方式时,可以用于设置公差的对齐方式,如"对齐小数分隔符"和"对齐运算符"。

(3)"消零"选项组,当设置了公差并设置了多位小数后,可以将公差"前导"零和"后续"零消除。

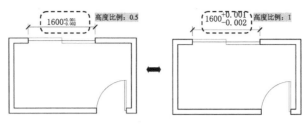

图 9-58 设置高度比例

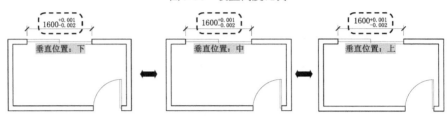

图 9-59 公差垂直对齐方式

跟踪练习——创建室内标注样式

视频\09\室内标注样式的创建.avi
案例\09\室内标注样式.dwg

本实例通过讲解室内标注样式的创建过程,让读者熟练掌握和运用创建标注样式的方法和步骤,从而提高绘图效率。

Step 01 启动 AutoCAD 2020,按 Ctrl+S 组合键,将空白文档保存为"案例\09\室内标注样式.dwg"文件。

Step 02 在"注释"选项卡的"标注"面板中单击右下角的"标注样式"按钮,弹出"标注样式管理器"对话框,如图 9-60 所示。

Step 03 单击"新建"按钮,弹出"创建新标注样式"对话框,如图 9-61 所示。输入新建标注样式的名称为"室内设计-100",单击"继续"按钮,将弹出"新建标注样式:室内设计-100"对话框。

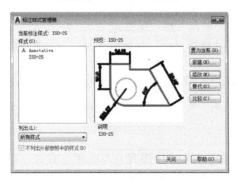

图 9-60 "标注样式管理器"对话框

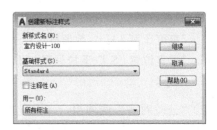

图 9-61 "创建新标注样式"对话框

第 9 章　图形对象的尺寸标注

经验分享——标注样式的命名

标注样式的命名要遵守"有意义和易识别"的原则,如"1-100 平面"表示该标注样式用于标注 1:100 绘图比例的平面图;又如"1-50 大样"表示该标注样式用于标注大样图的尺寸。

Step 04 依次选择"新建标注样式:室内设计-100"对话框中的"线"和"符号和箭头"选项卡进行设置,如图 9-62 所示。

 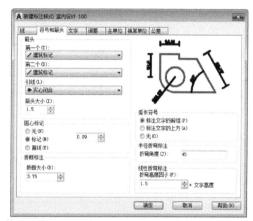

图 9-62　对"线"和"符号和箭头"选项卡进行设置

经验分享——标注尺寸线随块

通常情况下,无须对尺寸标注线的颜色、线型、线宽进行特别设置,采用 AutoCAD 默认的 ByBlock(随块)即可。

Step 05 依次选择"新建标注样式:室内设计-100"对话框中的"文字"和"调整"选项卡进行设置,如图 9-63 所示。

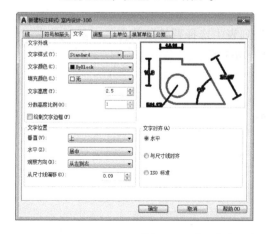 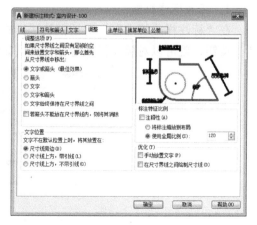

图 9-63　对"文字"和"调整"选项卡进行设置

> **经验分享——尺寸标注的文字为0**
>
> 在进行"文字"参数设置的过程中，只有在设置文字样式中的高度为 0 时，才可以设置尺寸标注样式中的"文字高度"。

Step 06 最后选择"新建标注样式：室内设计–100"对话框中的"主单位"选项卡进行设置，如图 9-64 所示。"换算单位"和"公差"选项卡选择默认设置。

图 9-64　对"主单位"选项卡进行设置

Step 07 至此，室内标注样式创建完成，按 Ctrl+S 组合键保存。

9.3　修改标注样式

除新建标注样式外，还可以修改已有的标注样式，或者删除不需要的标注样式，修改后的标注效果可立即反映到当前图形的尺寸标注中。

1．修改标注样式

在"标注样式管理器"对话框的"样式"列表中选择要修改的样式，然后单击"修改"按钮，就可以对标注样式进行修改，如图 9-65 所示。

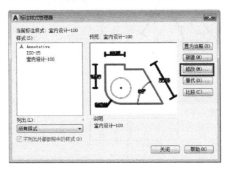

图 9-65　修改标注样式

第 9 章 图形对象的尺寸标注

> **提示与技巧**
>
> 修改标注样式与新建标注样式的操作相同，这里不再赘述。

2．删除标注样式

在"标注样式管理器"对话框左侧的"样式"列表框中选择要删除的标注样式，然后在该标注样式名称上右击，并在弹出的菜单中选择"删除"命令，如图 9-66 所示。

> **提示与技巧**
>
> 也可以选中需要删除的标注样式，按 Delete 键进行删除。

选择"删除"命令后，将弹出一个"标注样式-删除标注样式"对话框，提示是否删除标注样式，单击"是"按钮即可删除，如图 9-67 所示。

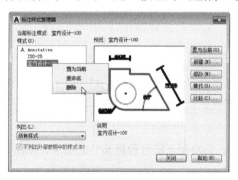

图 9-66　删除标注样式

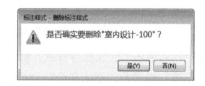

图 9-67　"标注样式-删除标注样式"对话框

当前标注样式不能被删除，如果试图删除当前标注样式，系统会弹出提示对话框，如图 9-68 所示。

3．对标注样式重命名

对标注样式进行重命名的操作也比较简单，只需要在"标注样式管理器"对话框中选择需要重命名的标注样式，然后在标注样式名称上右击，并在弹出的菜单中选择"重命名"命令，最后输入新的名称即可，如图 9-69 所示。

图 9-68　"标注样式-无法删除标注样式"提示对话框

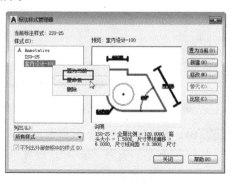

图 9-69　重命名标注样式

跟踪练习——标注样式的修改

视频\09\机械标注样式的修改.avi
案例\09\机械剖面图.dwg

首先打开准备好的机械剖面图对象，修改机械标注样式中的箭头、文字位置和对齐方式等参数，当前视图的尺寸标注效果会发生变化，具体操作步骤如下。

Step 01 启动 AutoCAD 2020，在快速访问工具栏中单击"打开"按钮，将"案例\09\机械剖面图.dwg"文件打开，如图 9-70 所示。

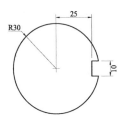

图 9-70　打开的文件

Step 02 在"注释"选项卡下的"标注"面板中单击右下角的"标注样式"按钮，弹出如图 9-71 所示的"标注样式管理器"对话框，在"样式"列表框中选择"机械"样式，再在右侧单击"修改"按钮。

Step 03 随后弹出"修改标注样式：机械"对话框，切换至"符号和箭头"选项卡，设置"箭头"样式为"空心闭合"，如图 9-72 所示。

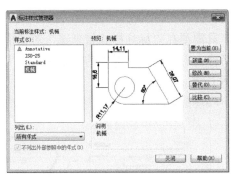

图 9-71　"标注样式管理器"对话框

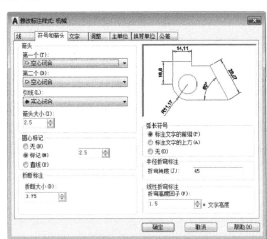

图 9-72　修改"箭头"样式

Step 04 切换至"文字"选项卡，在"文字位置"选项组中设置"垂直"项为"上"，设置"水平"项为"居中"，设置"从尺寸线偏移"项为 1，再选择"与尺寸线对齐"项，如图 9-73 所示。

Step 05 标注样式修改完成后，依次单击"确定"和"关闭"按钮，当前的机械剖面图的尺寸标注效果发生了变化，如图 9-74 所示。

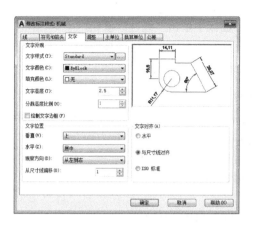
图 9-73 修改"文字"样式

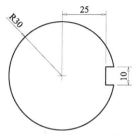
图 9-74 修改标注样式后的效果

9.4 创建基本尺寸标注

在 AutoCAD 2020 的"草图与注释"空间模式中,"注释"选项卡下的"标注"面板中提供了各种标注工具,如图 9-75 所示。在"默认"选项卡下的"注释"面板中选择"线性"按钮,将出现一些默认的尺寸标注,如图 9-76 所示。

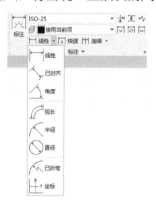
图 9-75 "标注"面板

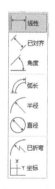
图 9-76 默认的尺寸标注

在 AutoCAD 2020 中,直线型尺寸标注是绘图中最常见的标注方式,其中包括线性标注、对齐标注、基线标注、连续标注等方式。

9.4.1 线性标注

在 AutoCAD 2020 中,线性标注可以标注长度类型的尺寸,用于标注垂直、水平和旋转的线性尺寸,线性标注可以水平、垂直或对齐放置。创建线性标注时,可以修改文字内容、文字角度或尺寸线的角度。

用户可以通过以下任意一种方式执行"线性标注"命令。

- 面板 1：在"默认"选项卡下的"注释"面板中单击"线性"按钮。
- 面板 2：在"注释"选项卡下的"标注"面板中单击"线性"按钮。
- 命令行：在命令行中输入"DIMLINEAR"命令（命令快捷键为"DLI"）并按 Enter 键。

调用"线性标注"命令后，可标注 XY 平面两点之间水平方向或垂直方向的距离值，并通过指定点或选择一个对象来实现，其命令行提示如下，线性标注示意图如图 9-77 所示。

```
命令：DIMLINEAR                              //执行"线性标注"命令
指定第一个尺寸界线原点或 <选择对象>：        //选择第一点
指定第二条尺寸界线原点：                     //选择第二点
指定尺寸线位置或
[多行文字(M)/文字(T)/角度(A)/水平(H)/垂直(V)/旋转(R)]：
                                             //指定尺寸线位置
标注文字 = 450                               //显示当前标注尺寸
```

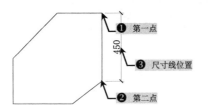

图 9-77　线性标注示意图

> **经验分享——选择对象进行线型标注**
>
> 执行"线性标注"命令，按 Enter 键后，选择要进行线性标注的对象，不需要指定第一点和第二点即可进行线性标注操作。如果选择的对象为斜线段，可根据尺寸线的位置来确定标注的是水平距离还是垂直距离。

9.4.2　对齐标注

对齐标注是线性标注的一种形式，其尺寸线始终与标注对象保持平行，若是标注圆弧，则对齐尺寸标注的尺寸线与圆弧的两个端点所连接的弦保持平行。在对齐标注中，尺寸线平行于尺寸界线原点连成的直线。选定对象并指定对齐标注的位置后，将自动生成尺寸界线。

用户可以通过以下任意一种方式执行"对齐标注"命令。

- 面板 1：在"默认"选项卡下的"注释"面板中单击"对齐"按钮。
- 面板 2：在"注释"选项卡下的"标注"面板中单击"已对齐"按钮。
- 命令行：在命令行中输入"DIMALIGNED"命令（命令快捷键为"DAL"）并按 Enter 键。

调用"对齐标注"命令后，可标注 XY 平面上两点之间的距离值，并通过指定点或选择一个对象来实现，其命令行提示如下，对齐标注示意图如图 9-78 所示。

```
命令: DIMALIGNED                    //执行"对齐标注"命令
指定第一个尺寸界线原点或 <选择对象>:   //选择第一点
指定第二条尺寸界线原点:               //选择第二点
指定尺寸线位置或
[多行文字(M)/文字(T)/角度(A)]:       //指定尺寸线位置
标注文字 = 67                        //显示当前标注尺寸
```

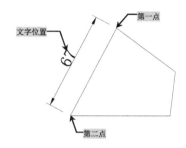

图 9-78 对齐标注示意图

9.4.3 基线标注

基线标注是指在同一基线处测量的多个标注,可以从当前任务最近创建的标注中以增量的方式创建基线标注。

用户可以通过以下几种方式执行"基线标注"命令。

- ◆ 面板:在"注释"选项卡下的"标注"面板中单击"基线"按钮。
- ◆ 命令行:在命令行中输入"DIMBASELINE"命令(命令快捷键为"DBA")并按 Enter 键。

调用"基线标注"命令后,其命令行提示如下,基线标注示意图如图 9-79 所示。

```
命令: DIMBASELINE       //执行"基线标注"命令
指定第二条尺寸界线原点或 [放弃(U)/选择(S)] <选择>:   //选择第二条尺寸界线原点
标注文字 = 4462         //显示测量数值
指定第二条尺寸界线原点或 [放弃(U)/选择(S)] <选择>:   //按 Esc 键退出
```

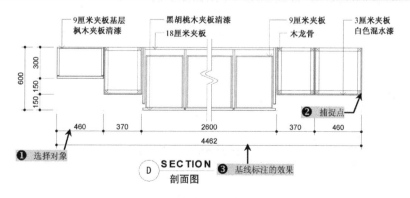

图 9-79 基线标注示意图

> **经验分享——基线间距的设置**
>
> 在进行基线标注之前，首先应设置好合适的基线间距，以免尺寸线重叠，可以在设置尺寸标注样式时，在"线"选项卡的"基线间距"数值框中输入相应的数值来调整，如图 9-80 所示。

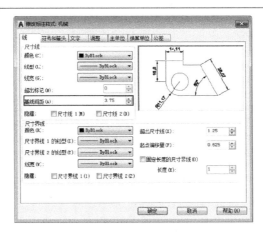

图 9-80 设置基线间距

9.4.4 连续标注

连续标注是指首尾相连的多个标注。在创建基线标注或连续标注之前，必须创建线性标注、对齐标注或角度标注。

用户可以通过以下两种方式执行"连续标注"命令。

- ◆ 面板：在"注释"选项卡下的"标注"面板中单击"连续"按钮。
- ◆ 命令行：在命令行中输入"DIMCONTINUE"命令（命令快捷键为"DCO"）并按 Enter 键。

调用"连续标注"命令后，即可以之前的标注对象为基础，或者以选择的标注对象为基础进行连续标注操作，连续标注示意图如图 9-81 所示。

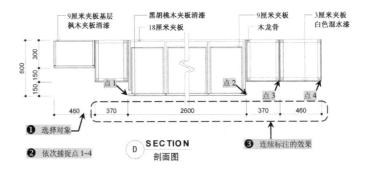

图 9-81 连续标注示意图

> **经验分享——基线标注和连续标注的起点**
>
> 除非指定另一点作为原点,否则基线标注和连续标注都是从上一个尺寸界线处开始测量的。

9.4.5 半径标注

半径标注用于标注圆或圆弧的半径,半径标注是一条具有指向圆或圆弧的箭头的半径尺寸线,并显示前面带有半径符号"R"的标注文字。

用户可以通过以下任意一种方式执行"半径标注"命令。

- ◆ 面板1:在"默认"选项卡下的"注释"面板中单击"半径"按钮 。
- ◆ 面板2:在"注释"选项卡下的"标注"面板中单击"半径"按钮 。
- ◆ 命令行:在命令行中输入"DIMRADIUS"命令(命令快捷键为"DRA")并按 Enter 键。

调用"半径标注"命令后,可标注 XY 平面上的圆或圆弧的半径值,其命令行提示如下,半径标注示意图如图 9-82 所示。

```
命令: DIMRADIUS            //执行"半径标注"命令
选择圆弧或圆:              //选择要标注的对象
标注文字 = 300             //显示当前标注的半径值
指定尺寸线位置或 [多行文字(M)/文字(T)/角度(A)]:  //确定尺寸线位置
```

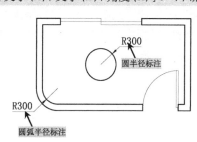

图 9-82 半径标注示意图

> **经验分享——半径符号"R"的输入**
>
> 在进行半径标注时,在其标注的数值前有一个半径符号"R"。当通过"多行文字(M)"或"文字(T)"选项重新确定尺寸文字时,只有给输入的尺寸文字加上前缀"R",才能标注半径符号,否则不显示半径符号。

9.4.6 直径标注

直径标注用于标注圆或圆弧的直径。直径标注是一条具有指向圆或圆弧的箭头的直径尺寸线,并显示前面带有直径符号"ϕ"的标注文字。

用户可以通过以下任意一种方式执行"直径标注"命令。

◇ 面板1：在"默认"选项卡下的"注释"面板中单击"直径"按钮。
◇ 面板2：在"注释"选项卡下的"标注"面板中单击"直径"按钮。
◇ 命令行：在命令行中输入"DIMDIAMETER"命令（命令快捷键为"DDI"）并按 Enter 键。

调用"直径标注"命令后，可标注 XY 平面中的圆或圆弧的直径值，其命令行提示如下，直径标注示意图如图 9-83 所示。

```
命令：DIMDIAMETER            //执行"直径标注"命令
选择圆弧或圆：                //选择标注对象
标注文字 = 630                //显示直径标注值
指定尺寸线位置或 [多行文字(M)/文字(T)/角度(A)]：   //确定尺寸线位置
```

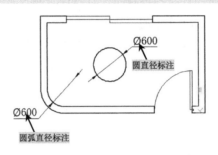

图 9-83 直径标注示意图

经验分享——直径符号"φ"的输入

进行直径标注后，可在"特性"面板中修改标注的直径值。直径符号"φ"在 AutoCAD 中的表示为"%%C"，如图 9-84 所示。

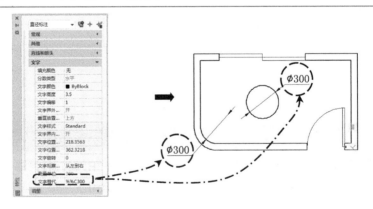

图 9-84 直径符号"φ"的输入

9.4.7 圆心标记

圆心标记用于对指定的圆弧画出圆心符号，圆心标记可以是短十字线，也可以是中心线。

用户可以通过以下任意一种方式执行"圆心标记"命令。

- ◇ 面板：在"注释"选项卡下的"标注"面板中单击"圆心标记"按钮⊕。
- ◇ 命令行：在命令行中输入"DIMCENTED"命令（命令快捷键为"DCN"）并按 Enter 键。

调用"圆心标记"命令后，可对圆弧、圆和椭圆等对象在 XY 平面上进行圆心标记，其命令行提示如下，圆心标记示意图如图 9-85 所示。

命令：DIMCENTER //执行"圆心标记"命令
选择圆弧或圆：

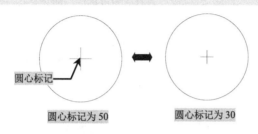

图 9-85　圆心标记示意图

> **经验分享——圆心标记大小变量的修改**
>
> 圆心标记的形式可以由系统变量"DIMCEN"设定。当此变量值大于 0 时，进行圆心标记，且此值是圆心标记线长度的一半；当此变量值小于 0 时，将画出中心线，且此值是圆心处的小十字线长度的一半。

9.5　创建其他尺寸标注

在各种工程图中，特别是一些机械工程图中，经常要对圆或圆弧进行半径标注或直径标注，以及使用圆心标记来指定圆心位置。

9.5.1　角度标注

角度标注用于标注两条不平行的直线之间的角度、圆和圆弧的角度或三点之间的角度。用户可以通过以下方式执行"角度标注"命令。

- ◇ 面板 1：在"默认"选项卡下的"注释"面板中单击"角度"按钮△。
- ◇ 面板 2：在"注释"选项卡下的"标注"面板中单击"角度"按钮△。
- ◇ 命令行：在命令行中输入"DIMANGULAR"命令（命令快捷键为"DAN"）并按 Enter 键。

调用"角度标注"命令后，根据命令行提示依次指定第一点、第二点，并确定尺寸线的位置,从而标注角度值,如图 9-86 所示。

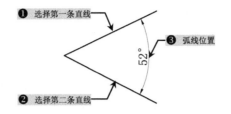

图 9-86 角度标注示意图

```
命令: DIMANGULAR                    //执行"角度标注"命令
选择圆弧、圆、直线或 <指定顶点>://选择圆对象指定第一点
指定角的第二个端点:                //指定第二点
指定标注弧线位置或 [多行文字(M)/文字(T)/角度(A)/象限点(Q)]:
                                    //确定尺寸线位置
标注文字 = 92                       //标注角度值
```

> **经验分享——不同标注位置显示不同的角度值**
>
> 在进行角度标注时,若指定尺寸线的位置不同,其角度标注的对象也不同,如图 9-87 所示。

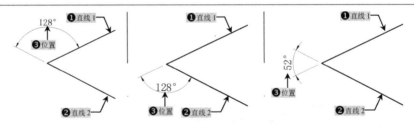

图 9-87 指定不同标注位置的标注效果

9.5.2 弧长标注

弧长标注用于测量圆弧或多段线弧线段上的距离,在标注文本的前面将显示圆弧符号。

用户可以通过以下方式执行"弧长标注"命令。

- ◆ 面板 1:在"默认"选项卡下的"注释"面板中单击"弧长"按钮。
- ◆ 面板 2:在"注释"选项卡下的"标注"面板中单击"弧长"按钮。
- ◆ 命令行:在命令行中输入"DIMARC"命令(命令快捷键为"DAR")并按 Enter 键。

调用"弧长标注"命令后,可对圆弧和圆等对象在 XY 平面上的弧长进行标注,其命令行提示如下,弧长标注示意图如图 9-88 所示。

图 9-88 弧长标注示意图

第9章 图形对象的尺寸标注

```
命令：DIMARC              //执行"弧长标注"命令
选择弧线段或多段线圆弧段：   //选择弧长标注对象
指定弧长标注位置或 [多行文字(M)/文字(T)/角度(A)/部分(P)/引线(L)]：
                          //确定标注位置
标注文字 = 443             //显示标注值
```

跟踪练习——对圆形垫圈的尺寸标注

视频\09\对圆形垫圈的尺寸标注.avi
案例\09\圆形垫圈的标注.dwg

首先打开事先准备好的图形对象，然后分别对其进行直径、半径、折弯、圆心、线性等尺寸标注，并且通过"特性"面板来修改标注文字，具体操作步骤如下。

Step 01 启动 AutoCAD 2020，按 Ctrl+O 组合键打开"案例\09\圆形垫圈.dwg"文件，如图 9-89 所示。

Step 02 在"图层"面板的"图层控制"下拉列表中选择"DIM"图层作为当前图层。

Step 03 在"注释"选项卡下的"标注"面板中单击"直径标注"按钮 ⊘，对图形左侧的两个同心圆进行直径标注，如图 9-90 所示。

Step 04 在"标注"面板中单击右下角的按钮 ↘，从弹出的"标注样式管理器"对话框中单击"修改"按钮，弹出"修改标注样式：习题"对话框。切换至"文字"选项卡，选择"ISO 标准"项，则当前所标注直径对象的对齐方式为"ISO 标准"，如图 9-91 所示。

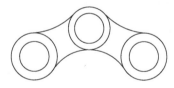
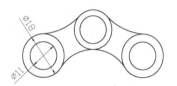

图 9-89 打开的素材文件　　图 9-90 进行直径标注　　图 9-91 改变标注对齐方式

Step 05 按 Ctrl+1 组合键弹出"特性"面板，选择 φ18 的直径标注对象；然后在"文字替代"文本框中输入"%%C18-3"并按 Enter 键，则图形中的标注文字被替换。同样，将 φ11 的直径标注对象替换为"%%C11-3"，如图 9-92 所示。

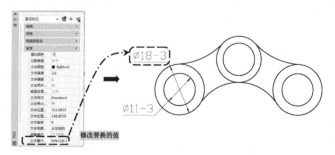

图 9-92 编辑标注文字

Step 06 在"注释"选项卡下的"标注"面板中单击"半径标注"按钮,对图形左上侧的圆弧进行半径标注,如图9-93所示。

Step 07 在"注释"选项卡下的"标注"面板中单击"半径折弯标注"按钮,对图形下侧的圆弧进行半径折弯标注,如图9-94所示。

图9-93 进行半径标注　　　　　　图9-94 进行半径折弯标注

Step 08 在"注释"选项卡下的"标注"面板中单击"圆心标记"按钮,对图形中的3组同心圆进行圆心标记,如图9-95所示。

Step 09 在"注释"选项卡下的"标注"面板中单击"线性标注"按钮,对图形中的3个圆心位置进行线性标注,如图9-96所示。

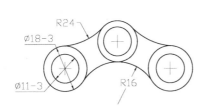 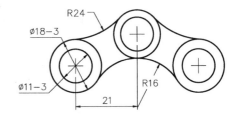

图9-95 进行圆心标记　　　　　　图9-96 进行线性标注

Step 10 在"注释"选项卡下的"标注"面板中单击"连续标注"按钮,进行连续标注,如图9-97所示。

Step 11 在"注释"选项卡下的"标注"面板中单击"对齐标注"按钮,进行对齐标注,如图9-98所示。

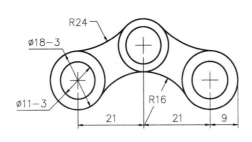 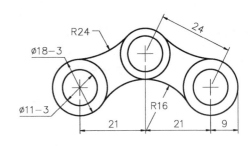

图9-97 进行连续标注　　　　　　图9-98 进行对齐标注

Step 12 在"注释"选项卡下的"标注"面板中单击"角度标注"按钮,对底侧的圆弧进行角度标注,如图9-99所示。

Step 13 在"注释"选项卡下的"标注"面板中单击"弧长标注"按钮,对右上侧的圆弧进行弧长标注,如图9-100所示。

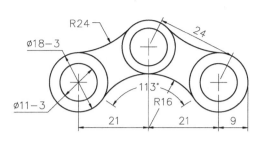

图 9-99　进行角度标注　　　　　　　　图 9-100　进行弧长标注

Step ⑭ 至此，该圆形垫圈的尺寸标注完成，按 Ctrl+S 组合键将文件保存，并命名为"案例\09\圆形垫圈的标注.dwg"。

9.5.3 快速标注

快速标注用于快速地标注多个对象间的水平尺寸或垂直尺寸，是一种常用的默认复合标注。

用户可以通过以下方式执行"快速标注"命令。

- ◇ 面板：在"注释"选项卡下的"标注"面板中单击"快速标注"按钮 。
- ◇ 命令行：在命令行中输入"QDIM"命令并按 Enter 键。

执行"快速标注"命令后，根据命令行提示，分别选择需要标注的几何图形，如图 9-101 所示，即可对图形对象进行快速标注，如图 9-102 所示。

```
命令:QDIM                              //执行"快速标注"命令
关联标注优先级 = 端点
选择要标注的几何图形: 找到 1 个         //选择对象 1
选择要标注的几何图形: 找到 1 个,总计 2 个   //选择对象 2
选择要标注的几何图形: 找到 1 个,总计 3 个   //选择对象 3
选择要标注的几何图形: 找到 1 个,总计 4 个   //选择对象 4
选择要标注的几何图形: 找到 1 个,总计 5 个   //选择对象 5
选择要标注的几何图形:
指定尺寸线位置或 [连续(C)/并列(S)/基线(B)/坐标(O)/半径(R)/直径(D)/基准点(P)/编辑(E)/设置(T)] <连续>:
```

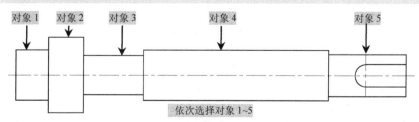

图 9-101　选择需要标注的几何图形

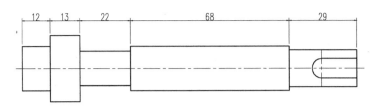

图 9-102　快速标注的效果

9.5.4　折弯标注

折弯标注是 AutoCAD 2020 提供的一种特殊的半径标注方式，也称为"缩放的半径标注"，通常有线性折弯标注和半径折弯标注。

用户可以通过以下任意一种方式执行"折弯标注"命令。

- ◇ 面板 1：在"默认"选项卡下的"注释"面板中单击"折弯"按钮 。
- ◇ 面板 2：在"注释"选项卡下的"标注"面板中单击"折弯"按钮 。
- ◇ 命令行：在命令行中输入"DIMJOGGED"命令（命令快捷键为"DJO"）并按 Enter 键。

调用"折弯标注"命令后，可标注圆弧和圆等对象在 XY 平面中的折弯标注值，其命令行提示如下，折弯标注示意图如图 9-103 所示。

```
命令:DIMJOGGED        //执行"折弯标注"命令（圆弧和圆）
选择圆弧或圆：         //选择折弯标注对象
指定图示中心位置：      //指定折弯中心位置
标注文字 = 315        //显示折弯标注值
指定尺寸线位置或 [多行文字(M)/文字(T)/角度(A)]：
指定折弯位置：         //指定尺寸线位置
```

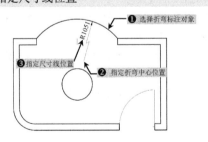

图 9-103　折弯标注示意图

9.5.5　坐标标注

坐标标注是指测量原点（作为基准点）到标注特征点的垂直距离。坐标标注可以保证特征点与基准点的偏移量精确，从而避免增大误差。

用户可以通过以下方式执行"坐标标注"命令。

- ◇ 面板 1：在"默认"选项卡下的"注释"面板中单击"坐标"按钮 。

◆ 面板 2：在"注释"选项卡下的"标注"面板中单击"坐标"按钮。

◆ 命令行：在命令行中输入"DIMORDINATE"命令（命令快捷键为"DOR"）并按 Enter 键。

调用"坐标标注"命令后，根据命令行提示选择要进行坐标标注的点，再使用鼠标确认进行 X 值标注还是进行 Y 值标注即可，如图 9-104 所示。

```
命令:DIMORDINATE              //执行"坐标标注"命令
指定点坐标：                    //指定需要进行坐标标注的点
指定引线端点或 [X 基准(X)/Y 基准(Y)多行文字(M)/文字(T)/角度(A)]:
                              //选择需要的选项
标注文字 = 20                   //显示坐标标注文字
```

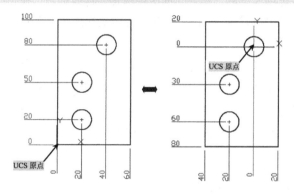

图 9-104 坐标标注的效果

> **经验分享——不同原点的坐标标注**
>
> AutoCAD 使用当前 UCS 的绝对坐标确定坐标值。在创建坐标标注之前，通常需要重设 UCS 坐标原点以便与基准点相符。在图 9-104 中，设置不同的 UCS 坐标原点，坐标标注的效果不同。

跟踪练习——对图形进行尺寸标注

视频\09\机械图形的标注.avi
案例\09\机械图形的标注.dwg

首先打开准备好的图形对象，然后分别对其进行直径、半径、折弯、圆心、线性等尺寸标注，并通过"特性"面板来修改标注值，具体操作步骤如下。

Step 01 启动 AutoCAD 2020，按 Ctrl+O 组合键打开"案例\09\机械图形的标注.dwg"文件，如图 9-105 所示。

Step 02 在"图层"面板的"图层控制"下拉列表中选择"DIM"图层作为当前图层。

Step 03 在"注释"选项卡下的"标注"面板中单击"直径标注"按钮◯和"半径标注"按钮╱，分别对图形的圆角或圆对象进行直径标注和半径标注，如图 9-106 所示。

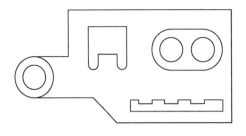
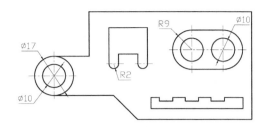

图 9-105　打开文件　　　　　　　　　图 9-106　直径标注和半径标注

Step 04　在"注释"选项卡下的"标注"面板中单击"线性标注"按钮，对图形左下侧的指定点进行线性标注，如图 9-107 所示。

Step 05　在"注释"选项卡下的"标注"面板中单击"连续标注"按钮，系统自动以上一步所进行的线性标注为基础，分别在指定需要标注的位置单击，即可完成连续标注，如图 9-108 所示。

Step 06　在"注释"选项卡下的"标注"面板中单击"基线标注"按钮，选择线性标注为4 的对象，再捕捉右侧指定的点，从而完成基线标注，如图 9-109 所示。

Step 07　同样，在"注释"选项卡下的"标注"面板中单击"线性标注"按钮，对图形中的第❶~❼处进行线性标注，如图 9-110 所示。

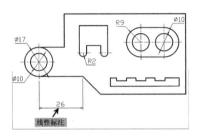
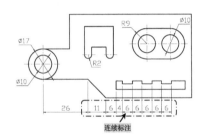

图 9-107　线性标注　　　　　　　　　图 9-108　连续标注

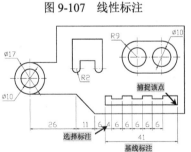
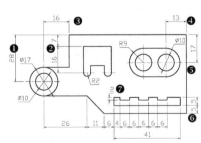

图 9-109　基线标注　　　　　　　　　图 9-110　线性标注

Step 08　在"注释"选项卡下的"标注"面板中单击"连续标注"按钮，选择第❸处的线性标注对象作为基础，向右进行连续标注；然后选择第❹处的线性标注对象作为基础，向左进行连续标注，如图 9-111 所示。

Step 09　在"注释"选项卡下的"标注"面板中单击"基线标注"按钮，选择第❸处的线性标注对象作为基础，向右进行基线标注；选择第❺处的线性标注对象作为基础，向下进行基线标注，如图 9-112 所示。

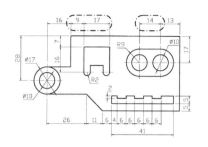 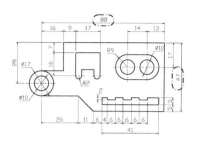

图 9-111　连续标注　　　　　　　　　图 9-112　基线标注

Step 10 在"注释"选项卡下的"标注"面板中单击"角度标注"按钮△，在图形的左下侧进行角度标注，如图 9-113 所示。

Step 11 在命令行中输入 UCS 命令，然后使用鼠标指针捕捉图形左侧的圆心点位置；再按 Enter 键确定，从而将当前 UCS 坐标原点置于该圆心位置，如图 9-114 所示。

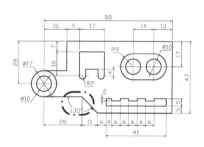 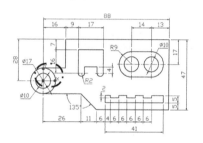

图 9-113　角度标注　　　　　　　　　图 9-114　设置 UCS 坐标原点

Step 12 在"注释"选项卡下的"标注"面板中单击"坐标标注"按钮，使用鼠标指针捕捉下侧夹角为 135°的位置，从而对其进行 X 轴、Y 轴方向的坐标标注，其 X 轴坐标为 26，Y 轴坐标为 9，如图 9-115 所示。

Step 13 至此，该机械图形的标注完成，按 Ctrl+S 组合键将该图形另存为"案例\09\机械图形的标注.dwg"文件。

经验分享——选择参照标注对象的要点

在进行基线标注和连续标注时，如果需要重新选择参照标注对象，应注意选择的位置关系，如果选择不当，容易出现标注错误的情况，错误选择参照标注对象的效果如图 9-116 所示。

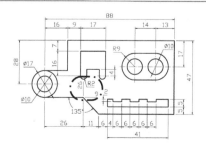 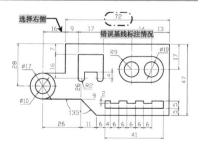

图 9-115　坐标标注　　　　　　　　　图 9-116　错误选择参照标注对象的效果

9.5.6 引线标注

在 AutoCAD 2020 中,"引线标注"命令的命令快捷键为"QLE"或"LE",根据命令行提示操作即可进行引线标注,引线标注示意图如图 9-117 所示。

```
命令: QLEADER                              //执行"引线标注"命令
指定第一个引线点或 [设置(S)] <设置>:         //指定第一个引线点位置
指定下一点:                                 //指定下一点
指定下一点:                                 //按 Enter 键确认
指定文字宽度 <0.0000>:                      //指定文字高度
输入注释文字的第一行 <多行文字(M)>:          //输入文字
输入注释文字的下一行:                       //按 Enter 键确认
```

再按照相同的方法完成图形中其他引线标注的内容,如图 9-118 所示。

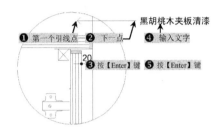

图 9-117　引线标注示意图

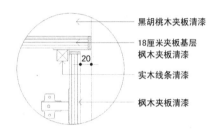

图 9-118　引线标注的效果

在进行引线标注的过程中,如果选择"设置(S)"项,将弹出"引线设置"对话框,可以设置注释类型、多行文字、点数、箭头、角度约束、多行文字附着等,如图 9-119～图 9-121 所示。

图 9-119　"注释"选项卡

图 9-120　"引线和箭头"选项卡

图 9-121　"附着"选项卡

9.5.7 形位公差标注

在机械工程图中,经常使用"形位公差"命令来对图形特性进行形状、轮廓、方向、位置和跳动的允许偏差等标注,可以通过特性控制框添加形位公差,其中包含单个标注的所有公差信息。

> **经验分享——形位公差的特征控制框结构**
>
> 特征控制框至少由两个组件组成,其中包含一个几何特征符号,表示应用公差的几何特征,如位置、轮廓、形状、方向和跳动。形位公差控制直线、平面度、圆度和圆柱度;轮廓控制直线和表面,如图 9-122 所示。

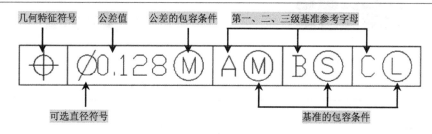

图 9-122 特征控制框

1. 形位公差

用户可以通过以下几种方式执行"形位公差"命令。

- ◇ 面板:在"注释"选项卡下的"标注"面板中单击 按钮,如图 9-123 所示。
- ◇ 命令行:在命令行中输入"TOLERACE"命令(命令快捷键为"TOL")并按 Enter 键。

图 9-123 单击"公差"按钮

执行"形位公差"命令后,弹出"形位公差"对话框,通过该对话框可以指定特性控制框的符号和值,如图 9-124 所示。

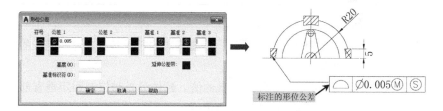

图 9-124 形位公差标注示意图

2. 形位公差符号的含义

在"形位公差"对话框中,涉及符号、公差、高度、基准标识符和延伸公差带等参数,各项参数的含义如下。

◇ "符号"选项组：显示或设置所要标注形位公差的符号。单击该选项组中的图标框，将弹出"特征符号"对话框，如图 9-125 所示。在该对话框中，可直接单击某个形位公差代号的图样框，以选择相应的形位公差特征符号。表 9-1 所示为形位公差符号及其含义。

◇ "公差 1"和"公差 2"选项组：表示 AutoCAD 将在形位公差值前加注直径符号"ϕ"。在中间的文本框中可以输入形位公差值，单击该列后面的图样框，将弹出"附加符号"对话框，如图 9-126 所示，从而可以为形位公差选择附加符号。表 9-2 所示为附加符号及其含义。

图 9-125 "特征符号"对话框

图 9-126 "附加符号"对话框

表 9-1 形位公差符号及其含义

符 号	含 义	符 号	含 义
―	直线度	○	圆度
⌒	线轮廓度	⌒	面轮廓度
∥	平行度	⊥	垂直度
=	对称度	◎	同轴度
⌭	圆柱度	∠	倾斜度
▱	平面度	⌖	位置度
↗	圆跳度	↗↗	全跳度

表 9-2 附加符号及其含义

符 号	含 义
Ⓜ	材料的一般状况
Ⓛ	材料的最大状况
Ⓢ	材料的最小状况

◇ "基准 1""基准 2""基准 3"选项组：设置基准的相关参数，可在相应的文本框中输入相应的基准代号。

◇ "高度"文本框：可以输入延伸公差带的值。延伸公差带控制固定垂直部分延伸区域的高度变化，并以位置公差控制公差精度。

◇ "延伸公差带"：除指定位置公差外，还可以指定延伸公差（也称为投影公差），以使公差更加明确。例如，使用延伸公差控制嵌入零件的垂直公差带。延伸公差符号 的前面是高度值，它可以指定最小的延伸公差带。延伸公差带的高度和符号出现在特征控制框下的边框中。

◇ "基准标识符"文本框：创建由参照字母组成的基准标识符。

9.5.8 多重引线标注

在"默认"选项卡下的"注释"面板中的"引线"栏,可进行多重引线标注操作,如图 9-127 所示;也可在"注释"选项卡下的"引线"面板中进行多重引线标注操作,如图 9-128 所示。

通过"注释"选项卡下的"引线"面板(见图 9-129)与"多重引线"工具栏,都可以打开"多重引线样式"对话框。

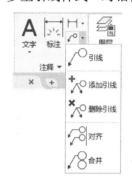

图 9-127 选择"多重引线"

图 9-128 "多重引线"工具栏

图 9-129 "引线"面板

> **经验分享——引线的结构**
>
> 引线对象是一条线或样条曲线,其一端带有箭头,另一端带有多行文字对象或块。在某些情况下,有一条短水平线(又称为基线)将文字或块与特征控制框连接到引线上,如图 9-130 所示。

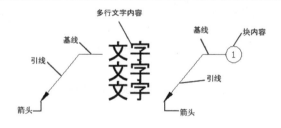

图 9-130 引线的结构

1. 创建多重引线样式

用户可以创建与标注、表格和文字样式类似的多重引线样式,还可以将这些样式转换为工具,并将其添加到工具选项板中,以便快速访问。

用户可以通过以下几种方式执行"多重引线样式管理器"命令。

- ◇ 面板①：在"注释"选项卡下的"引线"面板中单击"多重引线样式管理器"按钮。
- ◇ 面板②：在"注释"工具栏中单击"多重引线样式管理器"按钮。
- ◇ 命令行：在命令行中输入"MLEADERSTYLE"命令（命令快捷键为"MLS"）并按 Enter 键。

执行"多重引线样式管理器"命令后，将弹出"多重引线样式管理器"对话框，其中，"样式"列表框中列出了已有的多重引线样式，在右侧的"预览"框中可看到该多重引线样式的效果。如果要创建新的多重引线样式，可单击"新建"按钮，将弹出"创建新多重引线样式"对话框，在"新样式名"文本框中输入新的多重引线样式的名称，如图 9-131 所示。

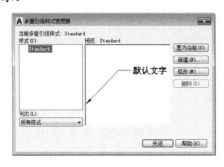

图 9-131　创建新的多重引线样式

单击"继续"按钮，系统将弹出"修改多重引线样式：×××"对话框，从而可以根据需要对其引线格式、引线结构和内容进行设置或修改，如图 9-132 所示。

图 9-132　设置或修改多重引线样式

2．修改多重引线

当创建了多重引线样式后，可以通过此样式来创建多重引线，并且可以根据需要修改多重引线。

用户可以通过以下几种方式创建或修改多重引线。

- ◇ 面板：在"注释"选项卡下的"引线"面板中单击"多重引线"按钮。
- ◇ 命令行：在命令行中输入"MLEADER"命令（命令快捷键为"MLE"）并按 Enter 键。

启动"多重引线"命令之后，根据命令行提示信息进行操作，即可对图形对象进行多重引线标注，如图9-133所示（可打开"案例\09\多重引线示例.dwg"文件进行操作）。

```
命令：MLEADER              //启动"多重引线"命令
指定引线箭头的位置或 [引线基线优先(L)/内容优先(C)/选项(O)] <选项>：
                          //指定引线箭头的位置
指定下一点：              //指定下一点的位置
指定引线基线的位置：      //指定引线基线的位置
                          //开始输入文字
```

再按照相同的方法完成该立面图中其他多重引线的标注说明，如图9-134所示。

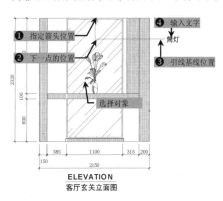
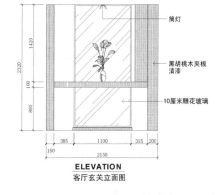

图9-133　多重引线标注示意图　　　　图9-134　完成其他多重引线的标注说明

经验分享——通过"特性"面板修改多重引线

当需要修改选定的某个多重引线对象时，可以右击该多重引线对象，从弹出的快捷菜单中选择"特性"命令，将弹出"特性"面板，从而可以修改多重引线样式、箭头样式与大小、引线类型、是否水平基线、基线距离等，如图9-135所示。另外，在创建多重引线时，所选择的多重引线样式类型应尽量与标注的类型一致，否则标注出来的效果将与标注样式不一致。

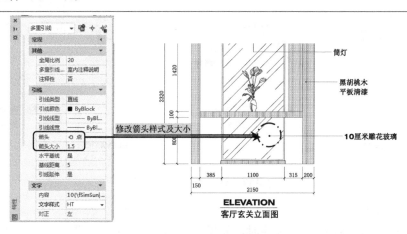

图9-135　修改多重引线

3. 添加多重引线

当同时引出多个相同部分的引线时，可采取互相平行或画成集中于一点的放射线的形式，这时就可以采用添加多重引线的方法进行操作了。

在"引线"面板中单击"添加多重引线"按钮 ，根据命令行提示选择已有的多重引线对象，然后依次指定引线箭头位置即可，如图9-136所示。

```
选择多重引线：         //使用鼠标选择已有的多重引线对象
找到 1 个              //显示已选择多重引线的数量
指定引线箭头的位置：   //指定引线箭头位置
```

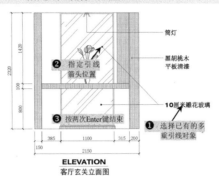

图9-136 添加多重引线示意图

4. 删除多重引线

如果在添加了多重引线后，又觉得其不符合要求，可以将多余的多重引线删除。

在"引线"面板中单击"删除多重引线"按钮，根据命令行提示选择已有的多重引线对象，然后依次删除多重引线即可，如图9-137所示。

```
选择多重引线：         //使用鼠标选择已有的多重引线
找到 1 个              //显示已选择多重引线的数量
指定要删除的引线：     //选择需要删除的多重引线
```

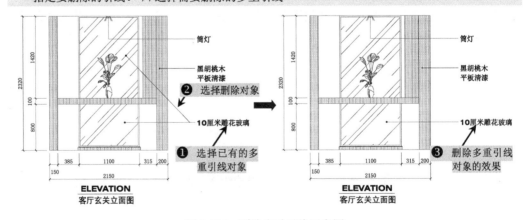

图9-137 删除多重引线示意图

5. 对齐多重引线

当一个图形中有多处引线标注时，如果引线标注没有对齐，图形会显得不规范，也不符合要求，这时可以通过AutoCAD提供的多重引线对齐功能进行操作，使多个多重引线以某个多重引线为基准进行对齐操作。

在"引线"面板中单击"对齐多重引线"按钮，并根据命令行提示选择要对齐的多重引线对象，再选择基准对齐的多重引线及方向即可，如图 9-138 所示。

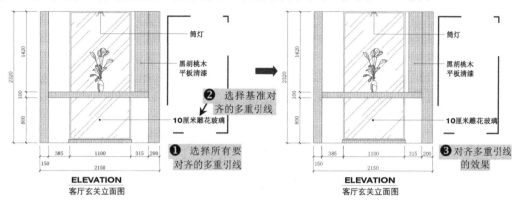

图 9-138　对齐多重引线示意图

```
命令：MLEADERALIGN                        //启动"对齐多重引线"命令
选择多重引线：找到 1 个，总计 3 个        //选择多个要对齐的多重引线对象
选择多重引线：                            //按 Enter 键结束选择
当前模式：使用当前间距                    //显示当前的模式
选择要对齐的多重引线或 [选项(O)]：        //选择要对齐的多重引线
指定方向：                                //使用鼠标来指定对齐的方向
```

9.6　编辑尺寸标注

在对图形对象进行尺寸标注后，如果需要对其进行修改，可以使用标注样式、标注、标注文字等进行修改，也可以单独修改图形中的部分标注对象。

用户可使用"默认"选项卡中的"注释"面板进行快速标注，如图 9-139 所示；也可以使用"注释"面板中的"标注"面板进行详细的标注操作，如图 9-140 所示。

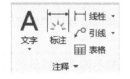　　　

图 9-139　"注释"面板　　　　　图 9-140　"标注"面板

9.6.1　编辑标注文字

使用"编辑标注文字"命令可以重新定位标注文字。

用户可以通过以下方式执行"编辑标注文字"命令。

✧ 命令行：在命令行中输入"DIMTEDIT"命令并按 Enter 键。

执行上述命令后，其命令行提示如下：

命令：DIMTEDIT　　　　//启动"编辑标注文字"命令
选择标注：
为标注文字指定新位置或 [左对齐(L)/右对齐(R)/居中(C)/默认(H)/角度(A)]：
　　　　　　　　　　//选择编辑的类型

上述命令行包含了5个选项，其中，"角度（A）"选项用于调整文字的角度，"左对齐（L）""右对齐（R）""居中（C）"选项用于调整文字在尺寸线上的位置，"默认（H）"选项用于将标注文字移回默认位置，如图9-141所示。

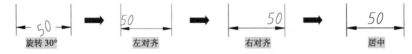

图9-141　编辑标注文字的效果

经验分享——编辑标注文字

在编辑标注文字时，可以直接单击"标注"面板中的"文字角度"按钮、"左对正"按钮、"居中对正"按钮、"右对正"按钮，快速进行单一的编辑操作。

9.6.2　编辑标注

用户可以使用下列两种"编辑标注"命令来改变多个标注对象的文字和尺寸界线。

◆ 面板：在"标注"面板中单击"编辑标注"按钮。
◆ 命令行：在命令行中输入"DIMEDIT"命令并按Enter键。

执行"编辑标注"命令后，其命令行提示如下。

命令：DIMEDIT　　　　//单击"编辑标注"按钮
输入标注编辑类型 [默认(H)/新建(N)/旋转(R)/倾斜(O)] <默认>：　　//选择编辑的类型

上述命令行中各选项的含义如下。

◆ "默认（H）"选项：选择该选项并选择尺寸对象，可以按默认的位置和方向放置尺寸文字。
◆ "新建（N）"选项：选择该选项后，在光标位置将提示输入要修改的文字内容，然后按Enter键，在"选择对象："提示下选择要编辑的尺寸对象，再按Enter键结束，则所选择的标注对象的文字内容已经被修改，如图9-142所示。

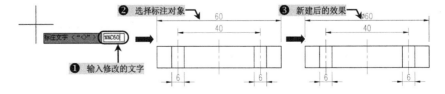

图9-142　新建标注对象

- "旋转（R）"选项：选择该选项可以将尺寸文字旋转一定的角度，同样是先设置角度值，再选择尺寸对象，如图9-143所示。

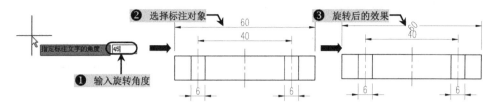

图9-143　旋转标注文字对象

- "倾斜（O）"选项：选择该选项可以使非角度标注的尺寸界线倾斜一定角度。这时需要先选择尺寸对象，再设置倾斜角度，如图9-144所示。

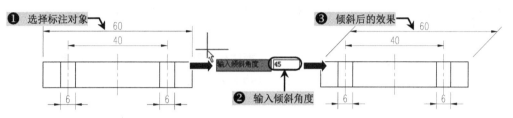

图9-144　倾斜标注对象

> **经验分享——"标注"面板中的"倾斜"按钮**
>
> 单击"注释"选项卡下"标注"面板中的"倾斜"按钮 ，也可以对线性标注进行一定角度的旋转操作。

9.6.3 更新标注

利用"更新标注"命令，可以实现两个尺寸样式之间的互换，即将已标注尺寸的新尺寸样式显示出来。"更新标注"命令作为改变尺寸样式的工具，可使标注的尺寸样式灵活多样，从而满足各种尺寸标注的需要，同时无须对尺寸反复进行修改。

用户可以通过以下两种方式执行"更新标注"命令。

- 面板：在"注释"选项卡下的"标注"面板中单击"更新"按钮 。
- 命令行：在命令行中输入"DIMSTYLE"命令并按Enter键。

执行"更新标注"命令后，其命令行提示如下。

```
命令：DIMSTYLE
当前标注样式：机械    注释性：否
输入标注样式选项[注释性(AN)/保存(S)/恢复(R)/状态(ST)/变量(V)/应用(A)/?]<恢复>：
```

9.7 实战演练

9.7.1 初试身手——起重钩的标注

视频\09\起重钩的标注.avi
案例\09\起重钩.dwg

首先打开准备好的起重钩图形，再使用线性、半径、直径、基线等标注命令，对起重钩图形进行尺寸标注，具体操作步骤如下。

Step 01 启动 AutoCAD 2020，在快速访问工具栏中单击"打开"按钮，将"案例\09\起重钩.dwg"素材文件打开，如图 9-145 所示。

Step 02 使用"标注样式"命令（D）打开"标注样式管理器"对话框，然后单击"新建"按钮，新建一个标注样式，如图 9-146 所示。

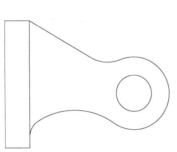
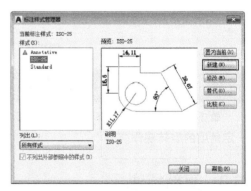

图 9-145　打开的素材文件　　　　　图 9-146　"标注样式管理器"对话框

Step 03 在"创建新标注样式"对话框中将新样式命名为"尺寸标注"，然后选择"基础样式"为"ISO-25"，如图 9-147 所示。

Step 04 单击"继续"按钮，弹出"新建标注样式：ISO-25"对话框；然后在"主单位"选项卡中设置"精度"为"0.0"，"小数分隔符"为"."（句点），如图 9-148 所示。

Step 05 完成设置后，单击"确定"按钮，返回"标注样式管理器"对话框；然后在"样式"列表框中选择新建的"尺寸标注"样式，并单击"置为当前"按钮；最后关闭"标注样式管理器"对话框，如图 9-149 所示。

Step 06 使用"线性标注"命令（DLI）捕捉图形左侧的垂直线段进行线性标注，如图 9-150 所示。

Step 07 重复使用"线性标注"命令（DLI）进行其他线性标注，如图 9-151 所示。

Step 08 使用"基线标注"命令（DBA）选择左侧标有"35"的线性标注，进行"15"的基线标注，如图 9-152 所示。

第 9 章　图形对象的尺寸标注

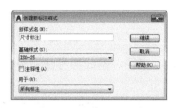

图 9-147　定义标注样式名称

图 9-148　设置标注样式参数

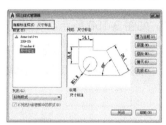

图 9-149　将新建的"尺寸标注"样式置为当前

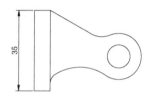

图 9-150　线性标注 1

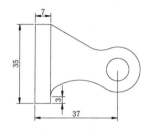

图 9-151　线性标注 2

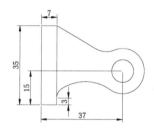

图 9-152　基线标注

经验分享——重复执行上一命令

按 Enter 键或空格键，可快速重复执行上一命令。

Step 09 使用"半径标注"命令（DRA）分别选择圆弧对象，进行半径标注，如图 9-153 所示。

Step 10 使用"直径标注"命令（DDI）选择右侧的圆对象，进行直径标注，如图 9-154 所示。

Step 11 至此，起重钩的标注完成，可按 Ctrl+Shift+S 组合键将图形另存为"案例\09\起重钩的标注.dwg"。

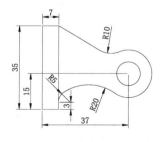

图 9-153　半径标注

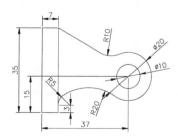

图 9-154　直径标注

9.7.2 深入训练——吊钩的标注

视频\09\吊钩的标注.avi
案例\09\吊钩.dwg

首先打开准备好的吊钩图形，再使用线性、半径、直径、基线等标注命令，对吊钩图形进行尺寸标注，具体操作步骤如下。

Step 01 启动 AutoCAD 2020，在快速访问工具栏中单击"打开"按钮 ，将"案例\09\吊钩.dwg"素材文件打开，如图 9-155 所示。

Step 02 执行"对齐标注"命令（DAL）进行对齐标注，如图 9-156 所示。

Step 03 使用"编辑标注"命令（ED）选择对齐标注文字，在"65"后面输入"+3^-2"，选中"+3^-2"，再右击，在弹出的菜单中选择"堆叠"命令，表示极限偏差，编辑标注的效果如图 9-157 所示。

图 9-155 打开的素材文件

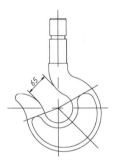
图 9-156 对齐标注

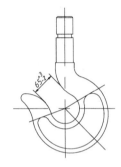
图 9-157 编辑标注的效果

经验分享——偏差的含义

- 极限偏差分为上偏差和下偏差，指最大或最小极限尺寸减去基本尺寸所得的代数差，其值可以大于、小于或等于零，用于限制实际偏差。
- 基本偏差：指用以确定公差带相对于零线位置的上偏差或下偏差，一般指离零线距离最近的那个偏差。除 JS 和 js 外，基本偏差与公差等级无关。基本偏差已经标准化，可以通过查表获得。
- 公差：指尺寸允许的变动量。公差数值等于最大极限尺寸与最小极限尺寸的代数差的绝对值，也等于上偏差与下偏差的代数差的绝对值。公差永远为正值。
- 配合公差：指允许间隙或过盈的变动量，等于最大间隙与最小间隙的代数差的绝对值，或最小过盈与最大过盈的代数差的绝对值，配合公差永远为正值。配合公差总等于相互配合的孔的公差与轴的公差的和。

极限偏差用于限制实际偏差，公差用于限制误差；偏差取决于加工机床的调整，公差反映加工的难易程度。

Step 04 使用"标注样式"命令（D）打开"标注样式管理器"对话框，单击"新建"按钮，选择基础样式为"GB-35",在"用于"下拉列表中选择"角度标注"选项,再单击"继续"按钮,如图 9-158 所示;随即打开"新建标注样式:GB-35:角度"对话框,在"文字"选项卡的"文字对齐"选项组中选择"水平"选项,如图 9-159 所示;返回"标注样式管理器"对话框,如图 9-160 所示。

图 9-158 新建"角度标注"

图 9-159 设置文字对齐

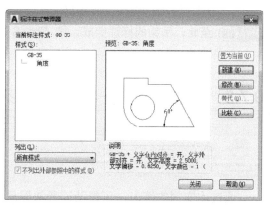

图 9-160 "标注样式管理器"对话框

Step 05 使用相同的设置方法,设置半径和直径标注样式,如图 9-161 所示。

Step 06 使用"线性标注"(DLI)和"编辑标注"(ED)等命令,对图形进行尺寸标注,如图 9-162 所示。

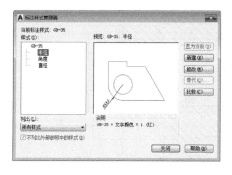

图 9-161 设置半径和直径标注样式

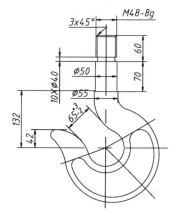

图 9-162 进行尺寸标注

Step 07 使用"半径标注"(DRA)和"直径标注"(DDI)等命令,对图形进行半径标注和直径标注,如图 9-163 所示。

Step 08 使用"角度标注"(DAN)命令对图形进行角度标注,如图 9-164 所示。

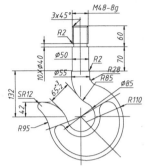
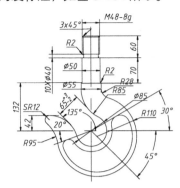

图 9-163　半径标注和直径标注　　　　　　图 9-164　角度标注

Step 09 至此,吊钩的标注完成,按 Ctrl+S 组合键将图形文件另存为"案例\09\吊钩的标注.dwg"。

9.7.3　熟能生巧——零件图的形位公差标注

视频\09\形位公差标注实例.avi
案例\09\形位公差标注效果.dwg

通过本实例的练习,可帮助读者掌握形位公差各个特征值的设置方法,并了解不同形位公差的标注方法和形位公差标注引线位置的确定,以及基准符号的绘制、定义块、插入块的方法。

Step 01 启动 AutoCAD 2020,在快速访问工具栏中单击"打开"按钮 ,将"案例\09\形位公差标注效果.dwg"素材文件打开,如图 9-165 所示。

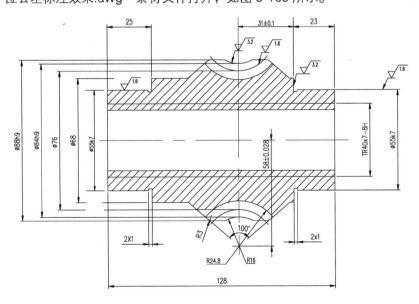

图 9-165　打开的素材文件

第9章 图形对象的尺寸标注

Step 02 在"图层"面板的"图层控制"下拉列表中选择"标注层"图层,使之成为当前图层。

Step 03 在"注释"选项卡的"标注"面板中单击"公差"按钮,弹出"形位公差"对话框;设置符号为"圆跳度",在"公差1"文本框中输入公差值0.08,在"基准1"文本框中输入基准符号"A–B",再单击"确定"按钮;然后在图形中要标注公差值的附近位置单击,即可插入公差标注,如图9-166所示。

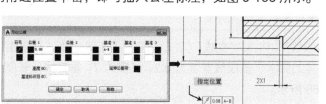

图 9-166 形位公差标注

Step 04 要使形位公差标注对象准确地定位于某一位置,可以使用"直线"和"引线标注"等命令来指定形位公差的标注位置,如图9-167所示。

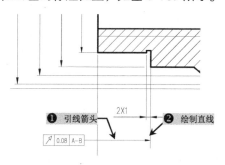

图 9-167 指定形位公差的标注位置

Step 05 按照相同的方法,对图形中的❶和❷处进行圆跳度形位公差标注,在❸处进行同轴度形位公差标注,如图9-168所示。

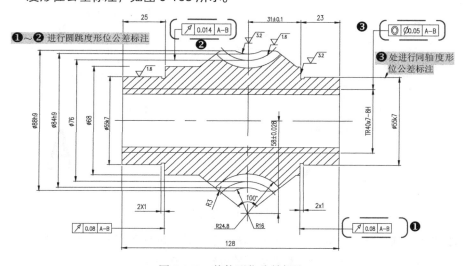

图 9-168 其他形位公差标注

经验分享——基准符号与基准位置的关系

基准符号的字母应与公差框格第三格及以后各格内填写的字母相同，如果图形中有基准符号，则在形位公差中要有基准标识符，这样才符合标注要求。基准符号的字母不得采用 E、I、J、M、O 和 P。

由于在进行形位公差标注的过程中，有"A–B"基准符号，这时应在图形中的指定位置分别标注基准位置。

Step 06 执行"多段线"（PL）、"直线"（L）、"圆"（C）等命令，在视图的空白位置绘制基准符号，其上侧水平多段线宽度为 0.2，长度为 7，垂直线段长度为 5，圆直径为 7，如图 9-169 所示。

Step 07 执行"属性定义"命令（ATT），在"属性定义"对话框中设置"对正（J）"方式为"布满"，设置文字高度为 3.5，如图 9-170 所示。

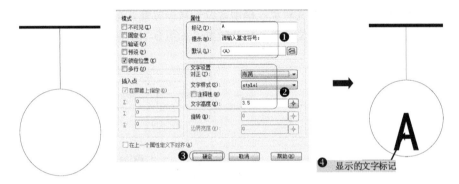

图 9-169　绘制基准符号　　　　　图 9-170　"属性定义"对话框

Step 08 使用"块定义"命令（B）打开"块定义"对话框，定义块名称为 JZH，如图 9-171 所示。

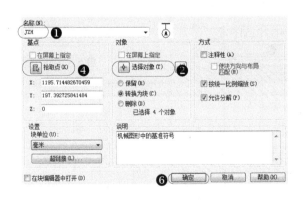
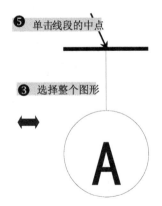

图 9-171　定义块

Step 09 执行"插入块"命令（I），打开"块"选项板，如图 9-172 所示；选择上一步定义的 JZH 块，分别插入 ❶、❷ 处相应的位置，如图 9-173 所示。

第 9 章　图形对象的尺寸标注

图 9-172　"块"选项板

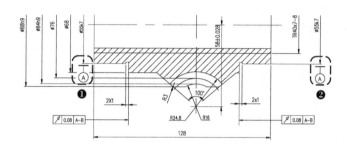

图 9-173　插入块

Step 10 执行"编辑属性"命令（ATE），选择左侧的 JZH 块作为参照块；在弹出的"编辑属性"对话框中输入基准符号 B，如图 9-174 所示，修改后的属性块如图 9-175 所示。

图 9-174　"编辑属性"对话框

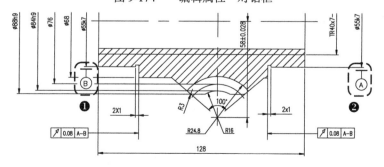

图 9-175　修改后的属性块

291

> **经验分享——解决基准符号压线问题**
>
> 在左侧复制基准符号时,如果其基准符号对象"压住"了原有的尺寸界线,这时可以单击"修改"面板中的"打断"按钮,对被"压住"了的尺寸界线进行打断处理。

Step 11 至此,零件图的形位公差标注完成,按 Ctrl+S 组合键将该图形对象另存为"案例\09\形位公差标注效果.dwg"文件。

9.8 本章小结

本章主要讲解了图形对象的尺寸标注,内容包括尺寸标注的组成与规定、创建与设置标注样式、修改标注样式、创建基本尺寸标注、创建其他尺寸标注、编辑尺寸标注等,最后通过实战演练帮助读者学习了起重钩、吊钩和零件图的形位公差标注,为后面的学习打下坚实的基础。

图形的输入/输出与布局打印

在 AutoCAD 中,可以将图形对象输出为其他对象,也可以将其他对象输入 AutoCAD 环境进行编辑。在打印图形对象之前,应先设置好布局视口、打印绘图仪、打印样式、打印页面等,再进行打印输出,以便符合要求。

内容要点

- 图形对象的输入与输出方法
- 图纸的布局方法
- 打印绘图仪与样式列表的设置方法
- 打印页面的设置方法与打印方法

10.1 图形的输入和输出

在 AutoCAD 中绘制的图形对象，除了可以保存为 DWG 格式的文件，还可以将其输出为其他格式的文档，以便其他软件调用。同时，也可以在 AutoCAD 环境中调用其他软件绘制的文件并进行编辑。

10.1.1 输出图形

在 AutoCAD 2020 环境中，可以将图形文件（DWG 格式）以其他文件格式输出并保存，其操作方法如下。

- 面板：在"输出"选项卡下的"输出为 DWF/PDF"面板中选择相应的选项即可，如图 10-1 所示。
- 菜单浏览器：单击窗口左上角的"A"按钮，出现下拉菜单，选择"输出"命令即可，如图 10-2 所示。
- 命令行：在命令行中输入"EXPORT"命令（命令快捷键为"EXP"）并按 Enter 键。

图 10-1 "输出"选项卡

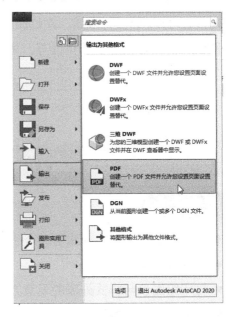

图 10-2 选择"输出"命令

启动"输出"命令，打开"输出数据"对话框，在"文件类型"下拉列表中选择文件的输出类型，如图元文件、ACIS、平板印刷、封装 PS、DXX 提取、位图等，然后单击"保存"按钮，切换到绘图窗口，选择需要的格式后按"保存"按钮，如图 10-3 所示。

第 10 章　图形的输入/输出与布局打印

图 10-3　"输出数据"对话框

跟踪练习——WMF 文件的输出

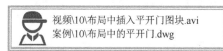

图元文件的扩展名可以是.wmf 和.emf 两种，图元文件属于矢量类图形，是由简单线条和封闭线条（图形）组成的矢量图，其主要特点是文件非常小，可以任意缩放且不影响图像质量。要将 AutoCAD 文件输出为 WMF 格式，可按照如下步骤操作。

Step 01 在 AutoCAD 2020 环境中，按 Ctrl+O 键打开"案例\10\平面布置图.dwg"文件，如图 10-4 所示。

Step 02 使用鼠标框选整个图形对象，使之成为选中状态，如图 10-5 所示。

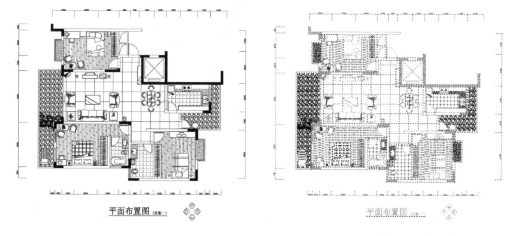

图 10-4　打开的文件　　　　　　　　图 10-5　框选整个图形对象

Step 03 单击窗口左上角的"A"按钮，在下拉菜单中选择"输出"选项，并选择其中的"其他格式"命令，如图 10-6 所示；弹出"输出数据"对话框，在"文件类型"下拉列表中选择"图元文件"选项,将其保存为"平面布置图.wmf"文件,然后单击"保存"按钮,如图 10-7 所示。

图 10-6　选择"输出"命令　　　　　　　　图 10-7　"输出数据"对话框

Step 04 此时,在配套资源的"案例\10"文件夹下,即可看到"平面布置图.dwf"文件对象,如图 10-8 所示。

Step 05 双击"平面布置图.wmf"文件,即可通过图片查看器打开该图元文件,如图 10-9 所示。

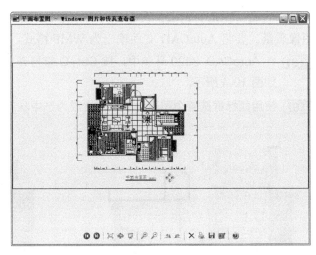

图 10-8　平面布置图.dwf　　　　　　　　图 10-9　查看平面布置图.dwf 文件

:::: 经验分享——输出的文件格式及相关命令

调用"输出"命令后,将弹出"输出数据"对话框,可以选择指定的文件类型进行输出,如图 10-10 所示。

第 10 章　图形的输入/输出与布局打印

图 10-10　"输出数据"对话框

10.1.2　输入图形

在 AutoCAD 2020 中，同样可以导入其他格式的文件。调用"输入"命令的方式如下。

图 10-11　单击"输入"按钮

- ◇ 面板：在"插入"选项卡下的"输入"面板中单击"输入"按钮，如图 10-11 所示。
- ◇ 命令行：在命令行中输入"IMPORT"命令（命令快捷键为"IMP"）并按 Enter 键。

执行"输入"命令后，弹出"输入文件"对话框，如图 10-12 所示。

图 10-12　"输入文件"对话框

10.2　图纸的布局

在 AutoCAD 中创建好所需要的图形后，即可对其进行布局打印，可以创建多种布局，每种布局都代表一张需要单独打印出来的图纸。

10.2.1 模型空间与图纸空间

在 AutoCAD 系统中提供了两个不同的空间，即模型空间与图纸空间。下面分别针对两个不同空间的特征进行简要介绍。

1. 模型空间

在新建或打开 DWG 图纸后，即可看到窗口下侧的"视图"选项卡上显示"模型""布局1""布局2"。在前面讲解的内容中，所绘制或打开的图形都是在模型空间中进行绘制或编辑操作的，绘制的模型比例为 1:1。

使用"模型"选项卡，可以将绘图区域拆分成一个或多个相邻的矩形视图，这些矩形视图称为模型空间视口。在大型或复杂的图形中，显示不同的视图可以缩短在单一视图中缩放或平移的时间；而且，在一个视图中出现的错误也可能在其他视图中表现出来，如图 10-13 所示。

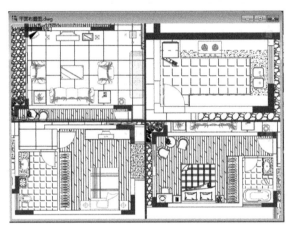

图 10-13 模型空间

> **经验分享——模型空间的特征**
>
> 下面针对模型空间，归纳其特征。
> （1）在模型空间中，可以绘制全比例的二维图形和三维模型，并带有尺寸标注。
> （2）在模型空间中，每个视口都包含对象的一个视图。例如，设置不同的视口会得到俯视图、正视图、侧视图和立体图等。
> （3）用"VPORTS"命令可以创建视口和进行视口设置，还可以将其保存起来，以备后用。
> （4）视口是平铺的，它们不能重叠，且总视口是彼此相邻的。
> （5）在某一时刻只有一个视口处于激活状态，十字光标只能出现在一个视口中，并且也只能编辑该活动的视口（平移、缩放等）。
> （6）只能打印活动的视口；如果将 UCS 图标设置为 ON，该图标就会出现在每个视口中。
> （7）系统变量 MAXACTVP 决定了视口数量的范围是 2~64。

2. 图纸空间

在 AutoCAD 中,图纸空间是以布局的形式使用的。一个图形文件可以包含多个布局,每个布局代表一张需要单独打印输出的图纸,主要用于创建最终的打印布局,而不用于绘图或设计工作。在绘图区域底部选择"布局 1"选项卡,就能查看相应的布局,也就是图纸空间,如图 10-14 所示。

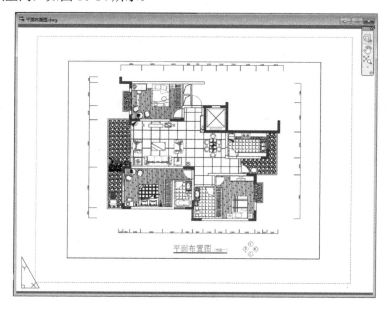

图 10-14 图纸空间

经验分享——图纸空间的特征

下面针对图纸空间,归纳其特征。

(1)"VPORTS""PS""MS""VPLAYER"命令处于激活状态(只有激活了"MS"命令,才能使用"PLAN""VPOINT""DVIEW"命令)。

(2)视口的边界是实体,可以删除、移动、缩放、拉伸视口。

(3)视口的形状没有限制。例如,可以创建圆形视口、多边形视口或对象等。

(4)视口不是平铺的,可以用各种方法将它们重叠、分离。

(5)每个视口都在创建它的图层上,视口边界与图层的颜色相同,但边界的线型总是实线。如果出图时不想打印视口,将其单独置于一个图层上冻结即可。

(6)可以同时打印多个视口。

(7)十字光标可以不断延伸,可以穿过整个图形屏幕,且与每个视口无关。

(8)可以通过"MVIEW"命令打开或关闭视口;可用"SOLVIEW"命令创建视口或用"VPORTS"命令恢复在模型空间中保存的视口。

(9)在打印图形且需要隐藏三维图形的隐藏线时,可以使用"MVIEW"命令并选择"隐藏(H)"选项,然后拾取要隐藏的视口边界即可。

(10)系统变量 MAXACTVP 决定了活动状态下的视口数量是 64。

10.2.2 新建布局

在建立新图形时,AutoCAD 会自动建立一个"模型"选项卡和两个"布局"选项卡(LAYOUT 1 和 LAYOUT 2)。"模型"选项卡不能删除,也不能重命名;"布局"选项卡用来编辑打印图形的图纸,其个数没有限制,且可以重命名。

在 AutoCAD 环境中,用户可以通过以下 2 种方式新建布局。

(1)在命令行输入"LAYOUT"命令并按 Enter 键,其命令行提示如下,新建布局前后的效果对比如图 10-15 所示。

```
命令:LAYOUT                // 启动"布局"命令
输入布局选项 [复制(C)/删除(D)/新建(N)/样板(T)/重命名(R)/另存为(SA)/设置(S)/?]
<设置>:_N
// 选择"新建(N)"选项
输入新布局名 <布局 3>:平面布置图 // 输入新的布局名称
```

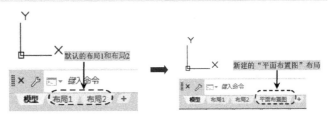

图 10-15 新建布局前后的效果对比

(2)右击绘图区域底部"模型"处,从弹出的快捷菜单中选择"新建布局"命令;此时系统将自动创建布局,并以"布局 1""布局 2""布局 3""布局 4"等对布局进行命名,如图 10-16 所示。

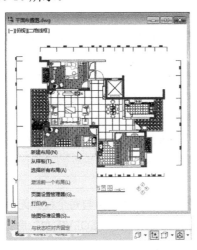 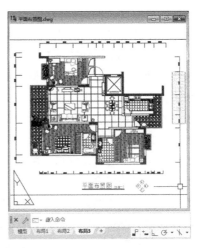

图 10-16 新建布局

```
命令:LAYOUT
输入布局选项 [复制(C)/删除(D)/新建(N)/样板(T)/重命名(R)/另存为(SA)/设置(S)/?]
<设置>:_new
输入新布局名 <布局 3>:楼梯详图 // 单击"新建"按钮直接输入新布局名
```

10.2.3 使用样板创建布局

在 AutoCAD 2020 中，可通过系统提供的样板来创建布局。它基于样板、图形或图形交换文件中出现的布局来创建新的布局选项卡。

用户可以通过以下三种方式使用样板创建布局。

- ◇ 命令行：在命令行中输入"LAYOUT"命令并按 Enter 键，选择"样板（T）"选项。
- ◇ 快捷菜单：右击绘图区域底部"模型"处，从弹出的快捷菜单中选择"从样板"命令。

启动"样板（T）"命令后，将弹出"从文件选择样板"对话框，在文件列表框中选择相应的样板文件，并依次单击"打开"和"确定"按钮，即可通过选择的样板文件创建新的布局，如图 10-17 所示。

图 10-17 使用样板来创建布局

10.2.4 使用布局向导创建布局

在命令行中输入"LAYOUTWIZARD"命令，或者选择"插入"→"布局"→"创建布局向导"命令，将弹出"创建布局-×××"对话框，这时可以按照布局向导的方式创建布局，包括输入新布局的名称、设置打印机、设置图纸尺寸、设置方向、定义标题栏、定义视口、定义拾取位置等，如图 10-18 所示。

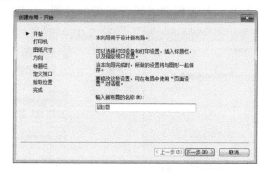

图 10-18 使用布局向导创建布局

10.3 设置打印样式

绘制图形后，剩下的操作便是输出图形和打印图形了。使用 AutoCAD 强大的打印输出功能，可以将图形输出到图纸上，也可以将图形输出为其他格式的文件。AutoCAD 支持多种类型的绘图仪和打印机。

10.3.1 设置打印绘图仪

在"输出"选项卡下的"打印"面板中单击"绘图仪管理器"按钮 ，弹出如图 10-19 所示的资源管理器窗口。

打印机的设置主要取决于用户选用的打印机。通常情况下，只要安装了随机销售的驱动软件，该打印机的图标就能被添加到列表中。

可以双击"添加绘图仪向导"图标，弹出"添加绘图仪-简介"对话框，如图 10-20 所示。

图 10-19　资源管理器窗口

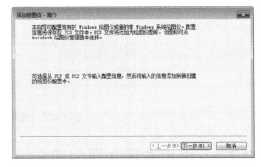
图 10-20　"添加绘图仪-简介"对话框

单击"下一步"按钮，弹出"添加绘图仪-开始"对话框，如图 10-21 所示。在该对话框中有 3 个选项："我的电脑"可以将 DWG 文件输出为其他类型的文件以供其他软件使用；"网络绘图仪服务器"适用于多台计算机共用一台打印机的工作环境；"系统打印机"适用于打印机直接链接在计算机上的个人用户。

依次单击"下一步"按钮，并根据要求进行相应的设置，如图 10-22～图 10-26 所示。

图 10-21　"添加绘图仪-开始"对话框

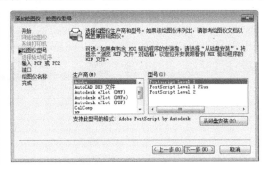
图 10-22　"添加绘图仪-绘图仪型号"对话框

第 10 章 图形的输入/输出与布局打印

图 10-23 "添加绘图仪-输入 PSP 或 PC2" 对话框

图 10-24 "添加绘图仪-端口" 对话框

图 10-25 "添加绘图仪-绘图仪名称" 对话框

图 10-26 "添加绘图仪-完成" 对话框

10.3.2 设置打印样式列表

单击窗口左上角的 "A" 按钮 ，在下拉菜单中选择 "打印" 命令，再选择 "管理绘图仪" 命令，弹出如图 10-27 所示的资源管理器窗口，双击窗口中的 "添加打印样式表向导" 按钮可以添加新的打印样式表，其中包含并可定义能够指定给对象的打印样式。

双击 "添加打印样式表向导" 图标，弹出 "添加打印样式表" 对话框，然后依次单击 "下一步" 按钮，并进行相应的设置，即可完成打印样式的设置，如图 10-28～图 10-32 所示。

图 10-27 资源管理器窗口

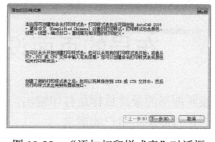

图 10-28 "添加打印样式表" 对话框

图 10-29 "添加打印机样式表-开始" 对话框   图 10-30 "添加打印机样式表-选择打印样式表" 对话框

单击"完成"按钮,弹出对打印样式的设置。双击新建的打印样式表的图标,可以对该打印样式表进行编辑,如图10-33所示。

图10-31 "添加打印机样式表-文件名"对话框　　图10-32 "添加打印机样式表-完成"对话框

图10-33 "打印样式表编辑器"对话框

在"打印样式表编辑器"对话框中有3个选项卡,分别为"常规"选项卡、"表视图"选项卡和"表格视图"选项卡。"打印样式表编辑器"对话框可以显示和设置打印样式表的说明文字等基本信息,以及全部打印样式的参数。

10.4 布局的页面设置

绘制图形的最终目标是打印输出,以便按照图纸进行施工,因此,应考虑最终输出的图形是否能满足用户的需求。

10.4.1 创建与管理页面设置

用户可以采用以下方法打开"页面设置管理器"对话框。

- 命令行:在命令行中输入"PAGESETUP"命令(命令快捷键为"PAGE")并按Enter键。

执行上述命令后,将弹出"页面设置管理器"对话框,如图10-34所示。
在"页面设置管理器"对话框中,"当前布局"列出了需要应用页面设置的当前布局。

第 10 章　图形的输入/输出与布局打印

如果从图纸集管理器打开"页面设置管理器"对话框,可显示当前图纸集的名称;如果从某个布局打开"页面设置管理器"对话框,则显示当前布局的名称。

"页面设置"显示当前页面设置,既可将另一个不同的页面设置设置为当前页面设置,也可以创建新的页面设置、修改现有页面设置,还可以从其他图纸中输入页面设置。

- ◆ 单击"置为当前"按钮,可将所选的页面设置设置为当前布局的当前页面设置,但不能将当前布局设置设置为当前页面设置。
- ◆ 单击"新建"按钮,弹出"新建页面设置"对话框,如图 10-35 所示,从中可以为新建页面设置名称,并指定要使用的基础页面设置。
- ◆ 单击"确定"按钮,弹出"页面设置-模型"对话框,如图 10-36 所示。

图 10-34　"页面设置管理器"对话框

图 10-35　"新建页面设置"对话框　　图 10-36　"页面设置-模型"对话框

- ◆ 单击"修改"按钮,弹出"页面设置-设置 1"对话框,如图 10-37 所示,可以从中编辑所选页面的页面设置。

图 10-37　"页面设置-设置 1"对话框

❖ 单击"输入"按钮,弹出"从文件选择页面设置"对话框,如图 10-38 所示,从中可以选择图形格式（DWG）、DWT 或 DXF 文件,然后向这些文件输入一个或多个页面设置。如果选择 DWT 文件类型,"从文件选择页面设置"对话框将自动打开 Template 文件夹。单击"打开"按钮,将弹出"输入页面设置"对话框,如图 10-39 所示。

图 10-38 "从文件选择页面设置"对话框

图 10-39 "输入页面设置"对话框

10.4.2 选择打印设备

要打印图形,首先应打开"打印-模型"对话框,如图 10-40 所示。在"打印机/绘图仪"选项组中选择一个打印设备,这个打印设备一般是指打印机,如图 10-41 所示。

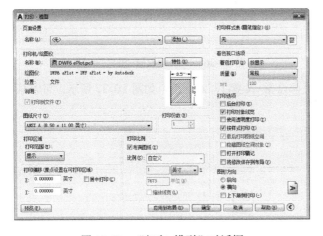

图 10-40 "打印-模型"对话框

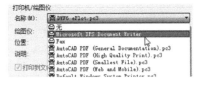

图 10-41 选择打印设备

10.4.3 选择图纸尺寸

"图纸尺寸"下拉列表中提供了所选打印设备可用的标准图纸,可以从中选择一个合适的图纸尺寸打印当前图形,如图 10-42 所示。

第 10 章　图形的输入/输出与布局打印

图 10-42　选择图纸尺寸

> **提示**
>
> 选择的打印设备不同，其"图纸尺寸"下拉列表中的数据也不一样，但均可以选择打印设备的默认图纸尺寸或自定义图纸尺寸。如果未选择打印设备，将显示全部标准尺寸的图纸。如果所选的打印设备不支持布局中选定的图纸尺寸，系统将显示警告。

10.4.4　设置打印区域

设置打印区域就是指定要打印的图形范围，可以在"打印范围"下拉列表中选择要打印的图形区域，如图 10-43 所示。

图 10-43　设置打印区域

10.4.5　设置图形打印偏移距离

设置图形打印偏移距离是指设置打印区域相对于可打印区域左下角或图纸边界的偏移距离，如图 10-44 所示。

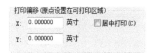

图 10-44　设置图形打印偏移距离

> **提示**
>
> 图纸的可打印区域由所选的输出设备决定，在布局中以虚线表示，修改输出设备时，可能也会修改可打印区域。

10.4.6　设置打印比例

在打印图形时，可以在"打印比例"选项组中设置打印比例，从而控制图形单位与打印单位之间的相对尺寸，如图 10-45 所示。

> **提示**
>
> 打印布局时，默认缩放比例为 1:1；从"模型"空间打印时，默认设置为"布满图纸"，该选项可以缩放打印图形以布满所选图纸尺寸，并在"比例"文本框中显示自定义的缩放比例因子。

图 10-45　设置打印比例

10.4.7 设置打印方向

用户可以在"图纸方向"选项组中指定图形在图纸上的打印方向，如图 10-46 所示。

图 10-46 设置图形方向

> **提示**
> 字母图标 A 代表图形在图纸上的方向，更改图形方向时，字母图标会发生相应的变化，同时"打印机/绘图仪"选项组中的图标也会发生相应的变化。

10.4.8 设置着色打印

在"着色视口选项"选项组中可以指定着色和渲染视口的打印方式，并确定它们的分辨率，如图 10-47 所示。

图 10-47 设置着色打印

10.4.9 保存打印设置

在"页面设置"选项组中单击"添加"按钮，可将"打印-模型"对话框中的当前参数设置保存到所命名的页面设置中，如图 10-48 所示。

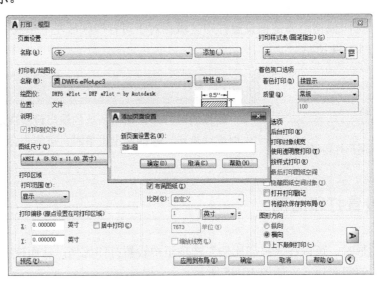

图 10-48 保存打印设置

> **提示**
> 用户可使用"PAGE"命令打开"页面设置管理器"对话框，修改已保存的页面设置。

10.5 打印出图

AutoCAD 可以在两种不同的环境下工作,即模型空间和图纸空间,因此,既可以从模型空间输出图形,也可以从图纸空间输出图形。

设置好打印页面后,便可以执行打印预览和打印,单击"预览"按钮,如图 10-49 所示。

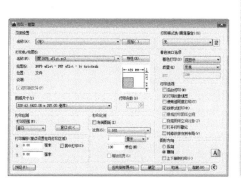 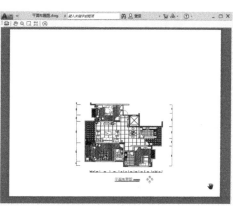

图 10-49 设置打印参数并预览

若要退出预览状态,可直接按 Esc 键返回"页面设置"对话框。例如,重新设置打印比例为 1:50,再单击"预览"按钮,如图 10-50 所示。

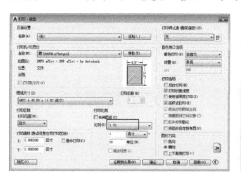 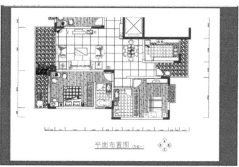

图 10-50 修改打印参数并预览

若预览后得到预想的效果,按 Esc 键返回"页面设置"对话框,单击"打印"按钮即可打印输出。

10.6 本章小结

本章主要讲解了 AutoCAD 2020 图形的输入/输出与布局打印,包括图形的输入和输出、图纸的布局、设置打印样式、布局的页面设置和打印出图等内容。

第二篇 电气工程图设计篇

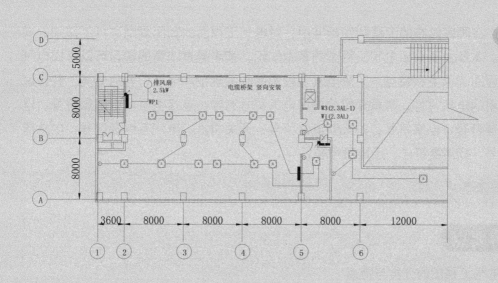

第11章

电气设计基础和CAD制图规范

在国家颁布的工程制图标准中,对电气工程图的制图规则进行了详细的规定。本章主要介绍电气工程图的基本知识,读者通过本章的学习可以掌握电气工程图的种类和特点,了解电气工程图的制图规范和电气符号的分类,并认识常用的电气符号。本章介绍的常用电气符号有导线连接符号、电阻器符号、电容器符号、电感符号、桥式整流器符号、开关符号、电流互感器符号、电抗器符号、扬声器符号、接地符号等。

内容要点

- ◆ 电气工程图的分类与特点
- ◆ 电气工程 CAD 制图规范
- ◆ 电气符号的构成与分类
- ◆ 电气样板文件的创建

第 11 章　电气设计基础和 CAD 制图规范

11.1　电气工程图的分类及特点

电气工程图是一种用图的形式表示信息的技术文件，主要用图形符号、简化外形的电气设备、线框等表示系统中有关组成部分的关系，是一种简图。本章主要介绍电气工程图的基本知识，包括电气工程图的分类及特点、电气工程 CAD 制图规范、电气符号的构成与分类。本章的相关内容主要参照国家标准 GB/T 18135—2008《电气工程 CAD 制图规则》中的有关规定。

电气工程图的使用非常广泛，几乎遍布工业生产和日常生活的各方面，为了清楚地表示电气工程的功能、原理、安装和使用方法，需要采用不同种类的电气工程图进行说明。本节根据电气工程的应用范围，介绍一些常用的电气工程图的分类及特点。

11.1.1　电气工程图的分类

电气工程的应用十分广泛，分类方法也多种多样。电气工程图主要用于为用户阐述电气工程的工作原理、系统的构成，以及提供安装接线和使用维护的依据。根据表达形式和工程内容的不同，电气工程图一般分为以下几类。

- ◇ 电力工程：发电工程、变电工程、线路工程等。
- ◇ 电子工程：家用电器、广播通信、计算机等弱电设备等。
- ◇ 工业电气：机床、工厂、汽车等。
- ◇ 建筑电气：动力照明、电气设备、防雷接地设备等。

11.1.2　电气工程图的组成

根据表达形式和工程内容的不同，电气工程图主要由以下几部分组成。

1．电气系统图

电气系统图主要用于表示整个工程或其中某一项目的供电方式和电能输送的关系，也可表示某一装置各主要组成部分的关系，如电气一次主接线图、建筑供配电系统图、控制原理图等。

例如，图 11-1 所示的电动机供电系统图表示了供电关系，它的供电过程是电源 L_1、L_2、L_3 三相—熔断器 FU—接触器 KM—热继电器热元器件 FR—电动机 M。

图 11-2 所示为某变电所供电系统图，首先把 10kV 的电压通过变压器变换为 0.38kV 的电压，然后经断路器 QF，通过 FU-QK$_1$、FU-QK$_2$、FU-QK$_3$ 分别供给 3 条支路。

系统图或框图常用来表示整个工程或其中某一项目的供电方式和电能输送的关系，也可以表示某一装置或设备各主要组成部分的关系。

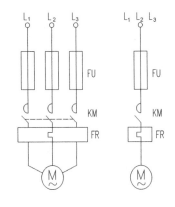

图 11-1 电动机供电系统图

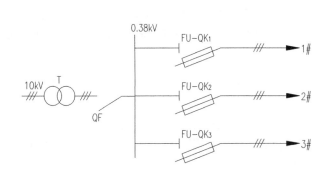

图 11-2 某变电所供电系统图

2. 电路原理图

电路原理图主要表示某一系统或装置的工作原理,如机床电气原理图、电动机控制回路图、继电保护原理图等。

例如,图 11-3 所示为磁力启动器电路图。当按下启动按钮 SB_2 时,接触器 KM3 的线圈得电,其常开主触点闭合,使电动机得电,启动运行;另一个辅助常开主触点 KM1 闭合,进行自锁。当按下停止按钮 SB_1 或热继电器 FR 运作时,KM3 线圈失电,常开主触点 KM2 断开,电动机停止运行。

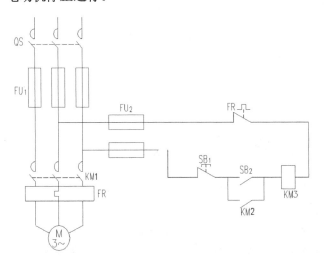

图 11-3 磁力启动器电路图

3. 安装接线图

安装接线图主要表示电气装置内部各元器件之间及其他装置之间的连接关系,用于设备的安装、调试及维护。

图 11-4 所示为磁力启动器控制电动机的主电路接线图,它清楚地表示了各元器件之间的实际位置和连接关系:电源(L_1、L_2、L_3)由 BX-3×6 的导线接至端子排 X 的 1、2、3 号端子,然后通过熔断器 FU_1~FU_3 接至交流接触器 KM 的主触点,再经过继电器的发热元器件接至端子排 X 的 4、5、6 号端子,最后用导线接入电动机的 U、V、W 端子。

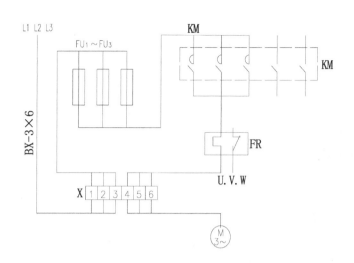

图 11-4 磁力启动器控制电动机的主电路接线图

4．电气平面图

电气平面图主要表示某一电气工程中的电气设备、装置和线路的平面布置，它一般是在建筑平面的基础上绘制出来的。常见的电气平面图有线路平面图、变电所平面图、弱电系统平面图、照明平面图、防雷与接地平面图等。图 11-5 所示为某办公楼配电平面图。

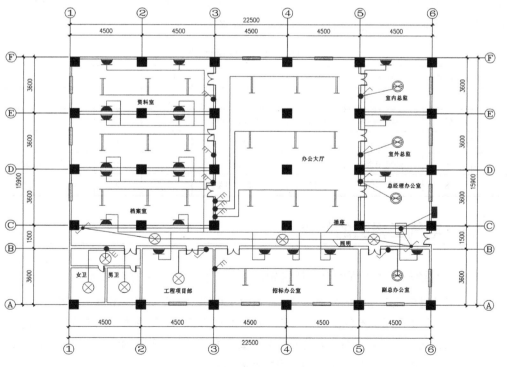

图 11-5 某办公楼配电平面图

5．设备布置图

设备布置图用于表示各种设备的布置方式、安装方式及相互间的尺寸关系，主要包括平面布置图、立面布置图、断面图、纵横剖面图等。

6．大样图

大样图主要表示电气工程某一部件的结构，用于指导加工与安装，其中一部分大样图为国家标准图。

7．产品使用说明书用电气图

电气工程中选用的设备和装置，其生产厂家往往随产品使用说明书附上电气图，这种电气图也属于电气工程图。

8．设备元器件和材料表

设备元器件和材料表是指把某一电气工程中用到的设备、元器件和材料列成表格，以表示其名称、符号、型号、规格和数量等。

9．其他电气图

在电气工程图中，电气系统图、电路图、安装接线图和设备布置图是最主要的图。在一些较复杂的电气工程中，为了补充和详细说明某一方面，还需要一些特殊的电气图，如逻辑图、功能图、曲线图和表格等。

一般而言，一项电气工程的电气图除了上述介绍的电气工程图，还需要在最前面加上目录和前言。目录是对某个电气工程的所有图纸编写的目录，便于检索图样、查阅图纸，目录主要由序号、图名、图纸编号、张数、备注等构成；前言中包括设计说明、图例、设备材料明细表（见表11-1）、工程经费概算等。

表11-1 设备材料明细表

序号	符号	名称	型号	规格	单位	数量	备注
1	M	异步电动机	Y	380V，15kW	台	1	
2	KM	交流接触器	CJ10	380V，40A	个	1	
3	FU	熔断器	RT18	250V，1A	个	1	配熔芯1A
4	K	热继电器	JR3	40A	个	1	整定值25A
5	S	按钮	LA2	250V，3A	个	2	常开、常闭触点

11.1.3 电气工程图的特点

电气工程图与其他工程图有本质区别，电气工程图主要具有以下特点。

◇ 简洁是电气工程图的主要特点。在电气工程图中没有必要画出电气元器件的外形结构，只需采用标准的图形符号和带注释的框或简化的外形表示系统或设备中各组成部分之间的相互关系。电气工程图侧重表达不同电气工程的信息会采用不同形式的简图。绝大部分电气工程图采用的是简图形式。

◇ 电气元器件和连接线是电气工程图的主要组成部分。电气设备主要由电气元器件和连接线组成，因此，无论是电路图和系统图，还是接线图和平面图，都是以电气元器件和连接线作为描述的主要内容。电气元器件和连接线具有多种不同的描述方式，从而构成了电气工程图的多样性。

- ◆ 电气工程图的独特要素。一个电气系统或装置通常由许多部件、组件构成，这些部件、组件或功能模块称为项目。项目一般由简单的图形符号表示，通常每个图形符号都有相应的文字符号。设备编号和文字符号一起构成项目代号，设备编号用于区别相同的设备。
- ◆ 电气工程图的绘制主要采用功能布局法和位置布局法。功能布局法是指在绘图时，图中各元器件的位置只考虑元器件之间的功能关系，而不考虑元器件的实际位置的一种布局方法，电气工程图中的系统图、电路图采用的就是这种方法。位置布局法是指电气工程图中的元器件位置对应于元器件的实际位置的一种布局方法，电气工程中的接线图、设备布置图采用的就是这种方法。
- ◆ 电气工程图的表现形式具有多样性。可用不同的描述方法，如能量流、逻辑流、信息流、功能流等，形成不同的电气工程图。系统图、电路图、框图、接线图是描述能量流和信息流的电气工程图；逻辑图是描述逻辑流的电气工程图；辅助说明的功能表图、程序框图描述的是功能流。

11.2 电气工程 CAD 制图规范

根据国家标准 GB/T18135—2008《电气工程 CAD 制图规划》的规定，图样必须遵守设计和施工等部门的格式和规定。电气工程设计部门按国家标准设计、绘制图样，施工单位则按图样组织工程施工，这样才能尽量避免工作中可能产生的差错。

11.2.1 图纸格式

图纸是工程师的语言。在 AutoCAD 中绘图时，若要打印绘制的图，就需要选择图纸空间。工程师可以在图纸空间对图纸进行合理的布局，对其中任何一个视图进行基本的编辑操作，图纸的作用如下。

- ◆ 图纸表达了设计部门的计划构思和设计意图。
- ◆ 图纸可用于指导生产部门进行加工与制造。
- ◆ 图纸是编制工程招标书的依据。
- ◆ 图纸是施工部门编制施工计划、投标报价、组织施工及准备材料的依据。

因此，工程技术人员和管理人员都必须具有一定的读图能力及绘图能力。

1. 图纸幅面（图幅）

图幅是指图纸幅面的大小，所有绘制的图形都应在图幅内。图幅分为横式幅面和竖式幅面，国标规定的机械图纸的幅面分为 A0～A45。绘制图纸时，优选的图纸幅面如表 11-2 所示，较长的图纸幅面如表 11-3 所示。

表 11-2 优选的图纸幅面

代 号	尺寸（B×L）
A0	841×1189
A1	594×841
A2	420×594
A3	297×420
A4	210×297

表 11-3 较长的图纸幅面

代 号	尺寸（B×L）
A3×3	420×891
A3×4	420×1189
A4×3	297×630
A4×4	297×841
A4×5	297×1051

2．图框

（1）图框尺寸。图框分为内框和外框，外框尺寸即表 11-2 和表 11-3 中规定的尺寸。内框尺寸为外框尺寸减去相应的"e""c""a"的尺寸，如表 11-4 和图 11-6 所示。加长幅面的内框尺寸按比选用的基本幅面大一号的图框尺寸来确定。

表 11-4 图纸图框的调整尺寸

幅面代号	A0	A1	A2	A3	A4
e	20	20	10	10	10
c	10	10	10	5	5
a	25				

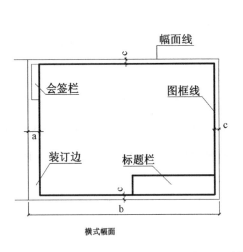
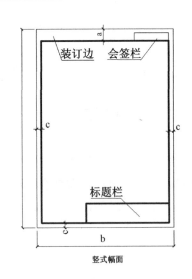

横式幅面　　　　　　　竖式幅面

图 11-6 图框尺寸

（2）图框线宽。图框线宽即图幅内框线宽，根据不同幅面，不同的输出设备宜采用不同图幅内框线宽（见表 11-5）；而各种图幅的外框均为 0.25mm 的实线。

第 11 章 电气设计基础和 CAD 制图规范

表 11-5 图幅内框线宽

幅 面	绘图机类型	
	喷墨绘图机	笔式绘图机
A0、A1 及其加长图	1.0mm	0.7mm
A2、A3、A4 及其加长图	0.7mm	0.5mm

3．标题栏的格式

（1）标题栏位置。无论是 x 型水平放置的图纸，还是 y 型垂直放置的图纸，其标题栏都应放在图面的右下角，标题栏的看图方向一般应与图的看图方向一致。

（2）国内工程设计通用标题栏的基本信息及尺寸如图 11-7 和图 11-8 所示。

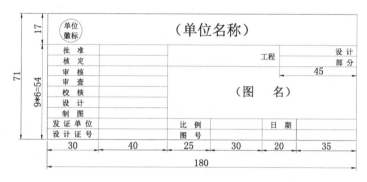

图 11-7 国内工程设计通用标题栏的基本信息及尺寸（A0～A1）

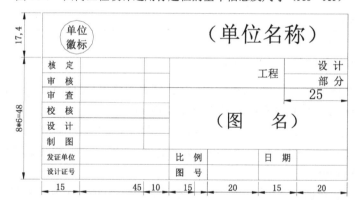

图 11-8 国内工程设计通用标题栏的基本信息及尺寸（A2～A4）

（3）标题栏图线。标题栏外框线为 0.5mm 的实线，内分格线为 0.2mm 的实线。

（4）图幅分区。为了方便读图和检索，需要一种确定图上位置的方法以便进行图幅分区，如图 11-9 所示。

图幅分区有两种方式。第一种图幅分区的方法如图 11-9（a）所示，在图的周边内划定分区，分区数必须是偶数；每一分区的长度为 25～75mm，横竖两个方向可以不统一，分区线用细实线。其中，竖边所分为行，用大写拉丁字母作为代号；横边所分为列，用阿拉伯数字作为代号；行和列都从图的左上角开始顺序编号，在两边注写。分区的代号用分区所在的行与列两个代号组合表示，如 A2、C3 等。

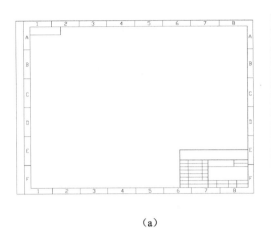
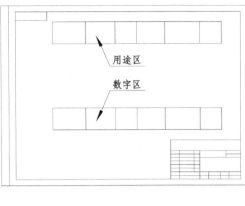

(a)　　　　　　　　　　　　　　(b)

图 11-9　图幅分区

如果电气图中表示的控制电路的支路较多，而且各支路元器件的布置与功能又不相同，这时可采用另一种图幅分区方法，如图 11-9（b）所示。这种方法只对图的一个方向分区，根据电路的布置方式选定。例如，电路垂直布置时，只做横向分区，分数不限，各个分区的长度也可以不等，一般是一个支路一个分区。分区顺序编号的方式不变，但只需要单边注写，其对边则另行划区，标注主要设备或支电路的名称、用途等的区域称为用途区，两对边的分区长度也可以不等。

11.2.2　图线

电气图中的各种线条统称为图线。

- 线宽。根据用途不同，图线宽度宜从下列线宽中选用：0.18mm、0.25mm、0.35mm、0.5mm、0.7mm、1.0mm、1.4mm、2.0mm。
- 图形对象的线宽应尽量不多于 2 种，每两种线宽间的比值应不小于 2。
- 图线间距。平行线（包括阴影线）之间的最小间距不小于粗线宽度的两倍，建议不小于 0.7mm。
- 图线形式。根据不同的结构含义采用不同的线型，一般分为 6 种常用图线，如表 11-6 所示。

表 11-6　常用图线

代号	图线名称	图线形式	应用范围
A	粗实线		一次线路、轮廓线、过渡线
B	细实线		二次线路、一般线路、边界线、剖面线
F	虚线		屏蔽线、机械连线
G	细点画线		辅助线、轨迹线、控制线
J	粗点画线		表示线、特殊的线
K	双点画线		轮廓线、中断线

11.2.3 字体

在电气图中,文字(如汉字、字母和数字等)的书写必须符合国家标准,国家标准对电气工程图中字体的规定可归纳如下。

(1)书写字体必须做到:字体工整、笔画清楚、间隔均匀、排列整齐。

(2)字体的号数,即字体高度 h,公称系列:1.8mm、2.5mm、3.5mm、5mm、7mm、10mm、14mm、20mm,字符的宽高比约为 0.7。图样中采用的各种文本尺寸如表 11-7 所示。

表 11-7 图样中采用的各种文本尺寸

文本类型	中文		数字及字母	
	字高	字宽	字高	字宽
标题栏图名	7~10	5~7	5~7	3.5~5
图形图名	7	5	5	3.5
说明抬头	7	5	5	3.5
说明条文	5	3.5	3.5	2.5
图形文字标注	5	3.5	3.5	2.5
图号与日期	5	3.5	3.5	2.5

(3)字母和数字可写成斜体或直体,但全图要统一。斜体字字头向右倾斜,与水平基准线成 75°角。

11.2.4 比例

电气图中所画的图形符号与实际设备的尺寸大小不同,图中画的符号大小与实物大小的比值称为比例。在电气图中,大部分图形符号都不是按比例绘制的,但在位置平面图中,大部分图形符号都是按比例绘制的,常用比例如表 11-8 所示。

表 11-8 常用比例

类 别	常 用 比 例			
放大比例	2:1	2:1	2:1	2:1
	$2\times10^n:1$	$2.5\times10^n:1$	$4\times10^n:1$	$5\times10^n:1$
原尺寸	1:1			
缩小比例	1:1.5	1:2	1:2.5	1:3
	$1:1.5\times10^n$	$1:2\times10^n$	$1:2.5\times10^n$	$1:3\times10^n$
	1:4	1:5	1:6	1:10
	$1:4\times10^n$	$1:5\times10^n$	$1:6\times10^n$	$1:10\times10^n$

电气工程图的常用比例是 1:500、1:200、1:100、1:60、1:50。而大样图的比例可用 1:20、1:10、1:5。无论采用缩小还是放大的比例绘图,图样中所标注的尺寸均为电

气元器件的实际尺寸。

原则上应对同一张图样上的各个图形采用相同的比例绘图，并在标题栏内的"比例"一栏中填写绘制比例。比例符号以"："表示，如1:100。当某个图形需要采用不同的比例绘制时，可在视图名称的下方以分数形式标出该图形所采用的比例。

11.3 电气符号的构成与分类

电气设备和元器件、线路、安装方法等均需通过图形符号、文字符号或代号绘制在电气工程图中，因此要分析电气工程图，首先要了解这些符号的组成形式、内容、含义及它们之间的关系。本节主要介绍电气工程图中常用的电气符号的构成与分类。

11.3.1 部分常用电气符号

用户需要对电气工程图中常用的电气符号有所了解，并掌握常用电气符号的特征和含义。一般常用的电气符号有导线、电阻器、电感器、二极管、三极管、交流电动机、单极开关、灯、蜂鸣器、接地等符号。在后面的章节中会对部分符号的画法进行详细介绍。下面介绍一些电气工程图中常用的电气图形符号。

（1）电阻器、电容器、电感器和变压器的图形符号如表11-9所示。

表11-9 电阻器、电容器、电感器和变压器的图形符号

名　称	图　形　符　号	名　称	图　形　符　号
电阻器	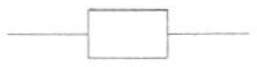	可变电容器	
可变电阻器	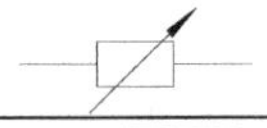	电感器	
滑动变阻器	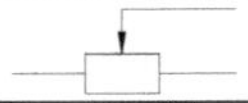	带铁芯的电感器	
电容器		双绕组变压器	

（2）常用开关的图形符号如表11-10所示。

表11-10 常用开关的图形符号

名　称	图　形　符　号	名　称	图　形　符　号
三极开关	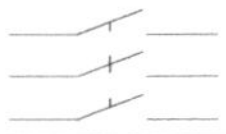	复合触点开关	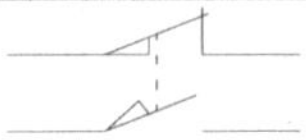
低压断路器	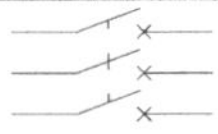	启动按钮	
常开触点开关		停止按钮	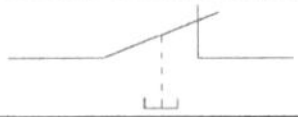
常闭触点开关		延时动作的动合触点开关	

（3）其他常用的图形符号如表11-11所示。

第 11 章 电气设计基础和CAD制图规范

表 11-11 其他常用的图形符号

名 称	图形符号	名 称	图形符号
扬声器		接地符号	
电抗器		端子	
电流互感器		连接片	
桥式整流器		导线的连接	

11.3.2 电气符号的分类

各种电气符号的绘制都有详细的规定，按照规定，电气符号分类如表 11-12 所示。

表 11-12 电气符号分类

序 号	分类名称	内 容
1	符号要素、限定符号和其他常用符号	包括轮廓外壳、电流和电压的种类、可变性、材料类型、机械控制、操作方法、非电量控制、接地、理想电路元器件等
2	导线和连接器件	包括电线、柔软和屏蔽或绞合导线，同轴导线；端子，导线连接；压电晶体、驻极体、延迟线等
3	无源元器件	包括电阻器、电容器、电感器；铁氧体磁芯、磁存储器；压电晶体、驻极体、延迟线等
4	半导体管和电子管	包括二极管、三极管、电子管、晶闸管等
5	电能的发生与转换	包括绕组、发电机、变压器等
6	开关、控制和保护装置	包括触点、开关装置、控制装置、启动器、接触器、继电器等
7	测量仪表、灯和信号器件	包括指示仪表、记录仪表、传感器、灯、电铃、扬声器等
8	电信：交换和外围设备	包括交换系统、电话机、数据处理设备等
9	电信：传输	包括通信线路、信号发生器、调制解调器、传输线路等
10	建筑安装平面布置图	包括发电站、变电所、音响和电视分配系统等
11	二进制逻辑元器件	包括存储器、计数器等
12	模拟元器件	包括放大器、电子开关、函数器等

11.4 样板文件

使用样板文件是绘制新图的方法之一，在 Templat 子目录中，AutoCAD 提供了许多样板文件，另外也可以创建符合自己专业要求的样板文件。样板文件的扩展名为".dwt"。

使用样板文件不仅有利于图形的标准化，更有利于减少每次开始绘制新的图形前设置绘图环境的工作量，从而提高绘图效率。

样板文件包括图形界线、单位、文字样式、标注样式、线型、图层等。下面以创建一个 A3 幅面的样板文件为例说明创建样板文件的方法，具体参数的设置仅供参考。

（1）新建文件。利用默认设置（公制）新建文件。

（2）设置单位。选择"格式"→"单位"命令，在弹出的"图形单位"对话框中设置合适的数据类型及精度。

（3）设置线型。选择"格式"→"线型"命令，按住 Ctrl 键，在弹出的"线型管理器"对话框中同时选择 ACAD_ISO2W100、ACAD_ISO4W100、CENTER 这 3 种线型，把它们加载到当前图形中。

（4）设置图层。单击"对象特性"工具栏中的"图层特性管理器"按钮，在弹出的"图层特性管理器"面板中设置图层。

（5）创建文字样式及标注样式。可以利用前面章节介绍的方法建立符合国家标准的文字样式及标注样式；而利用 AutoCAD 提供的资源可以更方便地在新的样板文件中建立文字样式及标注样式，这时需要使用 AutoCAD 设计中心。

（6）建立图框及标题栏块。绘制 A3 图框，插入标题栏块，使用"WBLOCK"命令保存块，块的名称为"d:\mytemp\a3-title.dwg"，如图 11-10 所示。

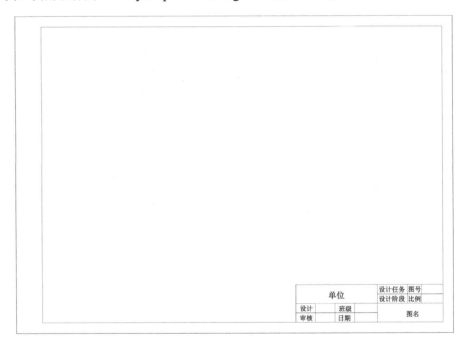

图 11-10　A3 图框

（7）把以上各步骤的设置保存到新的样板文件中。选择"文件"→"另存为"命令，在弹出的对话框的"保存类型"下拉列表中选择"AutoCAD 图样板文件（*.dwt）"项，在"文件名"文本框中输入"A3 样板"。

> **提示**
>
> 绘制电气工程图绝大多数都是从样板文件开始的，而在模型空间绘图时最好按 1:1 的比例绘制，这时，原来所设置的图形界限可能放不下全部图形，可以这样处理：先利用样板文件新建文件，然后重新设置图形界限（比实体的真实大小稍大些），有时还要执行缩放全图的命令"视图"→"缩放"→"全部"。既然按照 1:1 的比例绘图，就不应受图框的约束。

11.5 本章小结

本章讲解了的电气设计基础和 CAD 制图规范，主要内容包括电气工程图的分类及特点、电气工程 CAD 制图规范、电气符号的构成与分类、样板文件等。

常用电气元器件的绘制

在绘制电气工程图时,经常会看到电路图线上绘有不同的符号,这些符号称为电气元器件符号。本章主要介绍使用 AutoCAD 绘制典型电气元器件的方法,读者可以通过绘制这些基本的电气元器件了解电气元器件在电气设计中的应用和表示方法。

内容要点

- ◆ 导线与连接器件的绘制
- ◆ 电阻、电容、电感器件的绘制
- ◆ 半导体器件的绘制
- ◆ 开关的绘制
- ◆ 信号器件的绘制
- ◆ 仪表的绘制
- ◆ 电器符号的绘制
- ◆ 其他元器件符号的绘制

第 12 章 常用电气元器件的绘制

12.1 导线与连接器件的绘制

导线与连接器件是将各分散元器件组合成完整电路的必备材料。导线的一般符号可用于表示一根导线、导线组、电线、电缆、电路、传输电路、线路、母线、总线等，同时可根据具体情况加粗、延长或缩小。

在绘制电气工程图时，一般的导线表示单根导线；对于多根导线，可以分别画出，也可以只画一根图线，但需要加标志。若导线少于 4 根，可用短画线数量代表导线的根数；若导线多于或等于 4 根，可在短画线旁边加数字表示，如表 12-1 所示。

表 12-1 导线与连接器件

名 称	图形符号	绘制方法
导线、电缆和母线一般符号	──	执行"直线"命令（L）
三根导线的单线表示	─///─	
多根导线	─/ⁿ─	
二股绞合导线		
导线的连接		执行"直线"命令（L）
导线的多线连接		
柔软导线	~	执行"直线"命令（L）和"样条曲线"命令（SPL）
同轴电缆	─○─	执行"直线"命令（L）和"圆"命令（C）
屏蔽导线		
电缆终端头	─◁	执行"直线"命令（L）

░░ 提示

为了突出或区分某些电路及电路的功能，导线、连接线等均可采用不同粗细的直线来表示。一般而言，电源主电路、一次电路、主信号通路等采用粗线表示，与之相关的其余部分则采用细线表示。由隔离开关、断路器等组成的变压器的电源电路采用粗线表示，而由电流互感器、电压互感器和电度表组成的电流测量电路则采用细线表示。线宽、线型可以通过"特性"面板进行设置。设置好线宽后，在视觉上看不出线条的变化，但可以在状态栏右侧的"对象捕捉"工具栏中单击"线宽"按钮 进行查看。

例如，表 12-1 中屏蔽导线中的圆为虚线，在"特性"面板的"线型"下拉列表中选择虚线即可设置。若下拉列表中没有虚线，则单击"其他"按钮，将弹出"线型管理器"对话框，再单击"加载"按钮，在随后弹出的"加载或重载线型"对话框中选择需要的虚线即可，如图 12-1 所示。

图 12-1　加载线型

12.2　电阻、电容、电感器件的绘制

电阻、电容、电感器件对流经的电流信号不进行任何运算处理，只将信号强度放大或单纯地让电流信号通过。这类器件属于被动器件，是电路组成的基础，它们在电气设计中的地位非常重要。

12.2.1　电阻器的绘制

视频\12\电阻器的绘制.avi
案例\12\电阻器.dwg

电阻器符号由矩形和直线组成，具体的绘制步骤如下。

Step 01 启动 AutoCAD 2020，在快速访问工具栏中单击"保存"按钮，将文件保存为"案例\12\电阻器.dwg"文件。

Step 02 执行"矩形"命令（REC），绘制 7×3 的矩形，如图 12-2 所示。

Step 03 执行"绘图设置"命令（SE），在弹出的"草图设置"对话框中切换到"对象捕捉"选项卡；勾选"启用对象捕捉""启用对象捕捉追踪""中点"复选框，单击"确定"按钮，设置捕捉，如图 12-3 所示。

Step 04 执行"直线"命令（L），捕捉矩形左、右两侧的中点，分别绘制长度为 4 的水平线段，如图 12-4 所示。

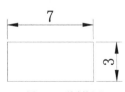

图 12-2　绘制矩形

第 12 章　常用电气元器件的绘制

图 12-3　设置捕捉模式　　　　　图 12-4　绘制水平线段

提示

为了提高绘图效率，可以在"草图设置"对话框中勾选"对象捕捉模式"选项组下的所有捕捉点，即单击"全部选择"按钮，这样，以后再绘图时，就不必每次都设置捕捉点了。

Step 05 执行"BASE"命令，指定左水平线段的左端点为基点。

Step 06 至此，电阻器绘制完成，按 Ctrl+S 组合键保存。

提示

"BASE"命令可以指定基点，后面插入该图形时，将以此点为基点插入相应位置。

12.2.2　可变电阻器的绘制

视频\12\可变电阻器的绘制.avi
案例\12\可变电阻器.dwg

可变电阻器符号是在电阻器符号的基础上绘制的，具体步骤如下。

Step 01 启动 AutoCAD 2020，在快速访问工具栏中单击"打开"按钮 ，将"案例\12\电阻器.dwg"文件打开，如图 12-5 所示。

图 12-5　打开的图形

Step 02 单击"另存为"按钮 ，将其另存为"案例\12\可变电阻器.dwg"文件。

Step 03 执行"多段线"命令（PL），如图 12-6 所示，由左下侧向右上侧绘制一条斜线段；当命令行提示"指定下一点或 [圆弧（A）/闭合（C）/半宽（H）/长度（L）/放弃（U）/宽度（W）]:"时，选择"宽度（W）"项，设置起点宽度为 0.5，端点宽度为 0，如图 12-7 所示，在斜线段的延长线上绘制箭头图形。

329

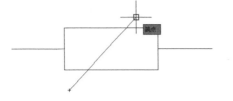
图 12-6 绘制斜线段

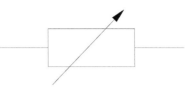
图 12-7 绘制箭头图形

Step 04 执行"BASE"命令,指定左水平线段的左端点为基点。

Step 05 至此,可变电阻器符号绘制完成,按 Ctrl+S 组合键保存。

12.2.3 电感器的绘制

> 视频\12\电感器的绘制.avi
> 案例\12\电感器.dwg

电感器符号由 4 个大小相等的圆弧组成,其绘制步骤如下。

Step 01 启动 AutoCAD 2020,在快速访问工具栏中单击保存按钮 ,将文件保存为"案例\12\电感器.dwg"文件。

Step 02 执行"圆弧"命令(A),根据如下命令行提示绘制半径为 2 的半圆弧,如图 12-8 所示。

```
命令:A
指定圆弧的起点或 [圆心(C)]: c              //选择"圆心(C)"项
指定圆弧的圆心:                             //鼠标指定任意点
指定圆弧的起点: 2                           //输入半轴长度 2
指定圆弧的端点或 [角度(A)/弦长(L)]: a        //选择"角度(A)"项
指定包含角: 180                             //输入角度 180
```

Step 03 执行"复制"命令(CO),将半圆弧水平向右复制 3 个,如图 12-9 所示。

图 12-8 绘制半圆弧

图 12-9 复制半圆弧

Step 04 执行"BASE"命令,指定左圆弧端点为基点。

Step 05 至此,电感器符号绘制完成,按 Ctrl+S 组合键保存。

12.2.4 电容器的绘制

> 视频\12\电容器的绘制.avi
> 案例\12\电容器.dwg

电容器符号由两组线段组成,其绘制步骤如下。

第 12 章　常用电气元器件的绘制

Step 01 启动 AutoCAD 2020，在快速访问工具栏中单击"保存"按钮，将文件保存为"案例\12\电容器.dwg"文件。

Step 02 执行"矩形"命令（REC），绘制 3×8 的矩形，如图 12-10 所示。

Step 03 执行"分解"命令（X），将矩形打散；再执行"删除"命令（E），将两条水平线段删除，如图 12-11 所示。

Step 04 执行"直线"命令（L），按 F8 键打开正交模式，分别捕捉两条垂直线段的中点且向两侧分别绘制长度为 6 的水平线段，如图 12-12 所示。

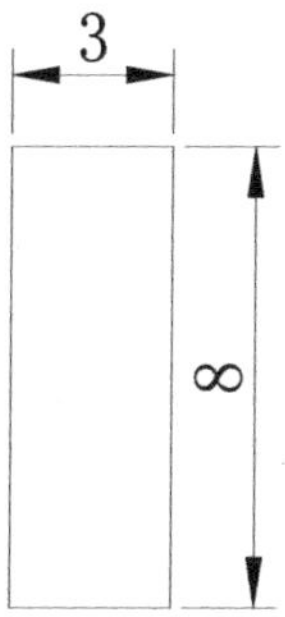

图 12-10　绘制矩形 　　　图 12-11　分解删除操作 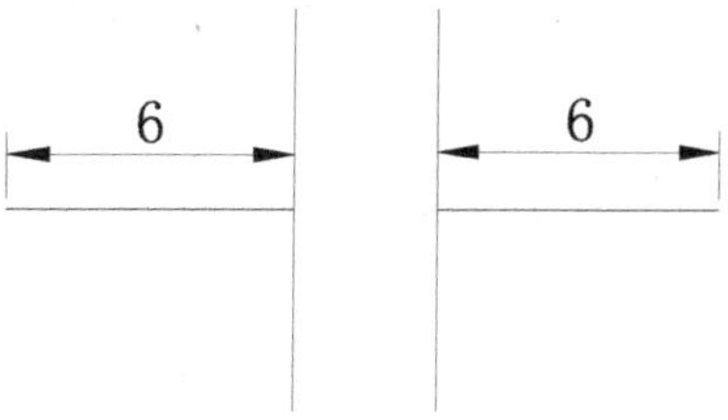　　　图 12-12　绘制水平线段

Step 05 执行"BASE"命令，指定左水平线段的左端点为基点。

Step 06 至此，电容器符号绘制完成，按 Ctrl+S 组合键保存。

12.2.5　可变电容器的绘制

> 视频\12\可变电容器的绘制.avi
> 案例\12\可变电容器.dwg

可变电容器符号是在电容器符号的基础上绘制的，具体步骤如下。

Step 01 启动 AutoCAD 2020，在快速访问工具栏中单击"打开"按钮，将"案例\12\电容器.dwg"文件打开，如图 12-13 所示。

Step 02 单击"另存为"按钮，将其另存为"案例\12\可变电容器.dwg"文件。

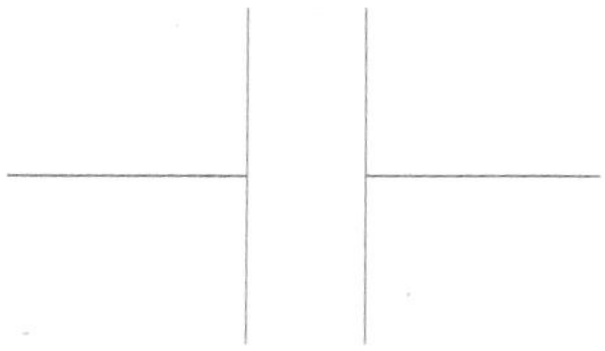

Step 03 执行"多段线"命令（PL），由左下侧向右上侧绘制一条斜线段，如图 12-14 所示；当命令行提示"指定下一点或 [圆弧（A）/闭合（C）/半宽（H）/长度（L）/放弃（U）/宽度（W）]:"时，选择"宽度（W）"项，设置起点宽度为 0.5，端点宽度为 0，在斜线段的延长线上绘制箭头图形，如图 12-15 所示。

图 12-13　打开的图形

Step 04 执行"BASE"命令，指定左水平线段的左端点为基点。

Step 05 至此，可变电容器符号绘制完成，按 Ctrl+S 组合键保存。

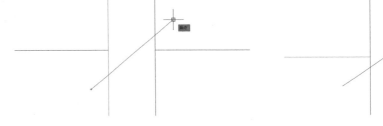

图 12-14　绘制斜线段　　　　　　　　　图 12-15　绘制箭头图形

12.3　半导体器件的绘制

半导体是导电能力介于导体和绝缘体之间的一种物质。半导体器件有二极管、三极管、控制器、控制极、晶体管、半导体管及场效应管等。半导体器件符号是电气绘图中的常见符号,广泛应用于各种电路图。

12.3.1　二极管的绘制

视频\12\二极管的绘制.avi
案例\12\二极管.dwg

用户可使用多边形、旋转和直线等命令绘制二极管,具体绘制步骤如下。

Step 01 启动 AutoCAD 2020,在快速访问工具栏中单击"保存"按钮,将其保存为"案例\12\二极管.dwg"文件。

Step 02 执行"多边形"命令(POL),输入侧面数为 3,选择"内接于圆(I)"项,并输入指定半径为 3.5,绘制一个正三角形,如图 12-16 所示。

Step 03 执行"旋转"命令(RO)将正三角形旋转 30°,如图 12-17 所示。

　　　　　　　　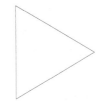

图 12-16　绘制正三角形　　　　　　　　图 12-17　旋转图形结果

Step 04 执行"直线"命令(L),在正三角形右角点处向上、向下各绘制长度为 3 的垂直线段,如图 12-18 所示。

Step 05 同样执行"直线"命令(L),过正三角形的右角点绘制水平线段,如图 12-19 所示。

图 12-18 绘制垂直线段

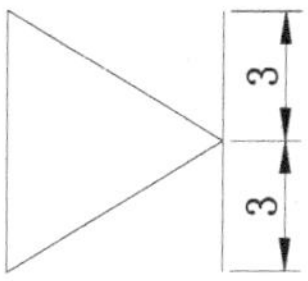

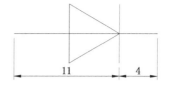
图 12-19 绘制水平线段

Step 06 执行"BASE"命令,指定水平线段的左端点为基点。

Step 07 至此,二极管符号绘制完成,按 Ctrl+S 组合键保存。

12.3.2 PNP 型半导体管的绘制

视频\12\PNP型半导体管的绘制.avi
案例\12\PNP型半导体管.dwg

用户可使用直线和多段线命令绘制 PNP 型半导体管,具体绘制步骤如下。

Step 01 启动 AutoCAD 2020,在快速访问工具栏中单击"保存"按钮 ,将文件保存为"案例\12\PNP 型半导体管.dwg"文件。

Step 02 执行"直线"命令(L),按 F3 键启用对象捕捉模式,绘制水平线段,如图 12-20 所示。

图 12-20 绘制水平线段

> **提示**
>
> 先使用"直线"命令绘制长度为 4 的水平线段,再启用"对象捕捉"模式,捕捉右侧端点并向右拖动,出现捕捉虚线时输入 6,然后捕捉新的端点作为起点绘制长度为 5 的水平线段。

Step 03 执行"直线"命令(L),捕捉第一条水平线段的右端点,向上、向下各绘制长度为 3 的垂直线段,如图 12-21 所示。

Step 04 执行"直线"命令(L),分别捕捉垂直线段的中点绘制角度为 30°、长度为 7 的两条斜线段,如图 12-22 所示。

Step 05 执行"多段线"命令(PL),指定上斜线段左下端点为起点,选择"宽度(W)"项,设置起点宽度为 0,端点宽度为 0.5,捕捉斜线段的中点为下一个点,绘制一条多段线,如图 12-23 所示。

图 12-21 绘制垂直线段

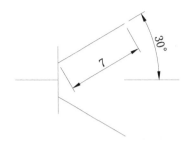

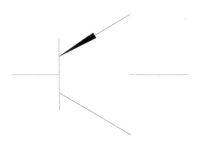

图 12-22　绘制斜线段　　　　　　　　　图 12-23　绘制多段线

Step 06 执行"BASE"命令，指定左水平线段的左端点为基点。

Step 07 至此，PNP 型半导体管符号绘制完成，按 Ctrl+S 组合键保存。

12.3.3　NPN 型半导体管的绘制

视频\12\NPN型半导体管的绘制.avi
案例\12\NPN型半导体管.dwg

用户可使用圆、直线、图案填充等命令绘制 NPN 型半导体管，具体绘制步骤如下。

Step 01 启动 AutoCAD 2020，在快速访问工具栏中单击"保存"按钮，将文件保存为"案例\12\NPN 型半导体管.dwg"文件。

Step 02 执行"圆"命令（C），绘制半径为 3 的圆，如图 12-24 所示。

Step 03 执行"直线"命令（L），捕捉圆心向左绘制长度为 7 的水平线段，如图 12-25 所示。

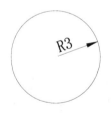

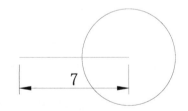

图 12-24　绘制圆　　　　　　　　　　图 12-25　绘制水平线段

Step 04 执行"直线"命令（L），同样过圆心向 Y 轴的正、负方向分别绘制长度为 3.5 的垂直线段，如图 12-26 所示。

Step 05 再执行"直线"命令（L），过圆右象限点向右绘制长度为 5 的水平线段，如图 12-27 所示。

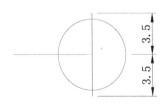

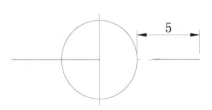

图 12-26　绘制垂直线段　　　　　　　　图 12-27　绘制水平线段

第 12 章　常用电气元器件的绘制

Step 06 执行"直线"命令（L），在垂直线段上绘制角度为30°、长度为4的斜线段，如图12-28所示。

Step 07 执行"镜像"命令（MI），将斜线段以左侧水平线段的右端点为基点镜像，如图12-29所示。

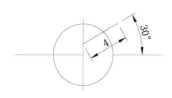

图 12-28　绘制斜线段　　　　　图 12-29　镜像斜线段

Step 08 执行"多段线"命令（PL），指定上侧斜线段右上端点为起点，选择"宽度（W）"项，设置起点宽度为 0，端点宽度为 0.5，捕捉斜线段的中点为下一个点，绘制一条多段线，如图12-30所示。

Step 09 执行"圆"命令（C），以下侧斜线段与圆的交点为圆心，绘制半径为1的小圆，如图12-31所示。

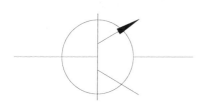
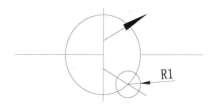

图 12-30　绘制箭头　　　　　图 12-31　绘制小圆

Step 10 执行"填充"命令（H），选择"设置（T）"项，弹出"图案填充和渐变色"对话框，选择样例为"SOLTD"，对小圆进行填充操作，如图12-32所示。

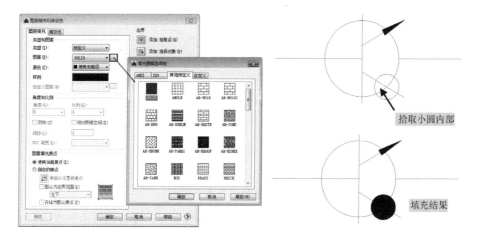

图 12-32　填充小圆

335

> **提示**
>
> 在填充小圆时，由图可见小圆被大圆和斜线分成了 4 部分，拾取小圆内部时，需要依次拾取这 4 部分以对整个小圆进行填充。

Step 11 执行"BASE"命令，指定左水平线段的左端点为基点。

Step 12 至此，NPN 型半导体管符号绘制完成，按 Ctrl+S 组合键保存。

12.3.4 接地符号的绘制

视频\12\接地符号的绘制.avi
案例\12\接地符号.dwg

接地符号的绘制步骤如下。

Step 01 启动 AutoCAD 2020，在快速访问工具栏中单击"保存"按钮，将文件保存为"案例\12\接地符号.dwg"文件。

Step 02 执行"直线"命令（L），绘制长度为 2 的水平线段，如图 12-33 所示。

Step 03 执行"偏移"命令（O），将上一步绘制的水平线段向上各偏移 2，如图 12-34 所示。

图 12-33　绘制水平线段　　　　　图 12-34　偏移水平线段

Step 04 选中第二条水平线段，此时该水平线段呈现 3 个夹点，单击右侧的夹点（将以红色显示），向外拖动，并输入拉长的距离为 2，按空格键将该水平线段拉长，如图 12-35 所示。

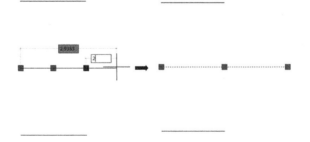

图 12-35　拉长第二条水平线段

Step 05 采用同样的方法，将第二条水平线段的左端点拉长 2，使该线段的长度达到 6，如图 12-36 所示。

Step 06 再将第三条水平线段两侧各拉长 3，使其长度达到 8，如图 12-37 所示。

Step 07 执行"直线"命令（L），在第三条水平线段的中点向上绘制长度为 6 的垂直线段，如图 12-38 所示。

图 12-36 再次拉长第二条水平线段　　图 12-37 拉长第三条水平线段　　图 12-38 接地符号效果

Step 08 执行"BASE"命令,指定垂直线段的上端点为基点。

Step 09 至此,接地符号绘制完成,按 Ctrl+S 组合键保存。

12.4 开关的绘制

开关是一种基本的低压电器,是电气设计中常用的电气控制器件,主要用于控制电路的通断。

12.4.1 单极开关的绘制

视频\12\单极开关的绘制.avi
案例\12\单极开关.dwg

单极开关由 3 条线段组成,具体绘制步骤如下。

Step 01 启动 AutoCAD 2020,在快速访问工具栏中单击"保存"按钮,将文件保存为"案例\12\单极开关.dwg"文件。

Step 02 执行"直线"命令(L),按 F8 键打开正交模式,绘制 3 条连续的垂直线段,如图 12-39 所示。

Step 03 执行"旋转"命令(RO),选择中间的垂直线段,以其下端点为基点,输入旋转角度为 25°,如图 12-40 所示。

Step 04 执行"BASE"命令,指定垂直线段的上端点为基点。

Step 05 至此,单极开关符号绘制完成,按 Ctrl+S 组合键保存。

图 12-39 绘制垂直线段　　　　　　图 12-40 旋转效果

12.4.2 多极开关的绘制

视频\12\多极开关的绘制.avi
案例\12\多极开关.dwg

多极开关符号由单极开关符号演变而来，具体绘制步骤如下。

Step 01 启动 AutoCAD 2020，在快速访问工具栏中单击"打开"按钮，将"案例\12\单极开关.dwg"文件打开。

Step 02 单击"另存为"按钮，将其另存为"案例\12\多极开关.dwg"文件。

Step 03 执行"复制"命令（CO），将图形选中，指定任意基点，向右拖动鼠标，输入复制距离为 10，按空格键进行第一步复制；继续拖动鼠标，输入复制距离为 20，按空格键确定，进行第二次复制，如图 12-41 所示。

Step 04 执行"直线"命令（L），捕捉斜线段的中点，绘制一条水平线段，且调整其线型为虚线，如图 12-42 所示。

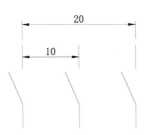
图 12-41　复制图形

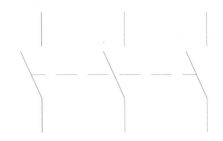
图 12-42　绘制水平线段

Step 05 执行"BASE"命令，指定中间线段上侧垂直线段的上端点为基点。

Step 06 至此，多极开关符号绘制完成，按 Ctrl+S 组合键保存。

12.4.3 断路器的绘制

视频\12\断路器的绘制.avi
案例\12\断路器.dwg

断路器符号同样是由单极开关符号演变而来的，具体绘制步骤如下。

Step 01 启动 AutoCAD 2020，在快速访问工具栏中单击"打开"按钮，将"案例\12\单极开关.dwg"文件打开，如图 12-43 所示。

Step 02 单击"另存为"按钮，将其另存为"案例\12\断路器.dwg"文件。

Step 03 执行"直线"命令（L），分别绘制长度、高度均为 2 且互相垂直的线段，如图 12-44 所示。

第 12 章　常用电气元器件的绘制

图 12-43　单极开关

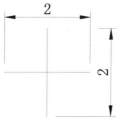
图 12-44　绘制十字线段

Step 04 执行"旋转"命令（RO），将十字线段旋转 45°，如图 12-45 所示。

Step 05 执行"移动"命令（M），选择十字线段，以十字交点为基点将其移动捕捉到单极开关上侧垂直线段的下端点，如图 12-46 所示。

图 12-45　旋转操作　　　　图 12-46　移动操作

Step 06 执行"BASE"命令，指定垂直线段的上端点为基点。

Step 07 至此，断路器符号绘制完成，按 Ctrl+S 组合键保存。

12.4.4　熔断器开关的绘制

视频\12\熔断器开关的绘制.avi
案例\12\熔断器开关.dwg

用户可使用直线、矩形、旋转等命令绘制熔断器开关，具体绘制步骤如下。

Step 01 启动 AutoCAD 2020，在快速访问工具栏中单击"保存"按钮，将文件保存为"案例\12\熔断器开关.dwg"文件。

Step 02 执行"矩形"命令（REC），绘制 3×6 的矩形，如图 12-47 所示。

Step 03 执行"直线"命令（L），捕捉矩形水平线段的中点，绘制一条高度为 10 的垂直线段，如图 12-48 所示。

> **提示**
>
> 执行"直线"命令后,按 F3 键打开对象捕捉模式;捕捉矩形水平线段的中点,垂直拖动鼠标;出现捕捉虚线后,输入 2;再确定起点,将鼠标向相反方向拖动,输入 10,即可绘制此垂直线段。

Step 04 执行"直线"命令(L),分别捕捉垂直线段的上、下端点,向两端各绘制高度为 3 的垂直线段,如图 12-49 所示。

Step 05 执行"旋转"命令(RO),选中矩形和中间的垂直线段,以垂直线段的下端点为基点,将图形旋转 25°,如图 12-50 所示。

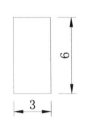　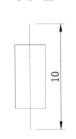　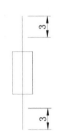　

图 12-47　绘制矩形　　图 12-48　绘制高度为 10 的垂直线段　　图 12-49　绘制高度为 3 的垂直线段　　图 12-50　旋转图形

Step 06 执行"BASE"命令,指定垂直线段的上端点为基点。

Step 07 至此,熔断器开关符号绘制完成,按 Ctrl+S 组合键保存。

12.5　信号器件的绘制

信号器件是一种用于反映电路工作状态的器件,广泛应用于电气设计中。

12.5.1　信号灯的绘制

> 视频\12\信号灯的绘制.avi
> 案例\12\信号灯.dwg

用户可以使用圆、直线、图案填充等命令完成信号灯的绘制,具体步骤如下。

Step 01 启动 AutoCAD 2020,在快速访问工具栏中单击"保存"按钮,将文件保存为"案例\12\信号灯.dwg"文件。

Step 02 执行"圆"命令(C),绘制半径为 6 的圆,如图 12-51 所示。

Step 03 执行"绘图设置"命令(SE),打开"草图设置"对话框,在"对象捕捉模式"选项组中勾选"象限点"复选框,再单击"确定"按钮,如图 12-52 所示。

第 12 章　常用电气元器件的绘制

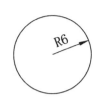

图 12-51　绘制圆　　　　　　　　图 12-52　设置对象捕捉模式

Step 04 执行"直线"命令（L），分别连接圆的垂直方向和水平方向两端的象限点，绘制水平线段和垂直线段，如图 12-53 所示。

Step 05 执行"旋转"命令（RO），选择整个图形，旋转 45°，如图 12-54 所示。

Step 06 执行"直线"命令（L），再捕捉圆上象限点向上绘制高度为 4 的垂直线段，如图 12-55 所示。

Step 07 执行"填充"命令（H），选择样例为"SOLTD"，对 90° 圆弧进行填充操作，如图 12-56 所示。

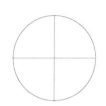   

图 12-53　绘制线段　　图 12-54　旋转图形　　图 12-55　绘制垂直线段　　图 12-56　填充图形

Step 08 执行"BASE"命令，指定垂直线段的上端点为基点。

Step 09 至此，信号灯符号绘制完成，按 Ctrl+S 组合键保存。

12.5.2　灯的绘制

 视频\12\灯的绘制.avi
案例\12\灯.dwg

灯符号由信号灯符号演变而来，具体绘制步骤如下。

Step 01 启动 AutoCAD 2020，在快速访问工具栏中单击"打开"按钮，将"案例\12\信号灯.dwg"文件打开，如图 12-57 所示。

Step 02 单击"另存为"按钮，将其另存为"案例\12\灯.dwg"文件。

Step 03 执行"删除"命令（E），将图案填充和垂直线段删除，如图 12-58 所示。

Step 04 执行"直线"命令（L），捕捉圆的左、右象限点，分别绘制长度为 4 的水平线段，如图 12-59 所示。

341

图 12-57 打开图形

图 12-58 执行删除操作

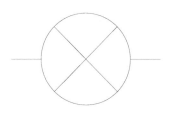
图 12-59 绘制水平线段

Step 05 执行"BASE"命令,指定左侧水平线段的左端点为基点。

Step 06 至此,灯符号绘制完成,按 Ctrl+S 组合键保存。

12.5.3 避雷器的绘制

> 视频\12\避雷器的绘制.avi
> 案例\12\避雷器.dwg

用户可通过矩形、直线和多段线等命令完成避雷器的绘制,具体步骤如下。

Step 01 启动 AutoCAD 2020,在快速访问工具栏中单击"保存"按钮,将文件保存为"案例\12\避雷器.dwg"文件。

Step 02 执行"矩形"命令(REC),绘制 3×7 的矩形,如图 12-60 所示。

Step 03 执行"直线"命令(L),捕捉矩形上、下水平线段的中点且各绘制高度为 4 的垂直线段,如图 12-61 所示。

> **提示**
> 若捕捉不到矩形水平线段中点,可以执行"草图设置"命令(SE),在"草图设置"对话框中设置对象捕捉模式为中点即可捕捉。

Step 04 执行"多段线"命令(PL),捕捉矩形下侧水平线段的中点,向上绘制高度为 2 的垂直线段,然后根据命令提示选择"宽度(W)"项,设置起点宽度为 0.5,端点宽度为 0,将鼠标继续向上指引,输入距离为 3,按空格键确定,绘制多段线,如图 12-62 所示。

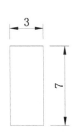
图 12-60 绘制矩形

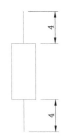
图 12-61 绘制垂直线段

图 12-62 绘制多段线

第 12 章 常用电气元器件的绘制

Step 05 执行"BASE"命令,指定上侧垂直线段的上端点为基点。

Step 06 至此,避雷器符号绘制完成,按 Ctrl+S 组合键保存。

12.5.4 电铃的绘制

视频\12\电铃的绘制.avi
案例\12\电铃.dwg

电铃符号可由圆和直线命令绘制,具体步骤如下。

Step 01 启动 AutoCAD 2020,在快速访问工具栏中单击"保存"按钮,将文件保存为"案例\12\电铃.dwg"文件。

Step 02 执行"圆"命令(C),绘制半径为 3 的圆,如图 12-63 所示。

Step 03 执行"直线"命令(L),捕捉圆左、右侧象限点,绘制水平线段,如图 12-64 所示。

Step 04 执行"修剪"命令(TR),按两次空格键,然后单击下半部分圆弧,将其修剪掉,如图 12-65 所示。

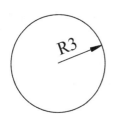 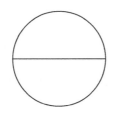 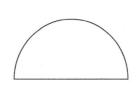

图 12-63 绘制圆　　　图 12-64 绘制水平线段　　　图 12-65 修剪圆弧

Step 05 执行"直线"命令(L),捕捉水平线段中点向下绘制高度为 4 的垂直线段,如图 12-66 所示。

Step 06 执行"偏移"命令(O),将垂直线段向左侧和右侧各偏移 3,如图 12-67 所示。

Step 07 执行"删除"命令(E),将中间的垂直线段删除,如图 12-68 所示。

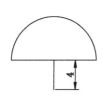 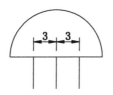 

图 12-66 绘制垂直线段　　　图 12-67 偏移垂直线段　　　图 12-68 删除中间的垂直线段

Step 08 执行"BASE"命令,指定圆弧的上象限点为基点。

Step 09 至此,电铃符号绘制完成,按 Ctrl+S 组合键保存。

12.6 仪表的绘制

仪表是用于测量、记录和计量各种电学量的表计和仪器。常用的仪表有电流表、电压表、欧姆表、功率表、功率因数表、频率表、相位表、同步指示器、电能表和多种用途的万用电表等。

12.6.1 电流表的绘制

电流表又称安培表,是测量电路中电流大小的工具,一般可直接测量微安或毫安数量级的电流。

视频\12\电流表的绘制.avi
案例\12\电流表.dwg

电流表符号由圆和文字组成,具体绘制步骤如下。

Step 01 启动 AutoCAD 2020,在快速访问工具栏中单击"保存"按钮 ,将文件保存为"案例\12\电流表.dwg"文件。

Step 02 执行"圆"命令(C),绘制半径为 4 的圆,如图 12-69 所示。

Step 03 执行"单行文字"命令(DT),根据如下命令行提示,在圆内部输入字母"A",如图 12-70 所示:

```
命令:TEXT                                          //启动"单行文字"命令
当前文字样式:"Standard"  文字高度:2.5000  注释性:否
指定文字的起点或 [对正(J)/样式(S)]: j               //选择"对正(J)"项
输入选项 [对齐(A)/布满(F)/居中(C)/中间(M)/右对齐(R)/左上(TL)/中上(TC)/右上
(TR)/左中(ML)/正中(MC)/右中(MR)/左下(BL)/中下(BC)/右下(BR)]: mc
                                                   //选择"正中(MC)"项
指定文字的中间点:                                   //捕捉圆心点
指定高度 <2.5000>:                                  //按空格键确定
指定文字的旋转角度 <0>:                             //按空格键确定
                                                   //输入字母"A"
                                                   //在文字外单击,并按 Esc 键退出
```

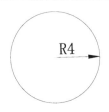

图 12-69 绘制圆

图 12-70 输入字母"A"

> **提示**
> 根据如上步骤设置好字体高度和旋转角度后,将会出现一个文本闪烁光标,即可输入文字内容。确定此文字内容时,在该文字外侧单击,即可输入下一个文字,继续单击,可不断地输入定点文字。若需要退出,则按 Esc 键。

Step 04 执行"BASE"命令,指定圆心为基点。

Step 05 至此,电流表符号绘制完成,按 Ctrl+S 组合键保存。

12.6.2 电压表的绘制

电压表是测量电压的一种仪器,常用的电压表为伏特表,符号为 V。

视频\12\电压表的绘制.avi
案例\12\电压表.dwg

电压表符号的绘制方法与电流表符号类似,只是在输入字母时输入"V"即可。用户可以按照电流表符号的绘制方法来绘制电压表符号,电压表符号如图 12-71 所示。

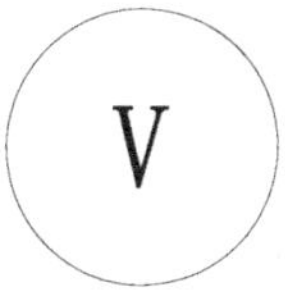

图 12-71　电压表符号

12.6.3 功率表的绘制

功率表属于电动系仪表,是一种用于在直流电路和交流电路中测量电功率的仪器,功率表可以分为低功率因数表和高功率因数功率表。

视频\12\功率表的绘制.avi
案例\12\功率表.dwg

功率表符号的绘制方法与电流表符号类似,只是在输入字母时输入"W"即可。用户可以按照电流表符号的绘制方法来绘制功率表符号。功率表符号如图 12-72 所示。

图 12-72　功率表符号

12.7 电器符号的绘制

电器是一种用于接通和断开电路,或者调节、控制和保护电路及电气设备的电工器具。由控制电路组成的自动控制系统称为继电器-接触器控制系统,简称电器控制系统。电器用途广泛、功能多样、种类繁多、结构各异。

12.7.1 交流电动机的绘制

交流电动机是将交流电的电能转换成机械能的设备。交流电动机主要由一个用以产生磁场的电磁铁绕组或分布的定子绕组和一个旋转电枢或转子组成。交流电动机是利用通电线圈在磁场中受力转动的原理制成的。

视频\12\交流电动机的绘制.avi
案例\12\交流电动机.dwg

交流电动机符号由圆和文字组成，具体绘制步骤如下。

Step 01 启动 AutoCAD 2020，在快速访问工具栏中单击"保存"按钮，将其保存为"案例\12\交流电动机.dwg"文件。

Step 02 执行"圆"命令（C），绘制半径为 8 的圆，如图 12-73 所示。

Step 03 执行"多行文字"命令（MT），在圆内拖出矩形文本框，设置文字注释性为"6"，其他设置保持默认；输入字母"M"后按 Enter 键跳到下一行，再输入"~"，如图 12-74 所示。

Step 04 执行"BASE"命令，指定圆心点为基点。

Step 05 至此，交流电动机符号绘制完成，按 Ctrl+S 组合键保存。

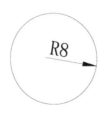

图 12-73 绘制圆

图 12-74 输入文字

12.7.2 三相异步电动机的绘制

视频\12\三相异步电动机的绘制.avi
案例\12\三相异步电动机.dwg

三相异步电动机符号的绘制步骤如下。

Step 01 启动 AutoCAD 2020，在快速访问工具栏中单击"打开"按钮，将"案例\12\交流电动机.dwg"文件打开，如图 12-75 所示。

Step 02 单击"另存为"按钮，将其另存为"案例\12\三相异步电动机.dwg"文件。

Step 03 双击圆内文字，如图 12-76 所示，在第二行输入开头字"3"，且将第二行字体的注释性修改为"4"。

Step 04 执行"偏移"命令（O），将圆向外偏移 3，如图 12-77 所示。

图 12-75　打开图形　　　　图 12-76　修改文字　　　　图 12-77　偏移圆

Step 05 执行"直线"命令（L），捕捉圆的对应象限点，绘制垂直线段，如图 12-78 所示。

Step 06 执行"偏移"命令（O），将两条垂直线段向左、右两边各偏移 5，如图 12-79 所示。

Step 07 执行"延伸"命令（EX），将偏移后的线段向圆内延伸，如图 12-80 所示。

Step 08 执行"BASE"命令，指定上侧中间垂直线段的上端点为基点。

Step 09 至此，三相异步电动机符号绘制完成，按 Ctrl+S 组合键保存。

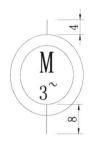  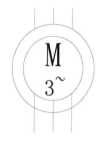

图 12-78　绘制垂直线段　　　图 12-79　偏移操作　　　　图 12-80　延伸操作

12.7.3　热继电器的绘制

热继电器主要用于对异步电动机进行过载保护，其工作原理是过载电流通过热元器件后，会使双金属片加热弯曲去推动动作机构带动触点动作，从而将电动机控制电路断开，实现电动机断电停车，起到过载保护的作用。

视频\12\热继电器的绘制.avi
案例\12\热继电器.dwg

热继电器符号的绘制步骤如下。

Step 01 启动 AutoCAD 2020，在快速访问工具栏中单击"保存"按钮，将文件保存为"案例\12\热继电器.dwg"文件。

Step 02 执行"矩形"命令（REC），绘制 2×2 的矩形，如图 12-81 所示。

Step 03 执行"分解"命令（X），对矩形进行打散操作，再执行"删除"命令（E），将矩形右侧的垂直线段删除，如图 12-82 所示。

Step 04 执行"直线"命令（L），捕捉两条水平线段的右端点，分别向上、向下绘制长度为 6 的垂直线段，如图 12-83 所示。

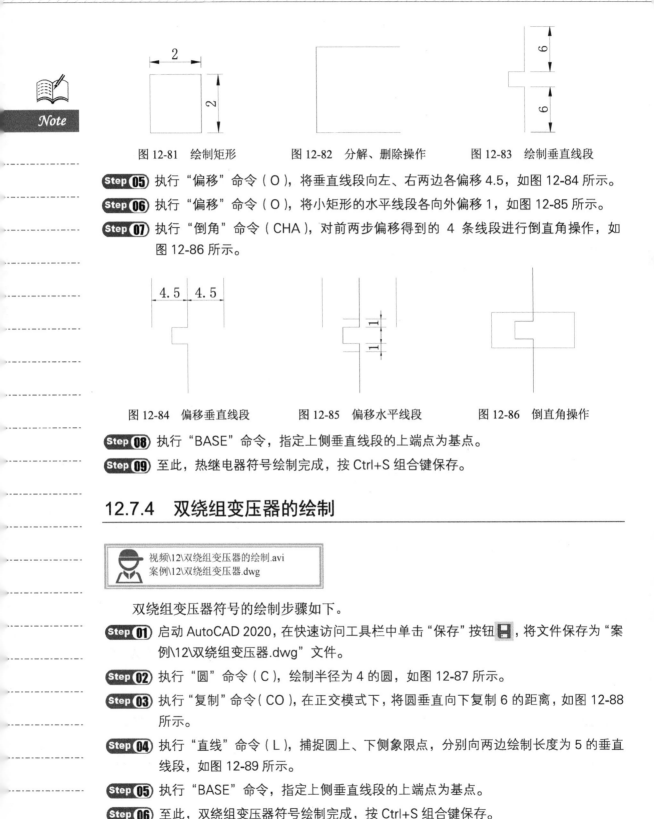

图 12-81 绘制矩形　　图 12-82 分解、删除操作　　图 12-83 绘制垂直线段

Step 05 执行"偏移"命令（O），将垂直线段向左、右两边各偏移4.5，如图12-84所示。

Step 06 执行"偏移"命令（O），将小矩形的水平线段各向外偏移1，如图12-85所示。

Step 07 执行"倒角"命令（CHA），对前两步偏移得到的4条线段进行倒直角操作，如图12-86所示。

图 12-84 偏移垂直线段　　图 12-85 偏移水平线段　　图 12-86 倒直角操作

Step 08 执行"BASE"命令，指定上侧垂直线段的上端点为基点。

Step 09 至此，热继电器符号绘制完成，按Ctrl+S组合键保存。

12.7.4 双绕组变压器的绘制

视频\12\双绕组变压器的绘制.avi
案例\12\双绕组变压器.dwg

双绕组变压器符号的绘制步骤如下。

Step 01 启动AutoCAD 2020，在快速访问工具栏中单击"保存"按钮，将文件保存为"案例\12\双绕组变压器.dwg"文件。

Step 02 执行"圆"命令（C），绘制半径为4的圆，如图12-87所示。

Step 03 执行"复制"命令（CO），在正交模式下，将圆垂直向下复制6的距离，如图12-88所示。

Step 04 执行"直线"命令（L），捕捉圆上、下侧象限点，分别向两边绘制长度为5的垂直线段，如图12-89所示。

Step 05 执行"BASE"命令，指定上侧垂直线段的上端点为基点。

Step 06 至此，双绕组变压器符号绘制完成，按Ctrl+S组合键保存。

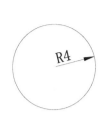 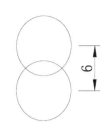 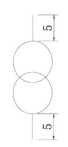

图 12-87　绘制圆　　　　图 12-88　复制操作　　　　图 12-89　绘制垂直线段

12.7.5　三相变压器的绘制

三相变压器是 3 个相同容量的单相变压器的组合，它有 3 个铁芯柱，每个铁芯柱都绕着同相的 2 个线圈，一个是高压线圈，另一个是低压线圈。

视频\12\三相变压器的绘制.avi
案例\12\三相变压器.dwg

三相变压器符号的绘制步骤如下。

Step 01 启动 AutoCAD 2020，在快速访问工具栏中单击"打开"按钮 ，将"案例\12\双绕组变压器.dwg"文件打开，如图 12-90 所示。

Step 02 单击"另存为"按钮 ，将其另存为"案例\12\三相变压器.dwg"文件。

Step 03 执行"单行文字"命令（DT），指定圆心为文字对正的中间位置，向两个圆内部输入字母"Y"，如图 12-91 所示。

Step 04 执行"直线"命令（L），在上侧垂直线段的中点处绘制一条角度为 30°，长度为 4 的斜线段，如图 12-92 所示。

 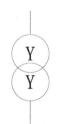 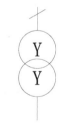

图 12-90　打开图形　　　　图 12-91　输入字母"Y"　　　　图 12-92　绘制斜线段

Step 05 执行"复制"命令（CO），选择斜线段对象，在正交状态下向上、下各复制距离为 1 的两条斜线段，如图 12-93 所示。

Step 06 执行"复制"命令（CO），将 3 条斜线段复制到下侧的垂直线段处，如图 12-94 所示。

Step 07 执行"BASE"命令，指定上侧垂直线段的上端点为基点。

Step 08 至此，三相变压器符号绘制完成，按 Ctrl+S 组合键保存。

图 12-93　复制 2 条斜线 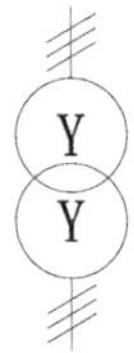　　　　　　　　　　　图 12-94　镜像斜线

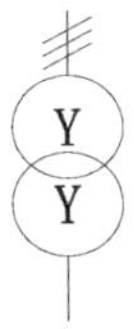

12.8　其他元器件符号的绘制

在电气设计绘图中，除了前面介绍的电器符号，还有许多不同的电器符号。本节将介绍电视插座、插头和插座、电度表等符号的绘制方法。

12.8.1　电视插座的绘制

视频\12\电视插座的绘制.avi
案例\12\电视插座.dwg

电视插座符号由线段和文字组成，具体绘制步骤如下。

Step 01 启动 AutoCAD 2020，在快速访问工具栏中单击"保存"按钮 ，将文件保存为"案例\12\电视插座.dwg"文件。

Step 02 执行"直线"命令（L），按 F8 键打开正交模式，绘制线段，如图 12-95 所示。

Step 03 执行"直线"命令（L），捕捉水平线段的中点绘制垂直线段，如图 12-96 所示。

Step 04 执行"单行文字"命令（DT），设置文字高度为 2.5，在图形的相应位置输入字母"TV"，如图 12-97 所示。

　　　　　　　　　　　　　　　　TV

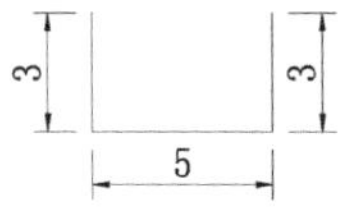

图 12-95　直线命令 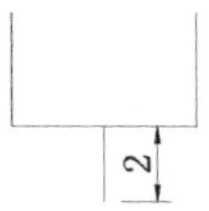　　　　图 12-96　绘制垂直线段 　　　　图 12-97　输入文字

Step 05 执行"BASE"命令，指定垂直线段的下端点为基点。

Step 06 至此，电视插座符号绘制完成，按 Ctrl+S 组合键保存。

12.8.2　插头和插座的绘制

 视频\12\插头和插座的绘制.avi
案例\12\插头和插座.dwg

插头和插座符号的绘制步骤如下。

第 12 章 常用电气元器件的绘制

Step 01 启动 AutoCAD 2020,在快速访问工具栏中单击"保存"按钮 ,将文件保存为"案例\12\插头和插座.dwg"文件。

Step 02 执行"圆"命令(C),绘制半径为 3 的圆,如图 12-98 所示。

Step 03 执行"直线"命令(L),捕捉圆的左、右象限点绘制水平线段,如图 12-99 所示。

Step 04 执行"修剪"命令(TR)和"删除"命令(E),修剪并删除多余的线段和圆弧,如图 12-100 所示。

图 12-98　绘制圆　　　　图 12-99　绘制水平线段　　　　图 12-100　修剪和删除操作

Step 05 执行"直线"命令(L),绘制长度为 4 的垂直线段,如图 12-101 所示。

Step 06 执行"矩形"命令(REC),绘制 1×5 的矩形,再执行"移动"命令(M),捕捉矩形下侧的水平线段的中点到圆心点,如图 12-102 所示。

Step 07 执行"直线"命令(L),捕捉矩形上侧的水平线段的中点并绘制高度为 4 的垂直线段,如图 12-103 所示。

Step 08 执行"填充"命令(H),选择样例为"SOLTD",对矩形进行填充,如图 12-104 所示。

 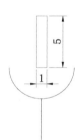  

图 12-101　绘制垂直线段　　图 12-102　绘制矩形　　图 12-103　绘制垂直线段　　图 12-104　填充操作

Step 09 执行"BASE"命令,指定上侧垂直线段的上端点为基点。

Step 10 至此,插头和插座符号绘制完成,按 Ctrl+S 组合键保存。

12.8.3　电度表的绘制

视频\12\电度表的绘制.avi
案例\12\电度表.dwg

电度表符号的绘制步骤如下。

Step 01 启动 AutoCAD 2020,在快速访问工具栏中单击"保存"按钮 ,将文件保存为"案例\12\电度表.dwg"文件。

Step 02 执行"矩形"命令（REC），绘制 15×8 的矩形，如图 12-105 所示。

Step 03 执行"分解"命令（X）和"偏移"命令（O），将水平线段向内偏移 1，如图 12-106 所示。

Step 04 执行"单行文字"命令（DT），设置文字高度为 4，输入字母"KWH"，如图 12-107 所示。

Step 05 执行"BASE"命令，指定上侧水平线段的中点为基点。

Step 06 至此，电度表符号绘制完成，按 Ctrl+S 组合键保存。

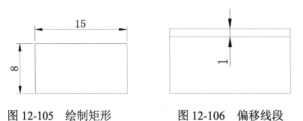

图 12-105 绘制矩形　　　　图 12-106 偏移线段　　　　图 12-107 输入文字

12.9 本章小结

本章讲解了常用电气元器件的绘制方法，主要包括导线与连接器件的绘制；电阻、电容、电感器件的绘制；半导体器件的绘制；开关的绘制；信号器件的绘制；仪表的绘制；电器符号的绘制及其他元器件符号的绘制。

第13章

电气照明控制线路图的绘制

照明灯具及其控制线路种类繁多、用途各异,常见的照明灯具有白炽灯、荧光灯、碘钨灯、高压水银灯和高压钠灯等,其控制线路分为一般连接控制线路和以节电为主的自动控制线路。

内容要点

- ◆ 白炽灯照明线路图的绘制
- ◆ 高压水银灯电气线路图的绘制
- ◆ 高压钠灯电气线路图的绘制
- ◆ 调光灯电气线路图的绘制
- ◆ 晶闸管电气线路图的绘制
- ◆ 晶体管延时开关电气线路图的绘制

13.1 白炽灯照明线路图的绘制

视频\13\白炽灯照明线路图的绘制.avi
案例\13\白炽灯照明线路图.dwg

白炽灯具有结构简单、使用方便的优点，因而被广泛应用于工矿企业、机关学校和家庭的普通照明。图 13-1 所示为白炽灯照明线路图，具体绘制步骤如下。

Step 01 启动 AutoCAD 2020，系统自动创建一个空白文件，在快速访问工具栏中单击"保存"按钮，将其保存为"案例\13\白炽灯照明线路图.dwg"文件。

Step 02 执行"直线"命令（L），按 F8 键，在正交模式下绘制线段，如图 13-2 所示。

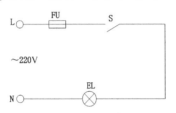

图 13-1　白炽灯照明线路图　　　　　图 13-2　绘制线段

Step 03 执行"旋转"命令（RO），将中间线段绕右端点旋转 30°，如图 13-3 所示。

图 13-3　旋转线段

Step 04 执行"直线"命令（L），捕捉端点继续绘制线段，如图 13-4 所示。

Step 05 执行"圆"命令（C），在两条水平线段左侧的端点处各绘制半径为 1.5 的圆，如图 13-5 所示。

图 13-4　绘制线段　　　　　图 13-5　绘制圆

Step 06 执行"插入"命令（I），将在第 12 章中绘制的电阻器符号和灯符号插入线路图中，如图 13-6 所示。

（a）电阻器符号　　　　　（b）灯符号

图 13-6　插入的图形

提示

启动"插入"命令后,将弹出"块"选项板;单击"浏览"按钮,则弹出"选择图形文件"对话框;在"查找范围"下拉列表中找到"案例\12"文件夹下所需要的图形文件后,单击"打开"按钮,返回"块"选项板;最后双击需要的图块即可将所需要的图形插入,如图 13-7 所示。

图 13-7　插入操作

Step 07　执行"移动"命令(M),将电阻器、灯符号放置到线路图的相应位置,如图 13-8 所示。

Step 08　执行"修剪"命令(TR),将灯图形内部多余的线段删除,如图 13-9 所示。

图 13-8　移动操作

图 13-9　删除操作

提示

将元器件符号移动到线路图中时,若元器件图形过大,可以执行"缩放"命令(SC),对图形进行合适的比例缩放,以达到理想效果。如本步骤中将灯图形移动到线路图中时,图形偏大,执行"缩放"命令(SC),输入缩放比例因子为 0.5,可将其大小缩小为原来的一半。

Step 09　执行"单行文字"命令(DT),设置字高为 2.5,在图形的相应位置输入单行文字,如图 13-1 所示。

Step 10　至此,白炽灯照明线路图绘制完成,按 Ctrl+S 组合键保存。

13.2 高压水银灯电气线路图的绘制

视频\13\高压水银灯电气线路图的绘制.avi
案例\13\高压水银灯电气线路图.dwg

由于高压水银灯具有发光效率高、节能省电、寿命长及安装接线简单等一系列优点，所以它被广泛应用于对照度要求较高的城市道路、广场、厂房和仓库等场所。图 13-10 所示为高压水银灯电气线路图。

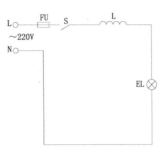

图 13-10　高压水银灯电气线路图

高压水银灯电气线路图的绘制步骤如下。

Step 01 启动 AutoCAD 2020，在快速访问工具栏中单击"保存"按钮 ，将文件保存为"案例\13\高压水银灯电气线路图.dwg"文件。

Step 02 执行"直线"命令（L），按 F8 键，在正交模式下绘制线段，如图 13-11 所示。

Step 03 执行"旋转"命令（RO），将中间的线段绕右端点旋转 30°，如图 13-12 所示。

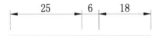

图 13-11　绘制线段　　　　　　　　　　图 13-12　旋转线段

Step 04 执行"插入"命令（I），将在第 12 章中绘制的元器件符号，即电阻器符号、电感器符号和灯符号按照合适的比例插入线路图中，如图 13-13 所示。

（a）电阻器符号　　　　（b）电感器符号　　　　（a）灯符号

图 13-13　插入的元器件符号

Step 05 执行"移动"命令（M），将电阻器符号和电感器符号放置到相应位置，如图 13-14 所示。

图 13-14　移动元器件符号

Step 06 执行"直线"命令(L),捕捉端点继续绘制线段,如图 13-15 所示。

Step 07 执行"圆"命令(C),在上、下端点处各绘制半径为 1.5 的圆,如图 13-16 所示。

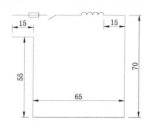
图 13-15 绘制线段

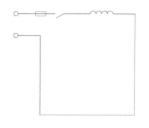
图 13-16 绘制圆

Step 08 执行"旋转"命令(RO),将灯符号旋转 90°,再执行"移动"命令(M),将灯符号放置到线路图的相应位置,如图 13-17 所示。

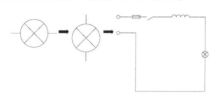
图 13-17 旋转和移动操作

Step 09 执行"修剪"命令(TR),修剪灯元器件符号内多余的线条。

Step 10 执行"单行文字"命令(DT),设置字高为 3.5,在图形的相应位置输入单行文字,如图 13-10 所示。

Step 11 至此,高压水银灯电气线路图绘制完成,按 Ctrl+S 组合键保存。

13.3 高压钠灯电气线路图的绘制

 视频\13\高压钠灯电气线路图的绘制.avi
案例\13\高压钠灯电气线路图.dwg

高压钠灯具有节能、寿命长、光效高、透雾性好等优点,故被广泛应用于对照度要求高但对光色无特别要求的高大厂房,以及有振动和多烟尘的场所。图 13-18 所示为高压钠灯电气线路图。

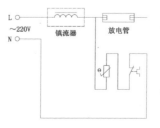
图 13-18 高压钠灯电气线路图

13.3.1 绘制线路结构

Step 01 启动 AutoCAD 2020，在快速访问工具栏中单击"保存"按钮 ，将文件保存为"案例\13\高压钠灯电气线路图.dwg"文件。

Step 02 执行"直线"命令（L），按 F8 键打开正交模式，绘制线段，如图 13-19 所示。

Step 03 执行"圆"命令（C），在线段的两个端点分别绘制半径为 1.5 的两个圆，如图 13-20 所示。

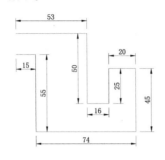
图 13-19 绘制线段

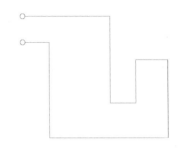
图 13-20 绘制圆

13.3.2 绘制电气元器件

1. 绘制放电管

Step 01 执行"矩形"命令（REC），绘制 22×6 的矩形，按空格键重复执行"矩形"命令，再绘制两个 3×3 的矩形。

Step 02 执行"移动"命令（M），将 3 个矩形移动，如图 13-21 所示。

Step 03 执行"直线"命令（L），分别捕捉小矩形的中点绘制水平线段，如图 13-22 所示。

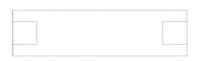
图 13-21 绘制对齐矩形

图 13-22 绘制水平线段

2. 绘制镇流器

Step 01 执行"插入"命令（I），将"案例\12"文件夹中的"电感器"插入图形中，如图 13-23 所示。

Step 02 执行"直线"命令（L），在电感器图形的上方绘制一条长度为 15 的水平线段，完成镇流器的绘制，如图 13-24 所示。

图 13-23 插入的图形

图 13-24 镇流器

> **提示**
> 第 12 章中没有"镇流器"电气符号,可以执行"写块"命令(W),将绘制好的镇流器图形保存为外部块文件,且将其保存到"案例\12"文件夹中。

3. 绘制热敏电阻器

Step 01 执行"矩形"命令(REC),绘制 4×8 的矩形,如图 13-25 所示。

Step 02 执行"直线"命令(L),绘制如图 13-26 所示的斜线段。

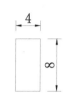

图 13-25 绘制矩形

图 13-26 绘制斜线段

Step 03 执行"单行文字"命令(DT),设置字高为 3.5,在相应位置输入文字"Θ",如图 13-27 所示。

Step 04 执行"直线"命令(L),在矩形上、下水平线段的中点处各绘制长度为 9 的两条垂直线段,如图 13-28 所示。

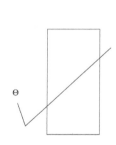

图 13-27 输入文字

图 13-28 绘制垂直线段

4. 绘制热继电器常闭触点

Step 01 执行"直线"命令(L),在正交模式下,连续绘制 3 条线段,如图 13-29 所示。

Step 02 执行"旋转"命令(RO),将中间的线段绕下端点旋转-25°,如图 13-30 所示。

Step 03 执行"直线"命令(L),捕捉端点并向右绘制长度为 3 的水平线段,如图 13-31 所示。

Step 04 执行"直线"命令(L),捕捉斜线段的中点并向右绘制长度为 4 的水平线段,且将线型设置为虚线,如图 13-32 所示。

Step 05 输入"拉长"命令(LENGTHEN),根据命令行提示选择"增量(ED)"项,设置增量长度为 2,然后在斜线段上端单击,则将斜线段上端拉长 2,如图 13-33 所示。

Step 06 执行"矩形"命令(REC),绘制 2×3 的矩形,再执行"移动"命令(M),将矩形移动至虚线上,如图 13-34 所示。

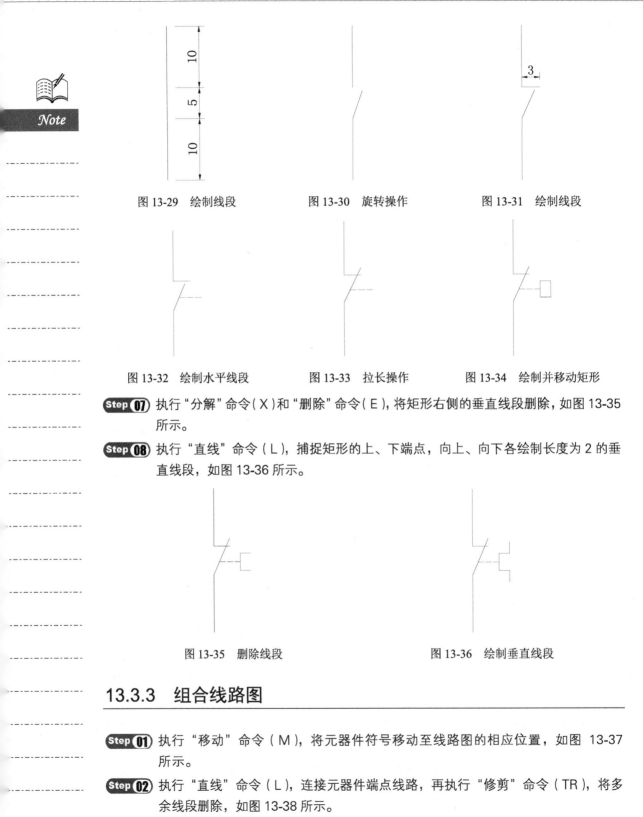

图13-29 绘制线段　　　图13-30 旋转操作　　　图13-31 绘制线段

图13-32 绘制水平线段　图13-33 拉长操作　　　图13-34 绘制并移动矩形

Step 07 执行"分解"命令（X）和"删除"命令（E），将矩形右侧的垂直线段删除，如图13-35所示。

Step 08 执行"直线"命令（L），捕捉矩形的上、下端点，向上、向下各绘制长度为2的垂直线段，如图13-36所示。

图13-35 删除线段　　　　　　　　　图13-36 绘制垂直线段

13.3.3 组合线路图

Step 01 执行"移动"命令（M），将元器件符号移动至线路图的相应位置，如图13-37所示。

Step 02 执行"直线"命令（L），连接元器件端点线路，再执行"修剪"命令（TR），将多余线段删除，如图13-38所示。

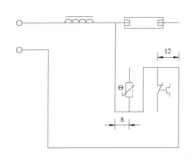
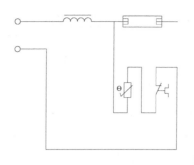

图 13-37　移动元器件符号　　　　　图 13-38　绘制线段并修剪

Step 03 执行"矩形"命令（REC），在图形的相应位置绘制 26×12 的矩形，且将其线型转换为虚线，如图 13-39 所示。

Step 04 执行"单行文字"命令（DT），设置字高为 3.5，在图形中输入相应的文字，如图 13-18 所示。

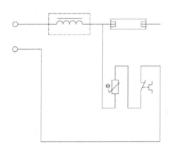

图 13-39　绘制虚线矩形

Step 05 至此，高压钠灯电气线路图绘制完成，按 Ctrl+S 组合键保存。

13.4　调光灯电气线路图的绘制

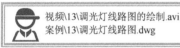

图 13-40 所示为调光灯电气线路图。该线路图中的灯光由多挡开关 S 控制，从 2～4 挡调节电源经电容器 C、二极管 V 依次给灯泡供电，可以使灯泡亮度从微光逐渐增至最大亮度。

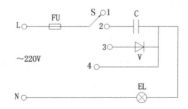

图 13-40　调光灯电气线路图

13.4.1 绘制线路结构

Step 01 启动 AutoCAD 2020，在快速访问工具栏中单击"保存"按钮，将文件保存为"案例\13\调光灯线路图.dwg"文件。

Step 02 执行"矩形"命令（REC），绘制 92×42 的矩形，如图 13-41 所示。

Step 03 执行"分解"命令（X），将矩形分解。

Step 04 执行"删除"命令（E），将相应的线段删除，如图 13-42 所示。

图 13-41　绘制矩形　　　　　　　图 13-42　删除线段

Step 05 执行"偏移"命令（O），将线段偏移，如图 13-43 所示。

Step 06 执行"修剪"命令（TR）和"删除"命令（E），将多余线条删除，如图 13-44 所示。

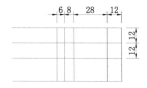

图 13-43　偏移线段　　　　　　　图 13-44　修剪、删除操作

Step 07 执行"圆"命令（C）和"复制"命令（CO），绘制半径为 1.5 的圆，且将其复制到图形的相应位置，如图 13-45 所示。

图 13-45　绘制并复制圆

13.4.2　绘制电气元器件

1．绘制多挡开关

Step 01 执行"多段线"命令（PL），绘制角度为 45°，长度为 8 的斜线，再选择"宽度（W）"项，设置起点宽度为 0.5，终点宽度为 0，沿着 45°极轴绘制长度为 2 的箭头图形，如图 13-46 所示。

Step 02 执行"直线"命令（L），捕捉点，绘制线段，如图 13-47 所示。

第 13 章　电气照明控制线路图的绘制

图 13-46　绘制箭头图形　　　　　　图 13-47　绘制线段

> **提示**
>
> 　　单击 ⊙ 按钮右侧的下拉箭头，如图 13-48 所示；在弹出的快捷菜单中选择"45"，在绘制图形时，自动追踪到 45°的极轴，如图 13-49 所示；然后直接输入长度，即可绘制出 45°的斜线段。若要捕捉其他角度，可以单击"正在追踪设置"项，弹出"草图设置"对话框，在"附加角"中单击"新建"按钮，输入需要的角度即可，如图 13-50 所示。

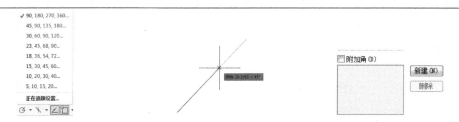

图 13-48　设置追踪角度　　　图 13-49　极轴追踪应用　　　图 13-50　新建追踪角度

Step 03 执行"圆"命令（C），绘制半径为 1.5 的圆；再执行"移动"命令（M），以圆左象限点与箭头端点对齐，如图 13-51 所示。

Step 04 执行"旋转"命令（RO），选择圆对象，以箭头端点为旋转基点，再输入旋转角度为 45，旋转圆，如图 13-52 所示。

Step 05 执行"复制"命令（CO），将圆复制到相应位置，如图 13-53 所示。

图 13-51　绘制圆和移动操作　　　图 13-52　旋转圆　　　图 13-53　复制圆

2. 绘制电阻器、电容器、二极管和灯

Step 01 执行"插入"命令（I），选择"案例\12"文件夹下面的灯图形，输入"统一比例"为 0.5，将灯符号插入图形中，如图 13-54 所示。

Step 02 按照同样的方法，将电容器、二极管、电阻器图形分别插入图形中，如图 13-55 ~图 13-57 所示。

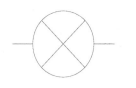　　　　　　　　

　　图 13-54　灯　　　　　　　　　　图 13-55　电容器

图 13-56 二极管　　　　　　　　　　图 13-57 电阻器

13.4.3 组合线路图

Step 01 执行"移动"命令（M），将各元器件符号移动至线路图的相应位置，如图 13-58 所示。

Step 02 执行"修剪"命令（TR），将多余线条删除，如图 13-59 所示。

Step 03 执行"单行文字"命令（DT），设置文字高度为 3.5，在图形的相应位置进行文字注释，如图 13-40 所示。

Step 04 至此，调光灯电气线路图绘制完成，按 Ctrl+S 组合键保存。

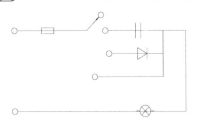　　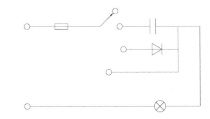

图 13-58 放置元器件　　　　　　　　图 13-59 修剪效果

13.5 晶闸管电气线路图的绘制

 视频\13\晶闸管电气线路图的绘制.avi
案例\13\晶闸管电气线路图.dwg

图 13-60 所示为晶闸管电气线路图。若调节线路中的电位器 RP，即可改变晶闸管 V 的导通角，改变灯泡两端的电压，从而达到无级调光的要求，该线路可以将电压由 0V 调到 220V。晶闸管电气线路具有调光范围广、线路简单、体积小等优点，常用于台灯的调光线路中。

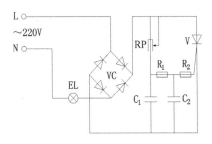

图 13-60 晶闸管电气线路图

13.5.1 绘制线路结构

Step 01 启动 AutoCAD 2020，在快速访问工具栏中单击"保存"按钮，将文件保存为"案例\13\晶闸管电气线路图.dwg"文件。

Step 02 执行"矩形"命令（REC），绘制 70×70 的矩形，如图 13-61 所示。

Step 03 执行"分解"命令（X），将矩形分解。

Step 04 执行"偏移"命令（O），将图形偏移，绘制线段如图 13-62 所示。

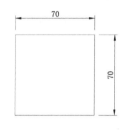

图 13-61　绘制矩形　　　　　图 13-62　绘制线段

Step 05 执行"修剪"命令（TR），将多余线条修剪，如图 13-63 所示。

Step 06 执行"矩形"命令（REC），绘制 20×20 的矩形。

Step 07 执行"旋转"命令（RO），将矩形旋转 45°。

Step 08 执行"移动"命令（M），将矩形放置在之前所绘图形的相应位置，如图 13-64 所示。

Step 09 执行"直线"命令（L），捕捉点，绘制线段，如图 13-65 所示。

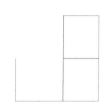　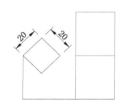　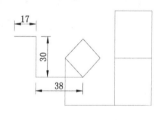

图 13-63　修剪结果　　　　图 13-64　绘制、旋转矩形　　　　图 13-65　绘制线段

13.5.2 插入电气元器件

执行"插入"命令（I），将"案例\12"文件夹下面的灯、电容器、二极管、电阻器图形插入图形中，如图 13-66 所示。

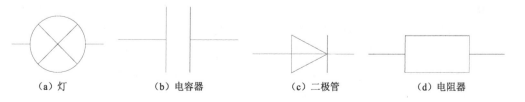

（a）灯　　　　　　（b）电容器　　　　　　（c）二极管　　　　　　（d）电阻器

图 13-66　插入的图形

13.5.3 组合线路图

Step 01 执行"旋转"命令（RO），将电容器符号旋转 90°；再执行"移动"命令（M），将其移动到图形的相应位置。

Step 02 同样执行"旋转"命令（RO），将二极管旋转-90°；再执行"移动"命令（M），将其移动到图形的相应位置，如图 13-67 所示。

Step 03 以同样的方法，通过执行"旋转"命令（RO）、"移动"命令（M）和"复制"命令（CO）将电阻器和灯符号放置到图形的相应位置，如图 13-68 所示。

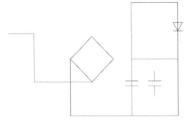

图 13-67　放置二极管符号　　　　图 13-68　放置电阻器和灯符号

Step 04 执行"旋转"命令（RO）和"镜像"命令（MI），以 45° 对二极管进行复制、旋转和镜像操作，并通过执行"移动"命令（M）将其放置到小矩形的相应位置上，如图 13-69 所示。

Step 05 执行"旋转"命令（RO），选择图 13-69 中的两个二极管，以矩形中心为旋转点，再根据命令行提示选择"复制（C）"项，输入角度为 90，复制旋转，如图 13-70 所示。

图 13-69　放置二极管符号　　　　图 13-70　复制旋转操作

Step 06 执行"直线"命令（L），捕捉点，绘制连接线；再执行"修剪"命令（TR），将多余线条修剪，如图 13-71 所示。

Step 07 执行"多段线"命令（PL），捕捉电阻器中点，设置起点宽度为 0，终点宽度为 1，绘制水平长度为 2 的箭头，继续拖动，再设置起点宽度为 0，终点宽度为 0，如图 13-72 所示，在相应位置绘制多段线。

Step 08 执行"圆"命令（C）和"移动"命令（M），在相应位置绘制半径为 1.5 的圆，如图 13-73 所示。

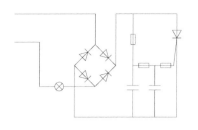
图 13-71　直线和修剪操作

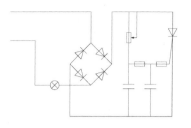
图 13-72　绘制多段线

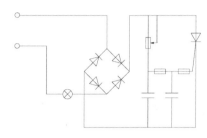
图 13-73　绘制圆

Step 09　执行"单行文字"命令（DT），设置文字高度为 4，在图形的相应位置进行文字注释，如图 13-60 所示。

Step 10　至此，晶闸管电气线路图绘制完成，按 Ctrl+S 组合键保存。

13.6　晶体管延时开关电气线路图的绘制

视频\13\晶体管延时开关电气线路图的绘制.avi
案例\13\晶体管延时开关电气线路图.dwg

图 13-74 所示为晶体管延时开关控制电气线路图。该线路图主要由二极管、三极管、电流继电器、电阻器、电容器、按钮等组成，一般延时时间为 1～5 分，通过调节电位器 RP 的电阻值可获得需要的延时时间。该线路还可以实行多点控制，此时只需在按钮 SB 两端多并联几只按钮即可。开关 S 为照明灯的普通开关，它与继电器 KA 并联，当不需要进行延时控制时，采用开关 S 来控制即可。

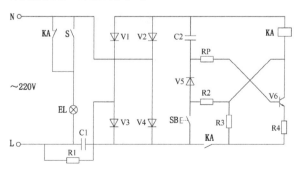
图 13-74　晶体管延时开关控制电气线路图

13.6.1 绘制线路结构

Step 01 启动 AutoCAD 2020，在快速访问工具栏中单击"保存"按钮，将文件保存为"案例\13\晶体管延时开关电气线路图.dwg"文件。

Step 02 执行"直线"命令（L），绘制如图 13-75 所示的线段。

Step 03 执行"偏移"命令（O），将线段偏移，如图 13-76 所示。

图 13-75 绘制线段

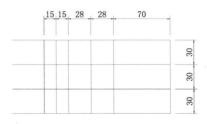

图 13-76 偏移线段

Step 04 执行"修剪"命令（TR），将不需要的线段删除，如图 13-77 所示。

Step 05 执行"圆"命令（C）和"复制"命令（CO），绘制半径为 1.5 的圆并将其复制到图形的相应位置，如图 13-78 所示。

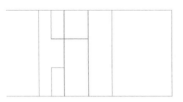

图 13-77 修剪线段

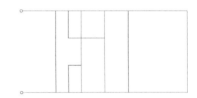

图 13-78 绘制并复制圆

13.6.2 绘制电气元器件

1．绘制常开按钮

Step 01 执行"插入"命令（I），将"案例\12"文件夹中的"单极开关"插入图形中，如图 13-79 所示。

Step 02 执行"直线"命令（L），捕捉斜线的中点并向左绘制线段，如图 13-80 所示。

图 13-79 单极开关

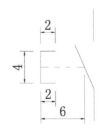

图 13-80 绘制线段

2. 绘制继电器

Step 01 执行"矩形"命令（REC），绘制 10×6 的矩形，如图 13-81 所示。

Step 02 执行"直线"命令（L），分别在矩形上、下两侧绘制长度为 4 的垂直线段，如图 13-82 所示。

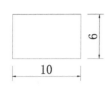

图 13-81 绘制矩形

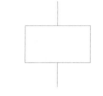

图 13-82 绘制垂直线段

3. 绘制常闭开关

Step 01 执行"插入"命令（I），将"案例\12"文件夹中的"热继电器常闭触点"插入图形中，如图 13-83 所示。

Step 02 执行"分解"命令（X），将图形分解。

Step 03 执行"删除"命令（E），将右侧的图形删除，如图 13-84 所示。

图 13-83 插入的图形　　　　　图 13-84 删除后的图形

4. 绘制三极管

Step 01 执行"插入"命令（I），将"案例\12"文件夹中的"NPN 型半导体管"插入图形中，如图 13-85 所示。

Step 02 执行"删除"命令（E），将不需要的图形删除，如图 13-86 所示。

Step 03 执行"镜像"命令（MI），选择上一步得到的图形，当命令行提示"要删除源对象吗？[是（Y）/否（N）] <N>:"时，选择"是（Y）"项，对图形进行镜像操作，如图 13-87 所示。

 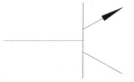 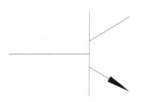

图 13-85 插入的图形　　　图 13-86 删除后的图形　　　图 13-87 镜像结果

> **提示**
>
> 默认情况下,镜像的模式为"否(N)",即镜像源对象不变,将源对象以复制的方式由镜像轴线为对称线镜像一份,得到两个图形。若选择镜像的模式为"是(Y)",则源对象被删除,只保留以镜像轴线为对称线所镜像得到的新图形。

5. 绘制电阻器、电容器、灯和二极管

Step 01 执行"插入"命令(I),将"案例\12"文件夹中的灯、电容器、二极管、电阻器插入图形中,如图13-88所示。

(a) 灯　　　　(b) 电容器　　　　(c) 二极管　　　　(d) 电阻器

图13-88　插入元器件

13.6.3　组合线路图

前面已经分别完成了该线路图中的各元器件的绘制,本节将介绍如何将这些元器件组合成一个完整的线路图,具体操作步骤如下。

Step 01 通过复制、移动、旋转、修剪等命令,根据线路图要求将前面所绘制的元器件调整至适当的位置,如图13-89所示。

Step 02 执行"直线"命令(L),添加连接导线,如图13-90所示。

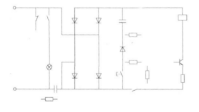 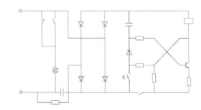

　　图13-89　放置各元器件　　　　　　　图13-90　连接图形

Step 03 执行"单行文字"命令(DT),设置文字高度为4.5,在图形的相应位置进行文字注释,如图13-74所示。

Step 04 至此,晶体管延时开关电气线路图绘制完成,按Ctrl+S组合键保存。

13.7　本章小结

本章主要讲解了电气照明控制线路图的绘制,内容包括白炽灯照明线路图的绘制、高压水银灯电气线路图的绘制、高压钠灯电气线路图的绘制、调光灯电气线路图的绘制、晶闸管电气线路图的绘制和晶体管延时开关电气线路图的绘制。

第14章

家用电器电气线路图的绘制

随着人们的生活水平日益提高,家用电器的使用也愈来愈普及,家用电器的维修量也随之剧增,而家用电器多品种、多品牌的状况也给维修工作带来了极大的困难。为配合部分家电修理工作的需要,本章选绘了部分品牌的电风扇、空调器、电冰箱、洗衣机和电吹风机等用量较大的家用电器的电气线路图,以供参考。

内容要点

- ◆ 电风扇电气线路图的绘制
- ◆ 空调器电气线路图的绘制
- ◆ 电冰箱电气线路图的绘制
- ◆ 洗衣机电气线路图的绘制
- ◆ 电吹风机电气线路图的绘制

14.1 电风扇电气线路图的绘制

视频\14\电风扇电气线路图的绘制.avi
案例\14\电风扇电气线路图.dwg

图 14-1 所示为电风扇电气线路图，它是电容式电动机电抗调速电风扇的电气线路图。电容式单相异步电动机的功率因数和效率均较高，且具有体积小、重量轻、运行平稳、噪声小等一系列优点，因此，它被广泛应用于电风扇、洗衣机、电冰箱等家用电器中。该线路通过电抗器对电风扇进行调速。

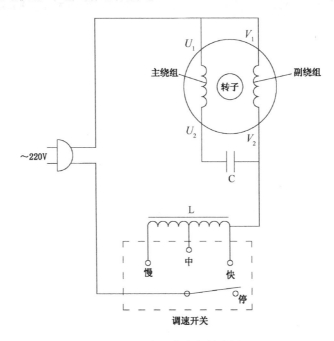

图 14-1 电风扇电气线路图

14.1.1 绘制线路结构

Step 01 启动 AutoCAD 2020，在快速访问工具栏中单击"保存"按钮，将文件保存为"案例\14\电风扇电气线路图.dwg"文件。

Step 02 执行"直线"命令（L），按 F8 键打开正交模式，绘制线段，如图 14-2 所示。

Step 03 执行"旋转"命令（RO），将长度为 20 的线段旋转 7°，如图 14-3 所示。

Step 04 执行"圆"命令（C），绘制半径为 1 的圆，再执行"移动"命令（M）和"复制"命令（CO），如图 14-4 所示。

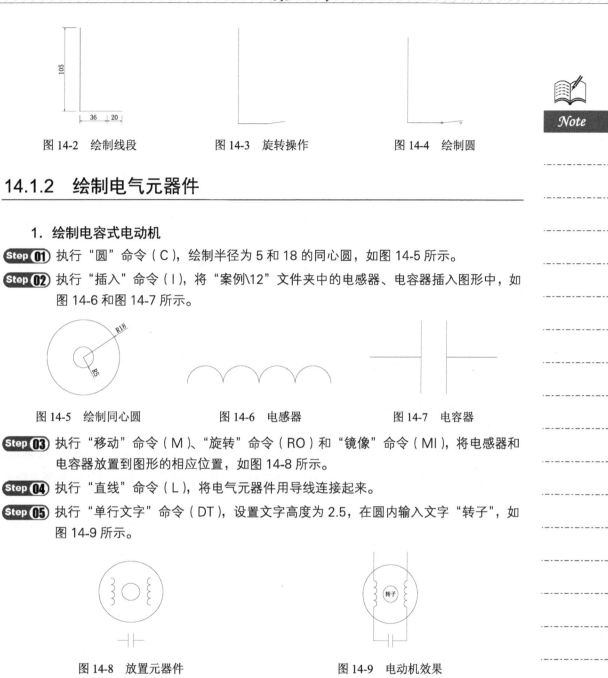

图 14-2　绘制线段　　　图 14-3　旋转操作　　　图 14-4　绘制圆

14.1.2 绘制电气元器件

1. 绘制电容式电动机

Step 01 执行"圆"命令（C），绘制半径为 5 和 18 的同心圆，如图 14-5 所示。

Step 02 执行"插入"命令（I），将"案例\12"文件夹中的电感器、电容器插入图形中，如图 14-6 和图 14-7 所示。

图 14-5　绘制同心圆　　　图 14-6　电感器　　　图 14-7　电容器

Step 03 执行"移动"命令（M）、"旋转"命令（RO）和"镜像"命令（MI），将电感器和电容器放置到图形的相应位置，如图 14-8 所示。

Step 04 执行"直线"命令（L），将电气元器件用导线连接起来。

Step 05 执行"单行文字"命令（DT），设置文字高度为 2.5，在圆内输入文字"转子"，如图 14-9 所示。

图 14-8　放置元器件　　　图 14-9　电动机效果

2. 绘制镇流器

Step 01 执行"插入"命令（I），将"案例\12"文件夹中的"镇流器"插入图形中，如图 14-10 所示。

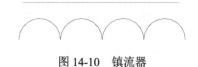

图 14-10　镇流器

Step 02 执行"复制"命令(CO),将其水平向右复制一份,如图14-11所示。

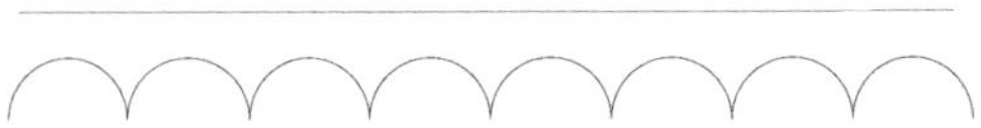

图 14-11 复制图形

Step 03 执行"直线"命令(L)和"复制"命令(CO),绘制线段,并将前面的圆复制到相应位置,如图14-12所示。

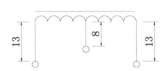

图 14-12 绘制、复制导线和圆

3. 绘制电铃

Step 01 执行"插入"命令(I),将"案例\12"文件夹中的"电铃"插入图形中,如图14-13所示。

Step 02 执行"旋转"命令(RO),将其旋转-90°,如图14-14所示。

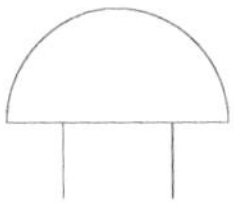

图 14-13 电铃

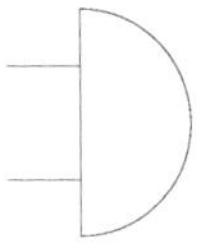

图 14-14 旋转操作

14.1.3 组合线路图

Step 01 执行"移动"命令(M),将元器件符号移动至线路图的相应位置,如图14-15所示。

Step 02 执行"直线"命令(L),绘制连接导线,再执行"修剪"命令(TR),将多余线条删除。

Step 03 执行"矩形"命令(REC),在图形的相应位置绘制矩形,且将其线型转换为虚线,如图14-16所示。

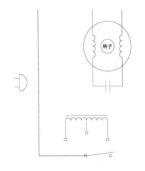

图 14-15 移动元器件符号

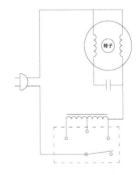

图 14-16 绘制导线

> **提示**
> 此处绘制矩形的目的是框住指定的图形,以便后面进行文字注释,因此在绘制矩形时,不必绘制得非常精确,可以框住图形即可。

第 14 章　家用电器电气线路图的绘制

Step 04 执行"单行文字"命令（DT），设置文字高度为2.5，在图形中输入相应的文字，如图14-1所示。

Step 05 至此，电风扇电气线路图绘制完成，按Ctrl+S组合键保存。

14.2　空调器电气线路图的绘制

视频\14\空调器电气线路图的绘制.avi
案例\14\空调器电气线路图.dwg

图14-17所示为空调器电气线路图，它是华宝牌窗式空调器的电气线路图。该图主要由压缩电动机、风扇电动机、过电流继电器、除霜温控器、四通阀线圈及继电器等构成。

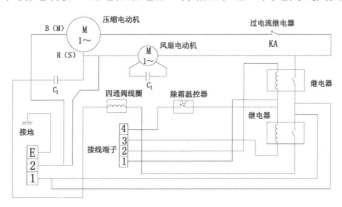

图14-17　空调器电气线路图

14.2.1　绘制线路结构

Step 01 启动AutoCAD 2020，在快速访问工具栏中单击"保存"按钮 ，将文件保存为"案例\14\空调器电气线路图.dwg"文件。

Step 02 执行"构造线"命令（XL），根据命令行提示，选择"水平（H）"选项，在视图窗口中绘制一条水平构造线。

Step 03 执行"偏移"命令（O），将绘制的构造线偏移，如图14-18所示。

图14-18　绘制水平构造线并进行偏移

Step 04 执行"构造线"命令（XL），根据命令行提示，选择"垂直（V）"选项，在视图窗口中绘制一条垂直构造线。

Step 05 执行"偏移"命令（O），将垂直构造线偏移，如图14-19所示。

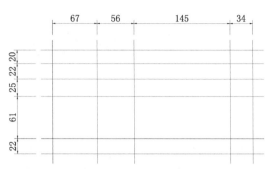

图14-19 绘制垂直构造线并偏移

> **提示**
>
> 由于绘制的构造线是无限延长的，这时应将多余的构造线修剪。可以执行"矩形"命令（REC），以水平构造线和垂直构造线的左上角和右下角为对角点绘制一个矩形，然后执行"修剪"命令（TR），将矩形以外的构造线删除。

Step 06 执行"修剪"命令（TR），将多余的线条修剪掉，修剪结果如图14-20所示。

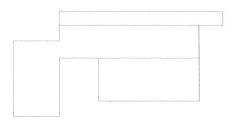

图14-20 修剪结果

14.2.2 绘制电气元器件

1. 绘制压缩电动机

Step 01 执行"插入"命令（I），将"案例\12"文件夹中的"交流电动机"插入图形中，如图14-21所示。

Step 02 执行"分解"命令（X），将图形分解。

Step 03 执行"缩放"命令（SC），指定圆心为基点，输入比例因子为2，将圆放大2倍，放大结果如图14-22所示。

Step 04 双击圆内的多行文字，修改第二行文字的内容，如图14-23所示。

图 14-21 打开的图形　　图 14-22 放大结果　　图 14-23 压缩电动机效果

> **提示**
>
> 用户在绘制好"压缩电动机"电气符号以后,可以执行"写块"命令(W),将绘制好的压缩电动机图形保存为外部块文件,且保存到"案例\12"文件夹中,以方便后续使用。

2. 绘制风扇电动机

Step 01 执行"复制"命令(CO),将前面绘制的"压缩电动机"图形复制一份。

Step 02 执行"缩放"命令(SC),指定圆心为缩放基点,输入比例因子为 0.55,对圆进行缩小处理,缩小结果如图 14-24 所示。

> **提示**
>
> 在将圆放大或缩小时,其中间的文字不发生任何变化。由于这两个图形的高度相同,不容易分辨,但读者可以通过观察文字和圆之间的空白距离进行区分。

Step 03 执行"插入"命令(I),将"案例\12"文件夹中的"电容器"插入图形中。

Step 04 执行"移动"命令(M),将电容器放置在前面图形的下方,如图 14-25 所示。

Step 05 执行"直线"命令(L),将上、下两个图形连接,如图 14-26 所示。

  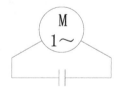

图 14-24 缩小结果　　图 14-25 插入电容器　　图 14-26 导线连接

3. 绘制四通阀线圈

Step 01 执行"矩形"命令(REC),绘制 18×12 的矩形,如图 14-27 所示。

Step 02 执行"插入"命令(I),将"案例\12"文件夹中的"电感器"插入图形中。

Step 03 执行"移动"命令(M),将电感器放置在矩形内部,如图 14-28 所示。

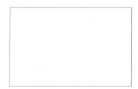 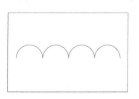

图 14-27 绘制矩形　　　　　　图 14-28 放置电感器

Step 04 执行"直线"命令（L），捕捉电感器的两个端点，向两边分别绘制长度为 3 的水平线段，如图 14-29 所示。

4．绘制除霜温控器

Step 01 执行"矩形"命令（REC），绘制 18×12 的矩形，如图 14-30 所示。

Step 02 执行"插入"命令（I），将"案例\12"文件夹中的"热继电器常闭触点"插入图形中，如图 14-31 所示。

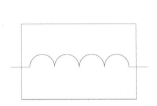
图 14-29　绘制水平线段

图 14-30　绘制矩形

图 14-31　插入的图形

Step 03 执行"旋转"命令（RO），将图形旋转 90°，如图 14-32 所示。

Step 04 执行"移动"命令（M），将图形移动到矩形内部，并对图形进行相应的调整，如图 14-33 所示。

图 14-32　旋转结果

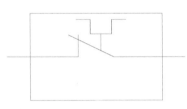
图 14-33　移动操作

> **提示**
> 绘制好"除霜温控器"电气符号以后，可以执行"写块"命令（W），将绘制好的除霜温控器图形保存为外部块文件，并保存到"案例\12"文件夹中，以方便后续使用。

5．绘制接地板

Step 01 执行"直线"命令（L），绘制长度为 10 的水平线段和高度为 5 的垂直线段，如图 14-34 所示。

Step 02 执行"直线"命令（L），在图形下侧绘制斜线段，如图 14-35 所示。

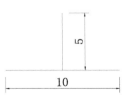
图 14-34　绘制线段

图 14-35　绘制斜线段

Step 03 执行"复制"命令（CO），将斜线段沿水平方向向右复制，如图14-36所示。

6．绘制继电器

Step 01 执行"矩形"命令（REC），绘制 35×20 的矩形，如图14-37所示。

Step 02 执行"插入"命令（I），将"案例\12"文件夹中的电感器和单极开关符号插入图形中，如图14-38所示。

图14-36　复制斜线段

（a）电感器

（b）单极开关

图14-37　绘制矩形　　　　图14-38　插入图形

Step 03 执行"旋转"命令（RO），将电感器旋转90°，如图14-39所示。

Step 04 执行"移动"命令（M），将电感器和单极开关移动到矩形内部，如图14-40所示。

Step 05 执行"直线"命令（L），在电感器的两端分别绘制长度为5的垂直线段。

Step 06 执行"分解"命令（X），对单极开关进行分解打散操作，并将上、下两侧的垂直线段拉长，如图14-41所示。

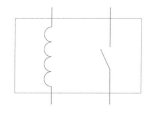

图14-39　旋转操作　　　　图14-40　移动图形　　　　图14-41　绘制并拉长线段

7．绘制四口接线端子

Step 01 执行"矩形"命令（REC），绘制 8×40 的矩形，再执行"分解"命令（X），对矩形进行打散操作。

Step 02 执行"偏移"命令（O），将线段偏移，如图14-42所示。

Step 03 执行"单行文字"命令（DT），设置文字高度为7，在偏移后的4个框内分别输入数字，如图14-43所示。

8．绘制三口接线端子

Step 04 执行"矩形"命令（REC），绘制 10×36 的矩形，再执行"分解"命令（X），对矩形进行打散操作。

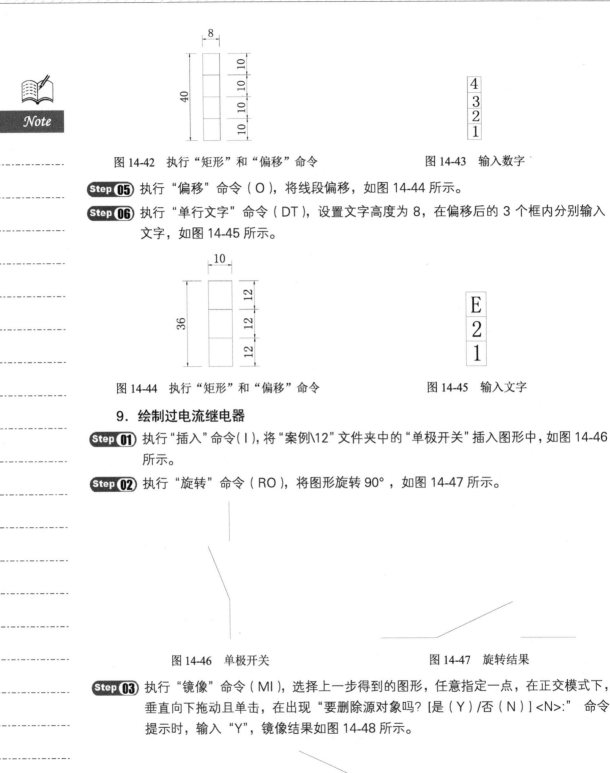

图 14-42 执行"矩形"和"偏移"命令　　　　图 14-43 输入数字

Step 05 执行"偏移"命令（O），将线段偏移，如图 14-44 所示。

Step 06 执行"单行文字"命令（DT），设置文字高度为 8，在偏移后的 3 个框内分别输入文字，如图 14-45 所示。

图 14-44 执行"矩形"和"偏移"命令　　　　图 14-45 输入文字

9. 绘制过电流继电器

Step 01 执行"插入"命令（I），将"案例\12"文件夹中的"单极开关"插入图形中，如图 14-46 所示。

Step 02 执行"旋转"命令（RO），将图形旋转 90°，如图 14-47 所示。

图 14-46 单极开关　　　　图 14-47 旋转结果

Step 03 执行"镜像"命令（MI），选择上一步得到的图形，任意指定一点，在正交模式下，垂直向下拖动且单击，在出现"要删除源对象吗？[是（Y）/否（N）]<N>:"命令提示时，输入"Y"，镜像结果如图 14-48 所示。

图 14-48 镜像结果

> **提示**
>
> "镜像"命令可以将源对象按照指定的点来创建另外一个副本。当提示"要删除源对象吗?[是(Y)/否(N)]<N>:"时,若选择"是(Y)"项,则将镜像的图像放至图形中,并删除源对象;若选择"否(N)"项,则将镜像的图像放至图形中,并保留源对象。

Step 04 执行"直线"命令(L),捕捉端点并向上绘制长度为3的垂直线段,如图14-49所示。

Step 05 执行"拉长"命令(LEN),根据命令行提示选择"增量(DE)"项,再输入增量长度为2,然后在斜线段上端单击,将斜线段拉长,如图14-50所示。

图14-49 绘制垂直线段   图14-50 拉长斜线段

14.2.3 组合线路图

Step 01 执行"移动"命令(M),将各元器件符号移至线路图的相应位置,再执行"修剪"命令(TR),将多余的线条删除,如图14-51所示。

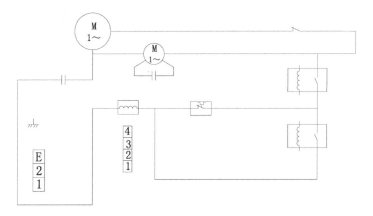

图14-51 移动各元器件符号

Step 02 执行"直线"命令(L),绘制连接导线,再执行"修剪"命令(TR),将多余的线条删除,如图14-52所示。

Step 03 执行"单行文字"命令(DT),设置文字高度为5,在图形的相应位置进行文字注释,如图14-17所示。

Step 04 至此,空调器电气线路图绘制完成,按Ctrl+S组合键保存。

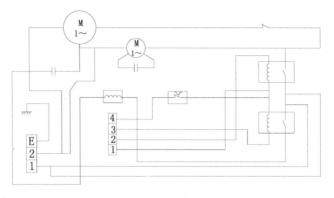

图 14-52　绘制连接导线

14.3　电冰箱电气线路图的绘制

视频\14\电冰箱电气线路图的绘制.avi
案例\14\电冰箱电气线路图.dwg

图 14-53 所示为电冰箱电气线路图，其型号为日本东芝 GR-180G。该图主要由压缩电动机、启动过载保护继电器、温控器、加热器、防霜加热器、化霜开关板等电气元器件符号组成。

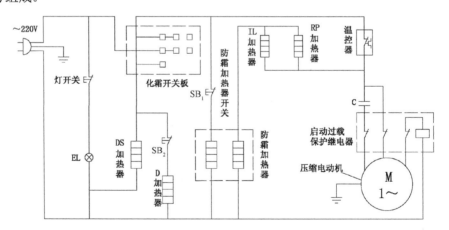

图 14-53　电冰箱电气线路图

14.3.1　绘制线路结构

Step 01 启动 AutoCAD 2020，在快速访问工具栏中单击"保存"按钮，将文件保存为"案例\14\电冰箱电气线路图.dwg"文件。

Step 02 执行"矩形"命令（REC），绘制 240×148 的矩形；再执行"分解"命令（X）和"偏移"命令（O），将矩形打散并偏移，如图 14-54 所示。

Step 03 执行"矩形"命令（REC），绘制 4×4 的矩形。

Step 04 执行"复制"命令（CO），按 F8 键在正交模式下对矩形进行复制操作，如图 14-55 所示。

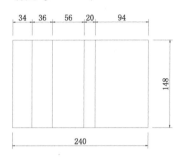

图 14-54　绘制主线路

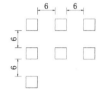

图 14-55　绘制并复制矩形

Step 05 执行"移动"命令（M），将上一步绘制好的图形移动到前面的主线路处，如图 14-56 所示。

Step 06 执行"直线"命令（L）和"修剪"命令（TR），绘制连接导线，如图 14-57 所示。

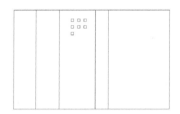

图 14-56　移动图形

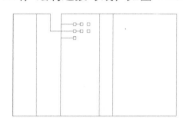

图 14-57　绘制连接导线

14.3.2　绘制电气元器件

1. 绘制常闭开关

Step 01 执行"插入"命令（I），将"案例\12"文件夹中的"热继电器常闭触点"插入图形中，如图 14-58 所示。

Step 02 执行"分解"命令（X），将图形分解。

Step 03 再执行"删除"命令（E），将右侧的图形删除，如图 14-59 所示。

图 14-58　插入的图形

图 14-59　常闭开关图形

2. 绘制常闭按钮

Step 01 执行"复制"命令（CO），将前面绘制的常闭开关图形复制一份，如图14-60所示。

Step 02 执行"直线"命令（L），捕捉水平线段的左端点，向左绘制线段，如图14-61所示。

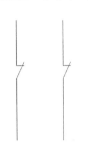
图14-60 复制常闭开关图形

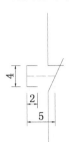
图14-61 绘制线段

3. 绘制继电器

Step 01 执行"矩形"命令（REC），绘制10×6的矩形，如图14-62所示。

Step 02 执行"直线"命令（L），分别在矩形上侧、下侧绘制长度为4的垂直线段，如图14-63所示。

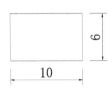
图14-62 绘制矩形

图14-63 绘制垂直线段

4. 绘制加热器

Step 01 执行"矩形"命令（REC），绘制8×20的矩形。

Step 02 执行"分解"命令（X）和"偏移"命令（O），绘制线段，如图14-64所示。

Step 03 执行"直线"命令（L），捕捉上、下水平线段的中点，分别向两边绘制长度为5的垂直线段，如图14-65所示。

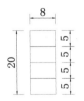
图14-64 绘制线段

图14-65 绘制垂直线段

5. 绘制其他元器件

Step 01 执行"插入"命令（I），将"案例\12"文件夹中的"灯""电容器""压缩电动机""电铃""接地"插入图形中，如图14-66所示。

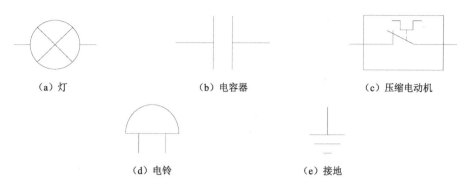

图 14-66 插入的元器件

14.3.3 组合线路图

前面已经分别完成了该线路图中各元器件的绘制，本节将介绍如何将各元器件组合成一个完整的线路图，具体操作步骤如下。

Step 01 通过复制、移动、旋转、修剪、缩放等命令，根据线路图的要求，将前面所绘制的元器件调整至适当的位置，如图 14-67 所示。

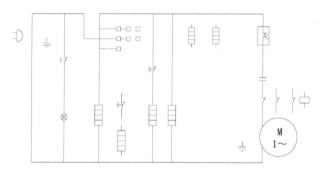

图 14-67 放置各元器件

Step 02 执行"直线"命令（L），添加连接导线，如图 14-68 所示。

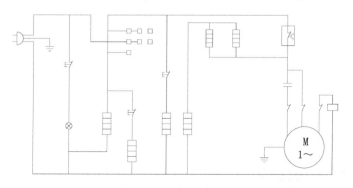

图 14-68 连接图形

Step 03 执行"矩形"命令（REC），在图形的相应位置绘制 3 个虚线矩形，如图 14-69 所示。

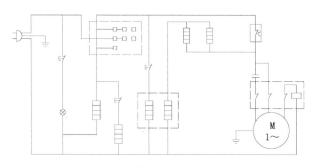

图 14-69　绘制虚线矩形

Step 04 执行"单行文字"命令（DT），设置文字高度为 4.5，在图形的相应位置进行文字注释，如图 14-53 所示。

Step 05 至此，电冰箱电气线路图绘制完成，按 Ctrl+S 组合键保存。

14.4　洗衣机电气线路图的绘制

 视频\14\洗衣机电气线路图的绘制.avi
案例\14\洗衣机电气线路图.dwg

图 14-70 所示为洗衣机电气线路图，其款式为半自动双桶洗衣机。该图主要由洗涤电动机、脱水电动机、选择开关、洗涤注水开关、安全开关、洗涤定时器、漂洗脱水定时器等电气元器件组成。

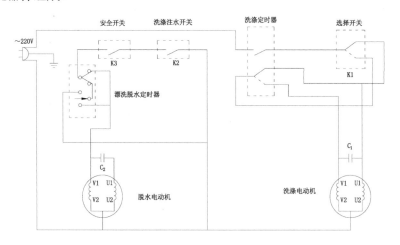

图 14-70　洗衣机电气线路图

14.4.1　绘制线路结构

Step 01 启动 AutoCAD 2020，在快速访问工具栏中单击"保存"按钮，将文件保存为"案例\14\洗衣机电气线路图.dwg"文件。

Step 02 执行"矩形"命令（REC），绘制 310×187 的矩形；再执行"分解"命令（X）和"偏移"命令（O），将矩形打散并偏移，如图 14-71 所示。

Step 03 执行"修剪"命令（TR），将多余的线条修剪掉，如图 14-72 所示。

Step 04 执行"圆"命令（C），绘制半径为 1.5 的圆；再通过执行"复制"命令（CO）将圆复制，如图 14-73 所示。

Step 05 执行"多段线"命令（PL），选择"宽度（W）"项，设置起点宽度为 0，终点宽度为 2，捕捉图 14-74 中相应圆上的左侧象限点向左绘制长度为 6 的箭头多段线；再设置起点宽度、终点宽度都为 0，接着绘制长度为 7 的线段，如图 14-74 所示。

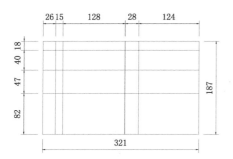

图 14-71 分解和偏移后的矩形　　　图 14-72 修剪效果

图 14-73 复制效果　　　图 14-74 绘制箭头多段线和线段

Step 06 执行"直线"命令（L），捕捉圆右侧象限点分别向上圆、下圆引出切线，如图 14-75 所示。

Step 07 执行"直线"命令（L），捕捉相应的圆象限点，绘制线段；再通过"延伸"命令（EX）将切线延长，如图 14-76 所示。

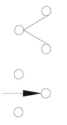 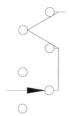

图 14-75 绘制线段　　　图 14-76 绘制、延长线段

Step 08 执行"移动"命令（M），将上一步绘制好的图形移动并调整相应线段的长度，如图 14-77 所示。

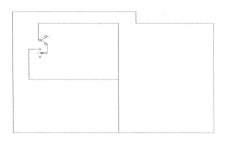

图 14-77 移动效果

14.4.2 绘制电气元器件

1．绘制电动机

Step 01 执行"圆"命令（C），绘制半径为 20 的圆，如图 14-78 所示。

Step 02 执行"插入"命令（I），将"案例\12"文件夹中的"电感器"插入图形中。

Step 03 通过执行"旋转"命令（RO）、"镜像"命令（MI）和"移动"命令（M），将电感器放置到如图 14-79 所示的位置。

图 14-78 绘制圆　　　　　　　　　图 14-79 插入电感器

Step 04 执行"插入"命令（I），将"案例\12"文件夹中的"电容器"插入图形中的相应位置，如图 14-80 所示。

Step 05 执行"直线"命令（L），如图 14-81 所示，绘制连接导线。

2．绘制选择开关

Step 01 执行"直线"命令（L），在正交状态下绘制长度为 9、13、9 且相互连接的 3 条水平线段，如图 14-82 所示。

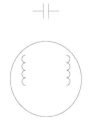  

图 14-80 插入电容器　　　图 14-81 绘制连接导线　　　图 14-82 绘制线段

Step 02 执行"旋转"命令（RO），将中间线段旋转 35°；再执行"移动"命令（M），将右侧线段与旋转线段的端点对齐，如图 14-83 所示。

Step 03 执行"镜像"命令（MI），对后面两条线段进行垂直镜像操作，且将镜像的斜线转换为虚线,如图 14-84 所示。

图 14-83　旋转、移动线段　　　　　图 14-84　镜像图形

3. 绘制其他元器件

Step 01 执行"插入"命令（I），将"案例\12"文件夹中的"电铃""接地""单极开关"插入图形中,如图 14-85 所示。

图 14-85　插入的各元器件

14.4.3　组合线路图

前面已经分别完成了该电路图中各元器件的绘制,本节将介绍如何将各元器件组合成一个完整的线路图,具体操作步骤如下。

Step 01 通过复制、移动、旋转、修剪、缩放等命令,根据电路图的要求将前面所绘制的元器件调整至适当的位置,如图 14-86 所示。

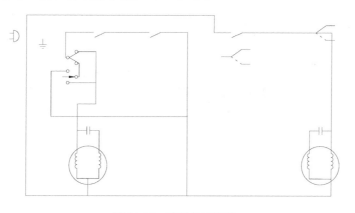

图 14-86　放置各元器件

Step 02 执行"直线"命令（L）和"修剪"命令（TR）,添加连接导线,如图 14-87 所示。

Step 03 执行"矩形"命令（REC）,在图形的相应位置绘制 5 个虚线矩形,如图 14-88 所示。

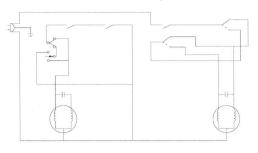

图 14-87 连接图形

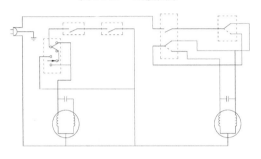

图 14-88 绘制虚线矩形

Step 04 执行"单行文字"命令（DT），设置文字高度为 4.5，在图形的相应位置进行文字注释，如图 14-70 所示。

Step 05 至此，洗衣机电气线路图绘制完成，按 Ctrl+S 组合键保存。

14.5 电吹风机电气线路图的绘制

 视频\14\电吹风机电气线路图的绘制.avi
案例\14\电吹风机电气线路图.dwg

图 14-89 所示为电吹风机电气线路图。该线路图主要由直流电动机 M、桥式整流器 VC、多档开关 SA 和电热丝 EH 等电气元器件组成。

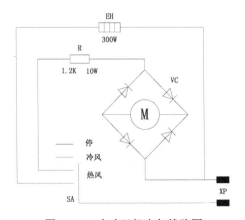

图 14-89 电吹风机电气线路图

14.5.1 绘制线路结构

Step 01 启动 AutoCAD 2020，在快速访问工具栏中单击"保存"按钮，将文件保存为"案例\14\电吹风机电气线路图.dwg"文件。

Step 02 执行"矩形"命令（REC），绘制 105×84 和 60×60 的两个矩形；通过执行"移动"命令（M），将两个矩形按图 14-90 所示的距离放置。

Step 03 执行"矩形"命令（REC），绘制 34×34 的矩形；再执行"旋转"命令（RO），将矩形旋转 45°。

Step 04 执行"移动"命令（M），将旋转后的矩形放置到相应的位置，如图 14-91 所示。

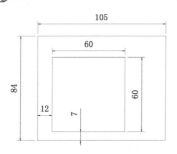

图 14-90 绘制矩形

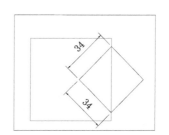

图 14-91 旋转后的矩形

> **提示**
>
> 使用"直线"命令（L）连接旋转 45°的矩形的对角点，这时会出现一个交叉点，将矩形以这个交叉点为基点，可以移动捕捉到与之重合的矩形的垂直中点。

Step 05 执行"矩形"命令（REC），绘制 7×3.5 的矩形；再执行"填充"命令（H），选择样例为 SOLTD，对矩形进行填充操作。

Step 06 通过执行"移动"命令（M）和"复制"命令（CO），将填充的矩形放置到前面图形的相应位置，如图 14-92 所示。

Step 07 执行"直线"命令（L），绘制连接导线，并执行"修剪"命令（TR），删除多余的线条，如图 14-93 所示。

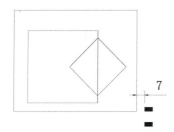

图 14-92 绘制填充矩形

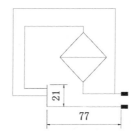

图 14-93 连接图形并删除多余的线条

Step 08 执行"偏移"命令（O），将长度为 21 的垂直线段向左偏移 3，并拉长上端点。

Step 09 执行"直线"命令(L),在相应的位置绘制两条长度为 10 的水平线段,如图 14-94 所示。

Step 10 执行"修剪"命令(TR)和"删除"命令(E),将多余线条删除,如图 14-95 所示。

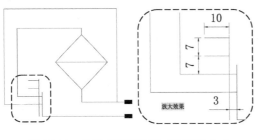

图 14-94 执行"偏移"和"直线"命令

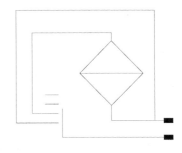

图 14-95 修剪效果

14.5.2 绘制电气元器件

1. 绘制电热丝

Step 01 执行"矩形"命令(REC),绘制 12×5 的矩形。

Step 02 执行"分解"命令(X),对矩形进行打散操作;再执行"偏移"命令(O),将垂直线段以距离 3 偏移,如图 14-96 所示。

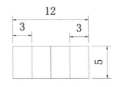

图 14-96 偏移后的结果

2. 绘制直流电动机

Step 01 执行"插入"命令(I),将"案例\12"文件夹中的"交流电动机"插入图形中,如图 14-97 所示。

Step 02 执行"分解"命令(X),将图形打散;再双击图内文字,将第二行的符号删除,如图 14-98 所示。

图 14-97 插入的图形

图 14-98 修改文字

3. 绘制其他元器件

Step 01 执行"插入"命令(I),将"案例\12"文件夹中的"二极管"和"电阻器"插入图形中,如图 14-99 和图 14-100 所示。

图 14-99　二极管　　　　　　图 14-100　电阻器

14.5.3　组合线路图

前面已经完成了该电路图中各元器件的绘制，本节将介绍如何将各元器件组合成一个完整的线路图，具体操作步骤如下。

Step 01 执行"复制"命令（CO），将二极管复制一份；再执行"旋转"命令（RO），将两个二极管分别旋转45°和-45°，并放置在图形的相应位置，如图14-101所示。

Step 02 执行"镜像"命令（MI），再将两个二极管镜像到另外两条边上，镜像效果如图14-102所示。

Step 03 执行"移动"命令（M）和"修剪"命令（TR），将其他元器件移动到图形的相应位置，如图14-103所示。

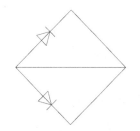 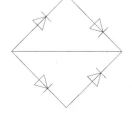 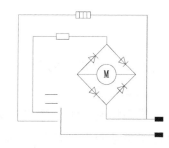

图 14-101　复制、旋转操作　　　图 14-102　镜像效果　　　图 14-103　放置图形

Step 04 执行"单行文字"命令（DT），设置文字高度为3，在图形的相应位置进行文字注释，如图14-89所示。

Step 05 至此，电吹风机电气线路图绘制完成，按Ctrl+S组合键保存。

14.6　本章小结

本章主要讲解了家用电器电气线路图的绘制，包括电风扇电气线路图的绘制、空调器电气线路图的绘制、电冰箱电气线路图的绘制、洗衣机电气线路图的绘制和电吹风机电气线路图的绘制。

第15章

机械设备电气线路图的绘制

在社会生产的各行各业中,存在大量形式不同、功能各异的机械设备,这些设备在替代人力劳动、提高生产效率、优化产品质量等诸多方面都起着极为重要的作用。

机械设备绝大多数由电力拖动,并可按功能、工艺、技术要求的差异对其进行简单或复杂的电气控制。本章将优选部分生产、生活机械设备的电气线路图加以介绍。

内容要点

- ◆ 水磨石机电气线路图的绘制
- ◆ 皮带运输机电气线路图的绘制
- ◆ 车床电气线路图的绘制
- ◆ 无心磨床电气线路图的绘制
- ◆ 输料堵斗自停控制电气线路图的绘制

15.1 水磨石机电气线路图的绘制

 视频\15\水磨石机电气线路图的绘制.avi
案例\15\水磨石机电气线路图.dwg

图 15-1 所示为水磨石机电气线路图。水磨石机多用于建筑施工中的混凝土地坪磨光和房屋装饰等,有单盘和双盘两种。由于双盘水磨石机具有两个磨盘,工作效率比较高,故得到广泛使用。

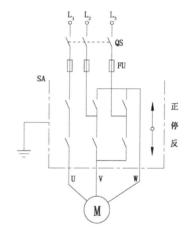

图 15-1 水磨石机电气线路图

15.1.1 绘制电气元器件

1. 绘制闸刀开关

Step 01 启动 AutoCAD 2020,在快速访问工具栏中单击"保存"按钮 ,将文件保存为"案例\15\水磨石机电气线路图.dwg"文件。

Step 02 执行"插入"命令(I),将"案例\12"文件夹下面的"单极开关"插入图形中。

Step 03 执行"复制"命令(CO),将单极开关复制两次,如图 15-2 所示。

Step 04 执行"直线"命令(L),过各斜线绘制一条水平线段,且调整其线型为虚线,如图 15-3 所示。

图 15-2 复制单极开关

图 15-3 绘制虚线

Step 05 执行"圆"命令(C),绘制 3 个半径为 1 的圆;然后通过"移动"命令(M),将圆放置到上一步得到的图形的上端点,如图 15-4 所示。

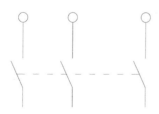

图 15-4 绘制圆并移动

2. 绘制熔断器

Step 01 执行"直线"命令（L），绘制一条长度为15的垂直线段。

Step 02 执行"矩形"命令（REC），在直线上绘制3×7的矩形，如图15-5所示。

3. 绘制电动机

Step 01 执行"圆"命令（C），绘制一个半径为8的圆。

Step 02 执行"单行文字"命令（DT），设置文字高度为6，在圆内输入文字"M"，如图15-6所示。

图15-5 绘制熔断器 　　　　　　　图15-6 绘制电动机

4. 绘制其他元器件

Step 01 执行"插入"命令（I），将"案例\12"文件夹中的"接地"和"单极开关"插入图形中，如图15-7和图15-8所示。

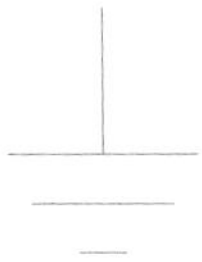

图15-7 接地 　　　　　　　图15-8 单极开关

15.1.2 组合线路图

前面已经分别完成了该电路图中各元器件的绘制，本节将介绍如何将各元器件组合成一个完整的线路图，具体操作步骤如下。

Step 01 通过"移动""复制"命令将各元器件放置到相应的位置，再以"直线""矩形"命令将元器件组合，如图15-9所示。

Step 02 执行"多段线"命令（PL），设置起点宽度为0，终点宽度为1.5，垂直向下绘制箭头多段线；设置起点宽度和终点宽度均为0，再向下绘制长度为10的多段线，如图15-10所示。

Step 03 通过执行"移动"命令（M）和"镜像"命令（MI），将箭头多段线移动并镜像到相应位置，如图15-11所示。

Step 04 执行"单行文字"命令（DT），设置字高为3.5，在图形中输入相应的文字，如图15-1所示。

Step 05 至此，水磨石机电气线路图绘制完成，按Ctrl+S组合键保存。

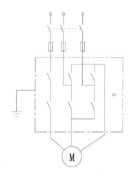
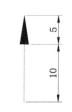
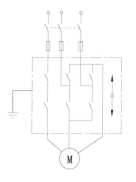

图 15-9　连接各元器件　　　图 15-10　绘制多段线　　　图 15-11　放置多段线

15.2　皮带运输机电气线路图的绘制

视频\15\皮带运输机电气线路图的绘制.avi
案例\15\皮带运输机电气线路图.dwg

图 15-12 所示为皮带运输机电气线路图。该皮带运输机由两台电动机分别带动两条运输皮带；为防止物料在皮带上堵塞，两条运输皮带的启动和停止必须按顺序进行。也就是说，启动时，第二条皮带应在第一条皮带启动后才能启动；而在停止运行时，则只有在第二条皮带停止运行后第一条皮带才可以停止运行。本线路图就是根据对两条运输皮带的工作顺序的要求设计的，并采用了交流接触器辅助触点连锁装置。

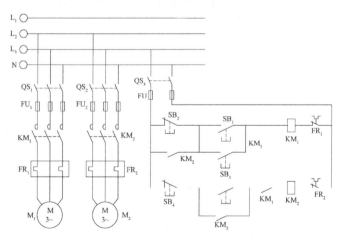

图 15-12　皮带运输机电气线路图

15.2.1　设置绘图环境

Step 01　启动 AutoCAD 2020，在快速访问工具栏中单击"保存"按钮，将文件保存为"案例\15\皮带运输机电气线路图.dwg"文件。

Step 02 执行"图层管理器"命令（LA），在文件中新建"控制回路层""文字说明层""主回路层"3 个图层，并将"主回路层"置为当前图层。图层属性设置如图 15-13 所示。

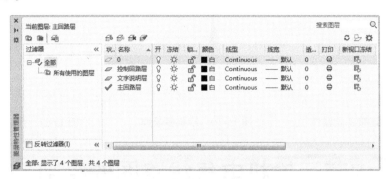

图 15-13　图层属性设置

15.2.2　绘制主回路层

1. 绘制熔断器

Step 01 将"主回路层"置为当前图层，执行"直线"命令（L），绘制一条长度为 15 的垂直线段。

Step 02 执行"矩形"命令（REC），在直线上绘制 3×7 的矩形，如图 15-14 所示。

Step 03 执行"复制"命令（CO），将图形复制，如图 15-15 所示。

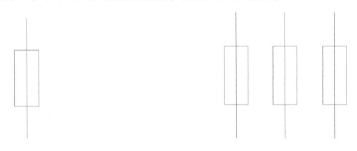

图 15-14　绘制直线和矩形　　　　　　图 15-15　复制操作

2. 绘制接触器

Step 01 执行"直线"命令（L），连续绘制 3 条长度均为 10 的垂直线段，如图 15-16 所示。

Step 02 执行"旋转"命令（RO），将中间的垂直线段绕下端点旋转 25°，如图 15-17 所示。

Step 03 执行"圆"命令（C）和"修剪"命令（TR），在图形的相应位置绘制半径为 2 的圆，并将其修剪为半圆弧，如图 15-18 所示。

Step 04 执行"复制"命令（CO），将图形复制两次，如图 15-19 所示。

Step 05 执行"直线"命令（L），连接斜线中点绘制水平线段，且转换其线型为虚线，如图 15-20 所示。

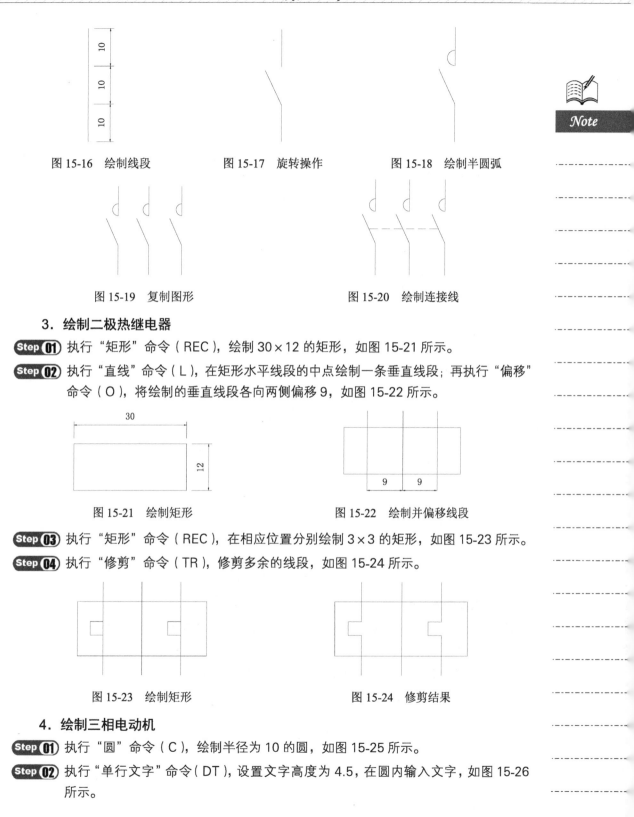

图 15-16 绘制线段　　　图 15-17 旋转操作　　　图 15-18 绘制半圆弧

图 15-19 复制图形　　　　　图 15-20 绘制连接线

3. 绘制二极热继电器

Step 01 执行"矩形"命令（REC），绘制 30×12 的矩形，如图 15-21 所示。

Step 02 执行"直线"命令（L），在矩形水平线段的中点绘制一条垂直线段；再执行"偏移"命令（O），将绘制的垂直线段各向两侧偏移 9，如图 15-22 所示。

图 15-21 绘制矩形　　　图 15-22 绘制并偏移线段

Step 03 执行"矩形"命令（REC），在相应位置分别绘制 3×3 的矩形，如图 15-23 所示。

Step 04 执行"修剪"命令（TR），修剪多余的线段，如图 15-24 所示。

图 15-23 绘制矩形　　　图 15-24 修剪结果

4. 绘制三相电动机

Step 01 执行"圆"命令（C），绘制半径为 10 的圆，如图 15-25 所示。

Step 02 执行"单行文字"命令（DT），设置文字高度为 4.5，在圆内输入文字，如图 15-26 所示。

图 15-25 绘制圆　　　　　　　　　图 15-26 输入文字

Step 03 执行"直线"命令（L），过圆心和圆的左、右象限点，向上绘制长度为 25 的垂直线段，如图 15-27 所示。

Step 04 执行"直线"命令（L），以圆心和垂直线段中点为基点绘制斜线，如图 15-28 所示。

Step 05 执行"修剪"命令（TR），将多余的线段删除，如图 15-29 所示。

5. 绘制其他元器件

执行"插入"命令（I），将"案例\12"文件夹中的"多极开关"插入图形中，如图 15-30 所示。

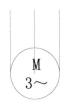  

图 15-27 绘制线段　　　图 15-28 绘制斜线　　　图 15-29 修剪结果

图 15-30 多极开关

6. 组合图形

Step 01 执行"圆"命令（C），绘制半径为 3 的圆；再捕捉圆右象限点向右绘制长度为 130 的水平线段。

Step 02 执行"复制"命令（CO），对圆和水平线段向上进行等距离为 12 的复制操作，如图 15-31 所示。

图 15-31 绘制线路

第 15 章　机械设备电气线路图的绘制

Step 03 通过"移动""复制""直线"等命令,将各图形组合,如图 15-32 所示。

15.2.3　绘制控制回路

1. 绘制按钮开关

Step 01 将"控制回路层"置为当前层,执行"直线"命令(L),连续绘制 3 条长度均为 10 的垂直线段。

Step 02 执行"旋转"命令(RO),将中间线段绕下端点旋转-25°,如图 15-33 所示。

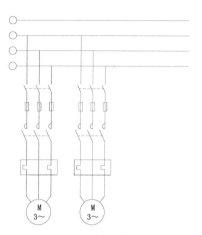

图 15-32　主回路图

Step 03 执行"直线"命令(L),在第一条线段末端绘制一条长度为 6 的水平线段,如图 15-34 所示。

Step 04 再执行"拉长"命令(LEN),选择"增量(DE)"项,将斜线上端拉长 3,如图 15-35 所示。

图 15-33　旋转线段　　图 15-34　绘制水平线段　　图 15-35　拉长斜线

Step 05 执行"直线"命令(L),捕捉斜线中点向左绘制长度为 9 的水平线段,且将其转换为虚线,如图 15-36 所示。

Step 06 执行"矩形"命令(REC),绘制 3×7 的矩形,如图 15-37 所示。

Step 07 执行"修剪"命令(TR),修剪相应线段,完成常闭按钮开关的绘制,如图 15-38 所示。

图 15-36　绘制虚线　　图 15-37　绘制矩形　　图 15-38　常闭按钮开关

Step 08 执行"复制"命令(CO),将常闭按钮开关复制一份;执行"删除"命令(E),将相应的线段删除,如图 15-39 所示。

401

Step 09 执行"镜像"命令（MI），将斜线以下端点左右镜像，且删除源对象；再执行"移动"命令（M），调整图形的相应位置，完成常开按钮开关的绘制，如图 15-40 所示。

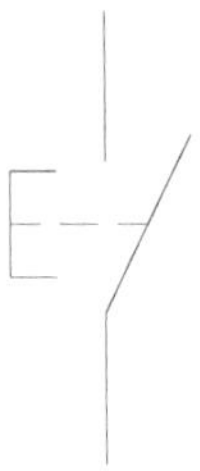

图 15-39　复制、删除操作 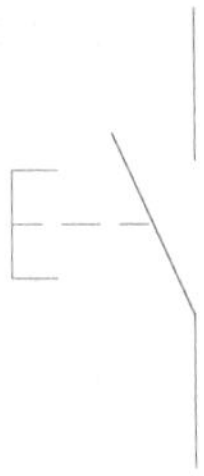　　　　　　　图 15-40　常开按钮开关

2．绘制继电器

Step 01 执行"矩形"命令（REC），绘制 10×6 的矩形，如图 15-41 所示。

Step 02 执行"直线"命令（L），分别在矩形上、下侧中点绘制长度为 4 的垂直线段，如图 15-42 所示。

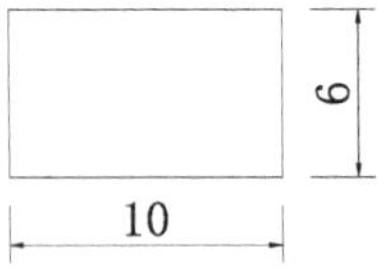

图 15-41　绘制矩形 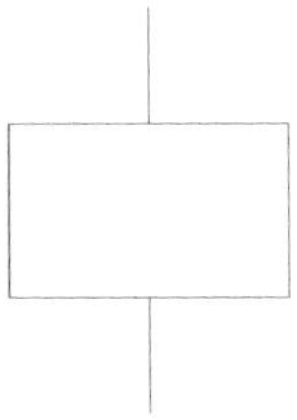　　　　　　　　　　图 15-42　绘制线段

3．绘制其他元器件

执行"插入"命令（I），将"案例\12"文件夹中的"热继电器常闭触点"和"单极开关"插入图形中，如图 15-43 所示。

（a）热继电器常闭触点　　　　　　　　（b）单极开关

图 15-43　插入的图形

4．组合图形

通过"移动""复制""旋转""直线"等命令，将元器件移动到相应位置，用直线连接，组合成控制回路，如图 15-44 所示。

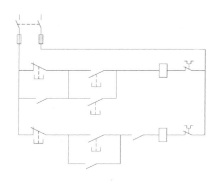

图 15-44 控制回路

15.2.4 连接图形

前面已经将两组控制回路绘制好了,接下来将两组控制回路组合到一起,并进行文字标注,具体操作步骤如下。

Step 01 通过执行"移动"命令将各元器件符号放置到相应位置,并以"直线""修剪"命令将图形连接,如图 15-45 所示。

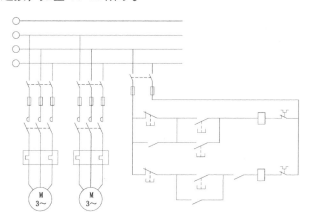

图 15-45 连接图形

Step 02 将"文字说明层"置为当前层,执行"单行文字"命令(DT),设置文字高度为 4.5,在图形的相应位置进行文字注释,如图 15-12 所示。

Step 03 至此,皮带运输机电气线路图绘制完成,按 Ctrl+S 组合键保存。

15.3 车床电气线路图的绘制

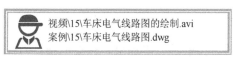

视频\15\车床电气线路图的绘制.avi
案例\15\车床电气线路图.dwg

图 15-46 所示为车床(C6140)电气线路图。该线路由主轴电动机 M_1、冷却泵电动

机 M_2、刀架快速移动电动机 M_3，以及电源开关 QS_1、控制电源变压器 TC、控制按钮 SB_1、SB_2 等电气元器件组成，是工厂常用的加工机床。

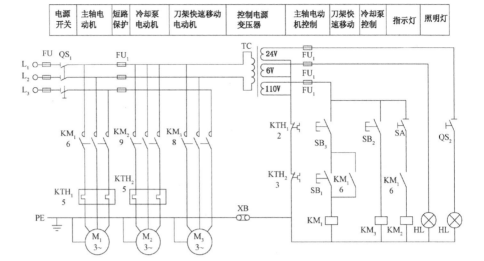

图 15-46 车床电气线路图

15.3.1 设置绘图环境

Step 01 启动 AutoCAD 2020，在快速访问工具栏中单击"保存"按钮，将文件保存为"案例\15\车床电气线路图.dwg"文件。

Step 02 执行"图层管理器"命令（LA），在文件中新建"控制回路层""文字说明层""主回路层"3 个图层，并将"主回路层"置为当前图层，图层属性设置如图 15-47 所示。

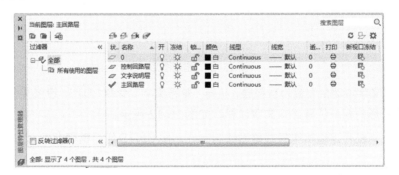

图 15-47 图层属性设置

15.3.2 绘制主回路

通过分析图 15-46 可知，主回路主要由熔断器、接触器、电动机、热继电器、刀开关等组成。在前面的章节中已经对部分元器件进行了讲解，对前面绘制过的元器件进行写块并将其存为单独的 dwg 文件,在后面绘制图形时即可将其调用。

1. 绘制三极隔离开关

Step 01 将"主回路层"置为当前图层,执行"插入"命令(I),将"案例\12"文件夹中的"多极开关"插入图形中,如图 15-48 所示。

Step 02 执行"分解"命令(X),将图形分解。

Step 03 在正交状态下,将虚线左端点向左拉长 5,如图 15-49 所示。

Step 04 执行"直线"命令(L),分别在图形中的相应位置绘制长度均为 3 的水平线段和垂直线段,如图 15-50 所示。

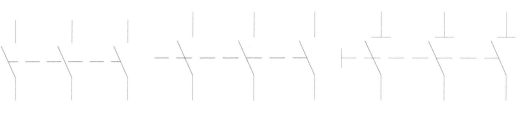

图 15-48 多极开关　　　图 15-49 拉长虚线　　　图 15-50 绘制水平线段和垂直线段

2. 绘制其他元器件

Step 01 执行"插入"命令(I),将"案例\12"文件夹中的"三相电动机""接触器""接地""二极热继电器""熔断器"元器件插入图形中,如图 15-51 所示。

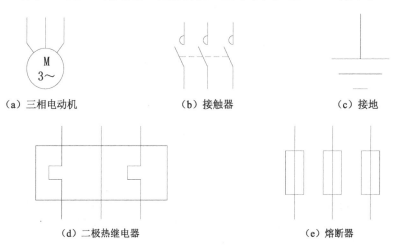

(a)三相电动机　　　(b)接触器　　　(c)接地

(d)二极热继电器　　　(e)熔断器

图 15-51 插入各元器件

3. 组合图形

Step 01 通过"移动"和"直线"命令将三相电动机、二极热继电器、接触器放置到相应的位置,并将其连接,如图 15-52 所示。

Step 02 执行"复制"命令(CO),将上一步绘制的图形向右复制两份。

Step 03 执行"删除"命令(E),将最右侧图形中的二极热继电器删除;再执行"分解"命令(X),将电动机打散,并对圆内的文字进行相应的修改,如图 15-53 所示。

Step 04 通过"旋转""移动""直线""圆"命令,将其他元器件组合成线路,如图 15-54 所示。

图 15-52　放置各元器件

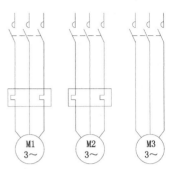

图 15-53　复制图形并修改调整

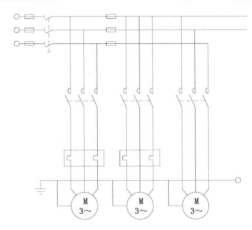

图 15-54　连接图形

15.3.3　绘制控制回路及照明指示回路

1. 绘制变压器

Step 01 将"控制回路层"置为当前图层,执行"圆弧"命令(A),绘制直径为 5 的半圆弧;再执行"复制"命令(CO),将半圆弧向上复制 3 份,如图 15-55 所示。

Step 02 执行"镜像"命令(MI),选择上侧的两个圆弧,进行镜像操作,如图 15-56 所示。

图 15-55　绘制并复制半圆弧　　　　　　　　图 15-56　镜像操作

Step 03 执行"复制"命令(CO)和"移动"命令(M),将镜像得到的圆弧再向下复制 2

份，并放置到相应的位置，如图 15-57 所示。

Step 04 执行"直线"命令（L），绘制连接导线，如图 15-58 所示。

图 15-57　复制和移动图形　　　　　　图 15-58　绘制连接导线

2．绘制其他元器件

Step 01 执行"插入"命令（I），将"案例\12"文件夹中的"常开按钮开关""单极开关""热继电器常闭触点""灯""继电器"插入图形中，如图 15-59 所示。

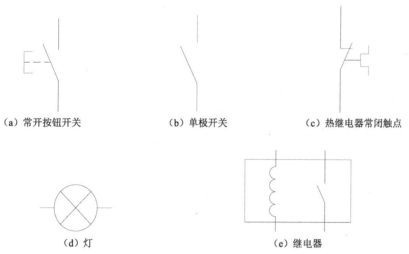

图 15-59　插入的图形

Step 02 通过"移动""复制""旋转""直线""圆"等命令，将插入的元器件根据线路图的需要进行相应的连接，如图 15-60 所示。

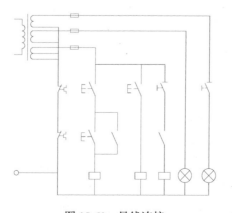

图 15-60　导线连接

15.3.4 连接图形

Step 01 应用"移动"和"直线"命令，将前面所绘制的各部分回路图组合起来，如图 15-61 所示。

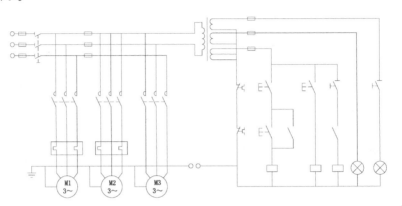

图 15-61　组合图形

Step 02 将"文字说明层"置为当前图层，执行"构造线"命令（XL），选择"垂直（V）"项，根据图形元器件的分隔区域绘制相应的垂直构造线；再选择"水平（H）"项，绘制两条水平构造线，如图 15-62 所示。

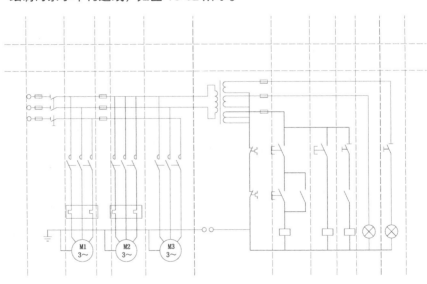

图 15-62　绘制构造线

Step 03 执行"修剪"命令（TR），对多余的构造线进行修剪，使之在各功能块的正上方形成相应的区域，如图 15-63 所示。

Step 04 执行"单行文字"命令（DT），设置文字高度为 4.5，在图形的相应位置进行文字注释，如图 15-46 所示。

Step 05 至此，车床电气线路图绘制完成，按 Ctrl+S 组合键保存。

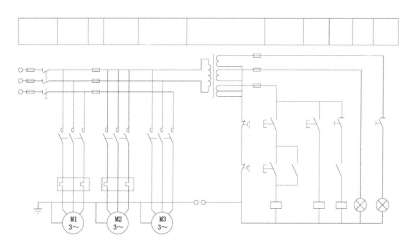

图 15-63 修剪结果

15.4 无心磨床电气线路图的绘制

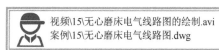

图 15-64 所示为无心磨床（M1040 型）电气线路图。该线路由磨削轮电动机 M_1、冷却电动机 M_2、润滑电动机 M_3、液压电动机 M_4、导轮电动机 M_5，以及交流接触器 KM_1、KM_2、KM_3、KM_4，推料电磁铁 YA 和变压器 LT 等电气元器件组成。

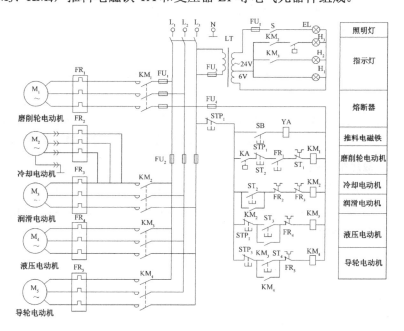

图 15-64 无心磨床电气线路图

15.4.1 设置绘图环境

Step 01 启动 AutoCAD 2020，在快速访问工具栏中单击"保存"按钮，将文件保存为"案例\15\无心磨床电气线路图.dwg"文件。

Step 02 执行"图层管理器"命令（LA），在文件中新建"控制回路层""文字说明层""照明回路层""主回路层"4 个图层，并将"主回路层"置为当前图层，图层属性设置如图 15-65 所示。

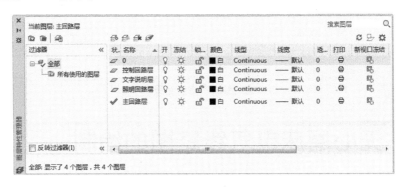

图 15-65　图层属性设置

15.4.2 绘制主回路

通过分析图 15-64 可知，该主回路主要由熔断器、接触器、电动机、热继电器等组成，可以将前面绘制好的元器件插入图形中，以提高绘图效率。

1. 绘制总电源

Step 01 将"主回路层"置为当前图层，执行"插入"命令（I），将"案例\12"文件夹中的"多极开关"和"熔断器"插入图形中。

图 15-66　总电源

Step 02 通过"移动""直线""圆"命令，将图形移动到相应位置且以导线连接，并在上端点绘制半径为 2 的圆，如图 15-66 所示。

2. 绘制三极热继电器

Step 01 执行"矩形"命令（REC），绘制 30×12 的矩形，如图 15-67 所示。

Step 02 执行"直线"命令（L），在矩形水平线段中点绘制一条垂直线段；再执行"偏移"命令（O），将绘制的垂直线段向左、右两侧各偏移 9，如图 15-68 所示。

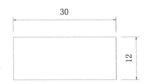

图 15-67　绘制矩形

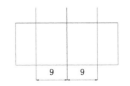

图 15-68　绘制并偏移线段

Step 03 执行"矩形"命令（REC），在相应位置分别绘制 3×3 的矩形，如图 15-69 所示。

Step 04 执行"修剪"命令（TR），修剪掉多余的线段，修剪结果如图 15-70 所示。

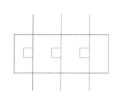

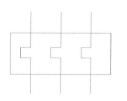

图 15-69　绘制矩形　　　　　　　　　图 15-70　修剪结果

3. 绘制其他元器件

执行"插入"命令（I），将"案例\12"文件夹中的"三相电动机"和"接触器"插入图形中，如图 15-71 和图 15-72 所示。

4. 组合图形

Step 01 通过"移动""旋转""直线"命令将三相电动机、三极热继电器和接触器放置到图形的相应位置，组合图形，如图 15-73 所示。

  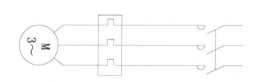

图 15-71　三相电动机　　图 15-72　接触器　　　　图 15-73　组合图形

Step 02 执行"复制"命令（CO），将上一步绘制的图形向下复制 4 份，同时将电动机分解，并对各个电动机的文字进行调整。

Step 03 执行"删除"命令（E），将复制得到的第二个图形中的接触器删除，如图 15-74 所示。

Step 04 通过"直线""复制""旋转"等命令将图形组合，从而完成主回路的绘制，如图 15-75 所示。

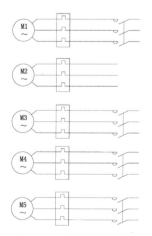 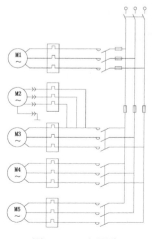

图 15-74　复制调整图形　　　　　　　图 15-75　主回路

15.4.3 绘制照明指示回路

1. 绘制变压器

Step 01 将"照明回路层"置为当前图层，执行"圆弧"命令（A），绘制直径为 5 的半圆弧；再执行"复制"命令（CO），将半圆弧向上复制 4 份，如图 15-76 所示。

Step 02 执行"镜像"命令（MI），选择上侧的 3 个圆弧，进行镜像，如图 15-77 所示。

Step 03 执行"直线"命令（L），绘制连接导线，如图 15-78 所示。

图 15-76　绘制并复制半圆弧　　　图 15-77　镜像图形　　　图 15-78　绘制连接导线

2. 绘制电流继电器

Step 01 执行"直线"命令（L），在正交模式下，连续绘制 3 条长度均为 7 的水平线段，如图 15-79 所示。

Step 02 执行"旋转"命令（RO），将中间的水平线段绕右端点旋转 25°，如图 15-80 所示。

Step 03 执行"矩形"命令（REC），在斜线的下方绘制 4×3 的矩形；再执行"直线"命令（L），绘制连接虚线，如图 15-81 所示。

图 15-79　绘制水平线段　　　图 15-80　旋转操作　　　图 15-81　绘制矩形和连接虚线

3. 绘制其他元器件

执行"插入"命令（I），将"案例\12"文件夹中的"灯"和"单极开关"插入图形中，如图 15-82 所示。

4. 组合图形

Step 01 通过"移动""复制""旋转""缩放""直线"等命令将灯、单极开关、熔断器、电流继电器放置到相应位置，并以直线连接，组合图形如图 15-83 所示。

（a）灯　　（b）单极开关

图 15-82　插入的图形　　　　　　图 15-83　组合图形

15.4.4 绘制控制回路

Step 01 将"控制回路层"置为当前图层,执行"插入"命令(I),将"案例\12"文件夹中的"常开按钮开关""常闭按钮开关""热继电器常闭触点""继电器"插入图形中,如图 15-84 所示。

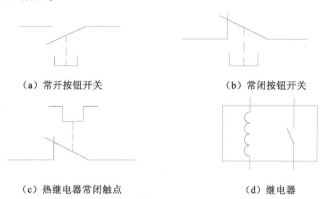

(a)常开按钮开关　　　　(b)常闭按钮开关

(c)热继电器常闭触点　　(d)继电器

图 15-84　插入的图形

Step 02 通过"移动""复制""旋转""缩放""直线"等命令将各元器件放置到相应位置,并以直线连接,如图 15-85 所示。

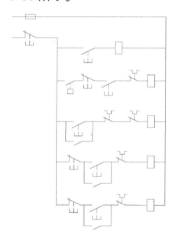

图 15-85　连接图形

15.4.5 组合线路

前面已经完成了无心磨床电气线路图中 3 个回路的绘制,接下来将这 3 个回路组合。

Step 01 通过"移动""复制""直线"命令将前面绘制的 3 个回路图组合起来,如图 15-86 所示。

Step 02 将"文字说明层"置为当前图层,执行"构造线"命令(XL),选择"水平(H)"项,根据图形元器件的分隔区域绘制相应的水平构造线;再选择"垂直(V)"项,在图形右侧绘制两条垂直构造线，且使两条垂直构造线的间距为 40，如图 15-87 所示。

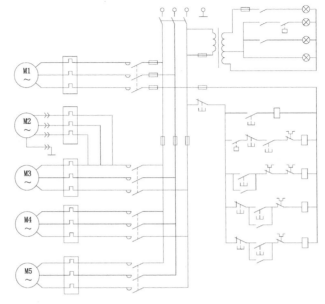

图 15-86 组合图形

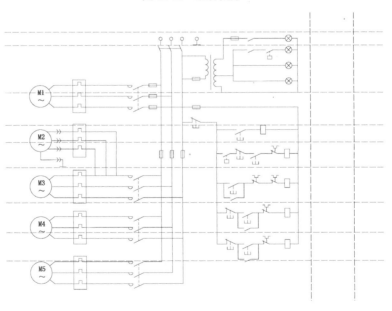

图 15-87 绘制构造线

Step 03 执行"修剪"命令（TR），对多余的构造线进行修剪，使之在各功能块的右侧形成相应的区域，修剪结果如图 15-88 所示。

Step 04 执行"单行文字"命令（DT），设置文字高度为 4.5，在图形的相应位置进行文字注释，如图 15-64 所示。

Step 05 至此，无心磨床电气线路图绘制完成，按 Ctrl+S 组合键保存。

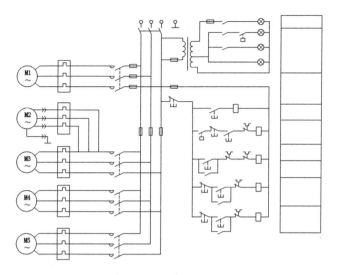

图 15-88　修剪结果

15.5 输料堵斗自停控制电气线路图的绘制

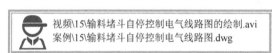

图 15-89 所示为输料堵斗自停控制电气线路图。该线路由三相异步电动机 M、交流接触器 KM、高灵敏度继电器 K、干簧管 KD、磁钢 Y、变压器 T，以及控制按钮 ST、STP 等组成。

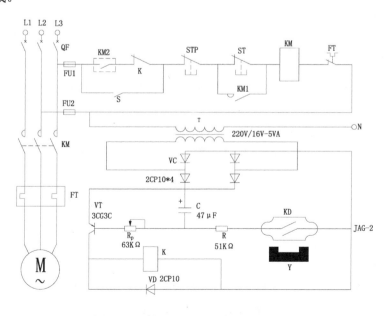

图 15-89　输料堵斗自停控制电气线路图

启动前，先按下开关 S，再按下启动按钮 ST、接触器 KM，电动机即可进入运行状态。当料斗被堵住时，在干簧管 KD 和磁钢 Y 的作用下，可使接触器 KM 失电，从而使电动机 M 停止运转。

当将被堵料斗疏通后，因磁钢 Y 离开干簧管 KD，致使干簧管 KD 内的触点恢复常开状态，从而使高灵敏度继电器失电，再按 ST 即可开机。

15.5.1 设置绘图环境

Step 01 启动 AutoCAD 2020，在快速访问工具栏中单击"保存"按钮 ，将文件保存为"案例\15\输料堵斗自停控制电气线路图.dwg"文件。

Step 02 执行"图层管理器"命令（LA），在文件中新建"控制回路层""文字说明层""照明回路层""主回路层"4 个图层，并将"主回路层"置为当前图层，图层属性设置如图 15-90 所示。

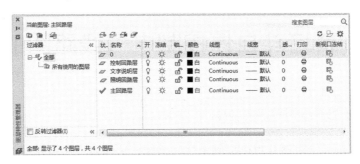

图 15-90　图层属性设置

15.5.2 绘制主回路

通过分析图 15-89 可知，其主回路主要由电动机、二极热继电器、接触器、断路器等元器件组成，可以将前面绘制好的元器件插入图形中，以提高绘图效率。具体操作步骤如下。

Step 01 将"主回路层"置为当前图层，执行"插入"命令（I），将"案例\12"文件夹中的"接触器""二极热继电器""交流电动机""断路器"插入图形中，如图 15-91 所示。

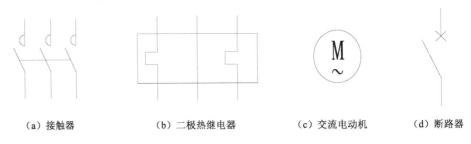

（a）接触器　　　　（b）二极热继电器　　　（c）交流电动机　　　（d）断路器

图 15-91　插入的各元器件

Step 02 通过"移动""复制""缩放""直线""圆"等命令将元器件组合，且在上端绘制半径为1的圆,如图15-92所示。

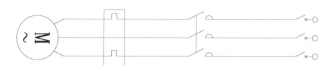

图15-92 主回路

提示
由于页面篇幅原因,图15-92为旋转−90°后的效果。

15.5.3 绘制控制回路

1. 绘制变压器

Step 01 将"控制回路层"置为当前图层,执行"圆弧"命令(A),绘制直径为6的半圆弧;再执行"复制"命令(CO),将半圆弧水平向右复制4份,如图15-93所示。

图15-93 绘制并复制并圆弧

Step 02 执行"镜像"命令(MI),将圆弧向下镜像,如图15-94所示。

Step 03 执行"直线"命令(L),捕捉相应端点并绘制直线,如图15-95所示。

图15-94 镜像圆弧　　　　　　　　图15-95 绘制直线

2. 绘制滑线式变阻器

Step 01 执行"矩形"命令(REC),绘制7×3的矩形;再执行"直线"命令(L),捕捉矩形左侧垂直线段的中点并向左绘制长度为4的水平线段,如图15-96所示。

Step 02 执行"多段线"命令(PL),设置起点宽度为0,终点宽度为1.5,捕捉矩形水平线段的中点向上拖动,输入长度为3的多段线,确定箭头符号;再设置起点宽度和终点宽度均为0,继续绘制多段线,如图15-97所示。

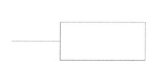
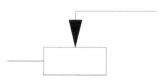

图15-96 矩形、直线操作　　　　图15-97 绘制多段线

3. 绘制磁钢

Step 01 执行"直线"命令（L），绘制凹槽图形，如图 15-98 所示。

Step 02 执行"填充"命令（H），选择样例为 SOLTD，对图形进行填充，如图 15-99 所示。

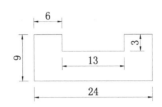

图 15-98　凹槽图形　　　　　　　　　图 15-99　填充效果

4. 绘制干簧管

Step 01 执行"矩形"命令（REC），绘制 35×14 的矩形。

Step 02 执行"圆"命令（C），绘制两个半径为 4 的圆，且将其放置到矩形左、右两侧垂直线段的中点位置，如图 15-100 所示。

Step 03 执行"直线"命令（L），过矩形水平线段的中点绘制垂直线段；再执行"偏移"命令（O），将垂直线段向左、右两侧各偏移 10，如图 15-101 所示。

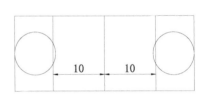

图 15-100　绘制矩形和圆　　　　　　　图 15-101　绘制并偏移线段

Step 04 执行"圆"命令（C），绘制 4 个与偏移线段和两个圆相切的半径为 3 的圆，如图 15-102 所示。

Step 05 执行"修剪"命令（TR）和"删除"命令（E），删除不需要的线条及圆弧，修剪效果如图 15-103 所示。

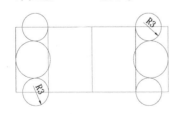

图 15-102　绘制相切圆　　　　　　　　图 15-103　修剪结果

Step 06 执行"直线"命令（L），过圆象限点，绘制连续的长度为 12.5、10、12.5 的 3 条水平线段。

Step 07 执行"旋转"命令（RO），将中间线段绕左端点旋转 25°，如图 15-104 所示。

Step 08 执行"复制"命令（CO），将斜线向下复制到右水平线段端点处，如图 15-105 所示。

图 15-104　绘制、旋转线段

图 15-105　复制斜线

5. 绘制其他元器件

Step 01 执行"插入"命令（I），将"案例\12"文件夹中的"熔断器""常开按钮开关""热继电器常闭触点""PNP 型半导体管""二极管""电容器""继电器""电阻器""单极开关""常闭按钮开关"插入图形中，如图 15-106 所示。

Step 02 通过"移动""复制""缩放""旋转""直线""矩形""圆"等命令，将各元器件按照如图 15-107 所示的布局放置并连接。

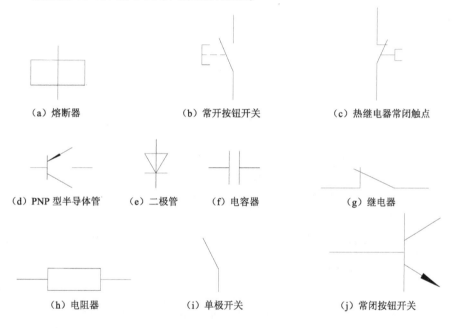

图 15-106　插入的图形

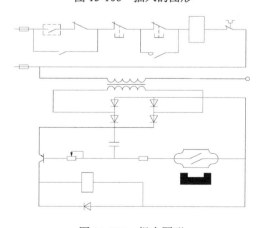

图 15-107　组合图形

15.5.4 组合线路

前面已经完成了输料堵斗自停控制电气线路中 2 个回路的绘制，接下来将这 2 个回路组合，具体操作步骤如下。

Step 01 应用"移动"和"延伸"命令，将前面所绘制的回路图的各部分组合起来，如图 15-108 所示。

Step 02 将"文字说明层"置为当前图层，执行"单行文字"命令（DT），设置文字高度为 3.5，在图形的相应位置进行文字注释，如图 15-89 所示。

Step 03 至此，输料堵斗自停控制电气线路图绘制完成，按 Ctrl+S 组合键保存。

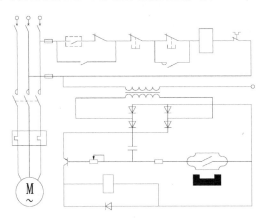

图 15-108 组合回路

15.6 本章小结

本章主要讲解了机械设备电气线路图的绘制，包括水磨石机电气线路图的绘制、皮带运输机电气线路图的绘制、车床电气线路图的绘制、无心磨床电气线路图的绘制和输料堵斗自停控制电气线路图的绘制。

交流发电机电气线路图的绘制

中小型交流发电机可分为很多类型，它们分别具有不同的结构，根据定子、转子的转速是否相同，可以将其分为同步发电机和异步发电机（多数为同步发电机）；按相数的多少，可将其分为三相发电机和单相发电机；根据磁场和电枢的相对位置，可将其分为旋转磁场式发电机和旋转电枢式发电机；按励磁方式的不同，可将其分为自励式发电机和他励式发电机；按拖动发电机原动机的不同，可将其分为汽轮发电机、水轮发电机和柴油发电机等。本章选绘了一些常用的交流发电机电气线路图加以介绍。

内容要点

- ◆ 电抗分流发电机电气线路图的绘制
- ◆ 灯光旋转发电机电气线路图的绘制
- ◆ 同期并列发电机电气线路图的绘制
- ◆ 三相四线发电机电气线路图的绘制
- ◆ 电抗移相发电机电气线路图的绘制
- ◆ 他励晶闸管励磁系统图的绘制
- ◆ 无刷励磁控制屏电气线路图的绘制
- ◆ 50GF、75GF 型发电机电气线路图的绘制

16.1 电抗分流发电机电气线路图的绘制

视频\16\电抗分流发电机电气线路图的绘制.avi
案例\16\电抗分流发电机电气线路图.dwg

图 16-1 所示为电抗分流发电机电气线路图。该线路由发电机定子中的副绕组、三相线性电抗器、硅整流器及励磁绕组等组成。发电机的励磁电流由定子副绕组和部分定子负载电流叠加,并经整流后予以供给;这种励磁方式具有工艺简单、效率高、成本低的优点,其电压稳定度可达±5%,配以晶闸管调压可达到±1%。

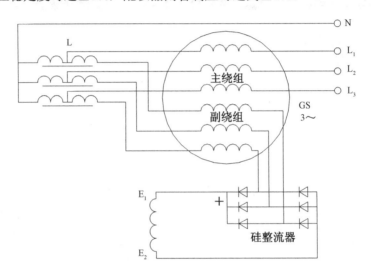

图 16-1 电抗分流发电机电气线路图

16.1.1 绘制电气元器件

1. 绘制同步发电机

Step 01 启动 AutoCAD 2020,在快速访问工具栏中单击"保存"按钮,将文件保存为"案例\16\电抗分流发电机电气线路图.dwg"文件。

Step 02 执行"圆"命令(C),绘制半径为 20 的圆。

Step 03 执行"直线"命令(L),在圆下侧象限点绘制一条长度为 20 的水平线段,如图 16-2 所示。

Step 04 执行"偏移"命令(O),将水平线段偏移,如图 16-3 所示。

Step 05 执行"删除"命令(E),将最下侧水平线段删除。

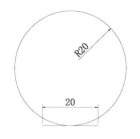
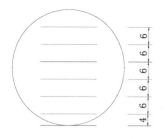

图 16-2　绘制圆和直线　　　　　　　图 16-3　偏移线段

Step 06 执行"圆弧"命令（A），以"起点、圆心、端点"绘制半径为 2 的半圆弧；再执行"复制"命令（CO），将圆弧水平向右复制 3 份，如图 16-4 所示。

图 16-4　绘制圆弧

Step 07 执行"移动"命令（M），将上一步绘制的圆弧以从左向右的第二个圆弧的下侧端点为基点移到前面绘制的水平线段的中点位置，如图 16-5 所示。

Step 08 执行"复制"命令（CO），再将圆弧复制到其他水平线段上；并执行"修剪"命令（TR），将中间的各水平线段删除，如图 16-6 所示。

图 16-5　移动操作　　　　　　　图 16-6　复制、修剪后的效果

2. 绘制三相线性电抗

Step 01 执行"圆弧"命令（A），以前面绘制同步发电机的方法绘制半径为 2 的半圆弧。

Step 02 执行"复制"命令（CO），将圆弧水平复制，如图 16-7 所示。

Step 03 执行"直线"命令（L），在两组圆弧中间绘制长度为 3 的水平线段，在圆弧下方绘制长度为 16 的水平线段，如图 16-8 所示。

图 16-7　复制圆弧　　　　　　　图 16-8　绘制水平线段

Step 04 执行"复制"命令（CO），将上一步得到的图形垂直复制 2 份，如图 16-9 所示。

3. 绘制二极管

Step 01 执行"插入"命令（I），将"案例\12"文件夹中的"二极管"插入图形中，如图 16-10 所示。

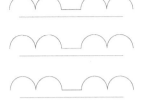

图 16-9 复制图形

图 16-10 二极管

16.1.2 组合线路图

前面已经分别完成了该线路图中各元器件的绘制,本节将介绍如何将这些元器件组合成一个完整的线路图。具体操作步骤如下。

Step 01 通过"移动""复制""缩放""镜像""直线"等命令将各元器件连接,再以"圆"命令在水平线段的右端点绘制半径为 1 的圆,组合结果如图 16-11 所示。

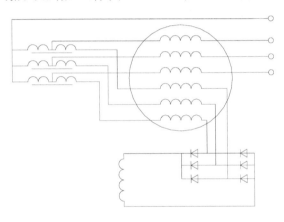

图 16-11 组合结果

Step 02 执行"单行文字"命令(DT),设置字高为 2.5,在图形中输入相应的文字,如图 16-1 所示。

Step 03 至此,电抗分流发电机电气线路图绘制完成,按 Ctrl+S 组合键保存。

16.2 灯光旋转发电机电气线路图的绘制

视频\16\灯光旋转发电机电气线路图的绘制.avi
案例\16\灯光旋转发电机电气线路图.dwg

图 16-12 所示为灯光旋转发电机电气线路图。该线路又称一灭两明法线路,其灯光旋转的快慢表示两发电机频率差的大小。当调整发电机的转速使 L_3 相跨过并列开关 KM_1、KM_2 两端的相灯熄灭时,另外两相间的相灯的亮度相同,并且当灯光旋转速度很低时,说明两发电机的频率已非常接近,迅速合上 QS_2 即可完成并列。

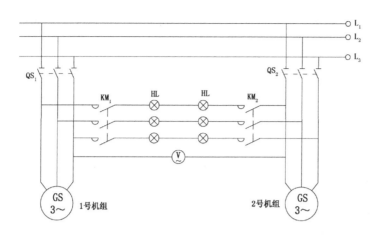

图 16-12 灯光旋转发电机电气线路图

16.2.1 绘制电气元器件

1. 绘制同步发电机

Step 01 启动 AutoCAD 2020,在快速访问工具栏中单击"保存"按钮 ,将文件保存为"案例\16\灯光旋转发电机电气线路图.dwg"文件。

Step 02 执行"插入"命令(I),将"案例\12"文件夹中的"三相电动机"插入图形中,如图 16-13 所示。

Step 03 执行"分解"命令(X),对图形进行分解打散操作。

Step 04 双击图内文字,并进行相应的修改,如图 16-14 所示。

图 16-13 三相电动机

图 16-14 修改文字效果

2. 绘制三极隔离开关

Step 01 执行"插入"命令(I),将"案例\12"文件夹中的"多极开关"插入图形中,如图 16-15 所示。

Step 02 执行"直线"命令(L),分别在图形中的相应位置绘制长度为 3 的水平线段,如图 16-16 所示。

3. 绘制电压表

Step 01 执行"插入"命令(I),将"案例\12"文件夹中的"电压表"插入图形中,如图 16-17 所示。

Step 02 执行"分解"命令(X),将图形分解。

Step 03 执行"单行文字"命令（DT），设置文字高度为 2.5，在文字下侧添加符号"～"，如图 16-18 所示。

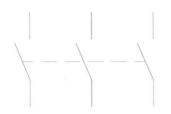

图 16-15　多极开关

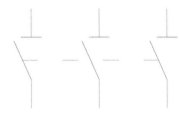

图 16-16　绘制水平线段

图 16-17　电压表

图 16-18　添加文字的效果

4．绘制其他元器件

执行"插入"命令（I），将"案例\12"文件夹中的"接触器"和"灯"插入图形中，如图 16-19 所示。

（a）接触器

（b）灯

图 16-19　插入的图形

16.2.2　组合线路图

前面已经分别完成了该线路图中各元器件的绘制，本节将介绍如何将这些元器件组合成一个完整的线路图。具体操作步骤如下。

Step 01 执行"圆"命令（C），绘制直径为 3 的圆；再捕捉左象限点向左绘制长度为 200 的水平线段。

Step 02 执行"复制"命令（CO），将圆和线段向上复制，如图 16-20 所示。

图 16-20　绘制线路

Step 03 通过执行"移动""复制""旋转""缩放"等命令将元器件符号放置到相应位置，

并以直线将图形连接，如图 16-21 所示。

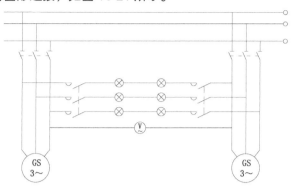

图 16-21　连接图形

Step 04 执行"单行文字"命令（DT），设置文字高度为 2.5，在图形的相应位置进行文字注释，如图 16-12 所示。

Step 05 至此，灯光旋转发电机电气线路图绘制完成，按 Ctrl+S 组合键保存。

16.3　同期并列发电机电气线路图的绘制

视频\16\同期并列发电机电气线路图的绘制.avi
案例\16\同期并列发电机电气线路图.dwg

图 16-22 所示为同期并列发电机电气线路图。该发电机启动后不合上励磁开关，而是将磁场可变电阻器调到发电机对应的空载电压位置；当发电机达到或接近同步转速时，合上发电机主开关，然后迅速合上励磁开关给发电机励磁，发电机即可进入同步并列运行状态。

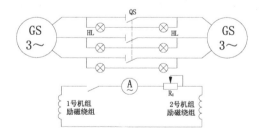

图 16-22　同期并列发电机电气线路图

16.3.1　绘制电气元器件

1．绘制同步发电机

Step 01 启动 AutoCAD 2020，在快速访问工具栏中单击"保存"按钮，将文件保存为"案例\16\同期并列发电机电气线路图.dwg"文件。

Step 02 执行"插入"命令（I），将"案例\12"文件夹中的"同步发电机"插入图形中，如图 16-23 所示。

Step 03 执行"分解"命令（X），对图形进行分解打散操作。

Step 04 执行"旋转"命令（RO），选择圆上侧的所有线段，以圆心为旋转基点，将线段旋转 90°，如图 16-24 所示。

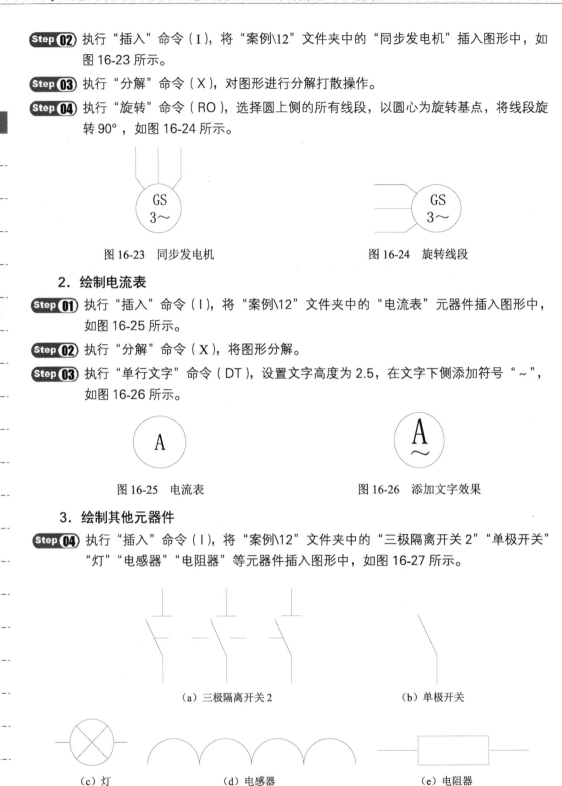

图 16-23 同步发电机　　　　　　　　图 16-24 旋转线段

2．绘制电流表

Step 01 执行"插入"命令（I），将"案例\12"文件夹中的"电流表"元器件插入图形中，如图 16-25 所示。

Step 02 执行"分解"命令（X），将图形分解。

Step 03 执行"单行文字"命令（DT），设置文字高度为 2.5，在文字下侧添加符号"～"，如图 16-26 所示。

图 16-25 电流表　　　　　　　　图 16-26 添加文字效果

3．绘制其他元器件

Step 04 执行"插入"命令（I），将"案例\12"文件夹中的"三极隔离开关 2""单极开关""灯""电感器""电阻器"等元器件插入图形中，如图 16-27 所示。

（a）三极隔离开关 2　　　　　　　　（b）单极开关

（c）灯　　　　　（d）电感器　　　　　（e）电阻器

图 16-27 插入的各元器件

16.3.2 组合线路图

前面已经分别完成了该线路图中各元器件的绘制,本节介绍如何将这些元器件组合成一个完整的线路图。具体操作步骤如下。

Step 01 通过执行"移动""复制""旋转""缩放""镜像"等命令将各元器件符号放置到相应位置,并以直线将图形连接,如图 16-28 所示。

Step 02 执行"多段线"命令(PL),捕捉矩形上侧水平线段的中点,设置起始宽度为 0,端点宽度为 1.5,向上绘制箭头多段线;再设置起始宽度和端点宽度均为 0,绘制转折多段线,如图 16-29 所示。

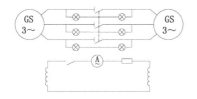
图 16-28 连接图形

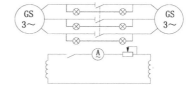
图 16-29 绘制多段线

Step 03 执行"单行文字"命令(DT),设置文字高度为 4.5,在图形的相应位置进行文字注释,如图 16-22 所示。

Step 04 至此,同期并列发电机电气线路图绘制完成,按 Ctrl+S 组合键保存。

16.4 三相四线发电机电气线路图的绘制

视频\16\三相四线发电机电气线路图的绘制.avi
案例\16\三相四线发电机电气线路图.dwg

图 16-30 所示为三相四线发电机电气线路图。该线路由原动机、异步发电机、电容器组、开关电器、保险装置等构成。因为输电线路存在电压降,所以异步发电机的输出电压应为 400V/230V,该发电机可同时用于单相和三相负载。

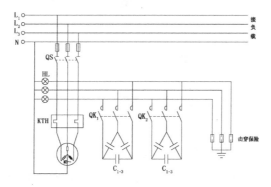

图 16-30 三相四线发电机电气线路图

16.4.1 绘制电气元器件

1. 绘制发电机

Step 01 启动 AutoCAD 2020，在快速访问工具栏中单击"保存"按钮，将文件保存为"案例\16\三相四线发电机电气线路图.dwg"文件。

Step 02 执行"圆"命令（C），绘制半径为 10 的圆。

Step 03 执行"直线"命令（L），以圆心为公共点绘制 3 条线段，如图 16-31 所示。

Step 04 执行"偏移"命令（O），将垂直线段向两边各偏移 6，通过"延伸""修剪"命令修剪图形，如图 16-32 所示。

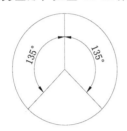 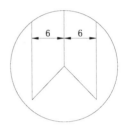

图 16-31 绘制线段　　　　　　　图 16-32 修剪后的图形

Step 05 执行"矩形"命令（REC），绘制 1.5×3.5 的矩形，然后通过"复制""旋转""移动"命令将矩形放置在如图 16-33 所示的位置。

Step 06 执行"修剪"命令（TR），将 3 个矩形中间的线段修剪掉。

Step 07 执行"填充"命令（H），设置样例为"SOLTD"，对右下侧的矩形进行填充操作。

Step 08 执行"直线"命令（L），在左下侧矩形中间绘制任意两条斜线，如图 16-34 所示。

Step 09 执行"单行文字"命令（DT），设置文字高度为 2.5，在圆内输入文字，如图 16-35 所示。

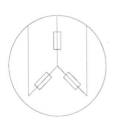 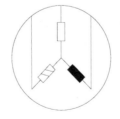 

图 16-33 绘制矩形　　　　图 16-34 填充图形　　　　图 16-35 输入文字

2. 绘制击穿保险

Step 01 执行"插入"命令（I），将"案例\12"文件夹中的"熔断器"插入图形中，如图 16-36 所示。

Step 02 执行"分解"命令（X），将图形分解。

Step 03 执行"打断"命令（BR），将 3 条垂直线段在矩形的中间位置打断，如图 16-37 所示。

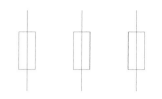
图 16-36 熔断器

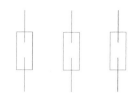
图 16-37 打断操作

3. 绘制其他元器件

执行"插入"命令（I），将"案例\12"文件夹中的"接触器""三极隔离开关 2""二极热继电器""熔断器""接地""电容器""灯"插入图形中，如图 16-38 所示。

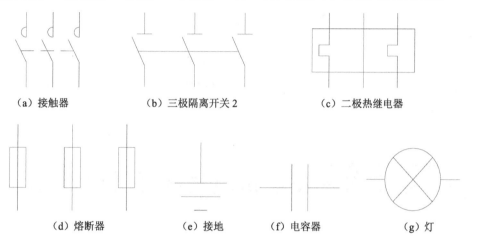

图 16-38 插入的图形

16.4.2 组合线路图

前面已经分别完成了该线路图中各元器件的绘制，本节介绍如何将这些元器件组合成一个完整的线路图，具体操作步骤如下。

Step 01 执行"圆"命令（C），绘制直径为 3 的圆；再捕捉右象限点并向右绘制长度为 210 的水平线段。

Step 02 执行"复制"命令（CO），将圆和线段以距离为 8 的高度复制，如图 16-39 所示。

图 16-39 绘制并复制线路

Step 03 通过执行"移动""复制""旋转""缩放"等命令将各元器件符号放置到相应位置，并以直线将图形连接，如图 16-40 所示。

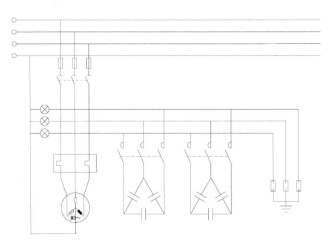

图 16-40 连接图形

Step 04 执行"单行文字"命令（DT），设置文字高度为 3.5，在图形的相应位置进行文字注释，如图 16-30 所示。

Step 05 至此，三相四线发电机电气线路图绘制完成，按 Ctrl+S 组合键保存。

16.5 电抗移相发电机电气线路图的绘制

视频\16\电抗移相发电机电气线路图的绘制.avi
案例\16\电抗移相发电机电气线路图.dwg

图 16-41 所示为电抗移相发电机电气线路图。该发电机的励磁功率从发电机定子绕组抽头或定子辅绕组出线端引出，经线性电抗器的直流分量和功率互感器 TA 提供的两个交流分量合成，并经硅整流器整流后供给发电机励磁。此时线路中的电抗器提供落后于端电压 90°相位的电流分量；电流互感器则提供与负载电流相位相同的电流分量。

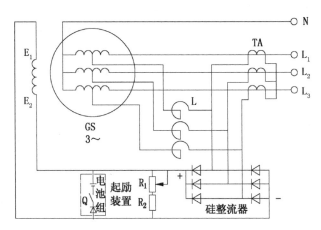

图 16-41 电抗移相发电机电气线路图

16.5.1 绘制电气元器件

1. 绘制同步发电机

Step 01 启动 AutoCAD 2020，在快速访问工具栏中单击"保存"按钮，将文件保存为"案例\16\电抗移相发电机电气线路图.dwg"文件。

Step 02 执行"圆弧"命令（A），绘制半径为 2 的半圆弧；再执行"复制"命令（CO），将圆弧水平复制 3 份，如图 16-42 所示。

图 16-42 绘制并复制圆弧

Step 03 执行"直线"命令（L），分别在圆弧左、右端点向外绘制长度为 6 的水平线段，如图 16-43 所示。

图 16-43 绘制线段

Step 04 执行"移动"命令（M），将圆弧绕组移动到大圆中心处，如图 16-44 所示。

Step 05 执行"复制"命令（CO），将圆弧绕组分别向上、下以 8 的距离复制，如图 16-45 所示。

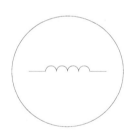 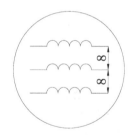

图 16-44 移动圆弧绕阻　　　　图 16-45 复制圆弧绕阻

2. 绘制电抗器

Step 01 执行"圆弧"命令（A），任意指定一点，向左水平拖动鼠标；再根据命令行提示选择"圆心（C）"项，输入 4 以确定圆心点，输入角度为 270，绘制圆弧，如图 16-46 所示。

Step 02 执行"直线"命令（L），捕捉点并绘制线段，如图 16-47 所示。

 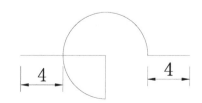

图 16-46 绘制圆弧　　　　图 16-47 绘制线段

3. 绘制功率互感器

Step 01 执行"圆弧"命令（A），绘制半径为 2 的半圆弧。

Step 02 执行"复制"命令（CO），将半圆弧水平复制一份，如图 16-48 所示。

Step 03 执行"直线"命令（L），捕捉相应点，绘制两条长度为 4 的垂直线段和一条长度为 12 的水平线段，如图 16-49 所示。

图 16-48　绘制并复制圆弧　　　　　　图 16-49　绘制线段

4. 绘制电池组

Step 01 执行"直线"命令（L），绘制长度为 6 和 4 的垂直线段，且使两条垂直线段的距离为 1，如图 16-50 所示。

Step 02 执行"直线"命令（L），在相应位置绘制长度为 3 与长度为 1.5 的水平线段，如图 16-51 所示。

图 16-50　绘制垂直线段　　　　　　图 16-51　绘制水平线段

5. 绘制其他元器件

执行"插入"命令（I），将"案例\12"文件夹中的"单极开关""二极管""电阻器""电感器"插入图形中，如图 16-52 所示。

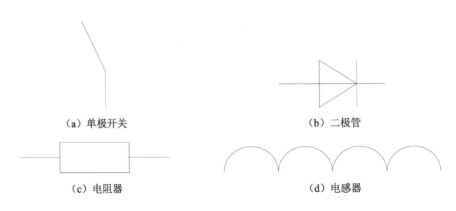

（a）单极开关　　　　　　（b）二极管

（c）电阻器　　　　　　（d）电感器

图 16-52　插入的图形

16.5.2 组合线路图

前面已经分别完成了该线路图中各元器件的绘制，本节将介绍如何将这些元器件组合成一个完整的线路图。具体操作步骤如下。

Step 01 执行"圆"命令（C），绘制直径为 3 的圆；再捕捉圆的左象限点向左绘制长度为 80 的水平线段。

Step 02 执行"复制"命令（CO），将圆和线段复制，如图 16-53 所示。

Step 03 通过执行"移动""复制"命令将各元器件符号放置到相应位置，并以直线将图形连接，如图 16-54 所示。

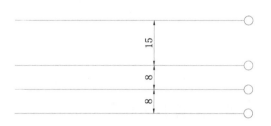

图 16-53　绘制线路

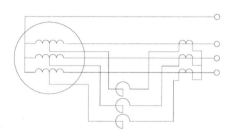

图 16-54　连接图形

Step 04 执行"矩形"命令（REC），绘制 10×89 和 110×22 的两个矩形，并使两矩形的下端平齐。

Step 05 执行"修剪"命令（TR），将相交部分的线条修剪掉，如图 16-55 所示。

Step 06 执行"移动""镜像""旋转""缩放""修剪""矩形"等命令将其他元器件放置到矩形的相应位置，如图 16-56 所示。

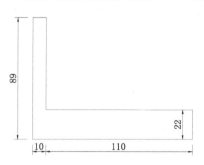

图 16-55　绘制并修剪矩形

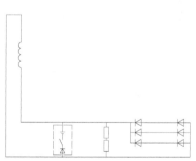

图 16-56　放置元器件

Step 07 执行"多段线"命令（PL），捕捉电阻器的中点为起点，设置起点宽度为 0，终点宽度为 1.5，向右拖动绘制箭头图形；设置起点宽度和终点宽度均为 0，绘制转折多段线，如图 16-57 所示。

Step 08 执行"移动"命令（M）和"直线"命令（L），将两组图形组合；并以直线绘制"+"和"-"符号，表明图形的正、负极，如图 16-58 所示。

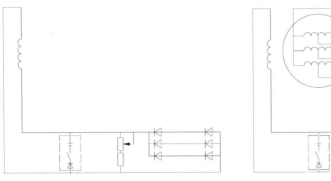

图 16-57 放置元器件

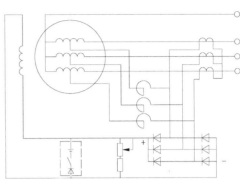

图 16-58 组合图形

Step 09 执行"单行文字"命令（DT），设置文字高度为 3.5，在图形的相应位置进行文字注释，如图 16-41 所示。

Step 10 至此，电抗移相发电机电气线路图绘制完成，按 Ctrl+S 组合键保存。

16.6 他励晶闸管励磁系统图的绘制

视频\16\他励晶闸管励磁系统图的绘制.avi
案例\16\他励晶闸管励磁系统图.dwg

图 16-59 所示为他励晶闸管励磁系统图。该系统的交流励磁机为一台带自励恒压装置的三相交流发电机，主机在各种运行状态下均由自动励磁调节器改变晶闸管整流器的控制角以实现对励磁的调节。该系统的控制原理简单、反应速度快，并可利用晶闸管的逆变状态实现快速灭磁和减磁，因而可以取消励磁系统中常用的灭磁开关，简化了系统结构。

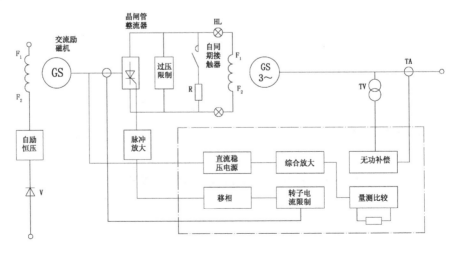

图 16-59 他励晶闸管励磁系统图

16.6.1 绘制线路结构

Step 01 启动 AutoCAD 2020，在快速访问工具栏中单击"保存"按钮，将文件保存为"案例\16\他励晶闸管励磁系统图.dwg"文件。

Step 02 执行"矩形"命令（REC），绘制 165×69 的矩形；再执行"分解"命令（X），将矩形分解。

Step 03 执行"偏移"命令（O），将矩形的水平线段向中间偏移 23，以分成 3 等份，如图 16-60 所示。

Step 04 执行"矩形"命令（REC），绘制 32×14 的小矩形。

Step 05 执行"复制"命令（CO）和"移动"命令（M），将小矩形放置到前面绘制的等分线上的相应位置，如图 16-61 所示。

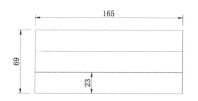

图 16-60　偏移后的图形

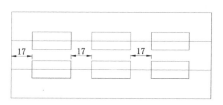

图 16-61　放置小矩形

Step 06 执行"直线"命令（L），在距离图形相应距离的位置绘制线段；再执行"圆"命令（C），绘制直径为 3 的圆，且放置到线段的端点上，如图 16-62 所示。

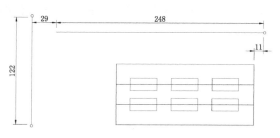

图 16-62　绘制直线和圆

Step 07 执行"矩形"命令（REC），绘制 69×52 的矩形；通过执行"分解"命令（X）和"偏移"命令（O）绘制图形，如图 16-63 所示。

Step 08 通过执行"移动"命令（M）和"修剪"命令（TR），将上一步绘制的矩形放置到前面水平线段的相应位置，且进行修剪，修剪效果如图 16-64 所示。

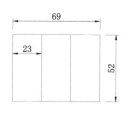

图 16-63　偏移后的图形

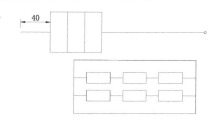

图 16-64　修剪效果

16.6.2 绘制电气元器件

1. 绘制电机

Step 01 执行"插入"命令（I），将"案例\12"文件夹中的"同步发电机"插入图形中，如图 16-65 所示。

Step 02 执行"分解"命令（X）和"删除"命令（E），将圆外的线段删除，完成三相交流发电机的绘制，如图 16-66 所示。

Step 03 执行"复制"命令（CO），将上一步绘制的图形复制一份。

Step 04 执行"删除"命令（E），将下侧的文字删除掉，并调整文字大小，如图 16-67 所示，完成交流励磁机的绘制。

图 16-65 插入的图形 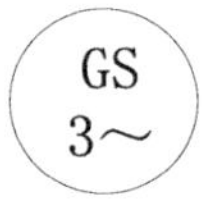　　图 16-66 三相交流发电机 　　图 16-67 交流励磁机

2. 绘制接触器

Step 01 执行"插入"命令（I），将"案例\12"文件夹中的"接触器"插入图形中，如图 16-68 所示。

Step 02 执行"分解"命令（X）和"删除"命令（E），将多余的图形删除，如图 16-69 所示。

图 16-68 接触器　　　　　　　　　　图 16-69 删除多余图形

3. 绘制互感器

Step 01 执行"圆"命令（C），绘制半径为 3 的圆，如图 16-70 所示。

Step 02 执行"直线"命令（L），在相应位置绘制长度为 10 的水平线段和长度为 5 的垂直线段，如图 16-71 所示。

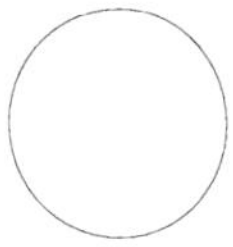

图 16-70 绘制圆 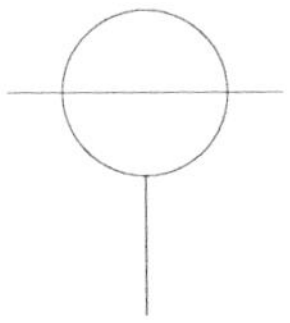　　　　　　　　　　图 16-71 绘制线段

4. 绘制其他元器件

执行"插入"命令（I），将"案例\12"文件夹中的"电感器""二极管""电阻器""双绕组变压器"和"灯"插入图形中，如图 16-72 所示。

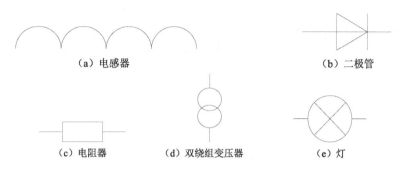

图 16-72　插入的图形

16.6.3　组合线路图

前面已经分别完成了该线路图中各元器件的绘制，本节介绍如何将这些元器件组合成一个完整的线路图。具体操作步骤如下。

Step 01 通过执行"移动""复制""旋转""缩放""修剪"等命令将各元器件符号放置到相应位置，并以直线将图形连接，如图 16-73 所示。

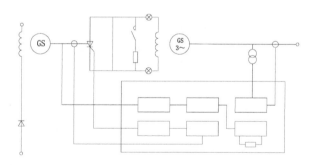

图 16-73　连接图形

Step 02 执行"矩形"命令（REC），在图形的相应位置绘制矩形，且将图形中最大矩形的线型转换为虚线，如图 16-74 所示。

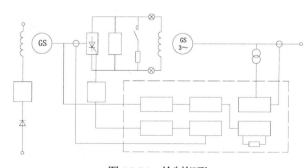

图 16-74　绘制矩形

Step 03 执行"单行文字"命令（DT），设置文字高度为3.5，在图形的相应位置进行文字注释，如图16-59所示。

Step 04 至此，他励晶闸管励磁系统图绘制完成，按Ctrl+S组合键保存。

16.7 无刷励磁控制屏电气线路图的绘制

视频\16\无刷励磁控制屏电气线路图的绘制.avi
案例\16\无刷励磁控制屏电气线路图.dwg

图16-75所示为无刷励磁控制屏电气线路图。该线路中的同步发电机GS与励磁机为同轴结构，在柴油机的拖动下，发电机绕组靠切割剩磁逐渐建立起电压；为稳定负载启动时引起的电压波动，线路中设置了自动电压调节器AVR，以自动控制同步发电机GS的输出电压，使其迅速稳定。

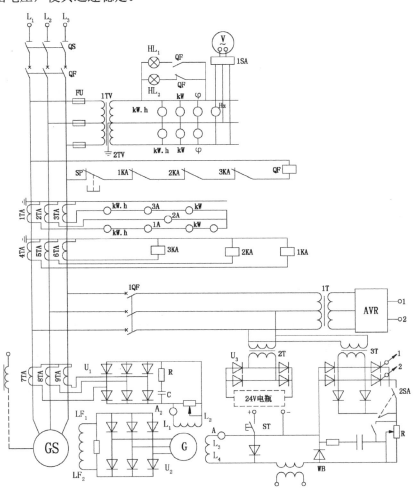

图16-75 无刷励磁控制屏电气线路图

16.7.1 设置绘图环境

Step 01 启动 AutoCAD 2020，在快速访问工具栏中单击"保存"按钮，将文件保存为"案例\16\无刷励磁控制屏电气线路图.dwg"文件。

Step 02 执行"图层管理器"命令（LA），在文件中新建"主回路层""控制回路层""照明回路层""电流测量回路层""继电保护回路层""降压启动回路层"和"文字说明层"7个图层，并将"主回路层"置为当前图层，图层属性设置如图 16-76 所示。

图 16-76　图层属性设置

16.7.2 绘制主回路

Step 01 将"主回路层"置为当前图层，执行"插入"命令（I），将"案例\12"文件夹中的"同步发电机""三极隔离开关 2""断路器"插入图形中，如图 16-77～图 16-79 所示。

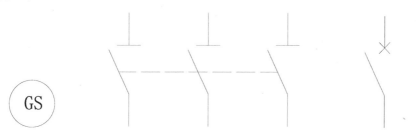

图 16-77　同步发电机　　　图 16-78　三极隔离开关 2　　　图 16-79　断路器

Step 02 执行"复制"命令（CO），将断路器水平复制 2 份；再执行"直线"命令（L），在斜线中间绘制一条水平虚线，如图 16-80 所示。

Step 03 绘制磁芯电感器：执行"圆弧"命令（A），绘制半径为 2 的半圆弧；执行"复制"命令（CO）和"直线"命令（L），将圆弧水平复制，然后在圆弧图形的上侧绘制一条水平线段，如图 16-81 所示。

Step 04 执行"移动""旋转""直线""圆"命令，将元器件放置到相应位置，且在上端点绘制直径为 2 的圆，如图 16-82 所示。

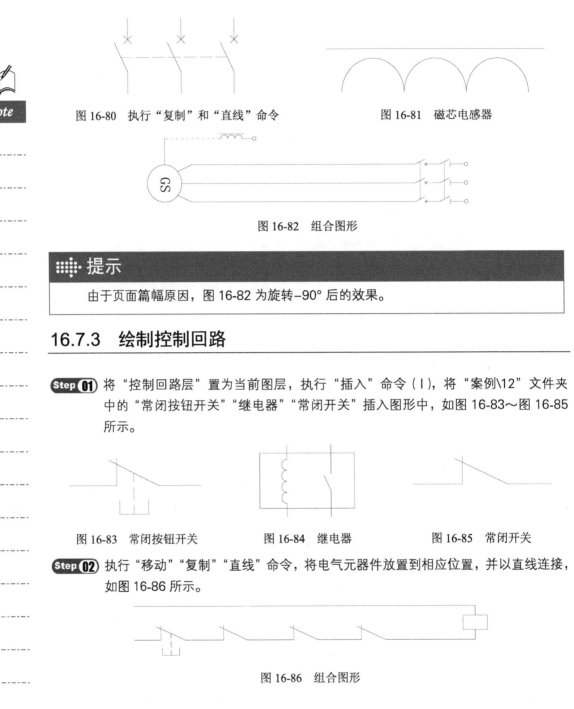

图 16-80 执行"复制"和"直线"命令　　　　图 16-81 磁芯电感器

图 16-82 组合图形

提示
由于页面篇幅原因，图 16-82 为旋转-90°后的效果。

16.7.3 绘制控制回路

Step 01 将"控制回路层"置为当前图层，执行"插入"命令（I），将"案例\12"文件夹中的"常闭按钮开关""继电器""常闭开关"插入图形中，如图 16-83～图 16-85 所示。

图 16-83 常闭按钮开关　　　图 16-84 继电器　　　图 16-85 常闭开关

Step 02 执行"移动""复制""直线"命令，将电气元器件放置到相应位置，并以直线连接，如图 16-86 所示。

图 16-86 组合图形

16.7.4 绘制照明指示回路

1. 绘制变压器

Step 01 将"照明回路层"置为当前图层，执行"圆弧"命令（A），绘制直径为 2 的半圆弧；再执行"复制"命令（CO），将半圆弧垂直向上复制 2 份。

第 16 章　交流发电机电气线路图的绘制

Step 02 执行"镜像"命令（MI），将圆弧镜像，如图 16-87 所示。
Step 03 执行"复制"命令（CO），将两组圆弧向下复制，如图 16-88 所示。
Step 04 执行"直线"命令（L），在相应位置绘制线段，如图 16-89 所示。

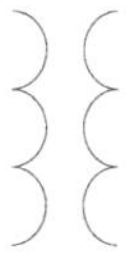

图 16-87　镜像圆弧 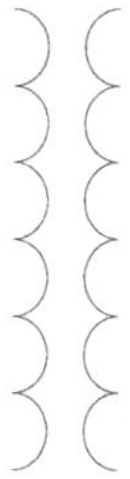　　　　图 16-88　复制圆弧 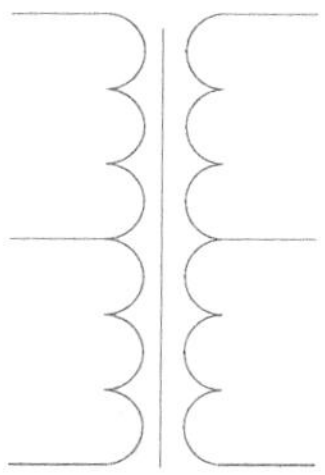　　　　图 16-89　绘制线段

2. 绘制其他元器件

执行"插入"命令（I），将"案例\12"文件夹中的"电压表""灯""熔断器""常闭开关""接地""单极开关"插入图形中，如图 16-90 所示。

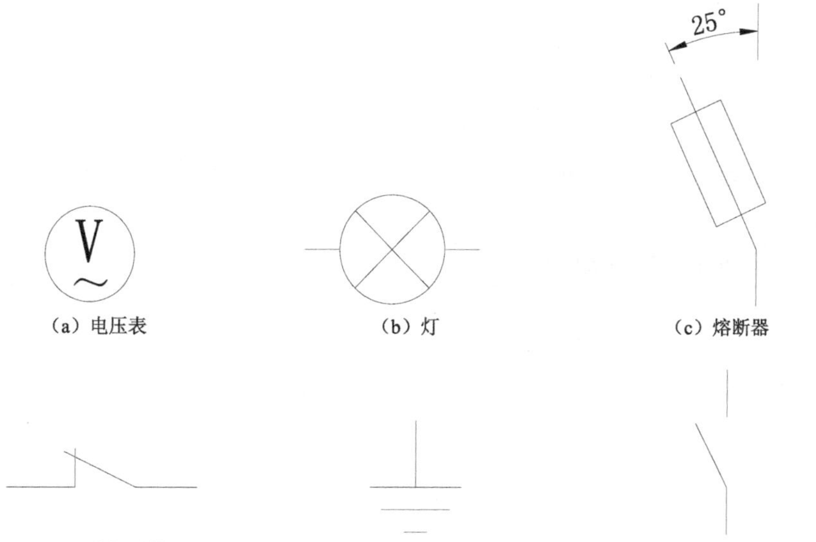

（a）电压表　　　（b）灯　　　（c）熔断器

（d）常闭开关　　（e）接地　　（f）单极开关

图 16-90　插入的图形

3. 组合图形

Step 01 执行"直线"命令（L）和"偏移"命令（O），绘制 3 条长度为 65 的水平线段；再在水平线段的中点处绘制一条垂直线段，将垂直中线按照图示尺寸偏移，并拉长相应的线段，如图 16-91 所示。
Step 02 执行"圆""复制""修剪"等命令，绘制直径为 5 的圆，并将圆复制到相应位置；再将多余线段修剪，如图 16-92 所示。
Step 03 执行"矩形""直线""圆"命令，绘制 13×4 的矩形，且将其放置到之前所绘图形的上端点；绘制线段和半径为 1 的圆，如图 16-93 所示。

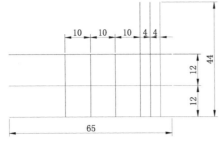
图 16-91 绘制并偏移线段

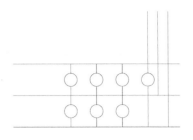
图 16-92 绘制圆

Step 04 执行"移动""复制""旋转""缩放""分解""直线"命令将各元器件图形放置到相应位置,并以直线连接,如图 16-94 所示。

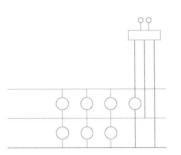
图 16-93 绘制矩形和圆

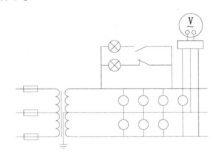
图 16-94 组合图形

16.7.5 绘制电流测量回路

Step 01 将"电流测量回路层"置为当前图层,执行"直线"命令(L)和"偏移"命令(O),绘制长度为 110 的水平线段,且将其向下各偏移 5,形成 4 条水平线段,如图 16-95 所示。

图 16-95 绘制水平线段

Step 02 执行"圆"命令(C),绘制直径为 4 的圆,将图放置到水平线段的相应位置,如图 16-96 所示。

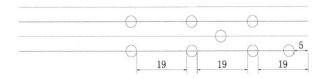

图 16-96 绘制圆

Step 03 执行"插入"命令(I),将"案例\12"文件夹中的"功率互感器"插入图形中。

Step 04 将前面的"接地"符号复制到电流测量回路中;再通过"旋转""缩放""复制""直

线""修剪"等命令,将此回路与前面绘制的图形组合,如图16-97所示。

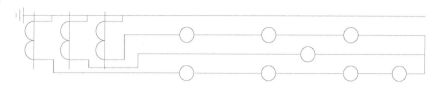

图16-97 电流测量回路

16.7.6 绘制继电保护回路

继电保护回路中的元器件在前面的章节中已经绘制好,这里只需要将其复制即可,操作步骤如下。

Step 01 执行"复制"命令(CO),将电流测量回路中的"功率互感器"和"接地"图形组合,复制1份,如图16-98所示。

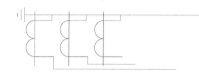

图16-98 复制图形

Step 02 执行"复制"命令(CO),将前面绘制的控制回路中的继电器复制到此回路中,并以直线与上一步绘制的图形连接,如图16-99所示。最后将连接后的所有图形转换为"继电保护回路层",完成此回路的绘制。

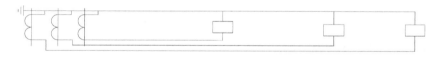

图16-99 继电保护回路

16.7.7 绘制降压启动回路

1. 绘制电压调节器线路

Step 01 将"降压启动回路层"置为当前图层,执行"复制"命令(CO),将主回路图中的"断路器"组合向外复制1份;再执行"旋转"命令(RO),将图形旋转90°,如图16-100所示。

Step 02 执行"圆""复制""镜像"等命令,参照前面"照明回路"中"变压器"的绘制方法绘制变压器,如图16-101所示。

Step 03 执行"直线""矩形""圆"命令,将上述图形组合,如图16-102所示。

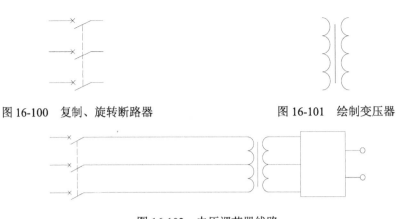

图 16-100　复制、旋转断路器　　　　图 16-101　绘制变压器

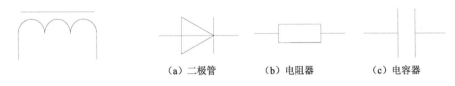

图 16-102　电压调节器线路

2．绘制电瓶线路

Step 01　绘制磁芯电感：通过"圆弧"命令绘制直径为 5 的半圆弧，并通过"复制""直线"命令绘制磁芯电感，如图 16-103 所示。

Step 02　执行"插入"命令（I），将"案例\12"文件夹中的"二极管""电阻器""电容器"插入图形中，如图 16-104 所示。

（a）二极管　　（b）电阻器　　（c）电容器

图 16-103　磁芯电感　　　　图 16-104　插入的图形

Step 03　执行"复制""旋转""直线""多段线""圆""矩形""直线"等命令，将各元器件放置到相应位置；再执行"单行文字"命令（DT），在矩形内部输入"24V 电瓶"文字，如图 16-105 所示。

3．绘制励磁发电机线路

在绘制励磁发电机时，相应的元器件已在前面的章节中绘制好，这里直接将它们复制过来再进行适当调整即可，操作步骤如下。

执行"复制""旋转""直线"等命令，将前面各回路中相应的元器件组合，如图 16-106 所示。

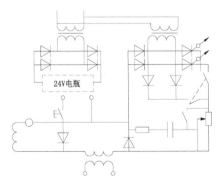
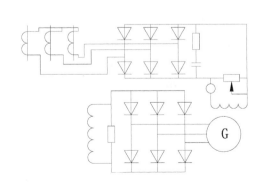

图 16-105　电瓶线路　　　　图 16-106　励磁线路

4. 组合回路

前面绘制了 3 个线路,接下来将这 3 个线路组合成降压启动回路。

执行"移动""直线""延伸"等命令,将前面绘制的各线路组合成一个完整的回路,如图 16-107 所示。

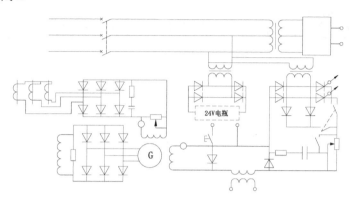

图 16-107 降压启动回路

16.7.8 组合线路

前面已经完成了各个回路的绘制,接下来将这些回路组合,操作步骤如下。

Step 01 应用"移动""直线"命令将前面所绘制的回路组合起来,如图 16-108 所示。

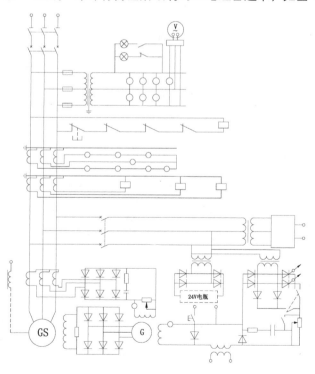

图 16-108 组合回路

Step 02 执行"单行文字"命令（DT），设置文字高度为 3，在图形的相应位置进行文字注释，如图 16-75 所示。

Step 03 至此，无刷励磁控制屏电气线路图绘制完成，按 Ctrl+S 组合键保存。

16.8 50GF、75GF 型发电机电气线路图的绘制

视频\16\50GF、75GF型发电机电气线路图的绘制.avi
案例\16\50GF、75GF型发电机电气线路图.dwg

图 16-109 所示为 50GF、75GF 型发电机电气线路图。该线路中的同步发电机的励磁系统采用的是相复励调压方式，TV 为电压互感器，TA 为电流互感器，SA 为电流换相开关。

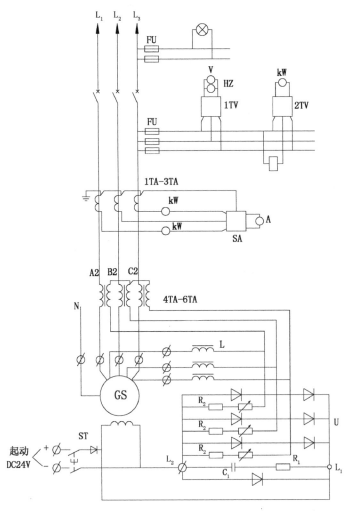

图 16-109　50GF、75GF 型发电机电气线路图

16.8.1 设置绘图环境

Step 01 启动 AutoCAD 2020，在快速访问工具栏中单击"保存"按钮，将文件保存为"案例\16\50GF、75GF 型发电机电气线路图.dwg"文件。

Step 02 执行"图层管理器"命令（LA），在文件中新建"主回路层""指示回路层""电压测量回路层""电流测量回路层""启动回路层""文字说明层"6 个图层，并将"主回路层"置为当前图层，图层属性设置如图 16-110 所示。

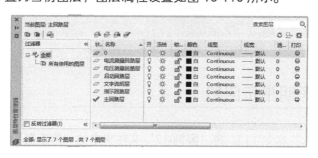

图 16-110　图层属性设置

16.8.2 绘制主回路

Step 01 绘制三线电压，执行"多段线"命令（PL），设置起点宽度为 0，终点宽度为 1.5，绘制高度为 5 的箭头图形；再设置起点宽度和终点宽度均为 0，向下绘制垂直线段。

Step 02 执行"复制"命令（CO），将上一步绘制好的箭头图形水平复制 2 份，如图 16-111 所示。

Step 03 绘制连接插头，执行"圆"命令（C），绘制半径为 2 的圆；执行"构造线"命令（XL），选择"角度（A）"项，绘制 60° 的构造线并将其放置到圆心处，然后调整构造线的长度，如图 16-112 所示。

图 16-111　三线电压　　　　　　　图 16-112　绘制连接插头

Step 04 执行"插入"命令（I），将"案例\12"文件夹中的"同步发电机""磁芯电感器""三相断路器"插入图形中，并将同步发电机的文字修改，如图 16-113 所示。

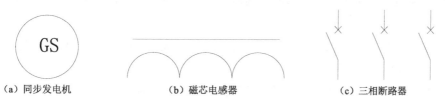

（a）同步发电机　　　（b）磁芯电感器　　　（c）三相断路器

图 16-113　插入的图形

Step 05 通过"移动""旋转""缩放""直线""修剪"等命令,将各元器件放置到相应位置,如图 16-114 所示。

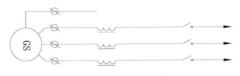

图 16-114 主回路

> **提示**
> 由于页面篇幅原因,图 16-114 为旋转–90°后的效果。

16.8.3 绘制照明指示回路

Step 01 执行"插入"命令(I),将"案例\12"文件夹中的"熔断器""灯"插入图形中,如图 16-115 所示。

(a)熔断器　　　　　　　　　　(b)灯

图 16-115 插入的图形

Step 02 通过"旋转""复制""缩放""直线""修剪"命令将图形组合,如图 16-116 所示。

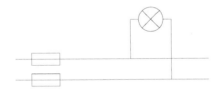

图 16-116 组合图形

16.8.4 绘制电压测量回路

Step 01 绘制电压互感器。执行"矩形"命令(REC),绘制 10×10 和 7×7 的两个中心线对齐的矩形,如图 16-117 所示。

Step 02 执行"圆"命令(C),在上侧矩形上侧水平线段的中点处绘制半径为 2 的圆,并将多余线段修剪,如图 16-118 所示。

Step 03 执行"直线"命令(L),在矩形下侧绘制线段,如图 16-119 所示。

Step 04 执行"复制"命令(CO),绘制另外一个电压互感器,如图 16-120 所示。

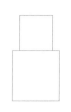 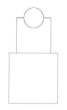

图 16-117　绘制矩形　　　　　图 16-118　绘制圆

Step 05　执行"插入"命令（I），将"案例\12"文件夹中的"继电器"插入图形中，如图 16-121 所示。

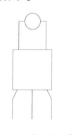 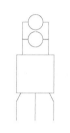

图 16-119　电压互感器 1　　　图 16-120　电压互感器 2　　　图 16-121　继电器

Step 06　通过"复制""旋转""缩放""移动""延伸"等命令，将前面主回路中的"熔断器"复制过来，组合图形如图 16-122 所示。

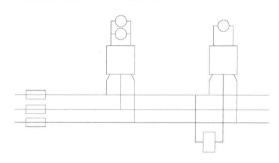

图 16-122　组合图形

16.8.5　绘制电流测量回路

Step 01　执行"复制"命令（CO），将前面电压测量回路中的电压互感器复制过来；再将图形旋转-90°，如图 16-123 所示。

Step 02　执行"插入"命令（I），将"案例\12"文件夹中的"功率互感器"和"接地"插入图形中，如图 16-124 和图 16-125 所示。

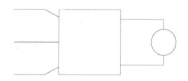 

图 16-123　复制并旋转图形　　　图 16-124　功率互感器　　　图 16-125　接地

Step 03 通过"复制""旋转""缩放""直线""修剪"等命令将各元器件组合，如图 16-126 所示。

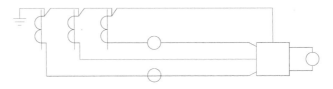

图 16-126　组合图形

16.8.6　绘制启动回路

在绘制启动回路时，前面已经绘制好了相应的元器件符号，因此可直接将这些元器件符号复制过来，再通过插入命令将需要的元器件符号插入并组合即可。

Step 01 执行"插入"命令（I），将"案例\12"文件夹中的"二极管""可变电阻器""电阻器""常开按钮开关""电容器""单极开关"插入图形中，如图 16-127 所示。

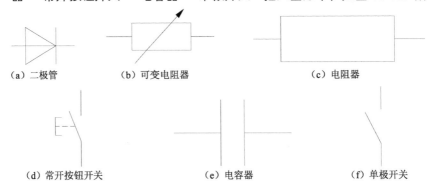

（a）二极管　　　　（b）可变电阻器　　　　　（c）电阻器

（d）常开按钮开关　　　（e）电容器　　　　（f）单极开关

图 16-127　插入的元器件符号

Step 02 执行"复制"命令（CO），将前面回路中的"磁芯电感器""连接插头"复制过来。

Step 03 通过"复制""旋转""缩放""移动""修剪""延伸""直线""圆"等命令将各元器件组合，如图 16-128 所示。

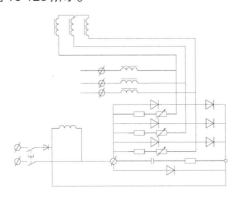

图 16-128　启动回路

16.8.7 组合线路

前面已经完成了各回路的绘制,接下来将这些回路组合,操作步骤如下。

Step 01 执行"移动""直线""修剪"命令,将前面绘制的各回路组合起来,如图 16-129 所示。

Step 02 执行"单行文字"命令(DT),设置文字高度为 3.5,在图形的相应位置进行文字注释,如图 16-109 所示。

Step 03 至此,50GF、75GF 型发电机电气线路图绘制完成,按 Ctrl+S 组合键保存。

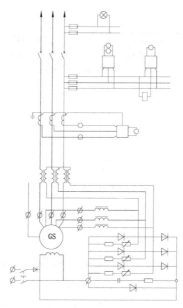

图 16-129 组合图形

16.9 本章小结

本章主要讲解了交流发电机电气线路图的绘制,内容包括电抗分流发电机电气线路图的绘制、灯光旋转发电机电气线路图的绘制、同期并列发电机电气线路图的绘制、三相四线发电机电气线路图的绘制、电抗移相发电机电气线路图的绘制、他励晶闸管励磁系统图的绘制、无刷励磁控制屏电气线路图的绘制,以及 50GF、75GF 型发电机电气线路图的绘制。

第17章

电力工程图的绘制

电力工程图是一类重要的电气工程图，主要包括输电工程图和变电工程图。输电工程主要是指连接发电厂、变电站和各级电力用户的输电线路，包括内线工程和外线工程。内线工程指室内动力线路、照明电气线路及其他线路；外线工程指室外电源供电线路，包括架空电力线路、电缆电力线路等。变电工程主要包括升压变电站和降压变电站，升压变电站将发电站发出的电能升压，以减少远距离输电的电能损失；降压变电站将电网中的高电压降为各级用户能使用的低电压。本章将通过几个实例详细介绍电力工程图的绘制方法。

内容要点

- 输电工程图的绘制
- 变电工程图的绘制
- 变电所断面图的绘制
- 直流系统原理图的绘制
- 电杆安装三视图的绘制

17.1 输电工程图的绘制

视频\17\110kV输电线路保护图的绘制.avi
案例\17\110kV输电线路保护图.dwg

为了把发电厂发出的电能（又称电力或电功率）输送给用户，必须要有电力输送线路。输电工程图就是用来描述电力输送线路的电气工程图。图 17-1 所示为输电工程图（110kV 输电线路保护图），本章将详细介绍其绘制方法和步骤。

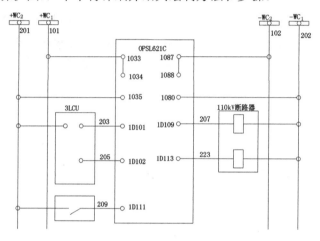

图 17-1 输电工程图（110kV 输电线路保护图）

17.1.1 设置绘图环境

在绘图之前，首先要对绘图环境进行设置，具体操作步骤如下。

Step 01 启动 AutoCAD 2020，以"A3.dwt"样板文件为模板新建文件。

Step 02 执行"文件"→"保存"命令，将新建文件命名为"案例\17\110kW 输电线路保护图.dwg"并保存。

Step 03 在面板上右击，在弹出的快捷菜单中选择常用面板名称，并使各面板在绘图窗口中处于显示状态。

17.1.2 线路图的绘制

对图 17-1 分析可知，该线路图主要由接线端子、电源插件、压板和 110kV 断路器等组成。本节将依次介绍它们的绘制方法。

1. 接线端子的绘制

Step 01 在"绘图"面板中单击"矩形"按钮，绘制一个 100×20 的矩形，如图 17-2 所示。

Step 02 在"绘图"面板中单击"圆"按钮，在矩形的中心位置绘制一个半径为 10 的圆，如图 17-3 所示。

图 17-2　绘制矩形　　　　　　　　图 17-3　绘制圆

Step 03 在"绘图"面板中单击"直线"按钮，以矩形下侧水平线段的中点为起点，向 Y 轴负方向绘制一条长度为 1000 的直线，如图 17-4 所示。

Step 04 在"修改"面板中单击"复制"按钮，选择所有图形为复制对象，输入距离为 150，向右复制图形，如图 17-5 所示。

图 17-4　绘制直线　　　　　　　　图 17-5　复制图形

2. 电源插件的绘制

Step 01 在"绘图"面板中单击"矩形"按钮，绘制一个 200×350 的矩形，如图 17-6 所示。

Step 02 在"绘图"面板中单击"圆"按钮，以矩形的左上角点为圆心绘制一个半径为 10 的圆，如图 17-7 所示。

Step 03 在"修改"面板中单击"移动"按钮，将圆以圆心为基点分别向下移动 65、向右移动 50，如图 17-8 所示。

Step 04 在"绘图"面板中单击"直线"按钮，以圆心为起点向左绘制一条长度为 210 的直线；再单击"圆"按钮，在直线的另一端点处绘制一个半径为 10 的圆，如图 17-9 所示。

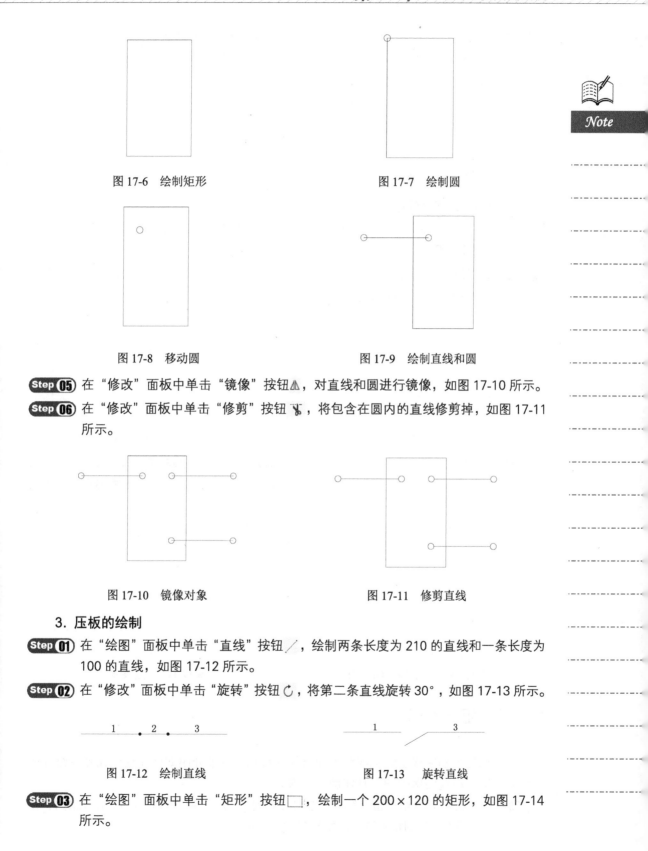

图 17-6 绘制矩形　　　　　　图 17-7 绘制圆

图 17-8 移动圆　　　　　　　图 17-9 绘制直线和圆

Step 05 在"修改"面板中单击"镜像"按钮⚐，对直线和圆进行镜像，如图 17-10 所示。

Step 06 在"修改"面板中单击"修剪"按钮，将包含在圆内的直线修剪掉，如图 17-11 所示。

图 17-10 镜像对象　　　　　　图 17-11 修剪直线

3. 压板的绘制

Step 01 在"绘图"面板中单击"直线"按钮，绘制两条长度为 210 的直线和一条长度为 100 的直线，如图 17-12 所示。

Step 02 在"修改"面板中单击"旋转"按钮，将第二条直线旋转 30°，如图 17-13 所示。

图 17-12 绘制直线　　　　　　图 17-13 旋转直线

Step 03 在"绘图"面板中单击"矩形"按钮，绘制一个 200×120 的矩形，如图 17-14 所示。

Step 04 在"绘图"面板中单击"圆"按钮⊙，分别在第一条直线和第三条直线的端点绘制半径为10的圆；再在"修改"面板中单击"修剪"按钮▼，将包含在圆内的直线修剪掉，如图17-15所示。

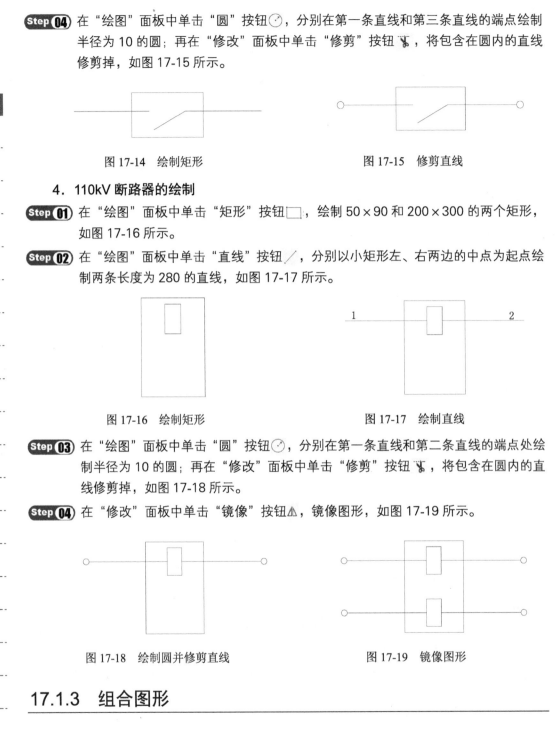

图17-14　绘制矩形　　　　　　　　　图17-15　修剪直线

4．110kV断路器的绘制

Step 01 在"绘图"面板中单击"矩形"按钮□，绘制50×90和200×300的两个矩形，如图17-16所示。

Step 02 在"绘图"面板中单击"直线"按钮╱，分别以小矩形左、右两边的中点为起点绘制两条长度为280的直线，如图17-17所示。

图17-16　绘制矩形　　　　　　　　　图17-17　绘制直线

Step 03 在"绘图"面板中单击"圆"按钮⊙，分别在第一条直线和第二条直线的端点处绘制半径为10的圆；再在"修改"面板中单击"修剪"按钮▼，将包含在圆内的直线修剪掉，如图17-18所示。

Step 04 在"修改"面板中单击"镜像"按钮▲，镜像图形，如图17-19所示。

图17-18　绘制圆并修剪直线　　　　　图17-19　镜像图形

17.1.3　组合图形

前面已经分别完成了输电线路各元器件的绘制，本节介绍如何将这些元器件组合成一个完整的输电线路保护图，具体操作步骤如下。

Step 01 在"修改"面板中单击"移动"按钮✥，将如图17-5、图17-11、图17-15和图17-19所示的图形移到相应位置，如图17-20所示。

第 17 章　电力工程图的绘制

Step 02 在"修改"面板中单击"复制"按钮，将图 17-5 所示的图形复制，如图 17-21 所示。

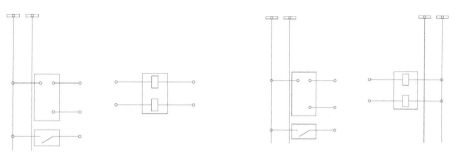

图 17-20　移动对象　　　　　　图 17-21　复制对象

Step 03 在"绘图"面板中单击"矩形"按钮，绘制一个 400×900 的矩形；再单击"直线"按钮，添加连接线，如图 17-22 所示。

Step 04 在"绘图"面板中单击"多行文字"按钮 A，将文字标注在合适的位置；在弹出的"文字"对话框中选择文字样式为"样式 1"，设置字体为"宋体"，文字高度为 25，颜色为"黑色"，输入相应的文字，如图 17-23 所示。

Step 05 至此，110kV 输电线路保护图绘制完成，按 Ctrl+S 组合键对文件进行保存。

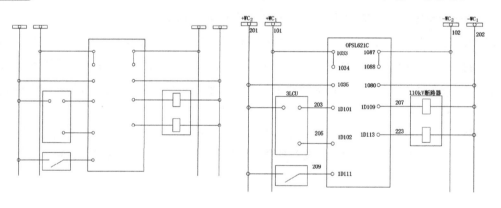

图 17-22　连接图形　　　　　　图 17-23　输电工程图（110kV 输电线路保护图）

17.2　变电工程图的绘制

 视频\17\变电工程图的绘制.avi
案例\17\变电工程图.dwg

变电站主要起变换和分配电能的作用。变电站和输电线路作为电力系统的变电部分同其他部分一样，是电力系统的重要组成部分。图 17-24 所示为变电工程图，全图基本上是由图形符号、连线及文字注释组成的，不涉及出图比例。

绘制这类图的要点有两个：一是合理绘制图形符号（或以适当的比例插入事先绘制

459

好的图块);二是合理布局,使图面美观。

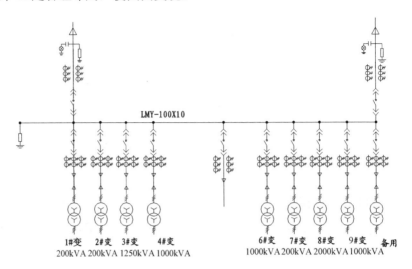

图 17-24 变电工程图

17.2.1 设置绘图环境

在开始绘图之前,需要设置绘图环境,具体操作步骤如下。

Step 01 启动 AutoCAD 2020,以"A3.dwt"样板文件为模板新建文件,并切换到模型空间。

Step 02 执行"文件"→"保存"命令,将新建文件保存为"案例\17\变电工程图.dwg"。

Step 03 在面板上右击,在弹出的快捷菜单中选择常用面板名称,并使各面板在绘图窗口中处于显示状态。

Step 04 执行"格式"→"图层"命令,新建 4 个图层,名称分别为"电气符号""构造线""连接导线""中心线";设置各图层的颜色、线型、线宽等属性,并将"构造线"设置为当前图层,如图 17-25 所示。

图 17-25 设置图层属性

17.2.2 绘制构造线

Step 01 在"绘图"面板中单击"构造线"按钮，在水平方向、垂直方向各绘制一条构造线。

Step 02 在"修改"面板中单击"偏移"按钮，确定各部分图形要素的位置，以及水平构造线和垂直构造线的偏移距离，如图 17-26 所示。

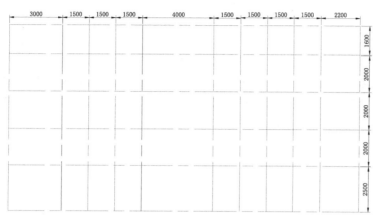

图 17-26 绘制构造线

17.2.3 线路图的绘制

对图 17-24 分析可知，该线路图主要由母线、主变支路、变电所支路、供电线路等部分组成。本节将依次介绍各线路的绘制方法。

1. 母线的绘制

35kV 母线及 10kV 母线均用单直线表示，线宽设置为 0.7。即在"绘图"面板中单击"直线"按钮，绘制一条长度为 20000 的直线，如图 17-27 所示。

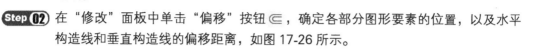

图 17-27 绘制母线

2. 主变支路的绘制

图 17-24 中共有 9 个主变支路，包括 8 个工作主变支路和 1 个备用主变支路。各主变支路的图形符号完全相同，其绘制步骤如下。

Step 01 在"绘图"面板中单击"直线"按钮，分别绘制长度为 360、180、420 和 360 的 4 条直线，如图 17-28 所示。

Step 02 在对象选择栏中单击"按指定角度限制光标"按钮右侧的下拉箭头，设置追踪角度为 45°，开启"极轴"命令，然后在"绘图"面板中单击"直线"按钮，分别以直线1、直线2的下端点为起点，绘制一条角度为 45°、长度为 200 的斜线，如图 17-29 所示。

Step 03 在"修改"面板中单击"镜像"按钮△,以直线 1 的下端点为镜像点镜像上一步绘制的斜线;再单击"删除"按钮,将直线 2 删除,如图 17-30 所示。

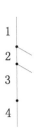

图 17-28　绘制直线　　　　图 17-29　绘制斜线　　　　图 17-30　镜像对象并删除直线 2

Step 04 在"修改"面板中单击"镜像"按钮△,以直线 4 的中点为镜像点将直线 3 和与 Y 轴成 45°角的斜线镜像;在"修改"面板中单击"旋转"按钮,将直线 4 旋转 30°,如图 17-31 所示。

Step 05 在"绘图"面板中单击"直线"按钮,在直线 3 的下端点绘制一条长度为 96 的直线;再单击"圆"按钮,在直线 3 的下端点绘制一个半径为 36 的圆,如图 17-32 所示。

图 17-31　镜像并旋转对象　　　　　　　图 17-32　绘制圆

Step 06 在"绘图"面板中单击"圆"按钮,绘制一个半径为 120 的圆;单击"直线"按钮,沿 Y 轴方向绘制一条长度为 360 的直线穿过圆,再以圆心为起点向 X 轴正方向绘制一条长度为 270 的直线,如图 17-33 所示。

Step 07 在"修改"面板中单击"修剪"按钮,将直线1包含在圆内的部分修剪掉,如图 17-34 所示。

Step 08 在"绘图"面板中单击"直线"按钮,绘制两条长度为 180、与直线 1 成 60°角相交的直线,如图 17-35 所示。

图 17-33　绘制圆和直线　　　　图 17-34　修剪直线　　　　图 17-35　绘制直线

Step 09 在"修改"面板中单击"矩形阵列"按钮,根据如下命令行提示进行操作,对图 17-35 中的图形对象进行矩形阵列操作,阵列效果如图 17-36 所示。

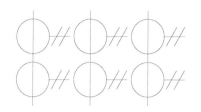

图 17-36　阵列效果

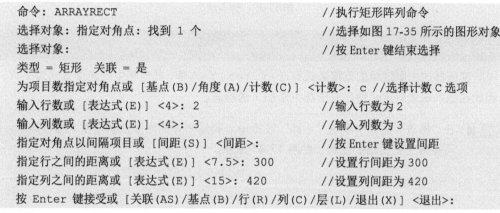

Step 10 在"绘图"面板中单击"直线"按钮,绘制一条长度为 720 的直线;单击"多边形"按钮,输入 3,以所绘直线的中点为中心点绘制一个正三角形,如图 17-37 所示。

Step 11 在"修改"面板中单击"镜像"按钮,以直线的下端点为镜像点镜像图形,如图 17-38 所示。

图 17-37　绘制直线和正三角形　　　　　图 17-38　镜像图形

Step 12 在第 3 章中进行了变压器的绘制,因此执行"插入"→"块"命令,在弹出的选项板中选择块名称"三相变压器符号";将比例设为 100,双击块,即可将块插入视图的空白位置,如图 17-39 所示。

Step 13 在"绘图"面板中单击"直线"按钮,在变压器的两个圆内分别以圆心为起点绘制三条长度为 180 的直线,如图 17-40 所示。

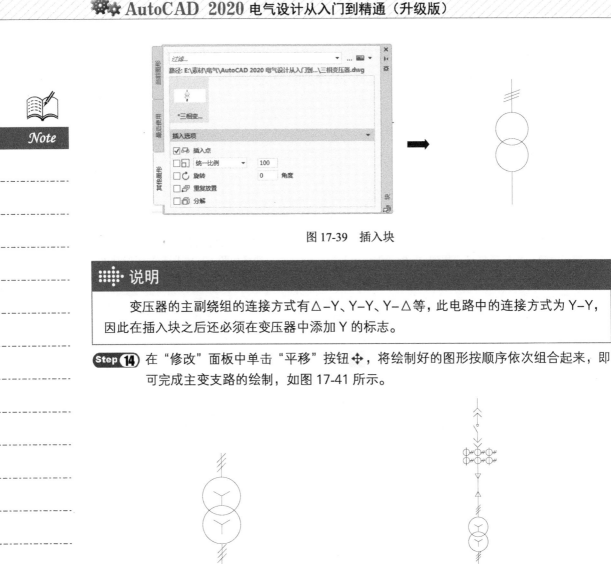

图 17-39 插入块

> **说明**
>
> 变压器的主副绕组的连接方式有 △–Y、Y–Y、Y–△ 等，此电路中的连接方式为 Y–Y，因此在插入块之后还必须在变压器中添加 Y 的标志。

Step 14 在"修改"面板中单击"平移"按钮 ，将绘制好的图形按顺序依次组合起来，即可完成主变支路的绘制，如图 17-41 所示。

图 17-40 绘制直线　　　　　图 17-41 组合图形

3．变电所支路的绘制

Step 01 在"修改"面板中单击"复制"按钮，将图 17-32、图 17-35、图 17-37 分别复制一份，如图 17-42 所示。

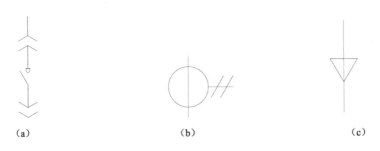

(a)　　　　　　　(b)　　　　　　　(c)

图 17-42 要复制的图形

Step 02 在"修改"面板中单击"矩形阵列"按钮,根据如下命令行提示进行操作。对图 17-35 所示的图形对象进行矩形阵列操作,阵列效果如图 17-43 所示。

```
命令:ARRAYRECT                                          //执行"矩形阵列"命令
选择对象:指定对角点:找到 1 个                            //选择如图 17-35 所示的图形对象
选择对象:                                                //按 Enter 键结束选择
类型 = 矩形  关联 = 是
为项目数指定对角点或 [基点(B)/角度(A)/计数(C)] <计数>:c   //选择计数 C 选项
输入行数或 [表达式(E)] <4>:2                             //输入行数为 2
输入列数或 [表达式(E)] <4>:3                             //输入列数为 3
指定对角点以间隔项目或 [间距(S)] <间距>:                  //按 Enter 键设置间距
指定行之间的距离或 [表达式(E)] <7.5>:300                 //设置行间距为 300
指定列之间的距离或 [表达式(E)] <15>:720                  //设置列间距为 720
按 Enter 键接受或 [关联(AS)/基点(B)/行(R)/列(C)/层(L)/退出(X)] <退出>:
```

Step 03 在"修改"面板中单击"平移"按钮,将绘制好的图形按顺序依次组合起来,即可完成变电所支路的绘制,如图 17-44 所示。

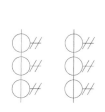

图 17-43 阵列效果   图 17-44 组合图形

4. 供电线路的绘制

Step 01 执行"插入"→"块"命令,分别以适当的比例插入"信号灯""电容器""电阻器"符号,如图 17-45 所示。

(a) 信号灯   (b) 电容器   (c) 电阻器

图 17-45 插入块

Step 02 在"修改"面板中单击"平移"按钮,根据需要将电气符号移至相应位置。在"绘图"面板中单击"直线"按钮,将各元器件连接起来,如图 17-46 所示。

Step 03 在"绘图"面板中单击"直线"按钮,在电阻器、信号灯的下端绘制接地符号,如图 17-47 所示。

Step 04 在"修改"面板中单击"平移"按钮,将绘制好的图形按顺序依次组合起来,即可完成供电线路的绘制，如图 17-48 所示。

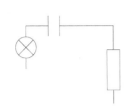
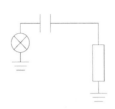
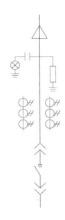

图 17-46　连接对象　　　图 17-47　绘制接地符号　　　图 17-48　供电线路

17.2.4　组合图形

前面已经分别完成了变电站各支路的绘制，本节介绍如何将各支路安装到母线上，具体操作步骤如下。

Step 01 以如图 17-27 所示的母线为基准，应用"复制""移动"命令将各支路连接起来，如图 17-49 所示。

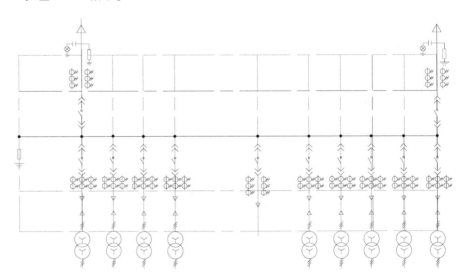

图 17-49　组合图形

Step 02 在"绘图"面板中单击"多行文本"按钮 **A**，分别设置相应的字体、字高等；再在图 17-49 中的相应位置添加相应的文字，并使用"平移工具"将文字平移到合适的位置，如图 17-50 所示。

Step 03 至此，变电工程图绘制完成，按 Ctrl+S 组合键对文件进行保存。

第 17 章　电力工程图的绘制

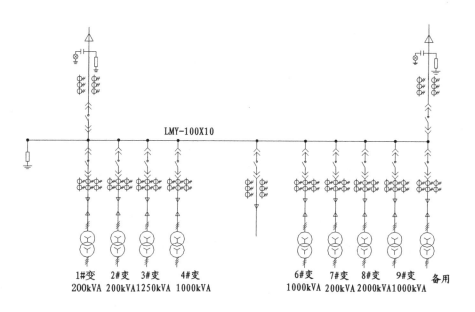

图 17-50　变电工程图

17.3　变电所断面图的绘制

视频\17\变电所断面图的绘制.avi
案例\17\变电所断面图.dwg

变电所断面图是指从断面角度表达变电所整体结构的图纸。图 17-51 所示为变电所断面图，它主要由塔杆、变压器、断路器、高压隔离开关、电压互感器、避雷器和绝缘子等构成。本节将介绍此图的绘制方法。

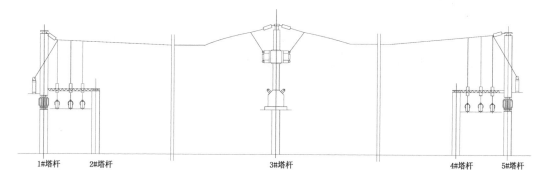

图 17-51　变电所断面图

17.3.1　设置绘图环境

在绘图之前，需要先设置绘图环境，具体操作步骤如下。

Step 01 启动 AutoCAD 2020，以"A3.dwt"样板文件为模板新建文件，并切换到模型空间。

Step 02 选择"文件"→"保存"命令，将新建文件保存为"案例\17\变电所断面图.dwg"。

Step 03 在面板上右击，在弹出的快捷菜单中选择常用面板名称，并使各面板在绘图窗口中处于显示状态。

Step 04 选择"格式"→"比例缩放列表"命令，弹出如图 17-52 所示的"编辑图形比例"对话框；在比例列表中选中"1∶100"，然后单击"确定"按钮。这样在绘制图形时，1 图纸单位=100 图形单位，从而保证在 A3 图纸上完整打印所绘制的图形。

Step 05 选择"格式"→"图层"命令，新建 5 个图层，名称分别为"构造线""轮廓线层""实体符号层""连接导线层""中心线层"。设置各图层的颜色、线型、线宽等属性，并将"构造线"设置为当前图层，如图 17-53 所示。

图 17-52　"编辑图形比例"对话框　　　　　图 17-53　图层属性设置

17.3.2 绘制构造线

Step 01 在"绘图"面板中单击"构造线"按钮，在水平方向、垂直方向各绘制一条构造线。

Step 02 在"修改"面板中单击"偏移"按钮，确定各部分图形要素的位置，以及水平构造线和垂直构造线的偏移距离，如图 17-54 所示。

图 17-54　绘制构造线

17.3.3 绘制电气设备

在变电所断面图中，主要有塔杆、变压器、避雷器、高压互感器、真空断路器和隔离开关等。本节将依次介绍它们的绘制方法。

1．塔杆的绘制

> **提示**
>
> 塔杆是支撑架空输电线路导线和架空地线，并使它们之间以及它们与大地之间保持一定距离的杆形或塔形构筑物。世界各国的线路塔杆既有采用钢结构、木结构的，也有采用钢筋混凝土结构的。通常将木和钢筋混凝土的杆形结构称为杆，将塔形的钢结构和钢筋混凝土烟囱形结构称为塔。不带拉线的塔杆称为自立式塔杆，带拉线的塔杆称为拉线式塔杆。输电线路塔杆有两种分类方法，一种是按其不同用途和功能划分为不同的类别，另一种是按其不同的外观形状划分为不同的类别。

Step 01 选择"绘图"→"多线"命令，绘制多线，命令行提示如下：

```
命令：MLINE
当前设置：对正 = 上，比例 = 20.00，样式 = STANDARD
指定起点或 [对正(J)/比例(S)/样式(ST)]：s
输入多线比例 <20.00>：500
当前设置：对正 = 上，比例 = 500.00，样式 = STANDARD
指定起点或 [对正(J)/比例(S)/样式(ST)]：j
输入对正类型 [上(T)/无(Z)/下(B)] <上>：z
当前设置：对正 = 无，比例 = 500.00，样式 = STANDARD
指定起点或 [对正(J)/比例(S)/样式(ST)]://通过对象捕捉确定多线的端点，如图 17-55 所示
```

Step 02 在"绘图"面板中单击"直线"按钮，连接所绘多线的两个上端点得到直线 1；再在"修改"面板中单击"偏移"按钮，将直线 1 向下偏移 40，如图 17-56 所示。

Step 03 在"绘图"面板中单击"直线"按钮，绘制两条长度为 70 的直线；再单击"矩形"按钮，绘制一个 500×35 的矩形，如图 17-57 所示。

图 17-55 绘制多线　　　图 17-56 绘制并偏移直线　　　图 17-57 1#塔杆

Step 04 用同样的方法绘制 2#、3#塔杆，如图 17-58 所示。

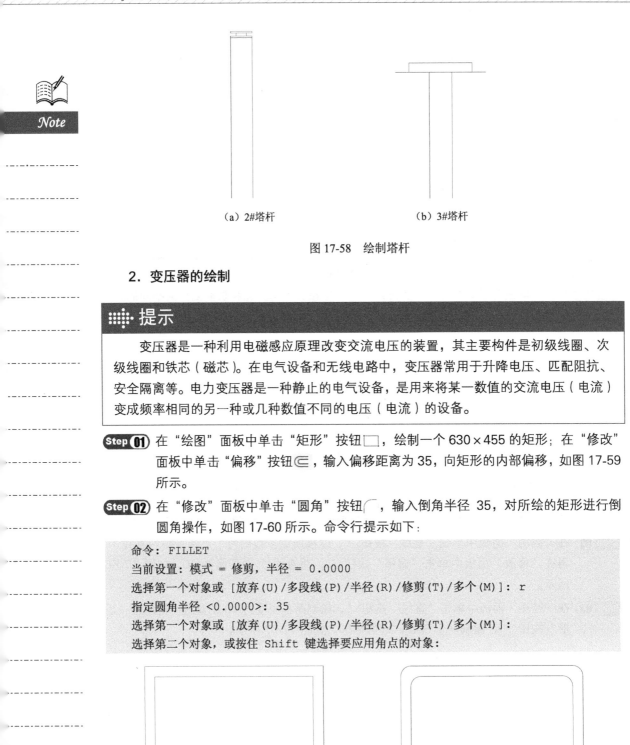

（a）2#塔杆　　　　　　　　　（b）3#塔杆

图 17-58　绘制塔杆

2. 变压器的绘制

> **提示**
>
> 变压器是一种利用电磁感应原理改变交流电压的装置，其主要构件是初级线圈、次级线圈和铁芯（磁芯）。在电气设备和无线电路中，变压器常用于升降电压、匹配阻抗、安全隔离等。电力变压器是一种静止的电气设备，是用来将某一数值的交流电压（电流）变成频率相同的另一种或几种数值不同的电压（电流）的设备。

Step 01 在"绘图"面板中单击"矩形"按钮，绘制一个 630×455 的矩形；在"修改"面板中单击"偏移"按钮，输入偏移距离为 35，向矩形的内部偏移，如图 17-59 所示。

Step 02 在"修改"面板中单击"圆角"按钮，输入倒角半径 35，对所绘的矩形进行倒圆角操作，如图 17-60 所示。命令行提示如下：

```
命令：FILLET
当前设置：模式 = 修剪，半径 = 0.0000
选择第一个对象或 [放弃(U)/多段线(P)/半径(R)/修剪(T)/多个(M)]: r
指定圆角半径 <0.0000>: 35
选择第一个对象或 [放弃(U)/多段线(P)/半径(R)/修剪(T)/多个(M)]:
选择第二个对象，或按住 Shift 键选择要应用角点的对象:
```

图 17-59　绘制并偏移矩形　　　　　　　　图 17-60　倒圆角

Step 03 在"绘图"面板中单击"直线"按钮,绘制一条长度为555的直线;再在"修改"面板中单击"镜像"按钮,以矩形中点为镜像点镜像直线,如图17-61所示。

Step 04 在"修改"面板中单击"修剪"按钮,先将直线1和直线2之间的部分剪切掉,再将直线1和直线2包含在矩形内的部分剪切掉,如图17-62所示。

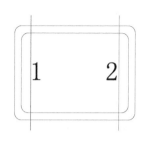
图 17-61 绘制直线

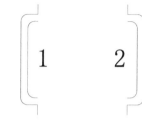
图 17-62 修剪直线

Step 05 在"绘图"面板中单击"矩形"按钮,绘制一个380×460的矩形;在"修改"面板中单击"圆角"按钮,输入倒角半径为35,对所绘矩形的四角进行倒圆角操作,如图17-63所示。

Step 06 在"绘图"面板中单击"直线"按钮,绘制6条长度为420的直线且将它们均匀地放入矩形中,如图17-64所示。

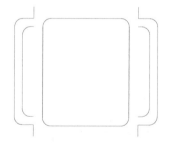
图 17-63 绘制矩形并倒圆角

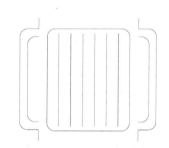
图 17-64 绘制直线

Step 07 在"绘图"面板中单击"矩形"按钮,分别在变压器的上、下端绘制一个530×35的矩形,从而得到变压器图形,如图17-65所示。

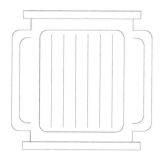
图 17-65 变压器图形

3. 避雷器的绘制

> **提示**
>
> 避雷器用于保护电工设备免受瞬时过电压的危害，还能截断续流，避免引起系统接地短路。避雷器通常接于带电导线与地之间，且与被保护设备并联。当过电压值达到规定的动作电压时，避雷器立即动作，流过电荷，限制过电压幅值，保护设备绝缘；等电压值正常后，避雷器又迅速恢复原状，以保证系统正常供电。

Step 01 选择"绘图"→"多线"命令，绘制一条比例为 20 的多线；再在"绘图"面板中单击"直线"按钮，将多线的两端点相连，如图 17-66 所示。

Step 02 在"修改"面板中单击"偏移"按钮，输入偏移距离为 90，分别对直线 1 和直线 2 进行偏移操作，如图 17-67 所示。

Step 03 在"绘图"面板中单击"圆"按钮，绘制一个半径为 100 且与直线 1 相切的圆，如图 17-68 所示。

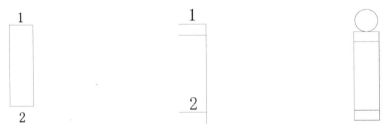

图 17-66　绘制多线　　　　图 17-67　偏移直线　　　　图 17-68　绘制圆

4. 高压互感器的绘制

> **提示**
>
> 高压互感器是适用于 1kV 至 220kV 的电力系统，将高电压转换成低电压或将大电流转换成小电流，从而方便测量、保护、使用的互感器，一般分为 3kV、6kV、10kV、35kV、66kV、110kV、220kV 等类型。

Step 01 在"绘图"面板中单击"圆"按钮，绘制一个半径为 165 的圆；再单击"矩形"按钮，绘制一个 236×410 的与圆相交的矩形，如图 17-69 所示。

Step 02 在"修改"面板中单击"圆角"按钮，将所绘矩形的上面两角倒为半径为 18 的圆角，将矩形下面两角倒为半径为 60 的圆角，如图 17-70 所示。

Step 03 在"修改"面板中单击"修剪"按钮，将包含在矩形内部的圆剪切掉，如图 17-71 所示。

Step 04 在"绘图"面板中单击"矩形"按钮，分别绘制 32×32、45×50、11×10 的矩形，如图 17-72 所示。

Step 05 在"修改"面板中单击"镜像"按钮，选择所绘的 3 个矩形，以矩形左端点为镜像点镜像矩形，如图 17-73 所示。

第 17 章 电力工程图的绘制

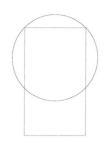 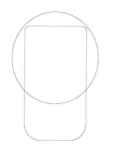 

图 17-69　绘制图形　　　　　图 17-70　倒圆角　　　　　图 17-71　修剪对象

Step 06 在"绘图"面板中单击"直线"按钮，绘制一条长度为 256 的直线；再单击"圆弧"按钮，绘制圆弧，如图 17-74 所示。

图 17-72　绘制矩形　　　　　图 17-73　镜像对象　　　　　图 17-74　绘制直线和圆弧

5. 真空断路器的绘制

> **提示**
>
> 　　真空断路器是一种用真空作为灭弧介质和绝缘介质的断路器。由于这种断路器开断可靠性高、可频繁操作、寿命长、体积小、结构简单、维护工作量小，所以目前它在中压领域得到了广泛应用。真空断路器主要包含三大部分：真空灭弧室、电磁或弹簧操动机构、支架及其他部件。

Step 01 在"绘图"面板中单击"矩形"按钮，绘制一个 1000×1000 的矩形；再单击"点"按钮，在所绘矩形的 4 条边上找到与矩形左端点、右端点相距 300 的点，即 a、b、c、d 4 点，如图 17-75 所示。

Step 02 开启"对象捕捉"按钮，在"绘图"面板中单击"直线"按钮，分别将 a 点和 b 点、c 点和 d 点相连，如图 17-76 所示。

Step 03 在"修改"面板中单击"修剪"按钮，将上一步所绘直线外的矩形部分剪切掉，如图 17-77 所示。

Step 04 在"绘图"面板中单击"矩形"按钮，分别绘制 160×225、90×48 的矩形；再在"绘图"面板中单击"直线"按钮，将两个矩形上、下边的两中点相连，如图 17-78 所示。

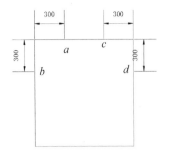

图 17-75　绘制矩形

图 17-76　连接点

图 17-77　修剪图形

图 17-78　绘制矩形

Step 05 在"修改"面板中单击"旋转"按钮 ↻，将所绘矩形以 e 点为基点旋转 45°，如图 17-79 所示。

Step 06 在"修改"面板中单击"镜像"按钮 ⚊，将旋转后的矩形以步骤 1 中所绘矩形的上、下边中点为基准镜像，如图 17-80 所示。

图 17-79　旋转矩形

图 17-80　真空断路器

6. 隔离开关的绘制

> **提示**
>
> 隔离开关是高压开关电器中使用得最多的一种电器，顾名思义，它是在电路中起隔离作用的。它本身的工作原理及结构比较简单，但是其使用量大、工作可靠性要求高，对变电所和电厂的设计、建立和安全运行的影响均较大。刀闸的主要特点是无灭弧能力，只能在没有负荷电流的情况下分、合电路。

Step 01 在"绘图"面板中单击"矩形"按钮 □，分别绘制 320×160、900×730 的矩形（矩形 1、矩形 2），如图 17-81 所示。

Step 02 在"绘图"面板中单击"圆"按钮 ⊙，在矩形 1 的左边绘制一个半径为 60 的圆，如图 17-82 所示。

Step 03 在"修改"面板中单击"分解"按钮，将矩形 2 分解；再单击"偏移"按钮 ⊂，输入偏移距离为95，分别对矩形2的左右两边进行偏移，如图17-83所示。

图17-81 绘制矩形

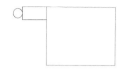

图17-82 绘制圆

Step 04 在"修改"面板中单击"镜像"按钮，将矩形1和圆以矩形2的左边中点为基点水平镜像；然后选中矩形1、圆及镜像图形进行垂直镜像，如图17-84所示。

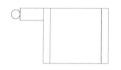

图17-83 分解和偏移对象

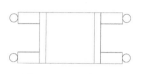

图17-84 隔离开关

17.3.4 组合电气设备

前面已经分别完成了图纸的框架和各主要电气设备符号的绘制，本节将绘制完成的各主要电气设备的符号插入框图的相应位置，完成草图的绘制。

在此操作过程中，需多次调用"平移"命令，在选择基点和第二点时应尽量使用"对象捕捉"命令，以使电气符号能够准确定位到合适的位置。在插入电气符号的过程中，可以适当使用"缩放"命令，调整各图形符号为合适的尺寸，保证整张图纸的整齐和美观。组合图形，如图17-85所示。

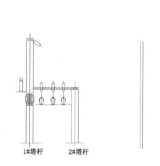
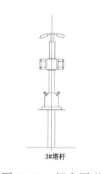
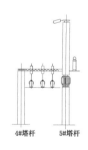

图17-85 组合图形

17.3.5 添加连接导线

电气设备组合完成后，还需将各电气符号连接。本节将在各电气符号之间插入导线，操作步骤如下。

Step 01 将当前图层从"实体符号层"切换到"连接导线层"。

Step 02 分别调用"直线""圆弧""样条曲线"命令，绘制连接导线。在绘制连接导线的过程中使用"对象捕捉"命令捕捉导线的连接点。添加完连接导线后，即可完成变电所断面图的绘制，如图 17-86 所示。

图 17-86 变电所断面图

 至此，变电所断面图绘制完成，按 Ctrl+S 组合键对文件进行保存。

17.4 直流系统原理图的绘制

视频\17\直流系统原理图的绘制.avi
案例\17\直流系统原理图.dwg

由直流提供电力的系统称为直流系统。直流系统的工作原理：交流电经过蓄电池充电，然后蓄电池屏以电缆连接馈出屏，馈出屏向装置提供直流电。通常直流系统里面会加一些监测蓄电池运行情况的监测装置和故障报警装置。直流系统的用电负荷极为重要，它对供电的可靠性要求很高。直流系统的可靠性是保障变电站安全运行的决定性条件之一。图 17-87 所示为直流系统原理图，本节将介绍此图的绘制方法。

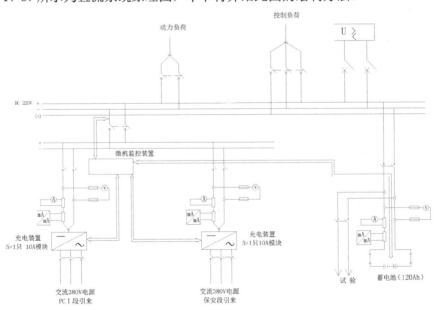

图 17-87 直流系统原理图

17.4.1 设置绘图环境

在绘图之前，需要先设置绘图环境，具体操作步骤如下。

Step 01 启动 AutoCAD 2020，并以"A3.dwt"样板文件为模板。

Step 02 选择"文件"→"保存"命令，将新建文件保存为"案例\17\直流系统原理图.dwg"文件。

Step 03 在面板上右击，在弹出的快捷菜单中选择常用面板名称，并使各面板在绘图窗口中处于显示状态。

17.4.2 绘制电气设备

分析直流系统原理图可知，在直流系统原理图中主要包括充电装置、动力负荷、控制负荷、蓄电池（120Ah）、微机监控装置（分为 PCⅠ段和保安段）等电气元器件。本节将依次介绍这些元器件的绘制方法。

1. 充电装置的绘制

Step 01 在"绘图"面板中单击"矩形"按钮□，绘制一个 30×15 的矩形，如图 17-88 所示。

Step 02 在"绘图"面板中单击"直线"按钮／，将 a、b 两点相连，如图 17-89 所示。

Step 03 在"绘图"面板中单击"多行文字"按钮A，在矩形内分别输入符号"–"和"~"，完成充电装置的绘制，如图 17-90 所示。

图 17-88　绘制矩形

图 17-89　连接点

图 17-90　充电装置

2. 动力负荷和控制负荷的绘制

Step 01 在"绘图"面板中单击"直线"按钮／，分别绘制长度为 8、5、8 的 3 条直线，如图 17-91 所示。

Step 02 在"修改"面板中单击"旋转"按钮↻，将直线 2 旋转 45°，如图 17-92 所示。

Step 03 在"绘图"面板中单击"直线"按钮／，开启"极轴"命令，绘制一条长度为 1.5 的直线；在"修改"面板中单击"阵列"按钮，将所绘直线环形阵列，如图 17-93 所示。

Step 04 在"修改"面板中单击"复制"按钮，选择图 17-93 为复制对象，将图形右移偏移 15 后复制；再在"绘图"面板中单击"直线"按钮／，以两个图形相应位置的斜线段中点为起点，分别绘制一条水平线段，如图 17-94 所示。

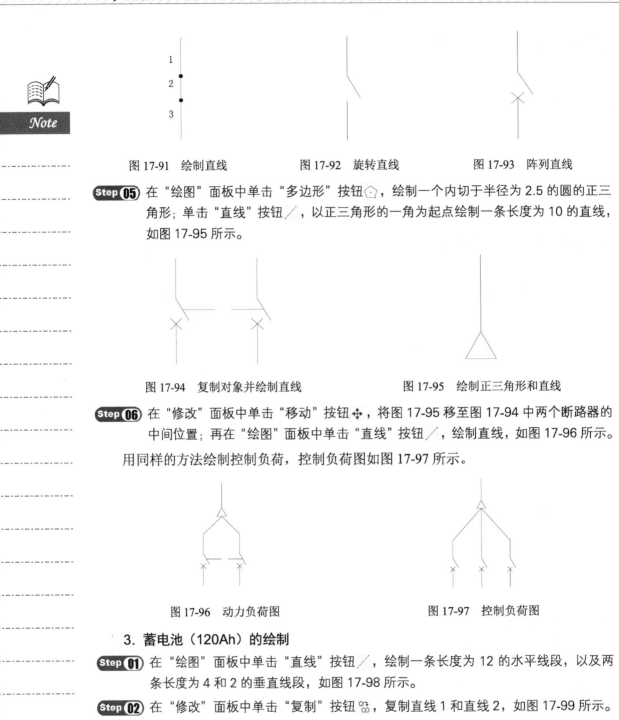

图 17-91　绘制直线　　　　图 17-92　旋转直线　　　　图 17-93　阵列直线

Step 05 在"绘图"面板中单击"多边形"按钮⬠，绘制一个内切于半径为 2.5 的圆的正三角形；单击"直线"按钮╱，以正三角形的一角为起点绘制一条长度为 10 的直线，如图 17-95 所示。

图 17-94　复制对象并绘制直线　　　　图 17-95　绘制正三角形和直线

Step 06 在"修改"面板中单击"移动"按钮✣，将图 17-95 移至图 17-94 中两个断路器的中间位置；再在"绘图"面板中单击"直线"按钮╱，绘制直线，如图 17-96 所示。用同样的方法绘制控制负荷，控制负荷图如图 17-97 所示。

图 17-96　动力负荷图　　　　图 17-97　控制负荷图

3. 蓄电池（120Ah）的绘制

Step 01 在"绘图"面板中单击"直线"按钮╱，绘制一条长度为 12 的水平线段，以及两条长度为 4 和 2 的垂直线段，如图 17-98 所示。

Step 02 在"修改"面板中单击"复制"按钮⁂，复制直线 1 和直线 2，如图 17-99 所示。

图 17-98　绘制直线　　　　图 17-99　复制直线

Step 03 在"绘图"面板中单击"直线"按钮╱，绘制一条长度为 5 的直线。在"修改"面板中单击"镜像"按钮⚠，以所绘直线的中点为镜像点镜像对象，如图 17-100

所示。

图 17-100　蓄电池图

4. PCⅠ支路的绘制

Step 01 在"绘图"面板中单击"直线"按钮，绘制一条长度为 33 的直线；单击"矩形"按钮，在直线上绘制一个 8×2.5 的矩形，如图 17-101 所示。

Step 02 在"绘图"面板中单击"圆"按钮，绘制两个半径为 2.5 的圆；单击"多行文字"按钮A，分别输入字母"V"和"A",如图 17-102 所示。

图 17-101　绘制直线和矩形　　　　图 17-102　绘制电压表和电流表

Step 03 在"绘图"面板中单击"矩形"按钮，绘制一个 12×12 的矩形，如图 17-103 所示。

Step 04 在"绘图"面板中单击"直线"按钮，将 a、b 两点连接，如图 17-104 所示。

Step 05 在"绘图"面板中单击"多行文字"按钮A，在矩形内分别输入字母"mA",如图 17-105 所示。

图 17-103　绘制矩形　　　图 17-104　连接点　　　图 17-105　输入字母

Step 06 在"绘图"面板中单击"矩形"按钮，在直线上绘制两个 2.5×8 的矩形。

Step 07 应用"移动""直线"命令将以上所绘的图形结合在一起,完成 PCⅠ支路的绘制,如图 17-106 所示。

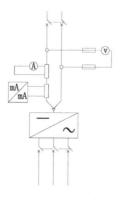

图 17-106　PCⅠ支路

17.4.3 组合电气设备

前面已经分别完成了各主要电气设备符号的绘制,本节将绘制完成的各主要电气设备符号移至相应的位置,具体操作步骤如下。

Step 01 应用"复制""移动""直线"命令,将各支路连接起来,如图 17-107 所示。

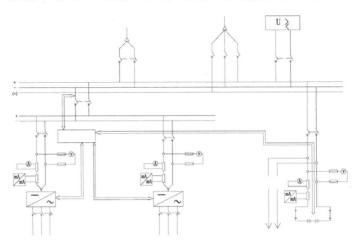

图 17-107 组合图形

Step 02 在"绘图"面板中单击"多行文本"按钮 **A**,分别设置相应的字体、字高等;再在图中的各个位置添加相应的文字,然后使用"平移工具"将文字平移到合适的位置,完成直流系统原理图的绘制,如图 17-108 所示。

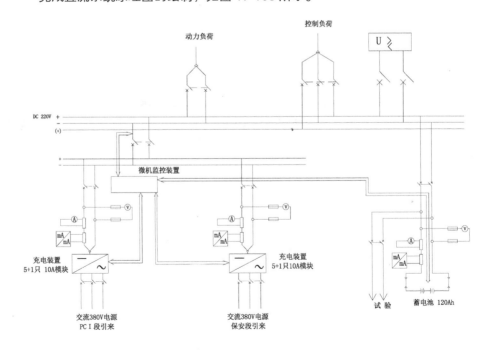

图 17-108 直流系统原理图

17.5 电杆安装三视图的绘制

视频\17\电杆安装三视图的绘制.avi
案例\17\电杆安装三视图.dwg

图 17-109 所示为电杆安装三视图。从图 17-109 中可以看出该图主要包括电杆、U 形抱箍、M 形抱铁、杆顶支座抱箍、横担、针式绝缘子及拉线等，本节将介绍此图的绘制方法。

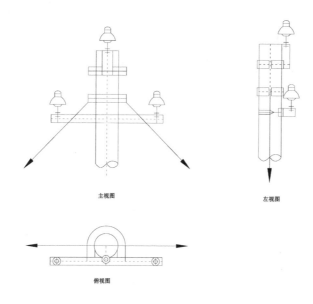

图 17-109　电杆安装三视图

17.5.1　设置绘图环境

在绘图之前，需要先设置绘图环境，具体操作步骤如下。

Step 01 启动 AutoCAD 2020，以"A3.dwt"样板文件为模板。

Step 02 选择"文件"→"保存"命令，将新建文件命名为"案例\17\电杆安装三视图.dwg"后保存。

Step 03 在面板上右击，在弹出的快捷菜单中选择常用面板名称，并使各面板在绘图窗口中处于显示状态。

Step 04 选择"格式"→"图形界限"命令，设置图形界限的左下角点坐标为(0，0)，右上角点坐标为(1700，1400)。

Step 05 选择"格式"→"图层"命令，在弹出的"图层特性管理器"面板中新建"轮廓线层""实体符号""连接线层"3 个图层；图层属性设置如图 17-110 所示，然后将"轮廓线层"设置为当前图层。

图 17-110　图层属性设置

17.5.2　设置图纸布局

Step 01 在"绘图"面板中单击"构造线"按钮，单击状态栏中的"正交模式"按钮，绘制水平直线 1。

Step 02 在"修改"面板中单击"偏移"按钮，将直线 1 依次向下偏移 120、30、30、140、30、30、90、30、30、625、85、30 和 30，绘制 13 条水平直线，如图 17-111 所示。

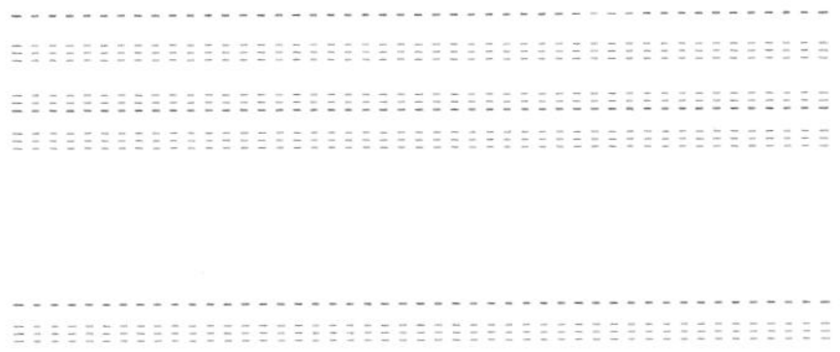

图 17-111　绘制并偏移水平直线

Step 03 在"绘图"面板中单击"构造线"按钮，绘制垂直直线 2。

Step 04 在"修改"面板中单击"偏移"按钮，将直线 2 依次向右偏移 50、230、60、85、85、60、230、50、350、85、85、60 和 355，绘制 13 条垂直直线，如图 17-112 所示。

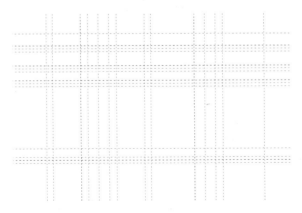

图 17-112　偏移垂直直线

第 17 章 电力工程图的绘制

Step 05 在"修改"面板中单击"修剪"按钮 和"删除"按钮 ，将图 17-112 修剪为 3 个区域，每个区域对应一个视图位置，如图 17-113 所示。

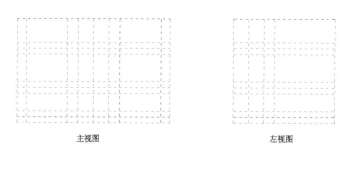

图 17-113　绘制三视图布局

17.5.3 绘制三视图

图 17-109 所示为电杆安装三视图，绘制此图时首先应根据三视图中各部件的位置确定图纸布局，得到各个视图的轮廓线；然后绘制出图中出现较多的针式绝缘子，将其保存为块；然后分别绘制主视图、俯视图和左视图的细节部分；最后进行标注。

1. 绘制主视图

Step 01 在"修改"面板中单击"修剪"按钮 和"删除"按钮 ，将图 17-113 中的主视图图形修剪，如图 17-114 所示，得到主视图的轮廓线。

Step 02 选择矩形 1 和矩形 2，在"图形特性管理器"面板中选择"实体符号层"，将其图层属性设置为实体层。

Step 03 在"修改"面板中单击"偏移"按钮 ，选择矩形 1 的左竖直边向右偏移 105，然后选中右竖直边向左偏移 105；再单击"延伸"按钮 ，将偏移得到的两条竖直直线向上延伸 120，将其端点落在顶杆的顶边上；选择顶杆的两条竖直边，向下延伸 300，如图 17-115 所示。

Step 04 在"绘图"面板中单击"样条曲线"按钮 ，在 a、b 之间绘制样条曲线，如图 17-116 所示。

Step 05 在"绘图"面板中单击"插入块"按钮 ，在绘图区的适当位置插入"绝缘"块，如图 17-117 所示。

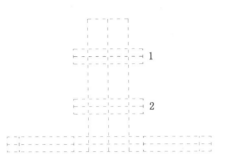

图 17-114 绘制矩形　　　　　图 17-115 连接点

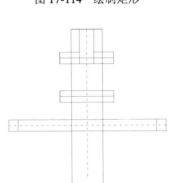
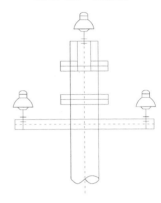

图 17-116 拉长顶杆　　　　　图 17-117 插入块

Step 06 在"绘图"面板中单击"多段线"按钮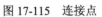，绘制拉线，完成主视图的绘制，如图 17-118 所示。

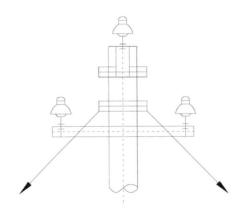

图 17-118 完成主视图的绘制

2. 绘制俯视图

Step 01 在"修改"面板中单击"修剪"按钮 和"删除"按钮 ，将图 17-113 中的俯视图图形修剪，得到俯视图轮廓线，如图 17-119 所示。

图 17-119 修剪俯视图轮廓线

Step 02 选择所有边界线，单击"图形特性管理器"面板，选择"实体符号层"，将其图层属性设置为实体层。

Step 03 在"绘图"面板中单击"圆"按钮⊙，在"对象捕捉"模式下，捕捉 A 点为圆心，绘制半径为 15 和 30 的同心圆；捕捉 C 点为圆心，绘制半径为 90 和 145 的同心圆。

Step 04 在"修改"面板中单击"复制"按钮 %，将以 A 点为圆心的同心圆向 B 点和 O 点复制，并将复制到 O 点的圆适当向上移动，如图 17-120 所示。

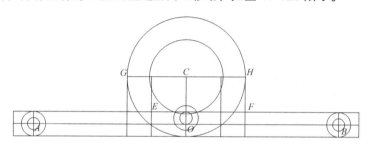

图 17-120 绘制并复制圆

Step 05 在"绘图"面板中单击"多段线"按钮，绘制接线与箭头；再在"修改"面板中单击"修剪"按钮 ✂ 和"删除"按钮 ✐，修剪并删除图中多余的直线和圆弧，得到俯视图，如图 17-121 所示。

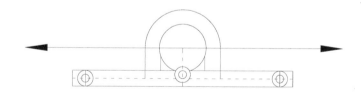

图 17-121 俯视图

3. 绘制左视图

Step 01 在"修改"面板中单击"修剪"按钮 ✂ 和"删除"按钮 ✐，将图 17-113 中的左视图图形修剪，如图 17-122 所示，得到左视图轮廓线。

Step 02 在"修改"面板中单击"延伸"按钮 →|，选择直线 1 和直线 2，分别向下延伸 300，形成电杆轮廓线。

Step 03 在"绘图"面板中单击"样条曲线"按钮 N，在电杆下端绘制相应的样条曲线，构成电杆的底端；再单击"矩形"按钮，分别在图形中的适当位置绘制 90×60 的矩形，如图 17-123 所示。

Step 04 在"绘图"面板中单击"插入块"按钮 ⌂，在绘图区的适当位置插入绝缘体块；再单击"多段线"按钮，绘制拉线和箭头，得到左视图，如图 17-124 所示。

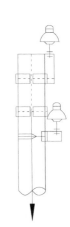

图 17-122　修剪左视图轮廓线　　图 17-123　插入矩形块　　图 17-124　左视图

Step 05 至此，电杆安装三视图绘制完成，按 Ctrl+S 组合键对文件进行保存。

17.6　本章小结

　　本章主要讲解电力工程图的绘制方法，内容包括输电工程图的绘制、变电工程图的绘制、变电所断面图的绘制、直流系统原理图的绘制、电杆安装三视图的绘制。

建筑电气工程平面图的绘制

建筑电气工程平面图主要表示某一电气工程中电气设备、装置和线路的平面布置，一般是在建筑平面图的基础上绘制出来的。常见的电气工程平面图有线路平面图、变电所平面图、照明平面图、弱电系统平面图、防雷与接地平面图等。

内容要点

- ♦ 办公楼低压配电干线系统图的绘制
- ♦ 车间电力平面图的绘制
- ♦ 某建筑配电图的绘制

18.1 办公楼低压配电干线系统图的绘制

视频\18\办公楼低压配电干线系统图的绘制.avi
案例\18\办公楼低压配电干线系统图.dwg

配电干线系统图具有无尺寸标注、难以对图中的对象进行定位等特点，图 18-1 所示为办公楼低压配电干线系统图。

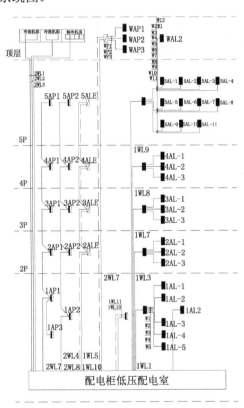

图 18-1 办公楼低压配电干线系统图

18.1.1 设置绘图环境

对图 18-1 分析可知，绘制该配电干线系统图时应先用辅助线定位出各个对象的位置，再根据要求绘制相关模块和配电总线等，最后对图中的相关内容标注文字说明，具体操作步骤如下。

Step 01 启动 AutoCAD 2020，在快速访问工具栏中单击"新建"按钮；在"选择文件"对话框中单击"打开"按钮右侧的按钮，以"无样板打开-公制（I）"方式建立新文件，然后将文件命名为"案例\18\办公楼低压配电干线系统图.dwg"并保存。

Step 02 在"默认"选项卡下的"图层"面板中单击"图层特性"按钮,打开"图层特性管理器"面板,新建 4 个图层,如图 18-2 所示,然后将"虚线"图层设置为当前图层。

图 18-2 图层属性设置

Step 03 选择"格式"→"线型"命令,弹出"线型管理器"对话框;然后单击右侧的"显示细节"按钮,将下方的"全局比例因子"设置为 500,如图 18-3 所示。

图 18-3 设置线型比例

18.1.2 绘制配电系统

对图 18-1 分析可知,该配电干线系统图主要由底层配电系统辅助线、各种模块及总线组成,下面结合"矩形""分解""定数等分""直线""图案填充""复制""修剪""偏移""多线"等命令进行相关图形的绘制。

1. 绘制底层配电系统辅助线

Step 01 执行"矩形"命令(REC),在视图中绘制一个 12000×20000 的矩形,如图 18-4 所示。

Step 02 执行"分解"命令(X),将上一步绘制的矩形分解。

Step 03 执行"定数等分"命令(DIV),将矩形左侧的垂直边等分成 9 份,再将矩形下侧的水平边等分成 12 份,如图 18-5 所示。

图 18-4　绘制矩形　　　　　　　　　图 18-5　显示定数等分点样式

> **提示**
> 用户可选择"格式"→"点样式"命令，从弹出的"点样式"对话框中设置点样式为"×"。

Step 04 执行"直线"命令（L），捕捉相应的水平方向及垂直方向的定数等分点，绘制多条水平及垂直的辅助线段，如图 18-6 所示。

Step 05 执行"直线"命令（L），以左起第 8 根垂直辅助线的上侧端点为起点，向上绘制代表局部辅助线的垂直线段，如图 18-7 所示。

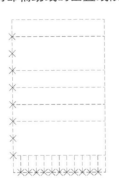
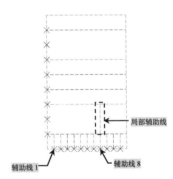

图 18-6　绘制辅助线段　　　　　　　　图 18-7　绘制局部辅助线

2. 绘制配电模块

Step 01 执行"矩形"命令（REC），绘制一个 200×400 的矩形，如图 18-8 所示。

Step 02 执行"图案填充"命令（H），为上一步绘制的矩形的内部填充"SOLID"图案，从而完成照明配电箱的绘制，如图 18-9 所示。

图 18-8　绘制矩形　　　　　　　　　图 18-9　照明配电箱

Step 03 执行"定数等分"命令，将前面绘制的局部辅助线等分成 7 段，如图 18-10 所示。

Step 04 执行"复制"命令（CO），捕捉前面绘制的照明配电箱的中心点，将其复制到局部辅助线上从上往下数的第 1 个定数等分点处；再使用相同的方法在局部辅助线的其他定数等分点上布置照明配电箱，如图 18-11 所示。

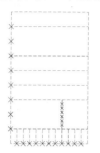
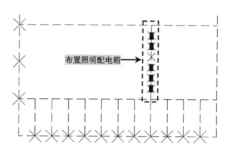

图 18-10　定数等分线段　　　　　图 18-11　布置照明配电箱

Step 05 执行"复制"命令（CO），打开极轴追踪（F10），捕捉照明配电箱的中心点和局部辅助线的节点 3 与第 7 根垂直辅助线的交点，如图 18-12 所示。

Step 06 由于连接线需要的线型是实线，所以在"图层控制"下拉列表中将"0"图层设置为当前图层。

Step 07 执行"定数等分"命令（DIV），将照明配电箱的右侧垂直线段等分成 6 份，捕捉节点，绘制连接线，如图 18-13 所示。

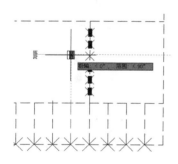
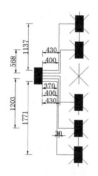

图 18-12　复制配照明电箱　　　　　图 18-13　绘制连接线

Step 08 执行"复制"命令（CO），捕捉第 2 根、第 3 根和第 6 根垂直辅助线并放置动力配电箱，如图 18-14 所示；其中，第 2 根辅助线上的两个动力配电箱的水平方向分别对应第 2 节点和第 5 节点，第 3 根和第 6 根辅助线上的动力配电箱的水平方向均对应局部辅助线段的中点。

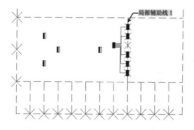

图 18-14　放置动力配电箱

> **提示**
> 动力配电箱与照明配电箱的绘制方法一致。先绘制矩形，然后捕捉矩形的上、下水平中点绘制垂直中心点，然后用图案填充左侧的小矩形即可。

3. 绘制第 2、3、4 层的配电系统

Step 01 绘制第 2 层配电箱的方法与绘制第 1 层配电系统图的方法一致。首先执行"直线"命令（L），在第 8 根辅助线方向上于第 2 层配电系统绘制局部辅助线 2，然后将局部辅助线 2 分成 4 等份，如图 18-15 所示。

图 18-15 等分局部辅助线 2

Step 02 执行"复制"命令（CO），捕捉照明配电箱的中心点并将其放置在每个局部辅助线上的节点处，如图 18-16 所示，其中，左侧配电箱的水平方向对应于局部辅助线的第 2 个节点，垂直方向对应于第 8 根辅助线，最后将节点删除。

Step 03 执行"直线"命令（L），绘制上一步绘制的照明配电箱的连接线，如图 18-17 所示。

图 18-16 放置照明配电箱　　　图 18-17 绘制连接线

Step 04 执行"复制"命令（CO），利用相同的方法放置动力配电箱，如图 18-18 所示。

Step 05 执行"直线"命令（L），利用相同的方法绘制第 3 层和第 4 层的局部辅助线，并将第 2 层和第 1 层的局部辅助线删除，如图 18-19 所示。

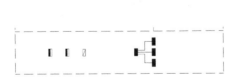 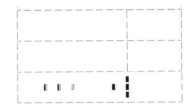

图 18-18 放置动力配电箱　　　图 18-19 绘制第 3 层和第 4 层的局部辅助线

Step 06 执行"复制"命令（CO），选取第 2 层的所有配电箱，捕捉中心点，分别放置在第 3 层和第 4 层的局部辅助线的中点处，如图 18-20 所示。

Step 07 执行"复制"命令（CO），捕捉第 4 层中的照明配电箱，将其复制至顶层，如图 18-21 所示。

第18章 建筑电气工程平面图的绘制

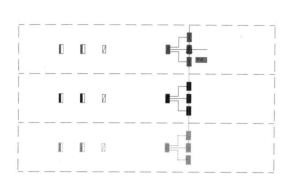

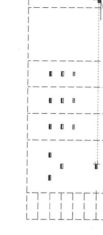

图18-20 复制第3层和第4层配电箱

图18-21 复制顶层照明配电箱

Step 08 利用"直线"和"删除"命令,修改上一步顶层的配电箱,将其修改为双电源切换箱,如图18-22所示。

4. 绘制第5层配电系统

Step 01 执行"定数等分"命令(DIV),将第5层的局部辅助线等分成4份。

Step 02 执行"复制"命令(CO),捕捉配电箱的中点,放置到各节点处;其中,中间独立的配电箱的水平方向对应局部辅助线的第2个节点,垂直方向对应第7根垂直辅助线,将第4层的动力配电箱和双电源切换箱复制到水平方向对应的局部辅助线的第2个节点处,如图18-23所示。

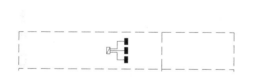

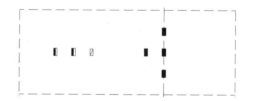

图18-22 修改配电箱

图18-23 绘制第5层配电箱

> **提示**
>
> 对于各个局部垂直辅助线的绘制,我们都要先将其平分,再将各个块放置到相应的节点上;这样各个块之间的距离均等,绘制出来的图形整齐、美观。如果将块随意摆放,则绘制出来的图形会显得杂乱。所以,在连线的过程中要尽量运用此技巧。

Step 03 执行"复制"命令(CO),选中垂直方向的3个照明配电箱,指定其中一个照明配电箱的中心点为基点,向右复制3份,复制距离分别为1000、2000和3000,同时将复制得到的右下角的照明配电箱删除,如图18-24所示。

Step 04 执行"直线"命令(L),绘制第5层和顶层的配电箱连接线,如图18-25所示。

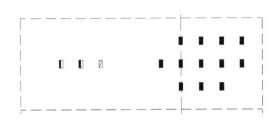

图 18-24 复制配电箱

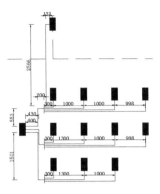

图 18-25 绘制配电箱连接线

> **提示**
>
> 在绘制图 18-25 中的连接线时，一些具体尺寸可能没有给出，但用户可以通过捕捉各配电箱的中心点及其他连接线找到相交点，自然可以绘制连接线。用户以后绘制此类图时，遇到此类状况都可以采用这种方法。

5. 绘制冷冻机组、制冷机房和主机

对图 18-1 分析可知，该图的上侧和最下侧由冷冻机组、制冷机房和主机图形组成。下面利用"直线""矩形""复制""多行文字"等命令绘制这些图形，操作步骤如下。

Step 01 执行"矩形"命令（REC），在系统图左上角绘制一个 1134×655 的矩形，如图 18-26 所示。

Step 02 执行"矩形"命令（REC），在上一步绘制的矩形内绘制一个 640×320 的矩形，如图 18-27 所示。

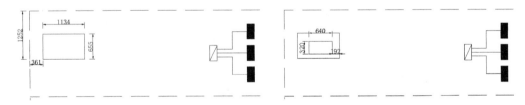

图 18-26 绘制矩形　　　　　　　　图 18-27 绘制内部矩形

Step 03 执行"复制"命令（CO），选中绘制的两个矩形，然后以大矩形的水平中点为复制移动的基点，将矩形水平向右 1134 复制，如图 18-28 所示。

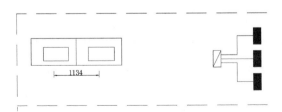

图 18-28 复制矩形

Step 04 执行"矩形"命令（REC），绘制矩形并定位其相互之间的位置关系，如图 18-29 所示。

Step 05 执行"多行文字"命令（MT），在所绘制的矩形内部添加相应的文字注释，文字高度为 150，如图 18-30 所示。

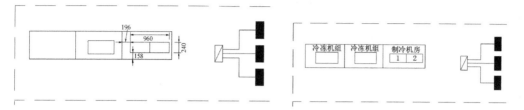

图 18-29 绘制矩形　　　　　　　　　图 18-30 添加文字注释

Step 06 执行"矩形"命令（REC），在图形下侧的相应位置绘制一个 10610×983 的矩形，如图 18-31 所示。

Step 07 执行"删除"命令（E），将下侧的辅助线删除，然后在上一步绘制的矩形内部输入文字"配电柜低压配电室"，其文字高度为 400，如图 18-32 所示。

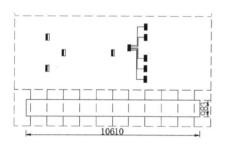 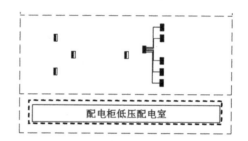

图 18-31 绘制矩形　　　　　　　　　图 18-32 删除辅助线并添加文字注释

18.1.3 绘制总线

前面已经将每一层的配电箱都绘制好了，本节将介绍绘制总线的方法，主要使用"多线""直线""偏移""阵列""修剪"等命令进行操作。

1. 绘制平行线

Step 01 执行"直线"命令（L），绘制一条垂直线段，如图 18-33 所示；再执行"偏移"命令（O），将绘制的垂直线段依次向右偏移两次，偏移距离为 100。

Step 02 执行"直线"命令（L），以左上角冷冻机组内侧矩形的左下角点为基点，向下绘制长度为 945 的垂直线段；再捕捉中间冷冻机组内侧矩形的下侧水平边中点，向下绘制长度为 845 的垂直线段；再捕捉制冷机房内左侧小矩形的下侧水平边中点，向下绘制长度为 985 的垂直线段。绘制好上述 3 条垂直线段以后，将绘制的垂直线段与上一步绘制的线段连接起来，如图 18-34 所示。

Step 03 执行"多线"命令（ML），绘制顶层的配电箱与配电室的配电柜之间的连接线，如图 18-35 所示。

图 18-33 绘制线段　　　　　　　图 18-34 绘制连接线 1

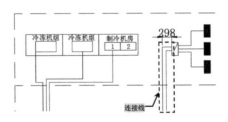

图 18-35 绘制连接线 2

Step 04 执行"分解"命令（X），将上一步绘制的连接线分解；然后选中左侧的线段，在"图层控制"下拉列表中选择"虚线"图层，将被选中的直线改为虚线，如图 18-36 所示。

Step 05 利用相同的方法绘制一层动力配电箱的连接线，如图 18-37 所示。

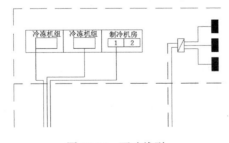　　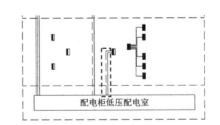

图 18-36 更改线型　　　　　　　图 18-37 绘制一层动力配电箱的连接线

2. 绘制单线

对图 18-1 分析可知，图中有单线。在绘制单线时打开正交模式，这样可以避免在绘制过程中产生倾斜误差。在绘制实线和虚线时，需要在不同的图层中进行，所以也要把其归类到绘制单线中。

第 18 章　建筑电气工程平面图的绘制

Step 01　执行"直线"命令（L），绘制单线，如图 18-38 所示，其中，斜线段是在"极轴追踪"模式下绘制的，夹角为 45°，长度均为 607。

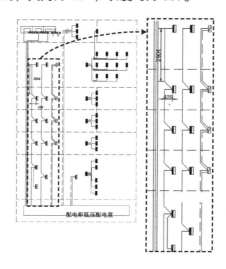

图 18-38　绘制单线

> **提示**
> 观察图 18-38 中的单线，不难看出，有很多单线相同，并且它们都捕捉的是配电箱的中心点；所以在绘制时，可以先绘制一组单线，然后分别将其放置于动力配电箱和双电源切换箱的中点；最后加以完善，将其修改成如图 18-38 所示的效果。

3. 绘制总线

Step 01　执行"直线"命令（L），绘制连接线，如图 18-39 所示，其中，水平线段的长度为 396。

Step 02　执行"偏移"命令（O），将上一步绘制的线段依次向左偏移 4 次，偏移距离为 50，如图 18-40 所示。

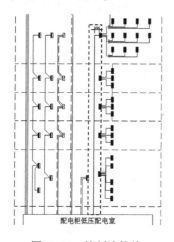

图 18-39　绘制连接线

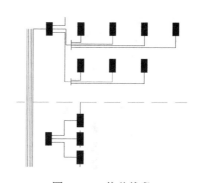

图 18-40　偏移线段

Step 03 执行"直线"命令（L），分别捕捉相应配电箱的中心点，绘制连接至上一步相应偏移线段上的水平线段，如图18-41所示。

Step 04 执行"修剪"命令（TR），对前两步绘制及偏移的线段进行修剪，修剪后的效果如图18-42所示。

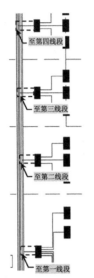
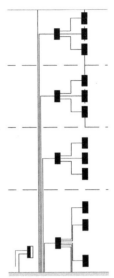

图18-41 绘制连接线　　　　　　　　　　图18-42 修剪后的效果

> **提示**
> 在绘制过程中，应打开"对象捕捉"以捕捉配电箱的中心点，这样可以避免在绘制时出现斜线误差，也能更准确地绘制连接线。

18.1.4 添加文字注释说明

前面已经将连接总线及配电线绘制好了，下面介绍如何标注线路及配电箱的规格型号，主要使用"直线""多行文字"等命令进行操作。

Step 01 执行"直线"命令（L）在图中的相应位置绘制标注线，如图18-43所示。

Step 02 执行"多行文字"命令（T），在上一步绘制的标注线上添加相应的文字注释，文字高度为200，如图18-44所示。

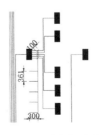
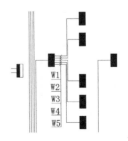

图18-43 绘制标注线　　　　　　　　　　图18-44 添加文字注释

提示

对于文字下面的短横线的绘制方法有很多种，可以一条条地绘制，但应尽量保持各条横线之间的间距相等；也可以先绘制出一条线段，然后执行"偏移"命令（O），输入偏移距离，这样就能保证各条横线之间的间隔相等；还可以执行"定数等分"命令，将垂直线段等分为所需的线段数量，然后捕捉节点绘制横线。

Step 03 使用相同的方法绘制出第 5 层和顶层的标注线并添加说明文字。给系统图的配电箱添加文字时，在适当位置添加即可；执行"多行文字"命令（T），如图 18-45 所示。还要注意删除两侧的辅助线，如图 18-46 所示。

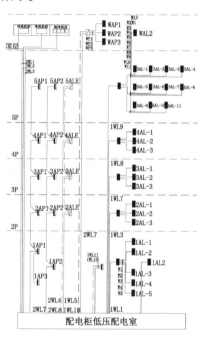

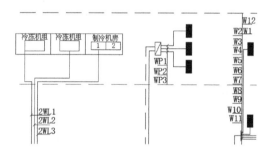

图 18-45　添加标注线及标注文字　　　　图 18-46　标注配电箱型号并删除辅助线

Step 04 至此，办公楼低压配电干线系统图绘制完成，按 Ctrl+S 组合键对文件进行保存。

18.2 车间电力平面图的绘制

视频\18\车间电力平面图的绘制.avi
案例\18\车间电力平面图.dwg

车间电力平面图是在建筑平面图的基础上绘制的，该平面图主要由 3 个空间区域组成，采用尺寸数字定位。图 18-47 详细描述了各电力配电线路（干线、支线）、配电箱、电动机等的平面布置及相关内容。

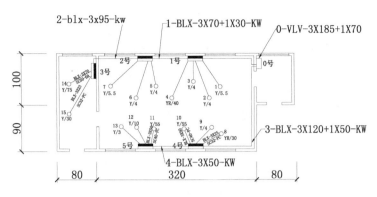

图 18-47 车间电力平面图

18.2.1 设置绘图环境

在绘制车间电力平面图之前,首先要对绘图环境进行设置,其操作步骤如下。

Step 01 启动 AutoCAD 2020,在快速访问工具栏中单击"新建"按钮 ；在"选择文件"对话框中单击"打开"按钮右侧的 按钮,以"无样板打开–公制(I)"方式建立新文件,并将文件命名为"案例\18\车间电力平面图.dwg"后保存。

Step 02 在"默认"选项卡下的"图层"面板中单击"图层特性"按钮 ,打开"图层特性管理器"面板,新建 2 个图层,如图 18-48 所示,然后将"电气层"设置为当前图层。

图 18-48 设置图层特性

18.2.2 绘制轴线和墙线

根据图 18-47 可知,该车间电力平面图由墙线、窗线及轴线组成。下面介绍如何绘制这些组成部分,操作步骤如下。

Step 01 执行"矩形"命令(REC),在视图中绘制一个 400×190 的矩形,如图 18-49 所示。

Step 02 执行"偏移"命令(O),将上一步绘制的矩形向内偏移 5,如图 18-50 所示。

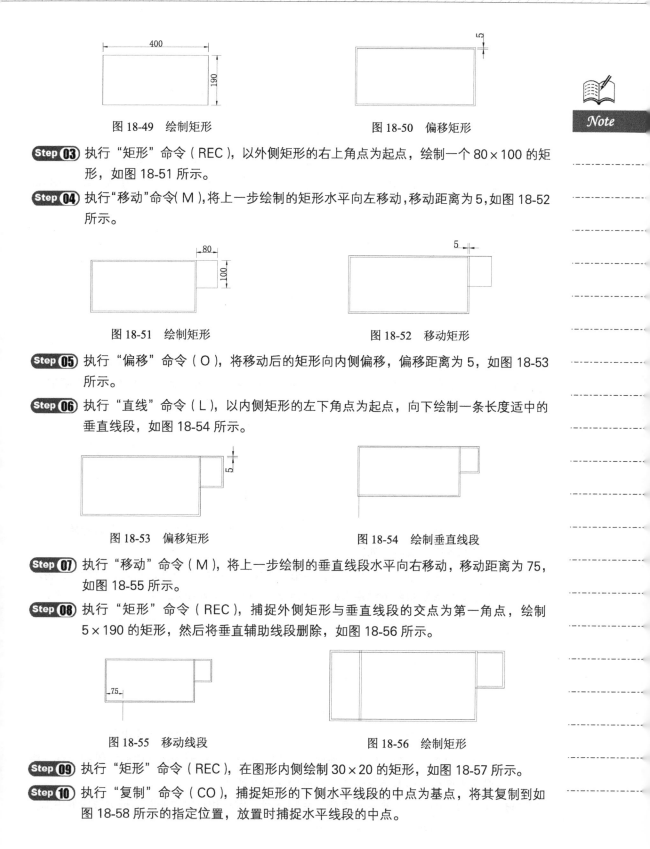

图 18-49 绘制矩形　　　　图 18-50 偏移矩形

Step 03 执行"矩形"命令（REC），以外侧矩形的右上角点为起点，绘制一个 80×100 的矩形，如图 18-51 所示。

Step 04 执行"移动"命令（M），将上一步绘制的矩形水平向左移动，移动距离为 5，如图 18-52 所示。

图 18-51 绘制矩形　　　　图 18-52 移动矩形

Step 05 执行"偏移"命令（O），将移动后的矩形向内侧偏移，偏移距离为 5，如图 18-53 所示。

Step 06 执行"直线"命令（L），以内侧矩形的左下角点为起点，向下绘制一条长度适中的垂直线段，如图 18-54 所示。

图 18-53 偏移矩形　　　　图 18-54 绘制垂直线段

Step 07 执行"移动"命令（M），将上一步绘制的垂直线段水平向右移动，移动距离为 75，如图 18-55 所示。

Step 08 执行"矩形"命令（REC），捕捉外侧矩形与垂直线段的交点为第一角点，绘制 5×190 的矩形，然后将垂直辅助线段删除，如图 18-56 所示。

图 18-55 移动线段　　　　图 18-56 绘制矩形

Step 09 执行"矩形"命令（REC），在图形内侧绘制 30×20 的矩形，如图 18-57 所示。

Step 10 执行"复制"命令（CO），捕捉矩形的下侧水平线段的中点为基点，将其复制到如图 18-58 所示的指定位置，放置时捕捉水平线段的中点。

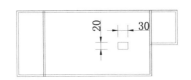
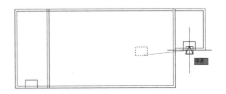

图 18-57　绘制矩形　　　　　　　　　图 18-58　复制矩形

Step 11　执行"旋转"命令（RO），将平面图内侧的矩形旋转 90°，如图 18-59 所示。

Step 12　执行"移动"命令（M），将旋转后的矩形移动至右上角矩形左侧边的中点处，如图 18-60 所示。

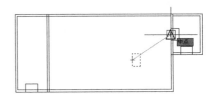

图 18-59　旋转矩形　　　　　　　　　图 18-60　移动矩形

Step 13　执行"修剪"命令（TR），对图形进行修剪，绘制出门洞的效果，如图 18-61 所示。

Step 14　执行"矩形"命令（REC），在平面图内侧绘制 60×5 的矩形，如图 18-62 所示。

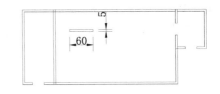

图 18-61　绘制门洞　　　　　　　　　图 18-62　绘制矩形

Step 15　执行"直线"命令（L），捕捉上一步得到的矩形的左侧和右侧的中点为起始端点，绘制水平中心线段，如图 18-63 所示。

Step 16　执行"复制"命令（CO），捕捉矩形的下侧水平线段的中点，并以此为基点，将水平中心线段复制到下侧矩形的中心点处，如图 18-64 所示。

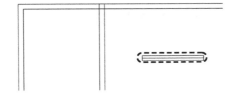

图 18-63　绘制水平中心线段　　　　　图 18-64　复制矩形

Step 17　执行"复制"命令（CO），捕捉上一步绘制的辅助矩形和水平中心线段的中点，将其水平向左、向右各复制一份，如图 18-65 所示。

Step 18　执行相同的方法，将其垂直向上复制 5 份，向左和右侧复制时，捕捉线段的中点，并删除中间的矩形，如图 18-66 所示。

第 18 章　建筑电气工程平面图的绘制

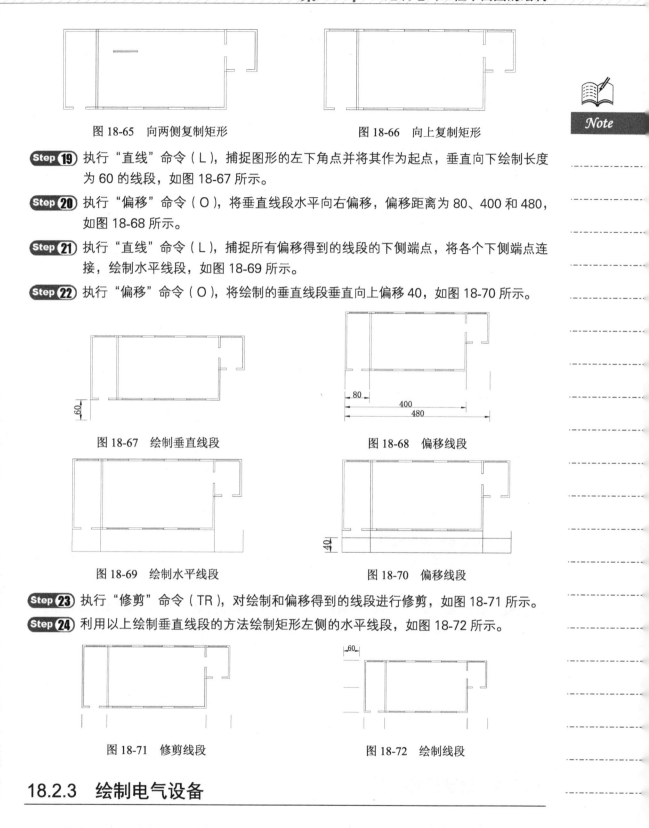

图 18-65　向两侧复制矩形　　　　　图 18-66　向上复制矩形

Step 19 执行"直线"命令（L），捕捉图形的左下角点并将其作为起点，垂直向下绘制长度为 60 的线段，如图 18-67 所示。

Step 20 执行"偏移"命令（O），将垂直线段水平向右偏移，偏移距离为 80、400 和 480，如图 18-68 所示。

Step 21 执行"直线"命令（L），捕捉所有偏移得到的线段的下侧端点，将各个下侧端点连接，绘制水平线段，如图 18-69 所示。

Step 22 执行"偏移"命令（O），将绘制的垂直线段垂直向上偏移 40，如图 18-70 所示。

图 18-67　绘制垂直线段　　　　　图 18-68　偏移线段

图 18-69　绘制水平线段　　　　　图 18-70　偏移线段

Step 23 执行"修剪"命令（TR），对绘制和偏移得到的线段进行修剪，如图 18-71 所示。

Step 24 利用以上绘制垂直线段的方法绘制矩形左侧的水平线段，如图 18-72 所示。

图 18-71　修剪线段　　　　　图 18-72　绘制线段

18.2.3　绘制电气设备

对图 18-47 分析可知，该车间电力平面图中包含配电箱、配电柜和电机符号等。

下面将结合"矩形""直线""圆""图案填充""复制""旋转"等命令对这些电气设备图形进行绘制,操作步骤如下。

1. 绘制配电箱

Step 01 执行"矩形"命令(REC),绘制一个 10×30 的矩形,如图 18-73 所示。

Step 02 执行"直线"命令(L),分别捕捉上一步绘制的矩形的上侧及下侧水平边的中点并绘制一条垂直线段,如图 18-74 所示。

Step 03 执行"图案填充"命令(H),为矩形的右侧区域填充"SOLID"图案,从而完成配电箱的绘制,如图 18-75 所示。

图 18-73 绘制矩形　　　　图 18-74 绘制垂直线段　　　　图 18-75 配电箱

Step 04 执行"移动"命令(M),选择上面绘制的配电箱,将其移动至相应位置,如图 18-76 所示。

Step 05 结合"复制""移动""旋转"等命令,将配电箱复制4份,然后将其布置到图中的相应位置,如图 18-77 所示。

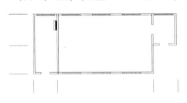 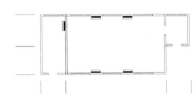

图 18-76 移动配电箱　　　　　　　　　　图 18-77 复制配电箱

2. 绘制配电柜和电机符号

Step 01 执行"矩形"命令(REC),绘制一个 10×20 的矩形作为配电柜符号,如图 18-78 所示。

Step 02 执行"圆"命令(C),绘制多个半径为 4 的圆作为电气符号,如图 18-79 所示。

 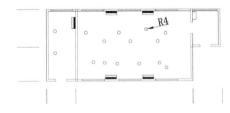

图 18-78 布置配电柜　　　　　　　　　图 18-79 绘制电气符号

18.2.4　绘制连接线路

前面已经将相关的电气设备图形绘制完成。下面绘制配电箱与电气符号的连接线路,以及配电柜与配电箱的连接线路，主要使用"多段线""直线""修剪"等命令进行操作，操作步骤如下。

Step 01 执行"直线"命令（L），以图中圆的圆心为起点，绘制配电箱和电气符号的连接线路，如图 18-80 所示；再执行"修剪"命令（TR），将圆内的多余线段修剪掉。

Step 02 执行"直线"命令（L），绘制配电柜与配电箱的连接线路，如图 18-81 所示。

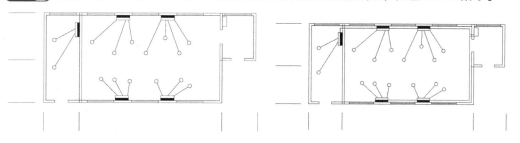

图 18-80　绘制连接线路　　　　图 18-81　绘制配电柜与配电箱的连接线路

Step 03 将上一步绘制的配电柜与配电箱的连接线路选中，然后在"特性"面板的"对象颜色"下拉列表中将其颜色修改为"红色"。

18.2.5　添加文字注释

对图 18-47 分析可知，该车间电力平面图中包含配电箱、配电柜、连接线路等的文字注释，下面进行文字标注。

1. 添加配电箱和配电柜的文字注释

Step 01 在"图层控制"下拉列表中将"文字层"设置为当前图层。

Step 02 执行"多行文字"命令（T），为图 18-81 中的配电箱和配电柜标注编号，设置文字高度为 10，如图 18-82 所示。

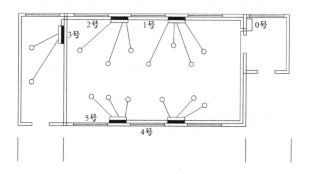

图 18-82　为配电箱和配电柜标注编号

2. 标注连接线路及建筑尺寸

Step 01 执行"多行文字"命令（T），对图 18-82 中的相关连接线路和电机符号进行文字标注（对连接线路进行标注时，文字的方向应与线路的方向平行），如图 18-83 所示。

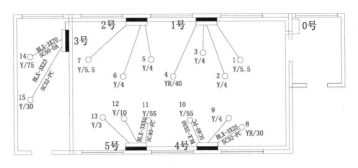

图 18-83 标注连接线路和电机符号

Step 02 执行"引线标注"命令（LE），对图 18-83 中相关的连接线路进行引线标注；再单击标注工具栏上的"线性标注"工具，对平面图的尺寸进行标注，如图 18-84 所示。

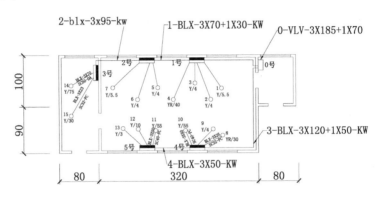

图 18-84 标注连接线路及建筑尺寸

Step 03 至此，车间电力平面图绘制完成，按 Ctrl+S 组合键对文件进行保存。

> **提示**
>
> 在绘制墙线时，可执行"多线"命令（ML）。当图形较烦琐或复制操作过多时，运用该命令可以提高绘图效率。由于车间电力平面图只是一种简单的平面图，为方便用户更好地观察绘图过程，这里采用了"矩形""偏移""修剪"等命令。

18.3 某建筑配电图的绘制

视频\18\某建筑配电图的绘制.avi
案例\18\某建筑配电图.dwg

建筑配电图的绘制建立在建筑平面图的基础之上，主要是在建筑平面图中绘制各种用电设备、配电箱及各电气设备之间的连接线路。图 18-85 所示为某建筑配电图。

第 18 章　建筑电气工程平面图的绘制

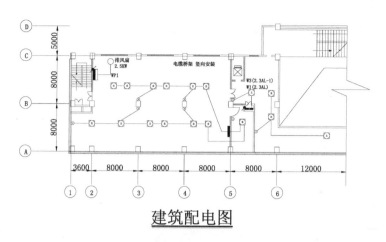

建筑配电图

图 18-85　某建筑配电图

18.3.1　设置绘图环境

在绘制建筑配电图时，可以将绘制好的"建筑平面图.dwg"文件打开，然后在该建筑平面图的基础上进行建筑配电图的绘制，具体操作步骤如下。

Step 01 启动 AutoCAD 2020，在快速访问工具栏中单击"打开"按钮，在"选择文件"对话框中将文件"案例\18\建筑平面图.dwg"打开，如图 18-86 所示。

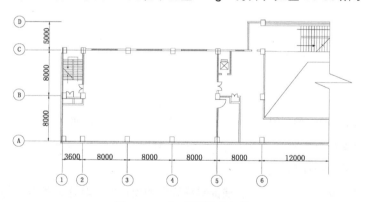

图 18-86　打开的图形文件

Step 02 执行"文件"→"另存为"命令，将该文件另存为"案例\18\某建筑配电图.dwg"文件。

18.3.2　绘制电气设备

本节主要讲解建筑平面图中相关电气设备的绘制，如风机盘管、上下敷管符号、动力配电箱、温控与三速开关控制器等，具体操作步骤如下。

1. 绘制风机盘管

Step 01 执行"矩形"命令（REC），绘制一个 1000×1000 的矩形。

Step 02 执行"圆"命令(C),以矩形的中心点为圆心,绘制一个半径为500的内切圆,如图18-87所示。

Step 03 执行"文字"命令(T),在圆内的中心位置输入符号"±",设置文字高度为300,从而完成风机盘管的绘制,如图18-88所示。

图18-87 绘制内切圆　　　　　　　　　图18-88 风机盘管

> **提示**
>
> 面对复杂的图形,读者应该学会将其分解为简单的实体,然后分别进行绘制,最终将其组合成所要的图形。

2. 绘制上下敷管符号

Step 01 执行"圆"命令(C),绘制一个半径为200的圆,如图18-89所示。

Step 02 执行"直线"命令(L),打开"极轴追踪"功能,然后以上一步绘制的圆的圆心为起点,绘制一条与垂直方向成45°、长度为745的斜线段,如图18-90所示。

图18-89 绘制圆　　　　　　　　　图18-90 绘制斜线段

Step 03 执行"多边形"命令(POL),捕捉斜线段与圆的交点,绘制边长为149的正三角形,如图18-91所示。

Step 04 执行"旋转"命令(RO),捕捉斜线段上的顶点并将其作为基点,将绘制的正三角形旋转180°,如图18-92所示。

Step 05 执行"修剪"命令(TR),对正三角形的相应位置进行修剪,如图18-93所示。

Step 06 执行"图案填充"命令(H),为图中的圆和三角形的内部填充SOLID图案,如图18-94所示。

图18-91 绘制正三角形　　　图18-92 旋转正三角形　　　图18-93 修剪图形

Step 07 执行"复制"命令（CO），将斜线段及填充的三角形图形选中并复制到如图 18-95 所示的位置，从而完成上下敷管符号的绘制。

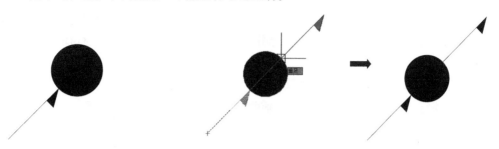

图 18-94　填充图案　　　　　　图 18-95　上下敷管符号

3. 绘制动力配电箱

Step 01 执行"矩形"命令（REC），绘制一个 820×1812 的矩形，如图 18-96 所示。

Step 02 执行"直线"命令（L），捕捉矩形上、下侧水平边的中点并绘制一条垂直线段，如图 18-97 所示。

Step 03 执行"图案填充"命令（H），为矩形的左侧区域填充 SOLID 图案，完成动力配电箱的绘制，如图 18-98 所示。

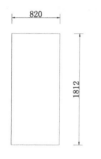
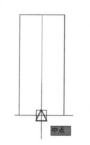

图 18-96　绘制矩形　　　　图 18-97　绘制垂直线段　　　　图 18-98　动力配电箱

4. 绘制温控与三速开关控制器

Step 01 执行"圆"命令（C），绘制一个半径为 250 的圆，如图 18-99 所示。

Step 02 执行"文字"命令（T），在圆的中心位置输入文字"C"，文字高度为 150，从而完成温控与三速开关控制器的绘制，如图 18-100 所示。

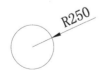

图 18-99　绘制圆　　　　　图 18-100　温控与三速开关控制器

> **提示**
>
> 温度与三速开关控制器用于控制风机盘管的风速，它通过改变中央空调风机的风速调节风机盘管送风量的大小，进而达到调节室内温度的目的。

18.3.3 布置电气设备

前面已经绘制好了相关的电气设备,下面将绘制好的电气设备布置到平面图中的相应位置,主要使用"直线""定数等分""复制""移动"等命令进行操作,具体操作步骤如下。

1. 绘制辅助线和布置风机盘管

Step 01 执行"直线"命令(L),绘制辅助水平线段,如图 18-101 所示。

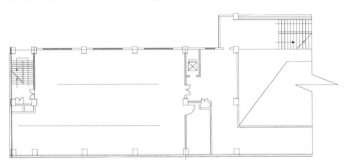

图 18-101 绘制辅助水平线段

Step 02 执行"定数等分"命令(DIV),将上侧的水平线段等分为 9 份,将下侧的水平线段等分为 10 份,如图 18-102 所示。

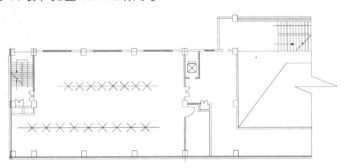

图 18-102 定数等分线段

Step 03 执行"复制"命令(CO),以风机盘管的圆心为移动基点,将其复制移动到相应的定数等分点上,再将绘制的辅助水平线段删除,如图 18-103 所示。

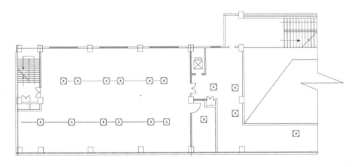

图 18-103 复制风机盘管至节点处并删除辅助水平线段

2. 布置配电箱和温控与三速开关控制器

Step 01 执行"复制"命令（CO），布置配电箱，如图 18-104 所示，其中，需将一些配电箱按照图 18-104 中的效果适当调整大小。

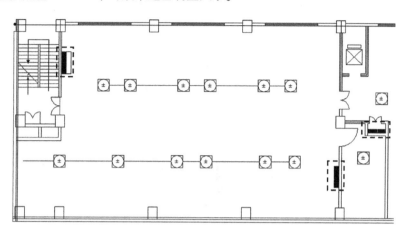

图 18-104　布置配电箱

Step 02 执行"复制"命令（CO），布置温控与三速开关控制器，如图 18-105 所示。

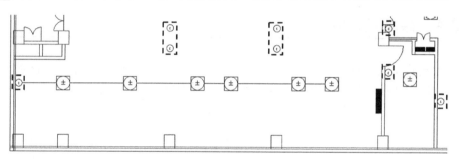

图 18-105　布置温控与三速开关控制器

Step 03 执行"矩形"命令（REC），绘制两个 800×1000 的矩形，如图 18-106 所示。

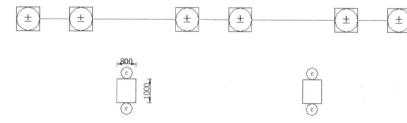

图 18-106　绘制矩形

3. 布置上下敷管符号及绘制排风扇

Step 01 执行"复制"命令（CO），布置上下敷管符号，如图 18-107 所示。

Step 02 执行"圆"命令（C），绘制一个半径为 500 的圆，作为排风扇符号，如图 8-108 所示。

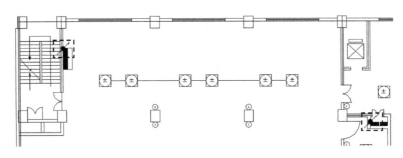

图 18-107 布置上下敷管符号

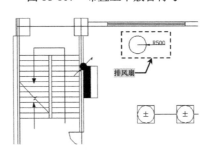

图 18-108 绘制排风扇

18.3.4 绘制连接线路

前面已将电气设备布置到平面图中的相应位置上，下面使用"直线"命令（L）绘制连接线路，将图中相应的电气设备连接起来，如图 18-109 所示。

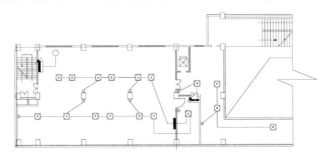

图 18-109 绘制连接线路

18.3.5 添加文字注释

前面已将相关的电气符号及连接线路绘制完成，下面在图中的相应位置添加文字注释，操作步骤如下。

Step 01 执行"多行文字"命令（T），添加文字注释，文字高度为 600，如图 18-110 所示。

Step 02 执行"多行文字"命令（T），在建筑配电图下侧标注图名，文字高度为 2000，如图 18-111 所示。

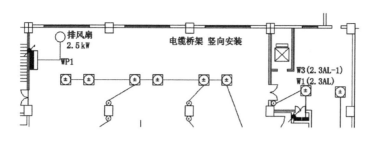

图 18-110 添加文字注释

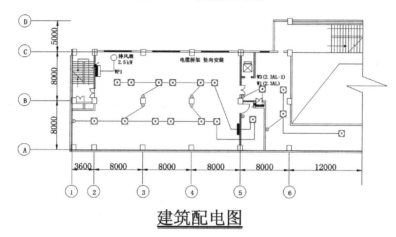

建筑配电图

图 18-111 最终效果

Step 03 至此，某建筑配电图绘制完成，按 Ctrl+S 组合键保存。

18.4 本章小结

本章主要讲解了建筑电气工程平面图的绘制方法，内容包括办公楼低压配电干线系统图的绘制、车间电力平面图的绘制和某建筑配电图的绘制。